環境デザイン用語辞典

ENVIRONMENTAL DESIGN

土肥博至［監修］／環境デザイン研究会［編著］

井上書院

[監　修]

土　肥　博　至

[環境デザイン研究会・編集委員]
土　肥　博　至
鎌　田　元　弘
田　中　奈　美
田　中　一　成
河　津　　玲

まえがき

　「環境デザイン」という言葉が世の中に登場してからすでに半世紀近くが経とうとしている。九州芸術工科大学（現九州大学芸術工学部）に環境設計学科ができてからでも40数年である。その間、いくつもの大学にこの名前を冠した学科やコースができ、多くの卒業生を世に送り出し、環境デザインを仕事とする人も確実に増えている。それなのに、今でも環境デザインが何かを簡潔に説明することは難しい。それは、環境デザインが特定の対象についてのデザインではなく、建築、土木、造園、都市計画といった既往の専門領域で分断されたデザイン行為を適切に関連づけ、生活のトータリティに対応した総合的な環境を創造するために生まれた概念であり、専門分化が得意で総合化が苦手な現代社会では理解されにくいからかもしれない。

　また、公害、資源、地球環境のように、環境という言葉がより大きい問題に用いられるようになってきたこととも無関係ではない。事実、時代の進展とともに、エコロジカルデザイン、景観デザイン、サスティナブルデザイン、保存デザイン、ユニバーサルデザイン、住民参加のデザインなどの、新しいさまざまな理念、方法、対象に関するデザインが登場し、環境デザインの懐が深くなると同時に曖昧になってきたのも事実であろう。

　そんなことを考えていたときに、井上書院から環境デザインの用語辞典をつくらないかという話があり、いくつかの書店で探してみると、デザインについての辞典はたくさん出版されているが、環境デザインをタイトルにもつものは皆無であることに気がついた。事典と呼ばれる少数の用語についての専門的な解説をしたものはいくつかあるが、環境デザインの広がりをカバーするような辞典はない。苦労する意味はあるかもしれないと考えた。

　筑波大学時代の教え子たちに声をかけて編集委員会をつくり、用語の収集から始めた。この辞典の特色は、「デザイン用語の辞典」であることと「フルカラーの印刷」にすることの二つである。用語数を少なめに抑えて、デザイン用語としての使用上の解説を丁寧にするとともに、写真や図版を多く使って視覚的な理解をサポートする方針とした。建築、土木、造園などの専門領域についてはそれぞれ多くの辞典があるのでここではごく一般的な用語にとどめることにしたが、環境デザインがもっとも深く関わる「まちづくり」と「景観」の分野については、できるだけ多くの用語を収録するようにした。また、環境デザインとして評価されるべき古今東西にわたる「作品事例」も紙面の許す限り取り上げるようにした。結果として、約2,700語を収録した。

　この辞典が多くの人に利用されるとともに、環境デザインについての理解を少しでも深めることにつながってくれることを願っている。

　　　　　　　　　　　2007年10月　　環境デザイン研究会代表　　土肥博至

本辞典の利用のしかた・凡例

●構成

本辞典は，学生から建築，土木，造園，都市計画に関わる設計者ならびに技術者，行政関係者まで幅広い層を対象に，環境デザインに関する基本的概念，建設，空間，環境，都市計画，まちづくり，農村計画，コミュニティ，土地利用，交通計画，河川，港湾，景観，公園，植生，資源，公害，地球環境，保存，防災，情報・通信，法制度，人名等の分野から2,700余語と写真・図表約890点を収録。また，日常的に略語として使用している用語については巻末にまとめて収録した。

●利用のしかた

見出し語
見出し語は引きやすい色文字を採用。

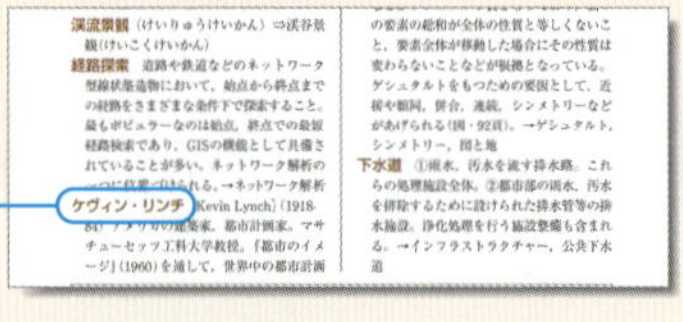

キーワード（基幹用語）
収録用語のうち，特に概念が広く他用語との関連性が多い用語を17語選び出し（下記参照），これらの用語についてはページを改め，1ページを使って解説。

用　語		用　語	
イメージ	17	都市	226
河川	45	都市計画	229
環境デザイン	55	農村計画	250
景観	83	風景	273
建築	94	まちづくり	294
公園	98	町並み	296
コミュニティ	114	水	301
調査・分析方法	205	緑	305
庭園	211		

写真・図・表
理解に役立つ国内外の事例写真，図，表等を多数収録。
写真・図・表は解説文の直後に掲載することを原則としたが、ページ構成の関係で若干後に離れる場合がある。

インデックス
■：あ〜わ／■：略語

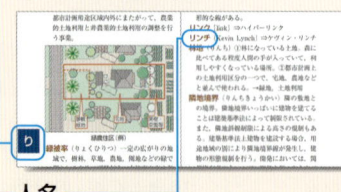

人名
日常的によく使われる呼び方と正式名のどちらでも検索が可能。

● 凡　例

［見出し語と配列］
1. 見出し語は，五十音順に配列し，色太字で表記した。
2. 日本語は漢字および平仮名を，外国語は片仮名またはアルファベットを用いた。
3. 長音を示す「ー」は，直前に含まれる母音（ア・イ・ウ・エ・オのいずれか）を繰り返すものとして，その位置に配列した。
　（例）アーケード＝アアケエド　ウォーターフロント＝ウオオタアフロント
4. 同一音の配列は，清音・濁音・半濁音の順とした。
5. 英語における「V」の音について，一般的な発音として使われていると判断できる用語は「ヴァ・ヴィ・ヴ・ヴェ・ヴォ」を用いた。
　（例）ヴォイド　ヴィスタ
6. 漢字は常用漢字にとらわれず，古来の用語を採用した。
7. 見出し語の読みは，難解語または誤読のおそれのある語にかぎり，見出し語の後に（　　）で囲んで示した。
　（例）囲撓景観（いにょうけいかん）　卯建（うだつ）
8. アルファベットで始まる見出し語は原則として「略語」の中に収録したが，次のような場合は本文の項で解説し，「略語」では空見出しとした。
　（例）CBD　⇒中央業務地区
9. 一つの見出し語に別の言い方がある場合は，原則として解説の中で「　」で囲んで示した。

［原　語］
1. 見出し語または読みの直後に［　］で囲んで示した。
2. 原語名は，以下の略記号を原語の直後に記入した。ただし，英語は原語名を省略した。
　　独＝ドイツ語　　仏＝フランス語　　伊＝イタリア語　　西＝スペイン語
　　蘭＝オランダ語　露＝ロシア語　　　ギ＝ギリシャ語　　ラ＝ラテン語
3. 漢語や和語との混合語や，商品名，工法等で適当な原語がない場合には省略した。

［解　説］
1. 解説文は現代仮名遣いとし，原則として常用漢字によった。
2. 外国語・外来語・外国人名は片仮名を用いた。
3. 語義がいくつか分かれる場合は，①②の番号を付した。

［参照記号］
⇒解説はその項を見よ
→その項を参照せよ

［アルファベット文字］
A エー	B ビー	C シー	D ディー	E イー	F エフ	G ジー
H エッチ	I アイ	J ジェー	K ケー	L エル	M エム	N エヌ
O オー	P ピー	Q キュー	R アール	S エス	T ティー	U ユー
V ブイ	W ダブリュー		X エックス		Y ワイ	Z ゼット

＊）建築関係法規，基準・規格等は2007年9月現在のもので，改正されることがあります。
　　必ず諸官庁および関係機関が発表する情報で確認してください。

アーカイブ〔archive〕①コンピュータで、複数のファイルを一つにまとめたファイルを指し、通常は圧縮されている。また、インターネット上で公開されたファイルの保管庫を意味する場合もある。②電子情報に限らず、資料、記録を蓄積することも指す。

アーキグラム〔Archigram〕1960年代に活躍した建築家グループ。メンバーは6人で、ピーター・クック、ウォーレン・チョーク、ロン・ヘロン、デニス・クロンプトン、マイケル・ウェブ、デヴィッド・グリーンにより、1961年から1970年まで出版された雑誌「アーキグラム」を中心に活動した。建築家の表現手段として紙上でアイデアを展開することを示した。ハイテクや軽量、基本構造などの視点を提示し、ポンピドー・センターのアイデアに影響を与えたといわれている。

アーケード〔arcade〕①洋風建築で、アーチ形の天井をもつ構造物、またはその下の通路を指す。「拱廊(きょうろう)」ともいう。②歩道にかける屋根のような覆いとそれを設けた商店街は「アーケード付き商店街」と呼ばれる。→コロネード

アーケード(魚の棚商店街／明石市)

アーサー・ペリー〔Clarence Arthur Perry〕⇒クラレンス・アーサー・ペリー

アースデザイン　法面(のりめん)が発生する箇所における道路工事などで、ラウンディング、元谷(もとだに)造成、グレーディング等の手法を用いて、自然地形とのスムーズな連続性を確保することを指す。

アーツアンドクラフツ運動〔Arts and Crafts Movement〕19世紀後半にイギリスで興った、新しいデザインを模索する工

アースデザイン(筑波大学／茨城県)

芸運動。近現代におけるデザインの出発点とされ、後のデザインに大きな影響を与えた。→ウィリアム・モリス

アーバニティ〔urbanity〕都市化された居住または生活全般の様子を示す。「都会性、都市性」等と訳されるが、原語は一般的に都会風、上品で優雅なイメージ、礼儀や丁重さ、あか抜けた様子を表す。

アーバンデザイン〔urban design〕①米語urban designの訳語である都市設計の概念として、都市を構成する建築群などの形態を重視して、都市環境、都市空間を計画・設計すること。②近代都市計画が制度化された計画の機械的な適用という一面をもっていたのに対して、ポストモダンの都市計画に相当し、広義の都市計画として都市を構成する建築群などの形態を重視し、都市環境、都市空間を計画・設計すること。形態的、空間的なもので必ずしも具体的な設計を含まない。→都市デザイン、都市計画

アーバンビレッジ〔urban village〕1992年にイギリスで示された方策で、さまざまな階層の人々と、さまざまな用途の施設が混在する持続可能なコミュニティの形成を目指す動きのこと。住民参加が前提となり、公共交通を優先した職住近接型の生活を想定した都市構造を目標とする。→コンパクトシティ

アーバンリニューアル〔urban renewal〕⇒都市更新

アールデコ〔Art Déco 仏〕世紀末からヨーロッパで流行したアールヌーボーの後、1920年代からモダニズムが支配的となる40年頃までヨーロッパ、アメリカで流行した装飾様式。クライスラービルが代表的作品。

アアルト［Alvar Aalto］⇒アルヴァ・アアルト

アールヌーボー［Art Nouveau 仏］1890年頃から約20年間，ベルギーやフランスを中心に流行した芸術，デザインの様式のこと。または，建築物の装飾様式や形式を呼ぶ。特に曲線を多用した表現に特徴がある。

アールヌーボー（地下鉄の入口／パリ）

アイストップ［eye-stop］都市や地域に存在する構造物，建築，樹木，モニュメント，事象(効果)等で，人の視線を留める役割を果たす対象物を指す。道路等の正面，突き当たり，広場中央等に位置する場合が多い。
→ヴィスタ

アイストップ（姫路城）

アイソメトリック［isometric projection］等角投影図。投影図法の一つで，消点を設定せず，建築等の平面図から立体を表現する際に用いられるアクソノメトリック（軸測投影法）の一種である。描き方は，平面図をそのまま下敷きにし，それに高さ情報を与えると立体図が得られる簡単な方法で，俯瞰図（ふかんず）に多用される。→アクソノメトリック，透視図

愛知万博　2005年に愛知県瀬戸市，長久手町，豊田市で開催された万国博覧会のことで，愛称は「愛・地球博」という。開催テーマは「地球の叡智」で，環境に配慮した取り組みとして太陽光発電，廃棄物のエネルギー転換プラント使用等が実験的に行われた。
→万国博覧会

愛知万博

アイデア［idea］①デザインのコンセプトや具体的形態，手法などの提案に際して考え至る思いつき，着想。②漠然と考える思いつき，感じ，空想。他と意見を交換することで新たなこと，ものを生みだそうとする考え方。③すべてのデザインに対してもつ意見，思想，観念，概念。哲学に基づいた理念，理想。

アイデアコンペ［idea competition］都市計画，まちづくり，建築設計，イベント企画等の際に，基本となるコンセプトを広く一般に公募し，それを実施計画に反映することを目的に行う提案競技を指す。専門家を対象とし，応募者を限定する場合と一般市民等を含む場合など方法は多様である。
→事業コンペ，コンペティション

アイデンティティ［identity］環境デザインの分野では，おもに本質性，独自性，個性の意。特徴のある形態や使われる際の動き等のハード面にかかわるもの，利用者の特徴や歴史などソフト面にかかわるものの両者がある。心理学的な自己同一性，つまり自分自身の正体を確認することの意味と

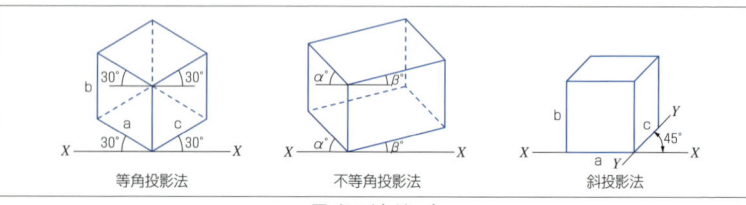

アイソメトリック

近いニュアンスをもつ。原語はこれらのほかに一致，同一，正体，本性等の意味をもつ。K.リンチは著書『都市のイメージ』(1960)の中で，イメージを構成する要素である3つの成分の一つとして挙げている。→イメージ，イメージアビリティ，ストラクチャー，ミーニング，ケヴィン・リンチ

都市のアイデンティティに影響を与える物理的な形態
アイデンティティ（札幌時計台）

アヴェニュー［avenue］①並木道，街路，大通り，街，道を指す。アメリカのロサンゼルスやニューヨークでは，南北方向の街路樹を有する大通りを示す。②成功した人生の軌跡。→モール

アヴェニュー（ランブラス通り／バルセロナ）

アウトソーシング［outsourcing］民間企業や行政の専門的な業務について，それをより得意とする外部の企業等に業務を委託すること。「外注」や「外製」ともいう。都市計画や環境デザインに関する部門でも技術開発，設計，施工など多くの分野に及んでいる。

アウトレットモール［outlet mall］1980年代にアメリカで誕生した新しい流通業（小売業）の形態で，おもにメーカー品や，いわゆる「ブランド品」（通常，百貨店などで高額で売られているもの）を低価格で販売するショッピングセンターのこと。多くは，高速道路や幹線道路沿いの郊外に立地している。→ショッピングセンター，ショッピングモール

アウトレットモール（箕面ヴィソラ／大阪府）

青道（あおみち）⇒水路②

アカウンタビリティ［accountability］説明責任。会計用語で，経営者から株主へ資金の使途や経営方針を説明する義務，またはその責任をいう。転じて，組織や個人の行動を対外的に説明する責任をさす。

空地（あきち）⇒空地（くうち）②

安芸宮島（あきのみやじま）広島県廿日市市。天橋立，松島と並ぶ日本三景の一つ。広島湾入口に浮かぶ島で，全島が国の特別史跡，特別名勝に指定されている。中心の厳島神社は世界文化遺産に登録（1996）。厳島神社は6世紀創建と伝えられ，特徴である海上に立つ朱塗りの鳥居と水上の社殿は印象的である。→日本三景，世界遺産

安芸宮島（広島県）

アクアポリス［aquapolis］海上に人工的につくられた都市。実際にかなりの規模の都市全体を海上に建設することはないが，既成都市の一部を海上に延長する場合や，都

アクアポリス（ヴェネツィア）

市機能の一部を海上に建設する場合などに使われる。前者には有名な東京1960計画があり、後者には関西国際空港がある。→東京計画1960

アクアリウム［aquarium］①魚を飼うための水槽。②水族館。③養魚池。いずれも水棲の動植物を人工的に飼育するための環境を意味する。最近ではその中だけで生態系が維持できるような水槽も出現している。→水族館

アクションプラン［action plan］実際に行う，実行をともなう計画のこと。日本語では「行動計画」というが，アクションプランとカタカナ語で使用する場合も多い。

アクセシビリティ［accessibility］ある場所へさまざまな方法を用いて近づく際の近づきやすさ。近接可否。入りやすさ。

アクソノメトリック［axonometric］軸測投影法。投影図法の一つで，消点を設定せず平面図をそのまま下敷きにし，それに高さ情報を与えることで立体図を得る。建築等の平面図から立体を意識するときに用いられる投影図。→アイソメトリック，透視図

アクティビティ［activity］活動。活動性。活発な状態を感じる心理量。または，さまざまに変化する状態，動きの大きさ，早さを感じる心理量。主として，SD法によって抽出される3つの主要な心理軸の一つ。

アクティブソーラーシステム［active solar system］太陽熱の取込みを機械的に行うシステム。太陽熱を集熱して給湯や冷暖房・温熱などに利用する「太陽熱利用システム」，太陽電池を使用して発電を行い動力や照明などに利用する「太陽光発電システム」などがある。→パッシブソーラーシステム

アグリツーリズム［agri-tourism］農業と観光の融合を図る方策で，広義には都市と農村の交流を指し，農業経営者が農場滞在，農業体験等を都市住民に提供することで，農業地域振興の一端を担うこと，都市住民の新たな休暇形態となること，両者の交流機会提供が可能となる。ヨーロッパが発祥。「アグリツーリスモ」(伊)，「ルーラルツーリズム」(英)ともいう。

アクロス福岡　福岡市中央区。基本構想はエミリオ・アンバース，日本設計，竹中工務店。1995年建設。シンフォニーホール，国際会議場，オフィス，店舗を含む複合建築。階段状の屋上を緑化し，隣接する公園との空間的連続性を実現した。→屋上庭園，屋上緑化

アクロス福岡

アクロポリス［acropolis］古代ギリシャの都市国家の中心市街地にある丘陵上に築かれた城壁。パルテノン神殿などを含むアテナイ所在のものが最も有名。→都市国家

アクロポリス（パルテノン神殿／アテネ）

アゴラ［agora ギ］古代ギリシャ市民の集会場，広場を指す。商業活動，政治や司法の集会，宗教儀式，その他の社会活動が行われるオープンスペースであり，また市民生活のうえで最も重要な都市施設であった。→フォーラム

アゴラ（アテネ）

アジア開発銀行［Asian Development Bank］「ADB」と略す。アジア地域の経済開発を支援促進するために設立された地域開発銀行のこと。国連の極東経済委員会が中心となり，1966年にフィリピンのマニラに本部を置いて発足。アジア・太平洋地域の経済

成長と経済協力を進め，貧困の撲滅，経済成長の支援，人材開発，環境保護などを事業目的とする。最大の出資国である日本とアメリカを中心に活動し，特に日本は歴代の総裁を出している。加盟国，地域は欧州，北米およびアジア太平洋の61カ国で構成。世界銀行とも協力して支援を実施。→世界銀行

アジール［Asyl 独］不可侵の聖なる場所。日常的な空間から隔離され，世俗世界とは遮断された場所。転じて紛争対立から隔離された平和領域。奴隷や犯罪者が庇護される宗教的施設である神殿，寺院，教会堂，駆け込み寺，自治都市，あるいは自然の中の山や森，巨樹など。

アジェンダ21［Agenda 21］1992年にブラジルのリオ・デ・ジャネイロ市で開催された地球サミット「環境と開発に関する国際連合会議」で採択された，環境保全のための行動計画，綱領。→地球環境

芦原義信（あしはらよしのぶ）(1918-2003) 建築家。1942年東京大学卒業後，海軍へ。坂倉準三事務所，ハーバード大学で学んだ後にマルセル・ブロイヤー事務所を経て，1956年芦原建築事務所を開設。武蔵野美術大学，東京大学で教鞭をとる。作品にはソニービル，武蔵野美術大学校舎，第一勧業銀行本店（現みずほ銀行本店），東京芸術劇場など。著書に『街並みの美学』(1979)，『隠れた秩序』(1989)など。

アスベスト［asbestos 蘭］「石綿（いしわた，せきめん）」ともいわれ，天然に存在する繊維状の鉱物。自動車ブレーキ，設備・建築材などに広く利用されていた。肺がんや中皮腫の原因になることが明らかになり，1989年に「特定粉塵」に指定され，使用制限または禁止されるようになった。→大気汚染

東屋（あずまや）四阿，阿舎とも書く。庭園，公園などに休憩所として置かれる。通常は四隅の柱だけで壁がなく，屋根は寄棟で四方に葺きおろすものが多い。「亭」「ちん」などとも呼ばれる。原意は東国風の簡素な家。→日本庭園，待合（まちあい）

東屋（岡山後楽園・流店）

アセス法 正式には「環境影響評価法」といい，1997年に制定されている。大規模公共事業などによる環境への影響を予測評価し，その結果に基づいて事業を回避する，または事業の内容をより環境に配慮したものとしていくための法律で，道路，ダム，鉄道，埋立て，干拓，発電所等の13種類の事業が対象とされる。

アセスメント［assessment］⇒環境アセスメント

アディケス法［Das Gesetz, betreffend die Umlegung von Grundstücken in Frankfurt am Main vom 28. Juli 1902 独］通称"Lex Adickes"（Lexはラテン語で「法律」）。わが国の土地区画整理の動機づけとなったドイツにおける都市計画・開発制度。1890〜1912年にフランクフルト市長であったアディケスが制度化した。関東大震災復興時に当時の東京市長後藤新平が紹介し活用した。

アテネ憲章 1933年に行われた近代建築国際会議（Congres International d'Architecture Moderne, CIAM）第4回会議において採択された。都市の機能を「住む，働く，憩う，移動する」とし，空間的には「太陽，緑，空間」をもつべきであると規定した。その後世界各地で計画された新都市に大きな影響を与えた。→CIAM

アドバイザー制度 市民が主体となってまちづくりや地域計画策定，地区計画の提案や提言，マンション建替え検討等を行う場合に，地方自治体があらかじめ登録している専門家を当該地区に派遣し，合意形成や法制度，空間活用等，適正な計画づくりを支援するための人材派遣制度。

アドボカシー［advocacy］①社会的弱者，マイノリティー等の権利擁護，代弁。その活動。②政策提言。特定の問題に対する政治的提言。保健医療，社会環境での性差撤廃，地球環境問題など広範な分野での活発な政策提言活動を指す。まちづくりにおける市民関与もこの一つ。反対運動，制度参加，自主的まちづくり活動，行政等への意見反映のための活動。

アドボケートプランニング［advocacy planning］市民参加の都市計画。都市計画、まちづくりプロセスへの参加と意見反映を目的とした計画理念とその方法論。

アトリウム［atrium］①古代ローマ建築の中央(玄関)ホール、中庭付きの広間。②ホテルやオフィスのロビー、公共建築、マンション等の建築物のエントランスなどに設けられた、大きな中庭。一般的に、吹抜けで、上部にガラス屋根、植物を配し屋内庭園のようになっている。「屋根付きプラザ」「内部公開空地(くうち)」と呼ばれることもある。→中庭、囲み空間

アトリウム(六甲アイランド／神戸市)

アトリエ事務所［studio］一人の建築家を中心とした建築設計事務所を指し、組織事務所と比較し、建築家の個性と理念を強く反映した設計が行われる。通常、アトリエ事務所の主宰(と組織事務所の設計チーフ)が建築家と呼ばれ、建築家はもちろん、スタッフも建築士の資格は持っていることが多い。アトリエ事務所は作家性、作品性を追求し、妥協なくより良い作品を創るのが一般的な方針で、設計能力が重視される。→組織事務所

アニミズム［animism］①宗教の原初形態の一つ。「有霊観」と訳す。自然界のあらゆる事物が生物と無生物とを問わず生命をもつとみなし、それに精霊、特に霊魂観念を認める心意やこれに宗教の起源を求める学説のこと。精霊崇拝。②自然界の万物に精神的価値を認め、人間の霊魂と同じような精霊や神が宿るとする考え方のこと。各地域の先住民の間で現存し、さまざまな宗教や民俗、風習にもその名残がある。最近の自然環境保護の考え方において、アニミズム的な発想を再評価する動きが起きている。

アニメーション［animation］動画。コマ撮りなどによって作成された複数の静止画像を連続して見せることによって、動きを表現する技術、作品、あるいは表現形式そのもの。作品の名称として用いる場合には、もとになる静止画像が実写ではない絵や図のものを指す。デザインシミュレーションなどで用いられる。文字を用いた意味と動きによる表現や作品を、特にキネティックタイポグラフィーと呼ぶ。

アニメーション(キネティックタイポグラフィー)

亜熱帯林　温帯と熱帯の中間の気候帯を亜熱帯という。緯度にすると25〜35度の範囲に該当する。亜熱帯での生育に適した樹木が繁茂する森林を亜熱帯林という。日本では四国、九州の南部や沖縄、小笠原が該当し、ビロウヤシ、ソテツ、アコウ、ガジュマルなどの樹種が森林をつくる。→熱帯雨林、マングローブ

亜熱帯林(西表島)

アノニマス［anonymous］匿名，無名。主張をもって意図的にデザインされたものではなく，作者不明，作者不在，または特定の作者に限定できない状況，作品，建築，集落，都市。

アノニマスな建築群
アノニマス（ポルボー／フィンランド）

アノミー［anomie 仏］個人または集団相互の関係を規制していた社会的規範が失われたときに生ずる混乱状態。ある社会の解体期に発生する。フランスの社会学者エミール・デュルケームが確立した社会学の主要概念で，「法がないこと」を意味するギリシャ語「アノモス」が語源。→コミュニティ崩壊

アフォーダンス［affordance］物と人との関係を記述する際に，物に対して人が働きかける動作，または動作をもとにした行動の解釈。知覚や認知などこれまでの用語とは異なる見地である点を強調した造語。心理学，知覚心理学，生態心理学，認知心理学における新たな概念で，ゲシュタルト心理学をもとにしているとされる。J.ギブソンの研究が起源。なお「アフォーダブル住宅」とは，対象者となる所得者層にとって適正な家賃または価格の住宅という意味。転じて低，中所得者向けの住宅，公営住宅を指す場合もある。

アプローチ空間［approch space］建築空間内部への導入部分を占める外部空間であり，道路，階段，広場等の形態がある。空間的役割として，その目的地の空間に期待される印象を演出する効果があるため，植栽，色彩，素材等によりそのイメージ創出が可能である。→参道空間

アプローチ空間（金刀比羅宮参道／香川県）

天橋立（あまのはしだて）京都府宮津市。松島，宮島と並ぶ日本三景の一つ。宮津湾を二分するようにほぼ直線状にのびる砂州は，長さ3.3kmに及び，約7,000本の松林で覆われている。北側の笠松公園から有名な「股覗き」で見ると，天に架かる橋のように見える。→日本三景，松島，安芸宮島（あきのみやじま）

天橋立（京都府）

アメニティ［amenity］環境の快適性，心地良さ，魅力を示す。特に文化的，心理的な側面に対して用いられることが多いが，その原因となる物的な環境を直接評価する語，または表現する語としても用いられる。ここでは単に視知覚だけではなく，他の五感や経験に基づいた人間のさまざまな知覚

都市空間におけるアメニティの創出
アメニティ（ギリシャ）

によってとらえられる時空間の状態を評価しようとするもので、現代に生きる人々の価値観、特に量から変化してきた質の部分の良さを表現しようとする。物的には、都市部における機能的で最低限度の空間を構成する要素以外で、心理的な効果をもつ事象を示すことが多い。例えば、余裕のある外部空間、街路樹や公園などの緑地、夜間照明による演出などである。→ゆとり、いやし、イメージ、環境、観光、景観、サウンドスケープ、自然、自然景観、風景、文化的景観、レジャー

アメニティタウン計画 ⇒快適環境整備事業

アリーナ ［arena］①円形劇場の中央の闘技場、争いの場所、土俵。②階段状の観覧席を360°備え付けたスポーツホールや体育館を指す。

有田 （ありた）佐賀県有田町に位置する窯業を主要産業とする町。HOPE計画をきっかけに、まちづくりに取り組み始め、有田内山地区は1991年に重要伝統的建造物群保存地区に選定される。ここの特徴は、表通りはおもに妻入り土蔵造りの大規模な町屋が建ち並ぶ一方で、裏通りは失敗作の陶器を材料に造られた「トンバイ塀」による生活道路が整備されており、窯業の町としての風情を継承していること。→重要伝統的建造物群保存地区、HOPE計画

有田（佐賀県）

アルヴァ・アアルト ［Alvar Aalto］(1898-1976) フィンランドを代表する近代建築家。本名はHugo Alvar Henrik Aalto。フィンランドのクオルタネ生まれ。機能主義建築でありながら、木を巧みに使い、北欧の風土に根ざした建築スタイルを生み出した。人間的アプローチのモダニズムデザインを試み、建築だけではなく、家具やガラス食器など数多くのデザインを手がけた。代表作にパイミオの結核療養所、ビーブリ市立図書館、ヘルシンキのフィンランディアホールがある。

アルカディア ［Arc(k)adia］ギリシャの地名。楽園伝承に基づいた、ユートピア、理想郷、牧歌的な楽園などの意。アルケイディア、アーカディア、アーケイディアとも表記する。→ユートピア

アルコーブ ［alcove］部屋や廊下、ホールなどの壁面の一部を後退させてつくった空間。一部が入り込んで小部屋のようになっている部分、空間。集合住宅などで、共用廊下から引き込んだ各住戸の玄関前部分をアルコーブと呼ぶ場合もある。また小部屋のように、壁面が後退している部分を一般的に指すこともあり、書斎や書庫に使われたり、単調な空間に変化をつける空間的演出として用いられる。

アルハンブラ宮殿 ［Alhambra 西］スペイン、グラナダ。イスラム王朝が長い時間をかけて建設し14世紀完成。名称は「赤い城」の意。中世イスラム文化の頂点を示す建築で、アラヤネスのパティオ、ライオンのパティオなどが有名。近くにこれもイスラム庭園の傑作といわれるヘネラリッフェがある。→イスラム庭園、ヘネラリッフェ

アルハンブラ宮殿（スペイン）

アワニー原則 ［the ahwahnee principles］持続可能（サスティナブル）な町づくりを目指す建築家たちが提唱した町づくりの規範となるための原則で、1991年にヨセミテ公園のアワニーホテルで起草された。ピーター・カルソープ、マイケル・コルベット、アンドレス・ドゥアーニ、エリザベス・プラター・ザイバーク、ステファノス・ポリゾイデス、エリザベス・モールの6人の建築家が参加し、「コミュニティの原則」「地域の原則」「実現のための戦略」からなる。ニューアーバニズム運動の行動原則の一つになっている。→ニューアーバニズム

アンウィン ［Raymond Unwin］⇒レーモ

ンド・アンウィン

暗渠（あんきょ）排水路ないし排水管で、地中に埋められ上部が閉じているもの。これに対して、上部が空いていて地表から見える排水路を「開渠（かいきょ）」という。→開渠（かいきょ）

アンケート調査［enquête 仏］人間を対象として、心理・意識または行動を抽出するために用いる調査方法の一つ。アンケート調査票を用いて、配布式にて行う場合が一般的。選択式と記述式があり、属性を同時に抽出する。→意識調査

アンコール・ワット［Angkor Wat］カンボジア，シェムリアップ州。15世紀までこの地方を支配していたクメール王国が、ヒンズー教の神殿として12世紀前半に建設した大規模な建造物。アーチを用いず、迫り出し構造で建設されているため大空間を実現できず、田の字型に回廊を回し、その角や交点に塔を立てた回廊建築である。回廊に囲まれた4つの空間には屋根がなく、これを聖池としているが、外から見れば全体が一つの巨大建築に見える。世界文化遺産に登録。

安心の保障［security］①大水や地震等の自然災害、火災や交通災害等の社会的災害によって、生命、生活、財産等に加えられる危険性を予測し、被害の予防や抑制、回復対策等、リスクを回避する方策を図ることで日々の生活の安全性を高めること。②都市計画やまちづくりにおいては、生命やものに対する保険や防災準備に加えて、避難路の確保や防災まちづくり活動による日常の地域コミュニティの充実、木造密集市街地・細街路・行き止まり道路等の改良などに努めること。→都市計画，防災，安全性，防犯

安全性［safety］①安らかで危険のないこと、または物事が損傷したり、危害を受ける可能性のないことを保っている状態。②都市や環境面では、想定される災害を予測し、その発生や危険に対して、予防やさまざまな対応を講じて、生命と財産を守っている状態。必要とされる基準や度合いは、個々人や社会の価値観や準備への投資と内容によって判断される。生活、空間、環境、財産等を脅かす事象を多方面からとらえ、危険の発生する仕組み、確率、影響範囲等を想定、体制・対策を講じ、その効果についても一定の予測を行う。潜在するリスクを把握し、リスクに関する情報を分析し、要因を整理することでリスクの解析と評価、必要な対策と方針立案、リスク管理、生活者への的確な情報伝達、万一リスクが発生した場合の適切な対応が求められる。→防災，防犯

安息角（あんそくかく）造成工事等で切土（きりど）や盛土（もりど）を行う際、水平面と斜面がつくる角度を「息角」という。安息角とは、崩壊することのない安全な息角を指す。安息角の値は土質によって異なり、同じ土質なら盛土のほうが小さい値を必要

アンコール・ワット（カンボジア）

とする。→宅地造成，法面(のりめん)

アンツーカー［en tout cas 仏］花崗岩を焼成してつくる赤褐色の人工土。排水性が良く，滑りにくいため，陸上競技用のトラックやテニスコートなど，運動施設の舗装に使われる。

安定的混住ゾーン 混住化の研究において首都圏の混住化の実態を1980年と1990年の人口動向を基にとらえた用語のこと。首都圏50km以遠の主要沿線都市圏とその外縁の中心都市周辺に存在する地域のことであり，これらの地域は混住化による都市部からの一時的な人口増加は進むがしばらくすると沈静化する。→混住地域

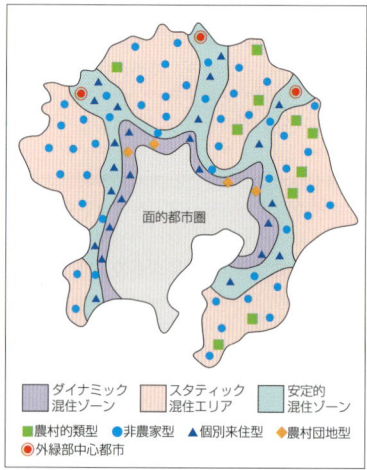

安定的混住ゾーン(首都圏)

安藤忠雄（あんどうただお）(1941-) 大阪府生まれの建築家。元はプロボクサーで，ファイトマネーをもとに世界各国をめぐり独学で建築を学ぶ。1969年に安藤忠雄建築研究所を設立。個人住宅を多く手がけている。「住吉の長屋」が高く評価され，個人住宅として初めて建築学会賞を受賞。打放しコンクリートと幾何学的な独特の形態に特徴がある。その後も多数の建築を手がけ活躍中。

安藤忠雄(六甲の教会／神戸市)

アントニオ・ガウディ［Antonio Gaudi］(1852-1926) スペインの近代建築家。代表作にサグラダファミリア，グエル公園，カサミラなどがあり，曲線を多用した構造形態やモザイクのディテールなど，独創的なデザインが特徴。→サグラダファミリア

アントニオ・ガウディ(カサミラ／バルセロナ)

アンビギュイティ［ambiguity］一般的に多義性，多様性，曖昧さ，不明瞭なさま。空間デザインにおいて，単純にわかりやすいだけの空間(レジビリティをもつ空間)ではなく，部分的な意外さや混乱を含む空間がよいとする考え方。→レジビリティ

イアン・マクハーグ [Ian L. McHarg] (1920-91) アメリカの造園家，都市計画家。英国スコットランド生まれ。ペンシルバニア大学ランドスケープ・アーキテクチャー&地域計画学部で永年教鞭をとる。1969年に著した代表的著作『Design with Nature』で，生態学的視点を環境創造のデザイン手法に取り込み，都市計画，地域計画の新たな方法を提示した。エコロジカルプランニングの先駆的役割を担った。

イアン・マクハーグ（水系の景観）

イーフー・トゥアン [Yi-Fu Tuan] (1930-) アメリカの中国系地理学者。本名は段義孚。1930年中国天津市生まれ。ウィスコンシン大学マディソン校の地理学教授として永年教鞭をとる。代表的著作『トポフィリア』(1974)で現象学的地理学を展開し，人々と場所あるいは環境との間の情緒的な結びつきを，「トポフィリア（場所への愛）」として提示した。

イギリス式庭園 [english garden]「風景式庭園」とも呼ばれる，17世紀後半から18世紀にかけてイギリスで発展した作庭様式。それ以前のヨーロッパ庭園の中心であったフランス式庭園が，幾何学的秩序でデザインされていたのに対して，有機的な自然形状や風景を基調にしている。スタウアヘッドなど。→フランス式庭園，風景

生垣（いけがき）樹木類を敷地の周囲に列状に植え，刈り込みなどを行って垣根としたもの。管理に手間がかかるが，生命のある材料独特の味わいがあり，景観上有用である。強風地域では防風を目的とする高生垣（北関東のシラカシの高垣など）を見ることができる。→築地松（ついじまつ），石垣，板塀

生垣（知覧／鹿児島県）

生け捕り（いけどり）一般には文字通り生きたまま捕まえることだが，造園用語としては，庭園の設計に際して，園外の風景をその庭園の景色の一部として取り込むことを指す。借景も生け捕りの一つである。→借景，庭園

生け捕り（竜安寺／京都市）

生け花 花を使い日本伝統文化独特の「間の美しさ」を表現する芸術。日本で約700年も前から独自に発展してきた芸術で，枝や葉や花などを器に美しく飾る。生け花と欧米のフラワーアレンジメントと大きく違う点は，次々に花を挿すのではなく，可能な限り枝や葉を省略し，いかに少ない花で美しく見せられるかを工夫する点。花や枝の

イギリス式庭園（スタウアヘッド／イギリス）

動きの中の「空間」を活かしながら全体を調和させるのが特徴。→茶の湯

生け花

イコモス ⇒ICOMOS

イサム・ノグチ ［Isamu noguchi］(1904-88)
ロサンゼルス生まれの日系アメリカ人。彫刻家，画家，インテリアデザイナー，ランドスケープデザイナー，舞台芸術家。コロンビア大学医学部，レオナルド・ダ・ビンチ美術学校で学ぶ。1952年広島平和記念公園の慰霊碑デザイナーに選ばれる。モエレ沼公園，あかりシリーズなど有名作品多数。→モエレ沼公園

イサム・ノグチ（イサム・ノグチ庭園美術館／香川県）

石垣 自然石を敷地の周囲に積み上げ，境界とするもの。敷地と周辺との間に高低差がある場合に用いられることが多い。恒久性があり管理に手間がかからないが，建設コストは高い。自然石をそのまま積むものから，切石にして（大谷石など）利用するものまで，表情は多様である。→生垣（いけがき），土塀，板塀

石垣（玉石を見事に積んだ大里集落／八丈島）

石川栄耀（いしかわひであき）(1893-1955)
都市計画家，元早稲田大学教授。東京帝国大学工科大学土木工学科を卒業後，民間を経て都市計画技師。初期の勤務地である名古屋，敗戦後の東京震災復興計画など日本の都市計画分野に大きな功績を残した。日本都市計画学会にはこの業績を記念して制定された「石川賞」「同奨励賞」がある。

維持管理 ①ものごとをそのままの状態で保ち続けるよう保存，利用，改良等の処置をすること。②居住環境条件を整え，財産価値を保全する作業をともなう行為のこと。

意識調査 空間のさまざまな状態，あるいはさまざまな空間に対して，そこにかかわる人間がどのような意識，感覚，知覚をもとにした認知イメージ，さらに意向をもっているかを調査する方法の総称。→アンケート調査，インタビュー調査，イメージ，感覚，知覚，認知

意識調査（住民インタビュー調査／バンコク）

移植 ［transplantation］ 一般的な用法としては臓器移植，胚移植なども含むが，ここでは植物を現存する場所から別の土地に移し，植え替えることを指す。開発区域に含まれた名木や老樹を，地域の記憶を継承する手段として移植することは奨励されるべきであるが，移植を成功させるには十分な準備が必要となる。→植栽

石を立てる 「庭を造る」ことの古風な表現。『作庭記』に庭を造るにあたっては，まず

石を立てる（大徳寺大仙院／京都市）

要となる石を適切な場所に据えることから始める，という趣旨の記述がある。石は不変の要素であり，庭の中心的な存在である，という意味。→作庭記（さくていき），寝殿造り庭園，日本庭園

石綿（いしわた，せきめん）⇒アスベスト

イスラム庭園［islamic garden］水を中心とした，幾何学形態の庭園。砂漠の乾燥地帯で生活していたアラブやペルシアの人たちが理想とした，豊かな水と華やかな花々に囲まれた空間を具現化したものである。スペインのアルハンブラ宮殿やヘネラリッフェ，インドのシャーラマール庭園など。→アルハンブラ宮殿，ヘネラリッフェ，楽園

イスラム庭園（アルハンブラ宮殿・アラヤネスのパティオ／スペイン）

遺跡　地上または地下に残る過去の人々が活動した痕跡。住居跡や墳墓などの土地と一体化して動かすことができない遺構と，土器や人骨などの動かすことができる遺物からなり，研究や保護の対象になるものを指す。本来備えていた機能を喪失したもの，祭祀の儀礼が途絶えたものが対象となる。→史跡，文化財

遺跡（古代都市の遺跡群／ローマ）

伊勢神宮内宮（いせじんぐうないくう）三重県伊勢市にある皇大神宮。天照坐皇大御神（あまてらしますすめおおみかみ）を祭神とする。御神体は，八咫鏡（やたのかがみ）で，八坂瓊勾玉（やさかにのまがたま）と草薙剣（くさなぎのつるぎ）を加えて「三種の神器（じんぎ）」と呼ばれる。正殿は「唯一神明造（ゆいいつしんめいづくり）」と呼ばれる様式で，屋根の両端に千木（ちぎ）がそびえ，棟には堅魚木（かつおぎ）が並ぶ古代の建築様式を伝える。20年ごとに正殿をはじめ建物を建て替え，宝物などを作り変える式年遷宮（しきねんせんぐう）が行われる。

伊勢神宮内宮（三重県）

位相［topos ギ］⇒トポス

位相幾何学［topology］⇒トポロジー

磯崎　新（いそざきあらた）(1931-)　大分県大分市出身，ポストモダンの代表的な建築家。世界に大きな影響を与える。東京大学卒業後，丹下健三研究室にて丹下健三に師事。1963年に磯崎新アトリエを設立。公共建築を多く手がける。代表作品は大分県立大分図書館，群馬県立近代美術館，つくばセンタービル，水戸芸術館，2005年トリノ・パラスポート・オリンピコなど。代表的著書に『空間へ』(1970)，『建築の解体』(1975)，『建築が残った』(1998)など。

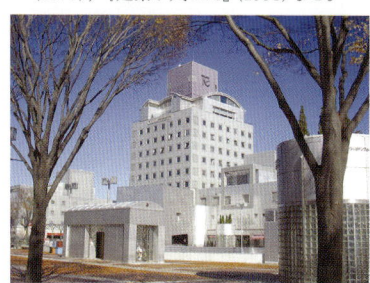
磯崎新（つくばセンタービル／茨城県）

板塀（いたべい）敷地の周囲に板を立てて塀とすること。土塀や石塀に比べると軽微な塀であり，耐久性をもたせるために表面を焼いたり塗装したりするのが普通。木造の伝統建築とのデザイン上の相性が良く，黒塀（黒板塀）は粋なものとされる（写真・14頁）。→生垣，竹垣，築地塀（ついじべい）

板塀（角館／秋田県）

移築保存（致道博物館／山形県鶴岡市）

イタリア式庭園　[italian garden]　多くは斜面地形を利用してテラスや階段を設け，そこに水を流したり噴水を設けたりした，立体的でダイナミックな庭園様式。成立は16世紀頃でバロックの時代を感じさせる躍動感がある。→ヴィラ・デステ，噴水

市　（いち）交易の目的で定期または不定期に人が集まって品物の交換や売買を行うこと，またはその場所。ある場所が特定の時間や特定の用途に使われることによって場所の一部や全部が領域化され，特定の意味や場所性をもつようになる都市の遷移空間の一つ。最近はまちづくりに関する情報や企画提案などが集まる場としても用いられることがある。

市（カンボジアの市場）

移築保存　伝統的建造物等保存に価する建物を現地ではなく，他の場所へ移動して建て直し，保存すること。なお，現存する場所で保存する場合は「現地保存」という。→保存，部分保存

一次生活圏　地方都市圏の中を生活圏の段階構成として計画するといった圏域計画論の中で設定される日常生活単位レベルの圏域で，一般的呼称としての旧村あるいは地区に相当する。なお，圏域計画論の中の生活圏は，基礎生活圏，第1～3次生活圏で構成されることが多い。→基礎生活圏，圏域計画論

位置指定道路　建築基準法第42条第1項第5号。土地を建築物の敷地として利用するため，道路法，都市計画法，土地区画整理法，都市再開発法，新都市基盤整備法，大都市地域における住宅及び住宅地の供給の促進に関する特別措置法，密集市街地整備法によらずに築造する道路。建築基準法施行令第144条の4（道に関する基準）による基準等に適合し，同施行規則第9条（道路位置の指定の申請），第10条（道の位置の指定の公告及び通知）による申請，関係権利者全員の同意が必要となる。→都市計画

一団地住宅経営　一団地の住宅施設。一団地住宅経営は旧法での名称。一団地における50戸以上の集団住宅およびこれらに附帯する通路その他の施設をいう。良好な居住環境を有する住宅群を一団の土地に建設するため，都市生活に必要な住宅設備を，適切な居住環境のもとで道路や公園など他の都市施設と合わせて整備するための都市計画制度。→都市計画，地区計画，都市計画法

一団地住宅経営（都営桐ヶ丘住宅／東京都）

市場町（いちばまち）交通の要衝地やその他の地理的な要件等によって，物資の集積，交換，売買等が促進され，自然発生的または政策的に定期市が開かれた場所。→街村（がいそん）

市松模様（いちまつもよう）色や材質やテクスチャーが異なる2種類の正方形が，互い違いに組み合わされた模様。庭園の砂を市松模様に見えるように描いた砂紋を「市松紋」という。→テクスチャー

市松模様（東福寺／京都市）

一対比較法 対象について評価，評定を行い，順序づけるための方法。「二者比較法」ともいい，評価対象を2つで一組として，組合せ比較を行うことで全体の順序を判断する。評価に際しては，感覚や主観的な評価が用いられる。

一般定期借地権 借地契約の期間満了後，借主が土地を所有者に返還する制度のこと。一般的借地権とは借地権存続期間50年以上で，そのほかに建物譲渡特約付き借地権（同30年以上），事業用借地権（同10年以上20年以下）がある。

遺伝子工学 [genetic engineering] ⇒バイオテクノロジー

遺伝的アルゴリズム [genetic algorithms] 遺伝子の交差，突然変異を繰り返しながら環境への適応度が上がっていく生物の進化過程を数学的に表現し，近似解の探索方法として確立されたもの。数学者ホーランドによって広められた。最適化問題に応用されることが多い。

移動 ①移り動くこと。移り動かすこと。②都市計画では通学，業務，買物，通院，訪問や散策，レクリエーションなど日常生活のニーズを満たすための地域交通の原点としてとらえる。建築計画では地域施設の規模計画または配置計画を行う際に，利用者側からみた行動圏や施設側からみた利用者の利用圏など，施設利用者の移動に関する情報が重要となる。

移動景観 自動車，列車，航空機などさまざまな移動手段が発達した現代社会では，移動中に体験する景観の重要性が高くなっている。移動景観の特徴は変化とアングルであり，それが移動手段によって大きく異なる点にある。歩行などの低速移動の場合は，シークエンス景観と重なる。→景観，シークエンス景観，車窓風景

移動コスト 人が移動したり，ものを移動させるためにかかる費用のことで，広義には，移動にともなう労力的，精神的負荷要素も含まれる。地域施設計画における利用者を対象とした行動分析では，施設の利用行動と密接な関係にある。

移動販売車 移動可能な車両にて物品の販売を目的に道路脇，住宅地内道路等に一時的に停車し，また場所を移して営業を行う。弁当，飲み物，生鮮食料品等と販売商品の種類もさまざまであり，滞在時間帯も異なる。

イニシャルコスト [initial cost] ①初期費用。初期投資。設備システムなどを導入するために必要となる当初の費用。②建築工事費や設備，外構，設計・監理など，建物やその設備を作るためにかかる建設工事費などの初期投資費用のこと。→ランニングコスト，ライフサイクルコスト

囲繞景観（いにょうけいかん）主体（視点）を景観対象が取り囲むように配置されている景観。例えば盆地地形や谷間の村落，中世ヨーロッパ都市の中心広場など。主体と対象との一体感をもたらし，非常に強い印象を与える一方，場合によっては圧迫感をもたらす。→景観，眺望景観，渓谷景観（けいこくけいかん）

委任条例 地方自治法において，地方自治体は法令に違反しない限りにおいて条例を定めることができるとされているが，地方自治体の条例の多くは，国が定めた法令の規定により委任された事項を条例で定める場合が多く，こうした背景で制定された条例を一般的に委任条例と呼んでいる。平成12年の地方分権一括推進法の施行により，各地方公共団体は自らの判断と責任の下に地域の実情に沿った行政を実践していくこととなり，従来の委任条例以外にも条例自主制定権が行使され，地域の実情に即した条例の制定が進むようになっている。

犬走り（いぬばしり）建物の軒下の空間。本来は武家屋敷などの石垣の外側の細い空間で，犬が通るほどの通路という意味で呼ばれたことから転じたもの。

犬走り（鳥居本／京都市）

違反広告物 屋外広告物法や景観条例などのルールに違反している広告物。町並み景観や道路景観を阻害している要素である。違反の内容は高さ，大きさ，色彩，照明などが多く，その排除は容易ではない。→屋外広告物法，景観条例

イベント空間［event space］イベントを行う空間の総称で，内部空間の場合も外部空間の場合もある。中庭，広場，劇場，公園，道路等が含まれ，道路等は祭り等で一時的に本来の機能からイベント空間に変容する場合もある。

今井町（いまいちょう）奈良県橿原（かしはら）市に位置する中世の環濠（かんごう）集落で，浄土真宗の称念寺を中心とする寺内町。現在も当時の都市形態をそのまま維持しており，また歴史的建造物も数多く残されているが，その大部分が実際に住居として使用されていることも特徴の一つ。1993年に今井町全域が重要伝統的建造物群保存地区に選定されている。→重要伝統的建造物群保存地区，寺内町（じないちょう）

今井町（町並み／奈良県）

今井町（平面図／奈良県）

イベント空間（ラ・デファンス／パリ）

イメージ　image

心象，心像。心の中に浮かんだ事物，風景，姿など。目の前に物理的に存在しない対象が，心的に体験されるもの。ここでは形態や色彩，匂い，温度などの知覚される性質を，現実空間と同様にもっているとされている。絶対的な空間の存在が根底にある空間概念と対峙して，人間中心の空間概念において人間存在に基づいて認知，知覚される空間概念を総称的に示す。20世紀初めに出版されたK.ボールディングの『ザ・イメージ』(1956)やK.リンチの『都市のイメージ』(1960)などで初めて明確に示された概念で，それまでに確立されていた哲学用語の「知覚(知恵)」に対しては本質的な抽象語であるが，これによって新たな科学的な立場を示そうとする語といえる。科学研究の対象として心理を示すだけではなく，デザインの操作の対象として考えられている。
→イメージアビリティ，イメージマップ法，ケヴィン・リンチ

イメージ　エッフェル塔からデファンス地区を望む(パリ)

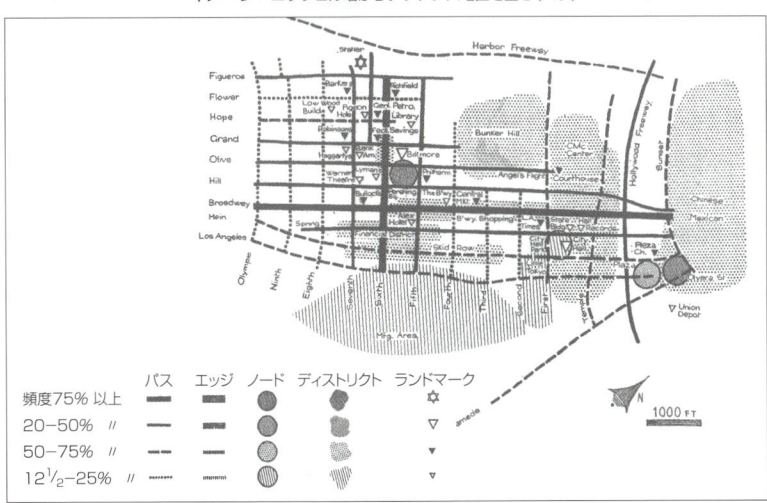

イメージ　ケヴィン・リンチによる都市のイメージの抽出(ロサンゼルス)

イメージアビリティ［imageability］物体が目に映るだけではなく、観察者に鮮明で強烈なイメージを与えること、またこのような特質、性質。アイデンティティとストラクチャーとともに、われわれのイメージを構成する要素とされる。これはさらに物理的特性と社会的な意味（ミーニング）から構成され、空間の物理的特性は5つの要素（エレメント）から構成されている。

イメージ景観［image］⇒景観イメージ

イメージマップ法　空間の状態を絵に描いてもらうことにより抽出する調査方法。K.リンチにより行われた方法が有名で、住民に自分が日常的に関係する空間の様子を白紙に自由に描いてもらうという方法による。このような自由描画法のほかに、統制的描画法、圏域図示法、空間要素図示法などがある。おもに空間の認知のしかた、され方を抽出するために用いられる。→ケヴィン・リンチ、エレメント想起法、サインマップ法

イメージマップ法

癒し（いやし）さまざまなストレス、緊張、疲労に対して、これを軽減させる働きをもつと考えられる事象の総称。心理的に安心感、安定感、やさしさを与えること、あるいはこれらを与える能力をもつ存在。社会的に近年特に使われる頻度が高く、癒しの

癒し空間の演出と利用者たち
癒し（有馬温泉／神戸市）

特徴をもつ物理的な形態や色彩、シミュレーションなどの映像、人物に対しても総称する呼び名として用いられる。→アメニティ、ゆとり、レジャー、リゾート

入会地（いりあいち）村落や村落によって構成される地域の住民などが、林野など一定の土地を共同利用する慣行を入会と呼び、それがなされる場所を入会地などと呼んでいる。「入相地」「入合地」とも書く。入会地のある農村地域では、同心円構造の最も外縁部に入会地が位置するとされている。→共有地

イルミネーション［illumination］夜の新しい景観をつくり出す手段として、建築の壁面や街路樹、看板などに小さな光源を多数取り付けて光を演出する装置。光源としては豆電球などが使われていたが、耐久性と電力消費の点から最近は発光ダイオード（LED）が多く使われるようになった。海外ではシンガポールのクリスマス・イルミネーション、日本では神戸のルミナリエなどが有名である。→夜間景観、ライトアップ、発光ダイオード

イルミネーション（神戸ルミナリエ）

入れ子構造　1つのシステムや形態の中に、ほとんど同じ別のシステムや形態が入っていること。これが何層にもなること。コンピュータプログラムにおいて、1つのプログラム構文・構造の中に、他のプログラム構文・構造が含まれている状態（ネスティング、ネスト、入れ子）。

色町（いろまち）⇒茶屋町（ちゃやまち）

陰影　①影、光の当たらないところ。②深みのあること、ニュアンス。素描においては、西洋ルネサンス期にアルベルティが科学的な陰影法を発展させた。またレオナルド・ダ・ビンチが陰影と明暗の表現を重視し、空間の中の物体をとらえるものは線ではなく、明暗による現象であり、その陰影の中に精神が喚起されると主張した。

伝統的空間における陰影による演出
陰影（修学院離宮／京都市）

インカムゲイン［income gain］⇒キャピタルゲイン

因子分析（いんしぶんせき）［factor analysis］統計的分析のうち多変量解析の方法の一つ。多くの変量から共通の潜在的な特性を仮説的に抽出し，これを解釈し，また因子間の関係を分析する。心理量の抽出方法であるSD法の分析方法として用いられる。→多変量解析，SD法

陰樹（いんじゅ）光の少ない日陰地でも生育できる種類の樹木。アオキ，ヤツデ，カクレミノなど，日本庭園に多く使われる。→陽樹（ようじゅ），庭木

飲泉所（いんせんじょ）［Trink Halle 独］温泉を飲んだり汲んだりするための公衆の施設。ヨーロッパにおいては，温泉療法の一つとしてこれを飲用することが一般的で，温泉地や温泉都市には必ず飲泉所が設けられている。散歩しながら各飲泉所でお湯を飲んで回るのが療養なのである。→温泉，温泉集落

インセンティヴゾーニング［incentive zoning］アメリカにおける一般に開発を促進するための地域制。地方行政がゾーニング規制を一定の目的で容積率や建物用途等を緩和させることによって，開発者に経済的な優遇効果を与える代わりに，公共緑地確保，都市美観への配慮，公共施設整備，歴史的建物の保全等の公益利益を引き出す方法。日本でも東京駅近辺の容積権移転，総合設計制度の公開空地（くうち）や歩行者道などの整備による容積ボーナス等がこれに該当する。→都市計画，規制緩和

インタビュー調査［interview］面接調査。人間を対象として，心理，意識または行動を抽出するために用いる方法の一つ。おもに調査員が現場にて聴き取りの調査をする方法。具体的な質問方法や選択肢の決まっていない非指示的面接調査と，具体的な質問項目や回答の記録方法が決まっている指示的面接調査がある。

インタラクションデザイン［interaction design］①複数の異なる分野のデザインが相互作用を及ぼし，新しいデザイン活動を

飲泉所（ソフィア／ブルガリア）

展開すること。②システム開発において，ユーザーの入力操作に対するシステムからの適切な反応を設計すること。利用目的に合致した画面遷移や，グラフィカルユーザーインターフェース（GUI）要素の自然な振る舞いをデザインする専門的な作業。

インテリアデザイン［interior design］建物内部，室内，家具，内装等のデザインを指す。商業ビル，小売店，ホテル，住居等のさまざまな空間が対象となる。内装材，壁紙，床材，カーテン，家具，照明等のデザインと相互の調整が含まれる。→エクステリアデザイン

インテリアデザイン（オルタ邸／ベルギー）

インテリジェント化 一般に，コンピュータで統合的に管理された状態を指す。多岐にわたる情報を一元的に扱うことが多く，「知能化」とも呼ばれる。代表的なものにITS（intelligent transport systems）があり，情報通信技術を利用して道路交通情報の提供，通行料の自動徴収などを実現する。

インナーシティ［inner city］都市の中心部およびその周辺地域。旧市街地を指す場合にも用いられる。モータリゼーションによる郊外化，土地価格の高騰，事業床の増床などから，人口流出による都市機能の低下が問題とされている。1970年代から欧米諸国で問題になり，犯罪率や失業率の上昇など社会的問題を抱える。日本でも高齢化と人口減少，コミュニティ崩壊が問題視されている。市街地再生や居住環境，就業環境整備等の社会プログラムを適用することで対応する動きがみられる。

インフラ ⇒インフラストラクチャー，都市基盤施設

インフラストラクチャー［infrastructure］「インフラ」と略称されることが多い。①道路，河川，橋梁，鉄道，上下水道，電気，ガス，電話など社会の経済基盤と社会的生産基盤とを形成するものの総称。学校や病院などの公益施設も含まれる。都市計画では，道路，河川，鉄道，公園，緑地，上下水道，ごみ，し尿処理施設等を都市基盤施設とする。おもに公共事業として整備され，社会資本として経済，生活環境の基幹部分を指す。②情報化社会の進展により情報網整備や新規分野の法律整備等も社会的基盤とみなされる。→河川，公園，道路，橋梁，社会資本

インプリンティング［imprinting］⇒刷り込み

ヴァーチャル村［virtual village］インターネット上に設立される仮想現実的な組織，集団。設立目的に応じて，参加者は「e-村民」として登録され，情報交換，交流が行われる。どこにいても参加可能で，自発的参加を拒まないこと，匿名性があることなどの特徴を有する。ネット上での交流が現実の活動につながる場合もあり，稀少な資源を有する地域における森林保全事業，河川環境保全の活動をe-村民が有志で実践する場合などがある。→e-村民

ヴァーチャルリアリティ［virtual reality］「VR」と略す。現実の物理的世界と同じような環境を，体験者（ユーザー）の視覚をはじめとする感覚を刺激することによって工学的に作成する技術システム。コンピュータによる画像表示や音響効果などを組み合わせたうえ，体験者へのフィードバック，対話性が重要。仮想現実。

ウィザード［wizard］アプリケーションなどの操作方法を対話形式でわかりやすく誘導する機能。アプリケーションの高度化，複雑化が進む中で，利用者がより扱いやすい環境をサポートする。

ヴィスタ［vista］①木立，町並みなどを通した狭い見通し，眺望。②見通しのきく通り，町並みを指す。都市や建築分野の景観に関する記述で，「ヴィスタ景観」のように，①の意味でよく使われる。→景観

ヴィスタ　ヴィスタとなる辰鼓楼（出石地区／兵庫県）

ヴィラ・デステ［Villa d'Este 伊］イタリア，ローマ近郊のティヴォリにある，比類のない躍動感あふれる噴水庭園。16世紀半ば，貴族の別荘として建設，20世紀初頭，政府により噴水公園として整備，公開された。設計者ピッロ・リゴリオ。急傾斜地に「オルガンの噴水」「ロメッタの噴水」「百の噴水」など無数の噴水と展望テラスを配置したイタリア式庭園の代表作。→イタリア式庭園，噴水

ヴィラ・デステ（イタリア）

ウィリアム・モリス［William Morris］(1834-96) モダンデザインの源流となるアーツアンドクラフツ運動を起こし，産業革命による大量生産の商品に対して，後世に影響を与える製品をつくったイギリスのデザイナー，詩人。ロンドンのヴィクトリア＆アルバート美術館に「モリスの部屋」がある。

ウェーバー・フェヒナー則　ドイツの生理学者E.ウェーバーと弟子の精神物理学者G.フェヒナーによって提唱された刺激と感覚量の関係を表した法則。「感覚の大きさは刺激の強さの対数に比例する」というもの。S：感覚量，R：刺激量，a，b：定数とすると，「$S = a \times \log R + b$」として表すことができる。

ヴェニス憲章　1964年に制定された記念物および遺跡の保存修復憲章の通称。これに基づいて，1965年国際記念物遺跡会議（通称イコモス「ICOMOS」）がユネスコの諮問機関として設立された。この会議は，世界遺産リストに収録される物件の指定を世界遺産委員会とユネスコに対して答申する役割をもつ。→ICOMOS，世界遺産

上野公園 東京都台東区。正式名称は「上野恩賜(おんし)公園」。管理者は東京都。江戸時代に徳川幕府が創建した寛永寺の境内跡を明治政府が公園に指定。日本で最初の公園である。広さは約53ha，広大な園内には東京国立博物館をはじめとする多くの博物館，美術館および東京藝術大学，上野動物園などがあり，南の入口には有名な西郷隆盛の銅像が立っている。→公園，境内

上野公園(東京都)

上原敬二 (うえはらけいじ)(1889-1914) 造園研究家，林学博士で日本の造園学の創始者とされる。東京帝国大学卒業，東京高等造園学校(後に東京農大専門部)校長。

ウェルウィン田園都市 [Welwyn Garden-city] E.ハワードの田園都市構想を受けて，1920年から田園都市会社によって計画された第二の田園都市。設計はルイ・ド・ソワッソン。その後，1948年にロンドンの衛星都市のニュータウンとしても位置づけられた。当初の開発面積1,000ha，計画人口25,000人，その後追加買収が行われ，現在，区域面積1,700ha，人口約42,000人。→田園都市，エベネザー・ハワード，ニュータウン

ウェルウィン田園都市
(中央オープンスペース／ロンドン郊外)

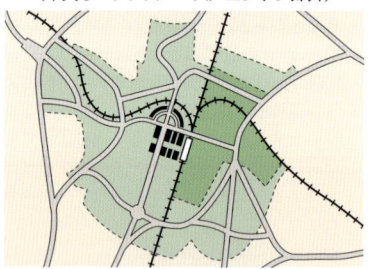

ウェルウィン田園都市
(マスタープラン／ロンドン郊外)

ヴェルサイユ宮殿 [Chateau de Versailles 仏] フランス，パリの南西22km，イヴリーヌ県ヴェルサイユ。1682年，フランス王ルイ14世により建設。壮麗な宮殿はバロッ

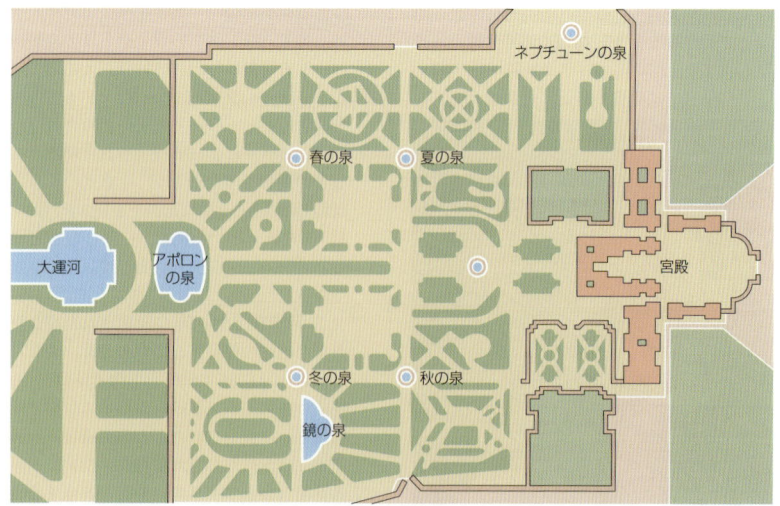

ヴェルサイユ宮殿(庭園配置図／パリ郊外)

ク建築の代表作として有名だが，ル・ノートル設計の庭園もフランス式庭園を代表する傑作である。平面的で厳密な左右対称を守った幾何学様式が特徴。→フランス式庭園，シンメトリー

ヴェルサイユ宮殿（庭園／パリ郊外）

ヴォイド［void］①プログラミング言語であるC言語において，引数，戻り値なしの関数を指す。②都市計画における公園，緑地などの公共的なオープンスペースや駐車場，学校の校庭，空地などの建物のない空間を表す。

ウォークスルー［walk-through］①CAD用語で，「通り抜ける」という意味の通り，作成した3Dパース図の建物内を，歩いているように見せる3次元CGで表現するシミュレーション手法の一つ。②建築内部空間のウォークスルーは，ウォークインと異なり，出入口が2箇所あり，通り抜けが可能な空間を指す（例：ウォークスルークローゼット）。

ウォーターフロント［waterfront］①海，川，湖などの水際一帯のこと。②都市の新たな開発領域としての海，湖の港湾部。コンテナや物流施設立地として活用されてきたが，社会経済状況の変化による工場や倉庫の移転にともなう空洞化の影響を受け，市街地再編の中で新たな都市部の拠点として住宅市街地，アミューズメント施設，業務施設，商業施設の建設がなされている。

ヴォールト［vault］石造りの建築などに見られるアーチ型の屋根形状。側面から見て半円形状の天井面が続く状態を「筒型ヴォールト」，交差したものを「交差ヴォールト」という。

ヴォールト　ゴシック教会の交差ヴォールト（ミラノ）

ウォルター・グロピウス［Walter Gropius］（1883-1969）モダニズムを代表する建築家。ドイツのベルリン生まれ。ウィーン分離派に参加したペーター・ベーレンスの建築事務所で働き，ドイツ工作連盟に参加した。ドイツ・ワイマールに1919年に設立された

ウォーターフロント（クイーンズキー／トロント）

美術と建築の学校「国立バウハウス」の初代校長となる。1925～28年までデッサウ市立バウハウスの校長を務め、1934年にイギリスへ亡命。その後、1934年にアメリカ、ハーバード大学の教授に就任した。機能主義建築のデザインを試み、国際様式（international style）の建築を数多く手がけた。代表的作品にワイマールのバウハウス校舎、ベルリンのジーメンスシュタット、ティーアガルテン集合住宅など。→モダニズム、バウハウス

雨水排水 街中に降った雨を下水道などの施設で、河川、湖沼、港湾、灌漑（かんがい）用水路等の公共用水域へ排除すること。→防災

卯建（うだつ）屋根が付いた小壁で、1階屋根と2階屋根の間に張り出すように設けられているもの。本来は町屋が連続する町並みで、隣家からの延焼を防ぐための防火壁として造られたものだが、ステイタスの表現として意匠化が進んだ。

卯建（脇町地区／徳島県）

歌枕（うたまくら）和歌に引証される名所。古都の周辺景観や神仏にゆかりの場所などで、実際の風景ではなく、和歌に詠まれることでイメージが形成されてきた心象風景。

打ち放し もともとはコンクリートを打っただけで何も仕上げをしない粗野な工事を指していたが、近代建築においては、型枠や目地を工夫することで、一つの仕上げ工法として成立させた。「打ちっぱなし」ともいう。

打ち放し（シュトゥットガルト／ドイツ）

宇宙観 人間が生きる物理的、心理的な世界、時間・空間内に存在する事物の全体像、構造、起源や進化の過程、エネルギー、生命などに対する解釈。

美しいむらづくり推進事業 豊かで住みよい農山漁村を築くとともに、「快適さ」「美しさ」という新たな視点を取り入れ、緑や水など農山漁村の恵まれた地域資源を生かした魅力ある農山漁村空間の形成を目指して、総合的な施策の展開を図ることを目的にした農林水産省が推進する整備メニューの一つである。農業、林業、水産業の連携が図られるよう異なる2分野以上の事業を取り入れ、農山漁村の景観形成・維持、環境・生態系の保全に資する施設等を整備することとされている。

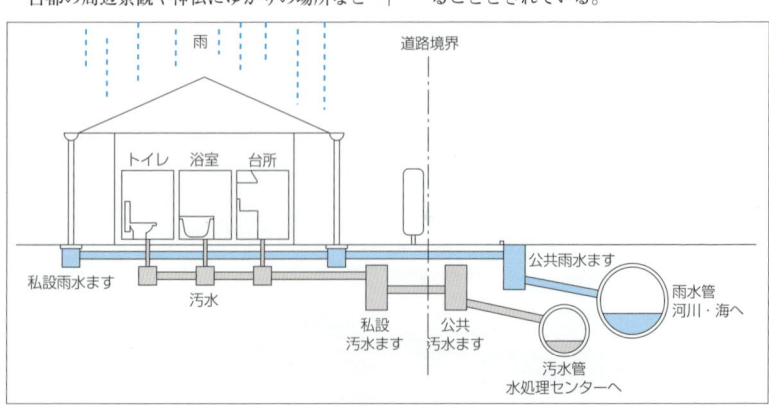

雨水排水（概念図）

写し 現品になぞらえて作成したもの。模造品。原型と同様に工芸品をつくる伝統的技法。

埋立て地［landfill］湖や海などに，土砂や廃棄物を埋めて人工的に陸地にした造成地。日本では古くは「築地」といった。東京や尼崎に現存する地名。→築地（つきじ）

裏通り 補助的道路を指し，比較的短い区間で幹線道路または準幹線道路に接続している道路。車両交通上からみると，裏通り的な環境の道路の区間をいう。日常生活上の買物道路，遊戯道路，通勤・通学道路等が含まれる。→表通り

裏庭［backyard］表庭または前庭に対して家屋の裏側にある庭。表庭が外部や客人に対して設えられるのに対して，裏庭は家事をする場所や居住者の趣味の庭とされることが多い。→中庭

裏堀 歴史的な町並みにおいて，基本的には短冊（たんざく）型に割られた敷地の裏側をつなぐようにつくられた堀（水路）。多くの場合，排水路となる。近代になって裏堀を埋めて道路とし，敷地の奥を新しい宅地として利用する例も多い。→短冊型敷地

裏堀（北条地区／つくば市）

裏山 ⇒里山

上乗せ（うわのせ）法律の基準を上回る厳しい規制。類似用語で「横だし」があり，これは法基準に規定されていない項目を規制する。どちらも開発指導要綱やまちづくり条例，景観条例など地域事情に適したルール設定におもに用いられる場合が多い。

運河［canal］水利，灌漑（かんがい），排水，給水，船舶の航行等の便に供する，陸地を掘割にして造成した水路。日本では周りを海に囲まれ急峻な地形であることから，それほど多くの運河の建設はされていないが，ヨーロッパでは，鉄道や飛行機の出現までは物流の幹線として運河が古くから整備され利用されていた。中国でも隋代に長江と黄河を連絡する大運河が建設されている。世界三大運河はキール運河，スエズ運河，パナマ運河。→カナル

運河（バーミンガム／イギリス）

運動公園 都市公園法に規定する都市公園の一種。都市基幹公園の中で，主として市民の運動，スポーツのための施設，設備を備えたものをいう。内容は野球場，テニスコート，体育館，プールなどが主である。→公園，都市公園，レクリエーション

運動公園（洞峰公園／つくば市）

衛星都市 大都市の周辺部に，ある程度計画的に建設される市街地のうち，機能的には大都市（母都市ともいう）に従属しながら，一定の自足性を有し，形態的にも独立した都市をいう。ニュータウンは完全に自立，自足的な都市を目指して始められたが，結果として衛星都市になったものが多い。→新都市，ニュータウン

エージング ［aging］①加齢。歳を重ねること。②老化，劣化。成長に対して逆のベクトル。③機械，コンピュータなどを運転状態のまま保つこと。

エキスティックス ［ekistics］C.A.ドクシアディスが提唱した人間定住社会理論。人間の定住する環境の科学。人間定住社会の要素は人間，社会，機能，自然，シェルの5つで構成され，これらの関係が調和すべきであるとする。→コンスタンティノス・ドクシアディス

エキスパートシステム ［expert system］解析のためのルール群から構成されるコンピュータプログラムの一種。問題の分析結果を提供したり，利用者の行動を正しく導く。→ウィザード

駅前広場 駅に接する公共の利用が可能な空間を指し，バス，タクシー，自転車，乗用車等のほか，交通機関との接続，駐車等を行う機能，飲食，物販等の商業活動施設を周辺に整備する一体的な開発が行われる場合が多い。→広場

駅前広場（三ノ宮駅前／神戸市）

エクステリアデザイン ［exterior design］建物の外観や門，庭，植栽，色彩，材料などを含むデザイン。単に個々の外観のデザインを指すのみではなく，連続した建物群の外観デザイン，町並みのデザインととらえる場合もある。→インテリアデザイン

エクステリアデザイン（新宿アイランド／東京都）

エコシティ ［ecocity］環境負荷の軽減，人と自然の共生およびアメニティ（ゆとりと快適さ）の創出を図った質の高い都市環境

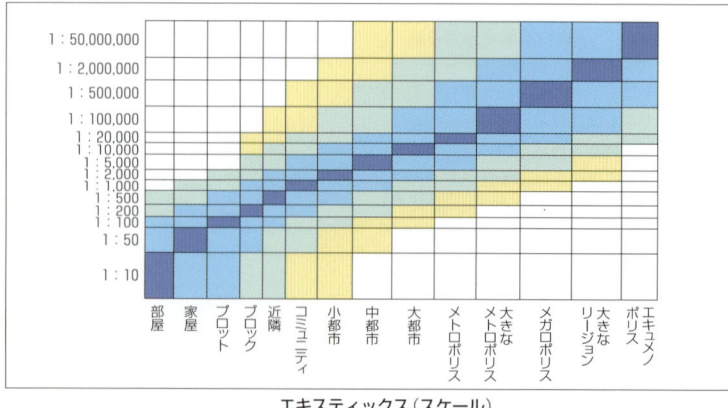

エキスティックス（スケール）

を創出すること。建設省（現国土交通省）では1994年頃から環境共生モデル都市（エコシティ）づくりをスタートしており，指定都市20地区で展開している。例えば，千葉県船橋市では「環境共生まちづくり条例」による開発と環境との共生に係る制度を実施し，神奈川県では「環境と共生する都市づくりを支援する制度」を定め，環境共生都市づくり事業の認証等の具体的な取り組みを実施している。→環境共生

エコツーリズム［ecotourism］地域の環境や生活文化を破壊せずに自然や文化に触れ，それらを学ぶことを目的に行う旅行，滞在型観光等を指す。農村滞在，農業体験，自然探訪ツアー等がある。

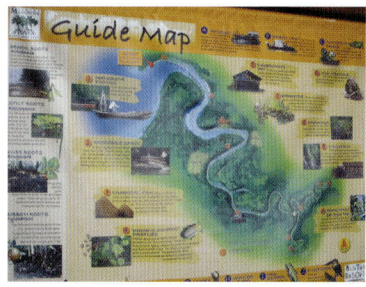

エコツーリズム
（マングローブツアー／インドネシア）

エコテクノロジー［ecotechnology］⇒直接浄化

エコロジー［ecology］本来は「生態学」を意味するが，近年では人間生活と自然との調和，共存を目指す考え方として，ecoが接頭語としてしばしば用いられている。→環境共生

エコロジカルデザイン［ecological design］生態学的，環境保護に配慮したデザイン全般を指す。デザインの対象は商品，住宅，建築物，サービス等が含まれ広義である。

エスキース［esquisse 仏］スケッチ，下絵を指す。建築，環境に関連する計画初期時にコンセプト，概念図等を簡易にまとめ，検討する際の資料作成作業も含む。→デザイン

エスニシティ［ethnicity］本来は文化人類学の用語。共通の出自，慣習，言語，宗教，身体的特徴などに基づいて特定の集団のメンバーがもつ主観的帰属意識やその結集原理のこと。→住民，コミュニティ意識，むら柄

枝張り 樹木の幹から放射状に伸びる枝の先端がつくる輪郭線のことで，樹高と並んで樹木の形態を表現する。大きな枝張りの樹木は安心感や存在感があり，場所を象徴する力をもつ。

エッジ［edge］K.リンチは心に描くイメージのアイデンティティとストラクチャーの性質にかかわる物理的特質として，イメージアビリティという概念を導入した。この概念はパス，エッジ，ディストリクト，ノード，ランドマークに5分類された。エッジは観察者がパスとして用いない，パスとはみなさない線上のエレメントを指す。→ケヴィン・リンチ

エベネザー・ハワード［Ebenezer Howard］（1850-1928）イギリスの著名な都市計画家。イギリス，ロンドン生まれ。社会改良的思想に啓発を受け，名著『明日の田園都市』(1902)（『明日-真の改革に至る平和な道』の改訂版）のなかで，職住近接型の郊外都市を提案した。ロンドンの北部にレッチワース（1902），ウェルウィン（1920）の2つの都市を建設した。田園都市論はその後の郊外型ニュータウン建設に大きな影響を与えた。→田園都市，ウェルウィン田園都市，レーモンド・アンウィン

エベネザー・ハワード
（ウェルウィン田園都市／ロンドン郊外）

エムシャーパーク［Emscherpark 独］ドイツ北西部のルール地方のエムシャー川流

エムシャーパーク（ドイツ）

えもし

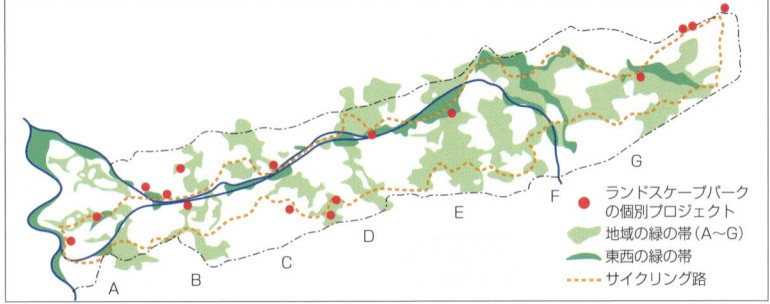

エムシャーパーク（地域図／ドイツ）

域における環境改善プロジェクト。プロジェクトの目的は，重工業を中心とする産業の下で被ってきた環境や景観に対する障害を除去し，工業的な景観の中で生活する住民の「生態系的，都市的，社会的」な条件を改善すること。エムシャーパーク計画の対象地域は，エムシャー川流域の総面積800km²。パークという名称には，文字通り「全地域を公園化しよう」という意図が込められている。→産業遺産

絵文字（えもじ）①絵を簡略化して文字として用いたもの。古代文明を発祥とする。②「ピクトグラム」とも呼ばれ，交通機関，都市施設の標識等を万人が理解可能な絵に置き換えて表示する。③電子メール，携帯メール等において，言葉や感情表現の代替表示として絵のような記号を用いる。

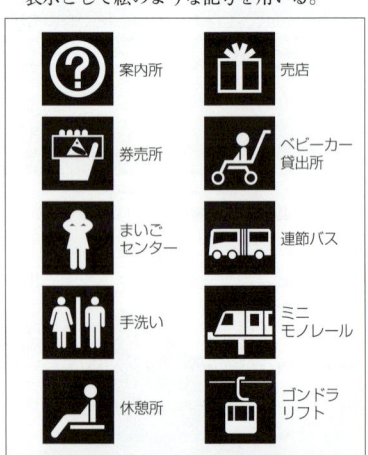

絵文字（筑波万博で使われたピクトグラム）

エリック・グンナー・アスプルンド［Erik Gunnar Asplund］（1885-1940）20世紀前半の北欧を代表する建築家。ストックホルム生まれ。1920年代のスウェーデンの新古典主義の代表的作家として当初活躍した。1930年に開催されたストックホルム博覧会の主任建築士を務め，北欧国際様式の発展に寄与した。1915年に1等賞になった「ストックホルム南墓地国際コンペ」で始まった「森の墓地（クレマトリウム）」と呼ばれる作品のシリーズはアスプルンドの最高傑作といわれ，1994年に20世紀以降の建築としては初めて世界遺産として登録された。
→クレマトリウム

エルゴノミックス［ergonomics］⇒人間工学

エレメント［element］空間を構成する物理的要素を指す。例えば建築物，街路，広場等は，一定の広がりを有した空間のエレメントととらえられ，玄関，食堂，寝室等は建築空間のエレメントとしてとらえられる。→空間構成要素

エレメント想起法　空間認知に関する調査方法の一つ。対象地区に実在する建物，ベンチや電話ボックスなどの空間要素を示し，その認知の有無を被験者から抽出する方法。
→イメージマップ法，サインマップ法

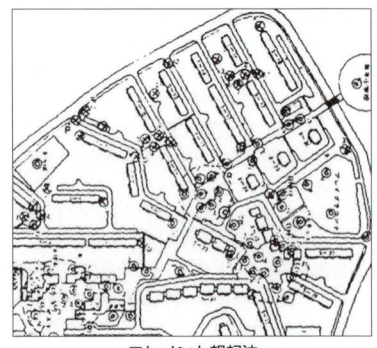

エレメント想起法

縁側（えんがわ）日本家屋において，座敷の外側に沿う細長い板敷き。住宅の内部と外部をつなぐ中間的空間として機能し，古くから縁側での居住者と来訪者の交流，縁側から庭や月を眺めるといったことが行われてきた。→中間領域，濡れ縁（ぬれえん）

縁側（水戸偕楽園）

遠近法 遠くと近くを，見た目に近く図化する方法。一般に見ている位置から遠ざかるほど小さく，また見えにくくなる。形によって表現する透視図や，遠くへ行くほどぼんやりさせる空気遠近法などがある。

遠景（えんけい）[distant view] 視点から遠くに見える景色。主対象がより近くにある場合は，遠景はその背景となり，図に対する地となる。主対象が遠い場合は，スケールの大きなパノラマ景観になる。→風景，近景，中景，パノラマ景観

園芸 [gardening] 本来は，果物や野菜類，庭木や草花類など，幅広い植物を栽培することとそのための技術を指す。最近は趣味の庭づくりを意味することが多い。→ガーデニング

延焼遮断帯 大規模な地震等において，市街地大火を阻止する機能を果たす，道路，河川，鉄道，公園等の都市施設と，それらの沿線の一定範囲に建つ耐火建築物により構築される帯状の不燃空間のこと。→防災，防火地域

縁石（えんせき）道路の部分で，舗装または路肩の縁線，あるいは歩道や分離帯と車道との境界に沿って設けられる施設。一般には，側溝の一部をなす垂直あるいは傾斜した面をもち，車道端を保護し，運転者に車道端を明示する役割を果たす。

沿線開発事業 新規に開発される鉄道路線等が計画される際に，その沿線の駅周辺等において新規に開発される事業のこと。大正，昭和初期には，郊外に住宅地を開発するために鉄道が敷設され，それが現在の私鉄網を形成する原因になった。→開発，宅地開発事業，郊外住宅地

エンタシス [entasis] 円柱の中間部のふくらみ（胴張り）を指す。ギリシャ，ローマの古代神殿の柱に用いられた（写真・30頁）。

園地（えんち）厳密な定義はないが，建物等が建っていない緑地をいい，公園や庭園はむろん含まれる。→緑地，オープンスペース

沿道土地利用 [roadside land use] 都市計画道路等を整備する際に使用する用語。開発区域および道路の位置づけに従って沿道の土地利用を計画すること。→都市計画道路，土地利用

遠近法（一点透視による透視図）

えんとう

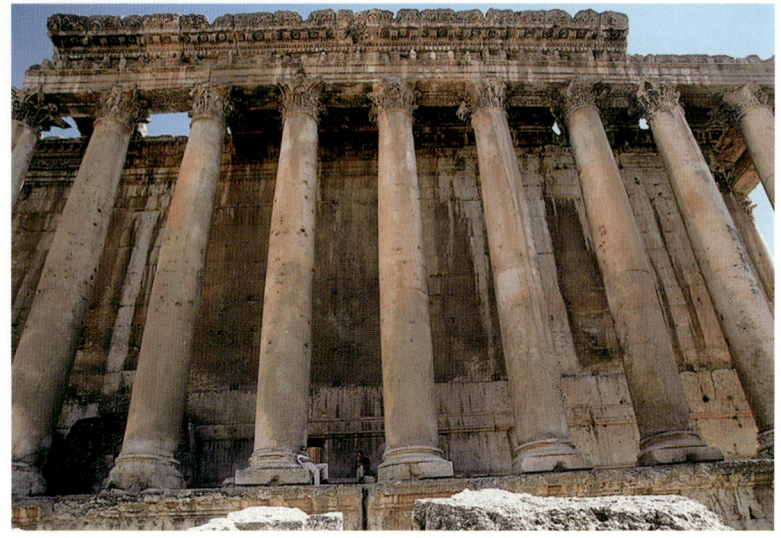

エンタシス（バッカス神殿／レバノン）

沿道緑化 道路に沿った場所を緑化すること。道路内に街路樹を整備することも含むが，おもに道路に沿った敷地の道路側に植栽を施し，移動景観を心地よいものにするとともに，排気ガスや粉じん，騒音などの悪影響を阻止することを目的とする。→緑化，道路景観，移動景観

沿道緑化（西大通り／つくば市）

エンパワーメント［empowerment］社会的に個人が，または集団として生活に関係する団体，自治体などに組織外から影響を与えること。多義的に用いられる概念だが，基本には社会を構成する個人が平等であり，十分に個人の意見をいうことができる社会経済環境，教育環境があることに価値をおく。市民参加や行政アセスメントの基本概念。パウロ・フレイレやジョン・フリードマンなどにより構築された概念。

園林（えんりん）中国で庭園を指す言葉。→庭園

園路 公園や庭園の中につくられる道。散策や回遊のための道で，通常，歩行者専用の道である。したがって交通機能よりも景観の視点場をつくり出し，その変化を演出することに大きな目的がある。特に回遊式庭園においては，園路のデザインが決定的に重要である。→庭園，歩行者専用道，見え隠れ

園路（箱根美術館／神奈川県）

オアシス都市〔oasis〕オアシスとは砂漠地帯における水と緑がある場所だが，交易路はこうしたオアシスをつなぐように造られ，オアシスは交易都市に成長することがある。しかし，水が枯渇したり，交易路が変更されたりすると衰退ないし消滅するものも多い。→シルクロード

黄金分割 1つの線分を外中比に分割すること。ほぼ1対1.618。長方形の縦と横との関係など安定した美感を与える比とされ，視覚デザイン構成，建築空間計画等に用いられる。→プロポーション

横断面構成 ①物体をその延長方向と直角を成す平面にきった切り口の素材や寸法，作り方。②道路および河川の流れに対して直角を成す断面における素材，寸法，配置，構成要素等の組合せ。

近江八景（おうみはっけい）琵琶湖南部の八箇所の優れた風景をまとめた表現。室町時代後期に，当時中国の洞庭湖周辺の景観を表した「瀟湘(しょうしょう)八景」をモデルに選定されたとされる。図のように，比良の暮雪から石山の秋月までの八景で，安藤広重の浮世絵が有名。→八景式鑑賞法，金沢八景

覆い堂（おおいどう）既存の建物を風雨から守るために，その建物を覆う目的で建設された建物。覆い堂として有名なものは，中尊寺金色堂を覆っている覆い堂。金色堂覆い堂は，これまでも建替えが行われてきたが，現在の覆い堂は1965年に建設された鉄筋コンクリート造のもので，金色堂はこの覆い堂内のガラスケースに収められている。→保存

近江八景（位置図）

中尊寺金色堂の旧覆い堂
覆い堂（平泉町／岩手県）

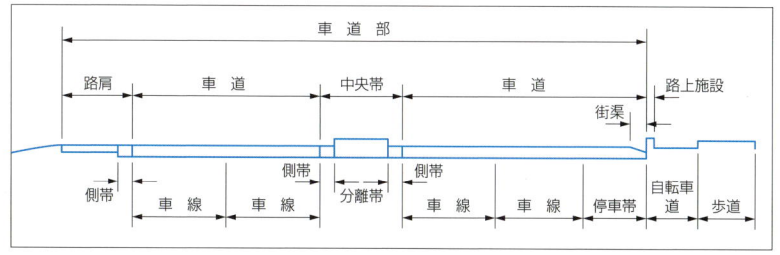

横断面構成（道路の横断面）

大阪万博　正式名称は「日本万国博覧会」。1970年に大阪千里丘陵を会場に「人類の進歩と調和」をテーマに開催された日本で最初の万国博覧会。会場跡地は記念公園、大阪大学、病院等に利用された。岡本太郎作の「太陽の塔」は記念モニュメントとして現在も残されている。→万国博覧会

大阪万博

オーセンティシティ　[authinicity] 真正性、真実性。偽りがなく本物であること。文化財では、1964年のヴェニス憲章(記念建造物および遺跡の保全と修復のための国際憲章)に遺産のもつオーセンティシティを後世に伝えていくことが記載された。後に世界遺産を登録していくための重要な判断基準の一つとして考慮されるようになった。

オーダー　[order] ギリシャ建築、ローマ建築、古典主義建築などにおける円柱と梁の構成法。独立円柱(柱基、柱身、柱頭)と水平梁(エンタブレチュア)による比例関係をもとにした構成原理。トスカーナ式、ドリス式、イオニア式、コリント式、コンポジット(複合)式の5種類がある。

古代ギリシャ建築のコリント式オーダー(アテネ)
オーダー

オープンカフェ　[open cafe] 従来の喫茶店と異なり、街路に向けて開放的な窓、好天時に利用可能な外部席等を設けた飲食店舗。飲み物以外にも軽食、夜間はアルコールの提供を行う店舗もある。

オープンカフェ(リバレイン川端／福岡市)

オープンスペース　[openspace] 一般用法としては開かれた、開放的な空間をいうが、ここでは都市部で建築物が建てられていない広がりのある場所を意味し、その多くが緑地であるが、市街地内農地や河川空間も含まれる。緑地の場合は林地、芝生地、草地が一般的である。アメリカや北欧の住宅地は、大規模なオープンスペースを有する。→緑地、生産緑地

オープンスペース
(タピオラニュータウン／フィンランド)

オープンプラン　[open plan] 室内空間を用途別、物理的に区切るのではなく、その広がりを活かして利用する平面計画。学校やオフィスの執務空間での展開がなされており、キャビネットや低いパーティションなどの可動間仕切りで必要な空間を柔軟に確保する。住宅間取りにおいても居間と食事室、隣接する居室に間仕切りを設けないワンルームタイプ、仕事場と連続したスタ

オープンプラン(打瀬小学校／千葉市)

ジオタイプ，居間に吹抜けを設ける等といった「広く使う」しつらえを指す場合がある。→空間，空間計画

岡山後楽園（おかやまこうらくえん）岡山市後楽園。1700年，岡山藩主池田綱政が建造。明治になって県有となり，一般公開。金沢兼六園，水戸偕楽園（みとかいらくえん）と並ぶ日本三名園の一つで，特別名勝。いわゆる大名庭園の典型で，伸びやかな空間に点在する建物を回遊する形式である。→日本庭園，大名庭園，金沢兼六園

岡山後楽園

オギュスタン・ベルク［Augustin Berque］（1942-）フランスの地理学者，哲学者。日本学の第一人者でもある。モロッコのラバト生まれ。パリの国立社会科学高等研究院教授。人間社会と自然，空間の関係に関する著作を著す。二元論の主体と客体をつなぐ「通態」という概念を打ち出し，和辻哲郎の著した『風土』（1935）に着目した。環境は時間と空間を通態化したものとし，風土は歴史と環境を通態化した概念であると提唱した。→和辻哲郎（わつじてつろう），風景論

奥 ①内へ深く入ったところ。外側から遠い方。②家の入口から後方へ深く入った所。妻や家族が寝起きする所。③身分の高い人の妻の呼称。

屋外空間 屋根に覆われない外部に存在する空間の総称。公園，広場，中庭，庭，道路等を含む。屋内空間と対比する。→外部空間

屋外広告物 屋外に設置される広告物の総称。看板類，のぼり，掲示物を含み，広告物のみでの自立式のものと，建物等の屋上，壁面等に接続されるものとがある。→屋外広告物法，屋外空間

屋外広告物法 屋外広告物の表示の場所や方法，広告物掲出物件の設置，維持について規制の基準を定めた法律。1949年に制定されたが，2005年には景観緑三法の施行にともない改正された。→屋外広告物

屋外広告物（商店街の看板／香港）

屋上庭園［roof garden］屋上緑化の一種だが，ただ緑化するだけでなく，庭園として観賞，利用ができるようにデザインされたもの。眺めるだけのものと回遊できるものがある。→庭園，屋上緑化

屋上庭園（なんばパークス／大阪市）

屋上緑化 建物の屋上を緑化すること。通常，陸屋根（ろくやね）の防水層の上に土を盛り，植栽する。屋上緑化の目的は，景観の向上よりも建築物の温度低減や鳥や昆虫類の生息環境の創出などで，エコロジカルな効果が大きい。→緑化，アクロス福岡

奥性（おくせい）視覚的，感覚的に接している区切られた空間に対し，見えない部分，または見えそうで見えない部分があると感じる感覚，またはそれに対する価値付け。日本人独特の概念ともいわれ，日本の伝統的な都市形態，建築物，庭園などの演出方法，あるいは照葉樹林などに対する表現。裏，迷宮，秘境，空間の壁などの表現と近い。

屋内緑化 建築物の内部を緑化すること。屋内は降水がなく採光も不足しがちで，植物の生育環境としては過酷である。人造植物（ホンコンフラワー）によるものは論外としても，鉢物の定期的入れ替えやフラワーボックスでの散水のレベルから，人工照明やパイプによる自動給水を行う本格的なものまで多様である（写真・34頁）。→緑化

屋内緑化（シーバンス／東京都）

奥行感（おくゆきかん）空間内にあるさまざまな物体の奥行の距離を知覚する感覚。表から奥までの距離感。

汚水処理場　正式名称は「終末処理施設」。都市施設の一つ。汚水に一定の化学的処理を施して環境保全に対して安全な状態にして公共用水域に排除する施設。一次処理として沈砂池，スクリーン，最初沈殿池で細かな土砂や比較的重い浮遊物を沈める。上澄み液を二次処理として，活性汚泥法と呼ばれる生物処理法で処理。処理された活性汚泥を含む汚水は，最終沈殿池で活性汚泥と上澄み水に分離し，この上澄み水が消毒され公共用水域へ放流される。三次処理として紫外線処理等を行い，処理水の再利用をする場合も増えてきている。→都市計画，インフラストラクチャー

オストワルド表色系（—ひょうしょくけい）[Ostwald system] ドイツのW.オストワルドによって考案されたもので，黄・橙・赤の順に24色を取り，これらの純色に等比級数的な量の黒と白を加えて，すべての中間色を表したもの。→表色系，マンセル表色系

オスマン [Georges-Eugène Haussmann] ⇒ジョルジュ＝ウジェーヌ・オスマン

オゾン層 [the ozone layer] 地球の大気中でオゾンの濃度が高い部分のことをいう。太陽からの有害な紫外線を吸収する生成機構から，地上の生態系を保護する役割を果たしている。その一方，近年になって冷媒や洗浄剤として使用されてきた塩素を含むフロンガスなどが大気中に排出されたことで，オゾン層の破壊が進んだ。このままオゾン層が破壊され地表に有害な紫外線が増えると，皮膚がんや結膜炎などが増加すると考えられているが，フロンガスの全世界的な使用規制によってオゾンは徐々に再生されつつあるものの，予断を許せる状況ではない。

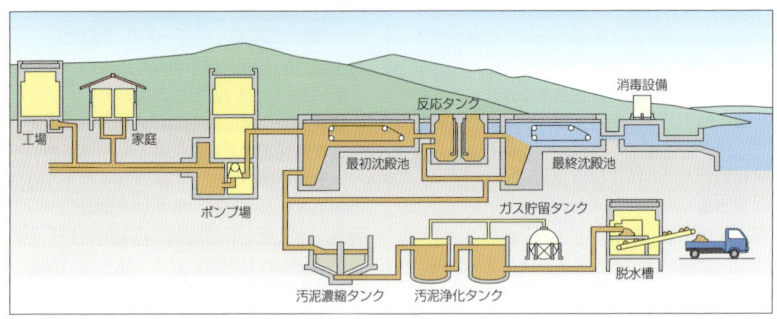

汚水処理場（処理の仕組み）

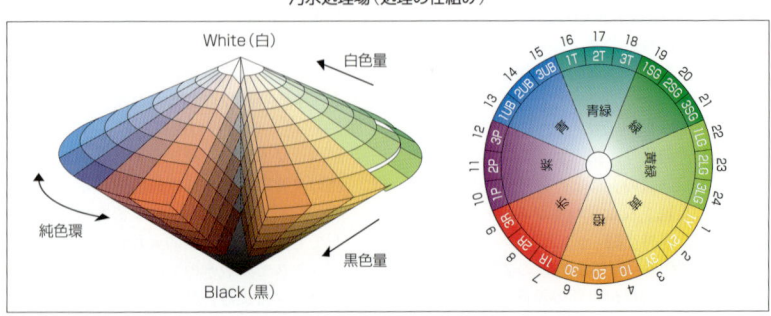

オストワルド表色系

小樽運河（おたるうんが）北海道小樽市に位置する運河。1923年に完成した埋立て式運河。1960年代に小樽市によって運河の埋立て計画が発表されたことをきっかけに，運河の保存運動が大々的に行われた。結果として，運河の一部は埋め立てられ道路となったが，一部は保存されこれに沿った遊歩道が整備された。この地区には，現在も煉瓦や軟石の倉庫が立ち並んで当時の景観が垣間見られる。最近では，これらの倉庫等を活用し，観光客を対象とした飲食店やみやげ物店が整備されてきている。→保存

オットー・フリードリッヒ・ボルノウ [Otto Friedrich Bollnow] (1903-91) ハイデガーに影響を受けた哲学，教育学の学者。ドイツのチュービンゲン大学で長く教鞭をとる。著書の『人間と空間』(1963)は世界の空間デザイナーに大きな影響を与えた。→実存主義，体験されている空間，マルティン・ハイデガー

音風景 [soundscape] ⇒サウンドスケープ

オフィスレイアウト [office layout] 業務空間内部の構成を指し，具体的には机，椅子，事務機器，ネットワーク構築等の配置計画。近年は従業員が固定の机や椅子を保有せず，自由に着席して業務を行うフリーアクセス型のレイアウトを行う場合もある。

重さ指定道路 ⇒指定道路②

表通り 都市や町における主要な通りのことで，商業地域では各店舗の主要な入口が連続する通りを示し，住宅地域では各住戸の表玄関が連なる通りを指す。対語は「裏通り」または「裏道（うらみち）」。→目抜き通り，裏通り

表通り（デトライデ通り／ザルツブルグ）

オリエンテーション [orientation] 空間内で自己の位置，または対象，目的物，他の人間等との関係を認知すること。定位。

小樽運河

温室［glasshouse, greenhouse］屋根と外壁をガラスとして，屋内を高温に保つ建物。鉄とガラスの建築が可能になった19世紀に出現し，植物園等で利用される。これにより，熱帯や亜熱帯の植物の栽培が可能になり，また通常の季節以外に生育ができるようになった。その後，簡易なものが蔬菜(そさい)や花卉(かき)農業に普及した。→屋内緑化，植物園，園芸

温室効果ガス［greenhouse gas］「GHG」と略す。大気圏にあって地表から放射された赤外線を一部吸収することにより温室効果をもたらす気体の総称で，二酸化炭素，水蒸気，フロン，メタン，亜酸化窒素などである。その中で最も温室効果をもたらしているのは水蒸気である。近年は人間活動によってその大気中濃度を増しているものも多く，京都議定書において6種類が排出量の削減の対象となっている。最も温室効果をもたらしている水蒸気が削減対象とされていないのは，人為的に大気中の水蒸気量を制御するのは困難なためである。→京都議定書，地球温暖化，排出権取引

温泉［hot spring, spa］硫黄，鉄分，炭酸，塩分等を含み，入浴または飲泉することで医療効果をもつ地下水または水蒸気。日本では，温泉法の基準(温度25度以上または溶存物質一定量以上)により認定される。海外では基本的に医療施設であるが，入浴好きな日本人にとってはレジャー施設の意味が大きい。→温泉集落，飲泉所(いんせんじょ)

温泉集落　豊富な湧出量の源泉をもつ温泉地には，湯治や観光目的の多くの旅館が立地し，温泉集落ないし温泉町を形成する。歴史的な温泉町は，温泉寺や温泉神社を中心とし，いくつかの共同湯(外湯)と旅館群からなる明確な空間構成をもち，独特な雰囲気がある。草津温泉，有馬温泉，温泉津(ゆのつ)温泉など。→温泉，集落景観

温泉集落(有馬温泉／神戸市)

陰陽道　(おんみょうどう)　古代中国で生まれた思想を起源として，他の宗教から影響を受け日本独自の発展を遂げた哲学，思想の体系。日本風水の別称。万物は陰と陽とする陰陽思想と，木，火，土，金，水とする五行思想が基本とされる。→風水

温室(夢の島熱帯植物館／東京都)

か

ガーデニング［gardening］ガーデニングとは園芸，庭づくりのことであるが，現在日本で盛んに行われているのは，狭い敷地をいかに上手に使って樹木や草花を植えるか，という点に集中している。お手本になっているイングリッシュガーデンはもっと余裕のある庭である。→園芸，ヒドコット・マナー・ガーデン

ガーデニング（アデア／アイルランド）

ガーデンファニチャー［garden furniture］庭を戸外の部屋として楽しむために置かれるテーブル，椅子，ベンチ，野外炉，照明器具などの家具類。→ガーデニング

ガーデンファニチャー（曼殊院／京都市）

外観規制 良好な景観の保存整備のために，景観条例等で定められる建築規制の一種で，多くは高さ，形態，材料，色彩などの項目を含む。根拠は，周囲の建物との調和，伝統様式の保存継承，資産価値の向上などである。→景観，景観条例，景観保全

海岸保全区域 海岸法によって海岸管理者である都道府県知事が定める，防護するべき海岸の区域。津波，高潮，波浪等による海水または地盤の変動による被害から海岸を防護することが目的とされている。

回帰分析（かいきぶんせき）［regression analysis］2つまたはそれ以上の変量の関係を，数量的に表す手法，説明する側（説明変数）と説明される側（目的変数）を設定して統計的に解析する手法。特に両者の関係が直線関係であると考えられる場合を「直線回帰」，複数の変量が1つの変数を説明している場合（複数の説明変数と1つの目的変数）を「重回帰」という。→多変量解析

開渠（かいきょ）側溝などの上に蓋を設けず，雨水などが流入するようにつくられた排水路。→暗渠（あんきょ）

街区［block］街路によって囲まれた土地の範囲で，その中に複数の敷地（画地）をもつもの。新しく開発する住宅地や工業用地では，土地利用計画のはじめに街区割りを行うことが多い。→画地（かくち），区画街路，土地区画整理事業

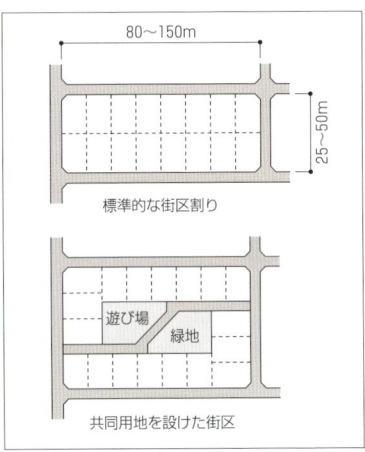

街区

街区公園 都市公園法に定められた住区基幹公園（住宅地に不可欠な公園で，街区公園，近隣公園および地区公園の3種類から成る）の一つで，小規模だが住民生活に最も身近な公園。高齢化が進むまでは「児童公園」と呼ばれていたが，現在は主として子供と高齢者の利用を想定している。誘致距離250m，面積0.25haを標準とする。最も数の多い公園である（写真および図・38頁）。→公園，近隣公園，地区公園，都市公園

街区公園（竹園公園／つくば市）

街区公園（並木2号公園／つくば市）

介在農地 農地法第4条第1項および第5条第1項の規定により、農地以外のものに転用することについて許可を受けた農地で、実際は転用しておらず農地のままの状態にある土地。類語として「介在田」「介在畑」がある。→農地転用

介在農地（島野地区／千葉県）

会所地 （かいしょち）江戸時代の都市において、街区内にあり複数の建物に囲まれ共有地とされていた中庭。もとは江戸の町割りの特性から発生した空閑地で、ごみ捨場、悪水溜め、火除地（ひよけち）などにも利用されていた。→共有地

改善型まちづくり 町の中の何らかの環境上の問題に対して、小さな改善行為を積み重ねながら、徐々に環境改善を図る方法。

スラムなどに対して一挙に新しい都市利用を実現するクリアランス型や歴史的な町並み等の保全を目的とした保存型に対して、クリアランスや町並み保全が現実的でない地区を対象に行う。地区計画や密集住宅街地整備事業、また街並み整備促進事業などの制度が対応する。→スラムクリアランス

解像度 ビットマップ画像を表現するドットの細かさ。画素の密度。1インチ当たりのドット数、ドット・パー・インチ（dpi）で表す。光学機器の場合は分解能。

塊村 （かいそん）家屋が塊状に集まった集落。自然発生的村落である散村に対する「集村」と同義で用いられる。「団村」ともいう。→集居集落、密居集落、散居集落

街村 （がいそん）集村の一種で、路村（ろそん）、列村とともに列状村に属する。家屋が街道などに沿って密集し、帯状に長く連なる集落空間を形成しているのが特徴である。宿場町、市場町、門前町などに見られる。→列状村（れつじょうそん）

階段室型集合住宅 集合住宅における居室配置で、階段室を中心に各住宅にアクセスする方法を用いた集合住宅を指す。一般的に階段室の両脇に2住戸を配置するため、プライバシー確保には優れているが、廊下型集合住宅のアクセスに比べ、階段のスペース確保が必要というデメリットがある。→廊下型集合住宅

階段室型集合住宅（桃園団地／北九州市）

快適環境整備事業 環境庁（現環境省）が1984年創設した補助事業で、快適環境づくりを展開しようとする市区町村に対して計画策定を補助する制度。「アメニティタウン計画」ともいう。

買取り請求権 借主が貸主の同意を得て賃貸物に造作を取り付けた場合、賃貸借契約が終了した時に貸主に時価で買取りを請求できる権利（造作買取請求権）、または土地上にある建物の買取りを請求できる権利（建

物買取請求権)のこと。なお,新しく施行された借地借家法では当事者の特約で造作買取請求権を排除できる。

概念 事象,事物を知覚,認知,理解する際,あるいは考える際の性質,内容,特徴,手がかり。哲学用語であるが,デザイン,特にコンセプトをつくる段階において,社会的に共通の認識,それを言葉として表現する方法,さらには思考の形式を表す。哲学上ではさまざまな見解,立場がある。また,一般では大まかな意味を表す語としても用いられる。

開発 ①新しいものを生み出し,実用化すること。②森林,荒れ地など,人間があまり利用していない場所を切り開き,利用できるようにすること。この分野では,多くの場合②の意味として使用し,「都市開発」などのように,開発する目的と組み合わせた用語として使用する。しかし,現在先進国の多くの都市では,すでに開発された地域をどのように更新していくかという課題に直面しており,新たな開発を促進することは減少している。わが国においても少子高齢化が進行する中で,都市再生,都市の縮減,都市再開発等が模索されている。→宅地開発事業,地域開発,都市開発,都市再開発,都市再生

開発許可 「開発行為許可」の略語。都市計画法第29条によるもので,開発行為を行おうとする者は,あらかじめ,国土交通省令で定めるところによって,都道府県知事等の許可を受けなければならず,この行為を開発行為許可という。許可の条件は,市街化区域と市街化調整区域とでは異なり,後者では厳しく制限される。→開発許可申請

開発許可申請 「開発行為許可申請」の略。国土交通省令で定められており,開発許可を受けようとする者が,開発行為を行う際に都道府県知事に提出しなければならない申請のこと。→開発許可

開発区域 開発行為(建築物の建設や特定工作物の建設等)を行う特定の区域のこと。→開発行為

開発権移転 [transferable development right]「TDR」と略す。特定の土地利用において,法定容積率と実態容積率の差を未利用の開発権とみなして,一定の条件のもとに,隣接地または道路の対岸,近接地にこの余剰容積を移転することを認めるもの。移転先の用地では,法定容積率に割り増し容積率を加算して開発を行うことができる。ただし,容積率上限値が決められている。ニューヨーク州における1965年の歴史的建築物保存法の制定により,街中の記念的建築物保存のために考案された。類似の仕組みは,日本では特定街区以外に認められていない。→開発,都市計画,規制緩和

開発行為 建築を建てたり,特定工作物(プラント,ゴルフ場,野球場,墓苑など)を建設するために,宅地造成をしたり道路をつくったりするような,土地の区画形質を変更する行為。→開発

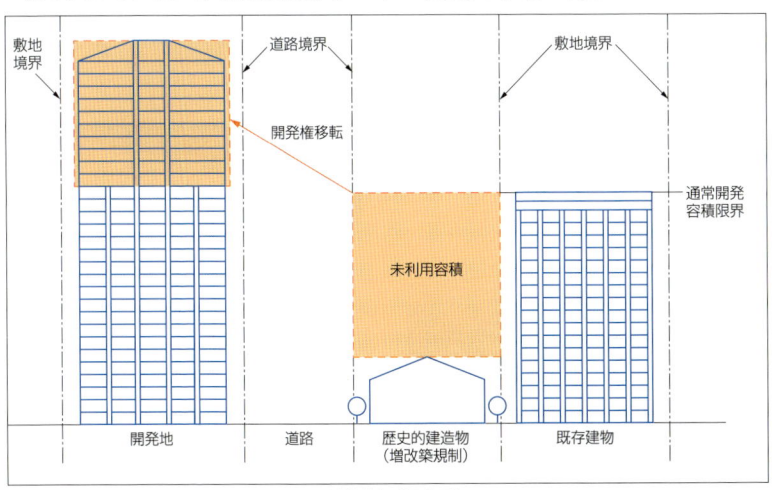

開発権移転(概念図)

開発指導要綱　宅地開発等を行う業者などに対して、公園や保育所、学校などの公共施設を整備すること、または開発者負担金を課すことを定めた規定のこと。→開発行為、開発者負担、開発利益

開発者負担　宅地開発等において、開発行為を行うものが、事業費等について一定の負担を担うこと。→開発行為、開発指導要綱、開発利益

開発利益　宅地開発において道路、鉄道、学校、病院等の公共施設の整備によって、周辺地域の住民や企業の便益が増大するが、この開発の外部経済効果を開発利益という。→開発行為、開発者負担、開発指導要綱

外部空間　物理的に覆われない空間の総称。森林、農地、海岸、公園、広場、中庭、庭、道路等を含む。内部空間と対比する。→内部空間、屋外空間

外壁保存（がいへきほぞん）歴史的建造物の保存の一手法で、建築物の外壁を残し、内部を改装して使用する方法。→保存

外壁保存（中京郵便局／京都市）

回遊空間（かいゆうくうかん）方々を巡ることが可能で、出発地点に戻ることが可能な構成となった空間を指す。例えば「回遊式庭園」と呼ばれるものは、池の周囲に遠路を設け、亭、橋、灯籠（とうろう）などを配し、園路を巡りながら景色を鑑賞できるようにつくられている。庭園に限らず、観光スポットの配置、ネットワーク構築による回遊性を確保した地域空間の創造も可能である。→回遊式庭園

回遊式庭園（かいゆうしきていえん）「池泉（ちせん）回遊式庭園」とも呼ばれ、中央の池を回るように造られる日本庭園の一様式。他の様式の多くが視点を室内に限定しているのに対して、屋外で視点を移動させながら景観の変化を楽しむもので、庭園の規模が大きくなった江戸時代に多くつくられた。代表的なものに桂離宮、岡山後楽園などがある。→日本庭園、桂離宮、岡山後楽園

回遊式庭園（栗林公園／香川県）

海洋景観　海洋景観には、陸上から海を眺める景観と海上で島影や雲の動きや星空を眺めるものとがある。後者は「海上景観」というべきかもしれない。前者には、憧れとか希望という意味が込められ、後者には安心感や望郷の念がつきまとう。→自然景観、島嶼景観（とうしょけいかん）、港湾景観

海洋景観
（スケリック・マイケル島／スコットランド）

改良住宅　住宅地区改良法に基づき、住宅地区改良事業の施行にともない、その居住する住宅を失うことにより、住宅に困窮すると認められる者に供給される住宅を指す。収入基準は公営住宅より低い。→住宅

街路　通常、市街地の道路を指す。交通の側面では市街地内の道路、幹線道路、補助幹線道路、区画街路等に段階構成される。

回遊空間（桂離宮庭園／京都市）

街路（輪島の朝市／石川県）

回廊（かいろう）長く折れ曲がった廊下。中庭や建物を囲む、または建物間を連結する屋根のある廊下を指す。→コリドー、コロネード

回廊（トロント／カナダ）

街路空間 街路によって構成される空間を指し、大都市にはその都市を象徴する街路空間があり、代表例はパリのシャンゼリゼ、ロンドンのピカデリーサーカス、東京の銀座等である。→街路

街路空間（ピカデリーサーカス／ロンドン）

街路景観 市街地内の道路である街路の景観。一般には街路の両側には建物が連続し、町並み景観とほぼ同義語となる。町並み景観では建物の壁面や屋根のデザインが重視されるのに対して、街路景観では路面の舗装、街路樹の有無、交通標識等のサイン、街路照明（街灯）などの要素が操作の対象となる。→道路景観、町並み景観

街路景観（境港／鳥取県）

街路構造令 1919年に施行された法律。街路の構造、維持、修繕、工事手法等が定められており、歩車分離や街路樹整備について言及されている。1958年に旧道路構造令と総合化され、道路構造令となった。

街路樹［roadside trees］街路に沿って列状に植栽された樹木。景観を整える、夏の日陰をつくる、騒音を緩和するなどが目的。通常、車道と歩道の間に2列で植えられるが、中央分離帯にも植える3列植栽や歩道の外側にも植える4列植栽などもある。樹種は、多くは統一され、落葉広葉樹が選ばれることが多い。→並木、緑化、植栽

街路樹（田園調布／東京都）

界隈（かいわい）①ほとり、近所。②特定の活動や行動、またそれにより連想や想起されるイメージとしての空間の広がりや認識のこと。水辺や特徴的な建物を手がかりとした地域のイメージなどから発生する。単に空間の特徴や境界ではない、そのあたり一帯。付近。近辺（図・42頁）。

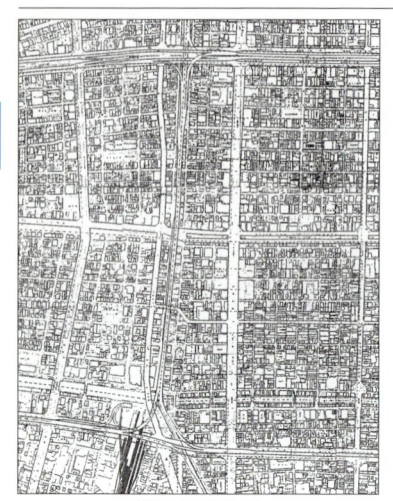

界隈（大阪ミナミ）

ガウディ［Antonio Gaudi］⇒アントニオ・ガウディ

カオス［chaos ギ］「ケオス」「ケイオス」ともいう。コスモス（秩序）の対語。原初にできた裂け目の意。①天地創造以前の世界の状態から、混沌、大混乱の意味を指す。→コスモス　②数学的名称として「予測不能の振る舞い」を指す。運動が一意に定まる系においても、初期条件による差が、その後に大きな差を生じさせ、予測が不可能な現象を指す。

輝く都市［La Ville Radieuse 仏］建築家、ル・コルビュジエが提唱した理想都市の名称。当時、人口過密で環境の悪化する近代都市を批判し、300万人の現代都市（1922）等の計画案を発表すると同時に、「Maniere de penser l'urbanisme」（邦題『輝く都市』）を著した。この計画では、超高層ビルを建設し、その代替として街路を整備、空地（くうち）を広く確保することで都市問題の解決を図ろうとした。→ル・コルビュジエ

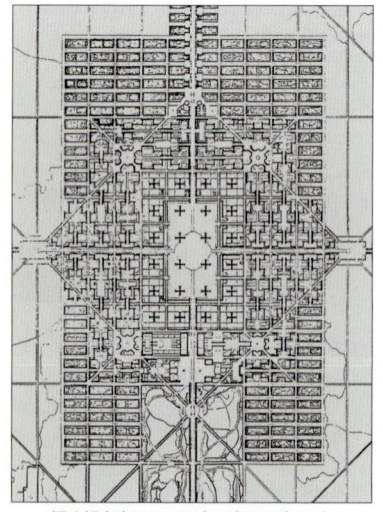

河岸（かがん，かわぎし，かし）①河の岸。かわぎし。②川の湊（みなと）。物流や市の立つところ。

輝く都市（ル・コルビュジエのプラン）

河岸　上：宮川（高山市）、下：多摩川（川崎市）

花卉（かき）観賞用に栽培される植物。観賞の対象が花の場合は「花物」、葉は「葉物」、果実の場合は「実物（みもの）」といい、花卉の栽培を目的とした園芸を「花卉園芸」という。→園芸，果樹園

拡散型都市　広大な地域に分散して集積度の低い都市が拡がることを指す。郊外開発およびモータリゼーションの普及にともない拡がった。反対語として「集約型都市」が使用される場合が多い。→コンパクトシティ

学生街　大学の周辺に形成された町のこと。学生の日常生活（衣・食・住，勉学，娯楽等）を提供するための店舗、施設が集中していることが特徴。国内では高田馬場に位置する早稲田大学周辺が有名。

かさんけ

学生街（マルブルグ／ドイツ）

筧（白川郷／岐阜県）

画地（かくち）[lot] 街区を分割した一単位の建築敷地。土地の区分単位の一つであり、一筆の宅地として区画された土地。一般的には、利用または取引の観点から見て地理的にまとまりのある土地の単位を意味する。なお、固定資産税評価においては、原則、一筆の土地が一画地であるが、その形状や利用状況等から見て一体となっている部分がある場合に、隣接する複数の宅地が一画地として認定される場合もある。→敷地

掛軸（かけじく）書画を床の間や壁などに掛けるように表装し、飾りまたは観賞用にするもの。書の場合は「掛字」、画の場合は「掛絵」、共通して「掛字」ともいう。「掛物」と同義。→床の間

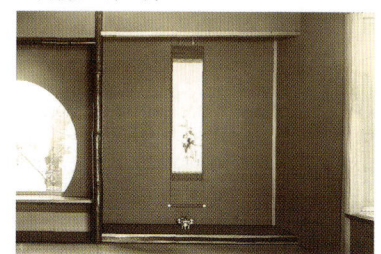

掛軸

崖地（がけち）急斜面になっている土地のことで、自然にできたものと、開発行為等により人工的にできたものがある。後者については、「法地（のりち）」および「法面（のりめん）」ともいう。→宅地造成、法面（のりめん）

筧（かけひ）竹や木材を用いて、離れたところから水を流す装置。日本庭園では、手水鉢（ちょうずばち）などに水を引くために主として竹の筧が使われる。→日本庭園

囲い込み[enclosure] 細かい土地が相互に入り組んだ開放耕地を統合し、所有者を明確にしたうえで排他的に利用すること。特にイギリスにおいて16世紀と18世紀に行われたものを指す。第一次囲い込みは、牧羊目的で個人主導で行われたのに対し、第二次囲い込みは高度集約農業の導入のために議会主導で行われた。これによって地域から共同地や薪柴（しんさい）、泥炭等の入手が可能な共同利用のための土地はなくなっていった。それに対して、共有地自体をレクリエーションの場として公衆に公開し守っていこうという運動が各地で起こった。

囲み空間 建築物、壁、塀等で囲まれた空間を指す。都市内部の広場、建築物内部の中庭などがある。古代ローマのアトリウム、中国民家の院子（ユアンツ）、天井（ティエンチン）、日本の町屋の坪庭（つぼにわ）、宗教寺院の中庭、江戸時代の会所地などもこれにあたる。共通するのは、外部空間でありながら囲まれることで、厳しい外部の影響を緩和している点である。→広場、中庭、アトリウム

囲み空間（八田荘団地／堺市）

火山景観 山岳景観の中でも、火山を中心とした景観は独特のものである。火山は活動状態によって活火山、休火山、死火山に大別されるが、なかでも噴煙を上げている活火山の印象は強い（浅間山、桜島など）。大規模な火山地形をつくるカルデラ（阿蘇山など）やできたばかりの溶岩ドーム（昭和新山や雲仙普賢岳など）は観光資源としての価値も高い（写真・44頁）。→山岳景観、自然景観

43

火山景観（大雪山旭岳／北海道）

可視化 普通は直接目には見えないものや現象を，何らかの手段で目に見えるようにすること。単純なものでは顕微鏡や望遠鏡，最近ではコンピュータグラフィックスを使った可視化が盛んに行われている。

果樹園 果樹とは，食用に供される果実（果物）をつける樹木の総称で，その果樹を栽培するための農地をいう。栽培樹種によって，クリ園，ミカン園，リンゴ園などがある。果樹園は生産農地であるが，同時に緑地でもある。→生産緑地

河床（かしょう，かわどこ）河の底。河底の地盤。河水の流れる地面。

可視領域 [visible area] 一般的にはある視点から見ることができる空間的広がりを，その視点の可視領域という。視点の位置を高くすれば，可視領域は広くなる。もう一つは，特定の対象を見ることができる場所（視点）の広がりを，対象に対する可視領域とすることができる。いずれも景観デザイン上は重要な概念である。→不可視領域

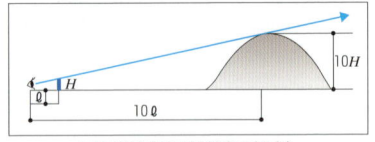

可視領域（不可視深度の概念）

カスケード [cascade] 連なった小さな滝。デザイン的な用法としては，幕を張るような落下水面をつくる人工の滝を示し，噴水，カナル，池などと並ぶ水空間デザインの主要な手法の一つである。→水，親水空間，噴水，カナル，壁泉（へきせん）

仮設 ①必要な時期だけ，仮につくり設けること。②建築分野では，仮設建築の略語として使用され，一時的に設置される建築物を指す。また仮設建築物は，建築基準法第85条第5項により，博覧会や建替え等による店舗など仮設としての許可要件にあったもので，建築基準法の規定が緩和されている。

仮設（愛知万博会場）

カスケード（グラバー園／長崎市）

河川　river, creek, brook

①河。規模の大小にかかわらない河, 川の総称。地表面への降雨や雪の水が集まり, 海や湖に注ぐ流れである河道と, そこを流れる水を含めた総称。②河川法でいう河川は, 湖沼を含む国土交通大臣が指定した一級河川, 都道府県知事が指定した二級河川, および一級・二級河川のダム, 堰（せき）, 水門, 堤防, 護岸, 床止め, 樹林帯等の河川管理施設を含めたもの。その他の河川は, 河川法の一部を準用し, 市町村長が管理する河川を「準用河川」, それ以外の河川を「普通河川」という。河川は自治体が管理すべきものとされており, 利水, 治水, 環境保護の立場から保水機能の向上, 水質管理, 防災のための安全性確保等が講じられている。また, 河川は生態系の宝庫であり, 上流域, 中流域, 下流域, 河口域において, それぞれ生息する生物は水の流れによって緩やかに変容しながら連続している。実際は利水, 治水の観点から築造されたダムや堰によって分断されていることも少なくない。国土交通省の進める多自然型川づくり等によって, 市民が水に親しみながら治水環境を整えていくのと同時に, 生態系の回復および保全等が行政, 企業, 市民の手によって図られている。③河川は連続する地域の系であり, 景である。その地域の特徴的な景観を創出しているともいえる。したがって, しつらえや周辺環境, 橋梁等の諸施設は, 機能のみならず, 空間的な連続性や見た目の調和も必要となる。美しい河川景観を形成し保全するための総合的なガイドラインが国土交通省から提示され, 河川景観を「地形, 地質, 気候, 植生等のさまざまな自然環境や人間の活動, それらの時間的, 空間的な関係や相互作用, 履歴等も含んだ環境の総体的な姿」と定義しており, 機能, 循環系, 歴史, 地域性, 暮らしとの関係などを景観形成の心得として謳っている。→景観, 親水, 水系, 総合治水, 流域

上段左：鴨川（京都市）, 上段右：郡上八幡（岐阜県）, 下段：ドナウ川（ハンガリー）
河川

河川区域 一般に，堤防の川裏の法尻（のりじり）から対岸の堤防の川裏の法尻までの間の河川としての役割をもつ土地を指す。洪水等の大規模災害発生を防止するために必要な区域。→河川，河川法

河川景観 河川景観は規模や立地場所によって特徴や役割が多様である。都市においてはオープンスペースとしての価値が高く，橋や河岸や河川敷が重要な景観要素になる。郊外や田園地帯では，堤防上や橋の上からの眺めが大切になる。山間部では地形の影響が決定的である。→景観，見通し景，渓谷景観（けいこくけいかん）

上：野球場、下：広場
河川敷公園（荒川河川敷／東京都）

河川景観（鴨川／京都市）

河川敷公園 河川の高水敷を公園的に整備したもの。野球場やグラウンド等の運動公園的なもの，都市公園的なもの，芝生を主体とした自由広場的なものがある。治水，防災上の理由から樹木は植えられていない。→高水敷（こうすいじき）

河川測量 河川の形状，水位，深浅，断面，勾配等を測定し，平面図，縦断面図，横断面図の作成，流速，流量等を調査。河川の洪水，高潮等による災害防止，流水機能等，治水および利水の総合的な管理，湖沼や海岸における保全に必要。

河川法 公共の利害に関係があると認定された河川について，管理，工事，使用制限，費用負担関係等を規定した法律。「河川について，洪水，高潮等による災害の発生が防止され，河川が適正に利用され，流水の正常な機能が維持され，及び河川環境の整備と保全がされるようにこれを総合的に管理することにより，国土の保全と開発に寄与し，もって公共の安全を保持し，かつ，公共の福祉を増進すること」を目的として1964年に制定。1997年の法改正時に「環境の整備と保全」を目的に，異常渇水時における水利使用の円滑化のための措置等が新たに位置づけられた。→河川，環境，防災

河川保全区域 河岸または河川管理施設（樹林帯を除く）を保全するため，河川管理者が指定した河川区域に隣接する一定の区域。原則，河川に隣接する区域から50m以内で，河川管理者が指定。→河川，環境，河川法，総合治水

家相（かそう）土地に対する家の地勢，方位，間取りなどの要素が吉凶に関係するという考え方。古代中国の陰陽五行説を陰陽道（おんみょうどう）として奈良時代に発展させ，四神相応，鬼門（きもん）といった考え方が普及した。現代の家相は，江戸時代に中国からもたらされた「営造宅経」を範として

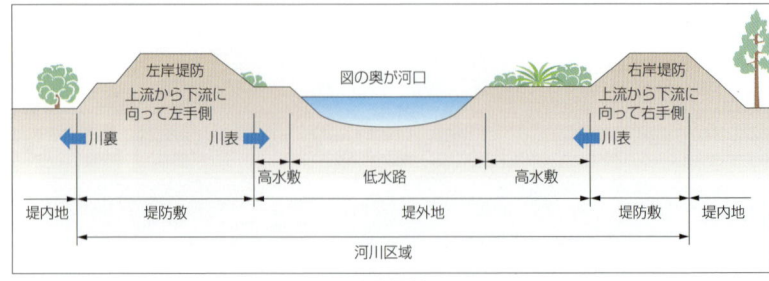

さまざまな家相書が著され，俗信や占いの要素を付け加えて発展している。

仮想評価法［contingent valuation method］「CVM」と略す。環境を守るために支払うことができると考える金額，または環境悪化を防止するならば支払ってもかまわないと考える金額（支払意志金額）をたずねることによって，環境のもっている価値を金額に置き換えて評価する方法。環境コストと環境ベネフィット（環境対策効果）の比較を数量的に行うための方法。

過疎地域 人口の著しい減少により，その地域社会の活力が低下している地域。昭和30年代に農村から都市への著しい人口流出によって人口が減少した地域は過疎化し，教育，保健，防災などさまざまな問題が発生した。これに対して国は過疎地域を指定し，各種助成措置を講じている。

ガゾメーター［Gasometer 独］2001年にオーストリアのウィーンで試みられたコンバージョン事業の名称。1896～99年に建設されたガスタンク4基を，住宅，オフィス，ショッピングモールに改装した。→コンバージョン

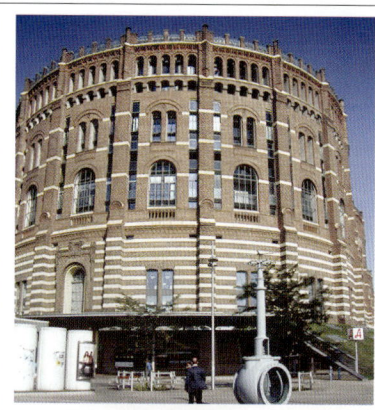

ガゾメーター（建物外観／ウィーン）

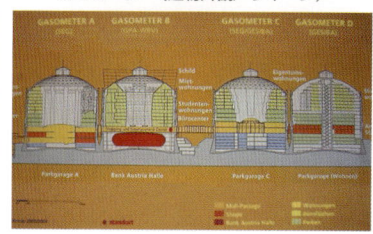

ガゾメーター（建物断面／ウィーン）

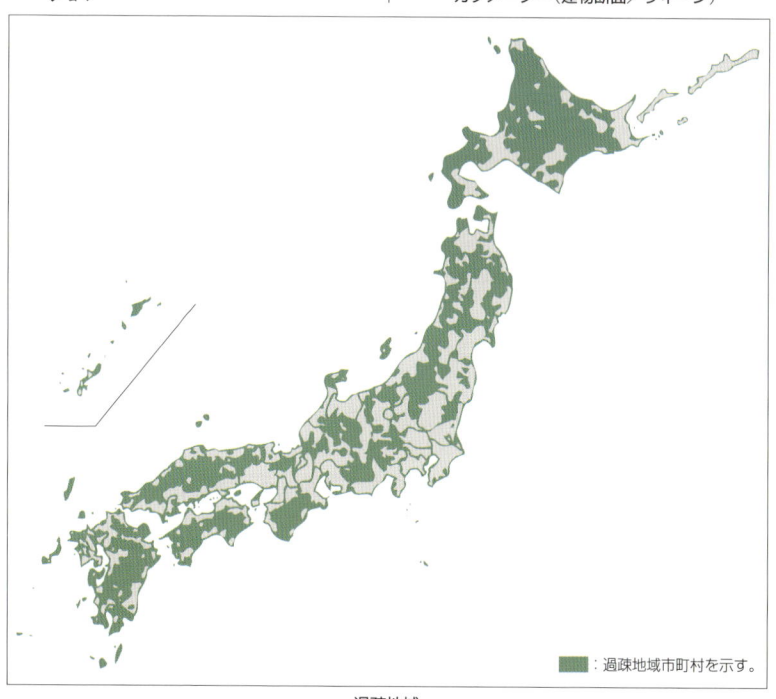

■：過疎地域市町村を示す。

過疎地域

かたん

花壇［flower bed］造園の主要な要素の一つ。園内に集中して草花（ほとんどが花類）を植え、季節に応じて必要な植え替えをし、見る人の目を楽しませる。花壇は比較的簡単につくり、管理できるので個人の庭でも見られる。→園芸、ガーデニング、造園

花壇（リンダーホーフ城／ドイツ）

花鳥風月（かちょうふうげつ）自然の美しい風景を指し、自然に対して歌を詠んだり詩を作ったりする風流な遊びを意味する。

学校緑化　緑の少ない都市部の緑化戦略の一方法として、学校の校庭に植物を植えること。昔から校地の周囲に桜などが植えられてきたが、最近はただの樹木植栽だけではなく、ビオトープをつくるなど環境教育の一環としても推奨されている。→緑化、都市緑化フェア、工場緑化、ビオトープ

合掌造り家屋（がっしょうづくりかおく）巨大な合掌組の屋根形状をもつ民家。急勾配の屋根をもち、屋根裏に3〜4層の部屋を設けることができる。飛騨白川郷、富山県五箇山（ごかやま）が有名。→白川郷

上：相ノ倉地区、下：菅沼地区
合掌造り家屋（五箇山／富山県）

合筆（がっぴつ）土地登記簿上で複数の筆（ふで、ひつ）をまとめて一つの筆とすること。→分筆（ぶんぴつ）

合併処理浄化槽　各住戸に取り付ける汚水処理装置のことで、下水道が普及していない地域において、し尿と生活雑排水をあわせて処理する。嫌気ろ床槽で固形物の沈殿・嫌気性生物処理、接触ばっ気槽で好気性生物処理、沈殿槽で接触ばっ気流水と浮遊物を分離し、消毒槽において塩素系消毒液による病原性微生物を不活性化して公共用水域に排除する。

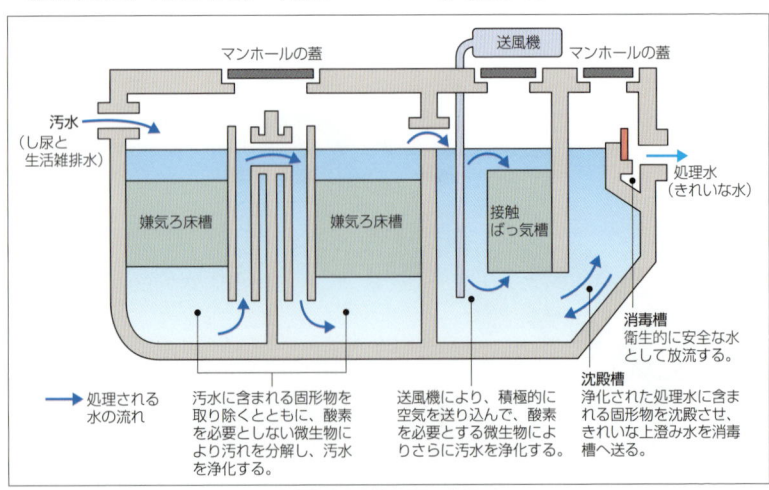

合併処理浄化槽（処理の仕組み）

桂離宮（かつらりきゅう）京都市西京区桂御園。離宮は江戸時代初期、17世紀初めから中頃にかけて、八条宮智仁、智忠親王の2代にわたって造営。明治になって来日した建築家ブルーノ・タウトによって高く評価され、その回遊式庭園は日本庭園最高の傑作とされた。園路に沿って配置された多様な景観要素とそれに対する見え隠れのデザインは見事である。→日本庭園, 回遊式庭園, 見え隠れ

桂離宮（庭園／京都市）

桂離宮（配置図／京都市）

金沢兼六園（かなざわけんろくえん）金沢市丸の内。加賀藩主前田家が江戸時代を通して築造してきた典型的な大名庭園。岡山後楽園、水戸偕楽園（みとかいらくえん）と並ぶ日本三名園の一つで特別名勝。池泉（ちせん）回遊式を基本としながら、ほかの要素も加えた総合的な庭園。徽軫（ことじ）灯籠や冬の雪吊りが有名。→日本庭園, 大名庭園, 岡山後楽園

金沢兼六園

金沢八景（かなざわはっけい）横浜市金沢区海の公園。江戸時代に流行した各地の風景を中国の洞庭湖になぞらえた八景式鑑賞法の一つ。現在は当時の景観はほぼ失われ、名前だけが残る。→八景式鑑賞法, 近江八景（おうみはっけい）

カナル［canal］運河。人工的に掘った水路。灌漑、給排水、船の航行などが目的で、大規模なものにはスエズ運河やパナマ運河がある。デザイン要素としては、都市広場や道路沿いなどに小規模なものが使われることが多い。京都の高瀬川や小樽運河はそれぞれの時代の歴史遺産である。→運河, 水路, 親水空間, 歴史的景観

カナル（伏見／京都市）

歌舞伎劇（かぶきげき）阿国歌舞伎を発祥とし、江戸時代に興隆、独自に発展した日本特有の演劇。史実や伝説、社会事象を俳優が江戸時代以前の人物に扮し、音楽と舞台装置の補助により演ずる。舞踏の要素もある。男性のみで演じられ、女性を専門に演ずる役者を女形（おやま）と称する。

花木（かぼく）美しい花が咲き、それを鑑賞することを主目的として植えられる樹木の総称。サクラやハナミズキなどの独立樹とツツジ、レンギョウなどの群植樹がある。→花壇, 造園, 庭木

花木（フォンテンブロー庭園／フランス）

カラーコーディネーション［color coordination］色彩を一定の基準を設定することで調整し、全体として調和を図ることを指す。都市レベルでの建築物やその周辺環境との調整、住宅地における各住戸の関係調整、インテリアデザインの内部空間を構成する要素間の調整などが含まれる。→色彩計画

カラーシュミレーター［color simulator］カラーコーディネーションを行う際に、試験的に色彩による調整の状態を把握するために行うシミュレーション機器を指す。コンピュータ上のプログラム、模型等による実験機器が含まれる。→カラーコーディネーション

カラー舗装 道路舗装の方法で、色付きの舗装材を用いることで、主として歩道と車道との違いを明確にし、利用者が安全に快適に使用できることを目指している。

カラー舗装（親水公園／東京都）

刈り込み 樹木をはさみを使って人工的な形につくること。三角錐や円筒形などの幾何形態や動物のかたち等がある。萌芽力のあるツゲ、イチイなどの樹種が使われる。→トピアリー

刈り込み（修学院離宮／京都市）

花柳街（かりゅうがい）⇒茶屋町（ちゃやまち）

軽井沢（かるいざわ）長野県東部、北佐久郡に位置する避暑地。浅間山南東麓、標高950m前後。旧中山道碓氷峠西麓の宿場であったが、明治、大正時代に外国人が避暑地として別荘建設を行い、その別荘開発が進み、首都圏の避暑地として発展した。日本でのリゾート第1号といえる。近年の新幹線、高速道路の開通により首都圏からの観光、定住気運が高まっている。

軽井沢（長野県）

枯山水庭園（かれさんすいていえん）通常たんに「枯山水」と呼ぶ日本庭園固有の庭園様式。水を使わないで石と砂によって自然の風景を表現する。石は山や滝や島を表し、白砂は海、湖、川などを表す。室町時代の禅宗寺院で用いられ発達した、抽象性、観念性の強い庭園が多い。代表的なものには竜安寺方丈庭園（石庭）、大徳寺大仙院庭園などがある。→日本庭園、竜安寺石庭（りょうあんじせきてい）

枯山水庭園（竜安寺方丈庭園／京都市）

ガレット・エクボ［Garrett Eckbo］(1910-2000) アメリカの造園家。1910年にニューヨーク州クーパースタウンに生まれる。カリフォルニア大学バークレー校在籍中にボザールムーブメントの影響を受け、ハーバード大学大学院デザインスクールでW.グロピウスから建築の社会的役割や空間デザインの特質について学び、モダニズムの考え方から大きな影響を受けた。作品および著作の中で、時代にふさわしいデザインの追及を行い、近代ランドスケープデザインのけん引役を担った。→ウォルター・グロピウス

ガレリア［galleria 伊］①回廊、歩廊、長廊下。②天井のある商店街の一帯を指し、ヨーロッパの都市に多く見られる。ミラノの

ガレリア・ヴィットリオ・エマヌエレⅡ世が有名。③美術品展示室。

ガレリア
（ガレリア・ヴィットリオ・エマヌエレⅡ世／ミラノ）

川床（かわどこ）①河川の流れる地面。河床。②水面上に張り出した仮設的な座敷。流れの音、川風を浴びながら食事をすることができる。鴨川や貴船（きふね）川の川床が有名。→親水

上：座敷の様子、下：川床の景観
川床（鴨川／京都市）

川の個性（川の姿、川らしさ）［forms and location, character, identity of river］周辺環境と連動した生態系、規模、流量、地域における歴史、形状、環境など空間特性が、その川のもつ個性を構成する要素となる。川は、流れるものであるため、ある特定の「場」としての個性、場が連続する「系」としての個性、さらには広がりからなる「域」としての個性がある。→河川、景観

感覚 ①さまざまな刺激を、これに対応する受容器によって感じること。または、心理的に知覚すること、認知すること。5つの感覚（視覚、聴覚、嗅覚、触覚、味覚）を五感というが、特に味覚を除く4つの感覚は環境デザインに大きく関係する。②物理的空間の事象に対して、心理的なイメージを総合的に示す語。→視覚、聴覚、嗅覚、触覚

間隔尺度 「距離尺度」ともいい、等間隔の目盛りによって計測された数量。絶対的な原点はもたない（比率尺度、比例尺度はもつ）が、任意の原点を有し、和・差などの算出が意味をもつ。

雁木（がんぎ）①人の気づかない所に出ていてじゃまになる棒のこと。②雁木造りの略。雪深い地方の町屋の軒から庇（ひさし）を長く張り出し、雪よけとしてその下を通路としたもののこと。現在は町屋に見られるが、古くは農家にも設けられていた。雁木下は、今は公道であるが、古くは個人の屋敷の一部であったともされる。③橋の上の桟。「雁歯（がんし）」ともいう。④船着場の階段のある桟橋。

眼球運動 眼球の動き、向きを変える運動。医療、人間工学分野の用語であるが、間接的に人間を中心とした景観をとらえる際の観察、分析の対象となる。見える範囲や方向、対象のとらえ方などとの関係が研究されている。

環境 本来何らかの主体を中心に意味がある概念で、その主体を取り巻き、主体に直接的あるいは間接的に影響を及ぼすさまざまな要因を示す。主体は、人間と人間活動そのもので、すなわち環境とはそれらを取り巻く自然的、人工的、社会的要因である。自然的要因には動物、植物、微生物の生物的な要因や、大気、水、土、人工物（さらには歴史、文化、福祉、健康）等の非生物的な要因があり、人工的要因には居室、空間、建築、都市、地域等、社会的要因には人間の生存活動（生活、消費、排出等）、経済活動等があり、これらが互いに関連し、影響し合ったものを指す。このように可視的でない心理的状況、場の雰囲気、実態として把握不可能な事象を指す場合もあるため、環境という言葉が使われる範疇はきわめて広い。

環境アート　公園，広場，道路等の多くの人の目に触れる比較的公的な空間において，周辺環境との関係性を重視して設置される芸術作品を指す。彫刻，モニュメント，噴水，遊具等が含まれる。→環境彫刻，パブリックアート

環境アセスメント　[environmental impact assessment] 環境に対して著しい影響を及ぼすおそれのある事業を行おうとする事業者に対して，あらかじめその事業が環境に及ぼす影響について，調査，予測および評価を行うこと。→アセス法，景観影響評価

環境移行　①人間を取り巻く環境が変化することを示す心理学的な用法。②1993年に制定された環境基本法に基づいて，それまで自然環境保全法（1972）で行われていた自然保護を，より明確な形で環境基本法で行うこととして条文の一部を移行した措置。③コンピュータのOSなど動作環境，システム環境を替えること。

環境影響評価　⇒環境アセスメント

環境影響評価法　⇒アセス法

環境音楽　環境を構成する聴覚的側面に着目し，騒音とならない環境に即した音楽を空間に整備することを指す。環境音楽を利用し，空間のサウンドスケープを創造することができる。自然の音，街の音などの環境音を素材として「聴くことを強要せず，聞き手を取り巻く環境の一部となるようつくられる」音楽。→サウンドスケープ

環境科学　自然科学，社会科学，人文科学などが相互に関係している複雑な人間環境を対象とする学際的な学問分野。自然環境や生産環境，環境政策などさまざまな領域がある。

環境管理　⇒環境マネジメント

環境管理計画　地球環境問題の解決や循環型社会の形成などを意識し，環境保全へのあらゆる主体の自主的，積極的取り組みに向けての行動計画。

環境基準　公害対策基本法に基づいて，健康を守り生活環境を保つうえで維持されることが望ましい基準として規定されたもので，環境基本法第16条に受け継がれ，大気，騒音，水質，土壌，ダイオキシン類に対して基準が定められている。環境基準は，あくまで「維持されることが望ましい基準」であり，最低限度の基準ではなく，より積極的に維持されることが望ましい政策目標として，その確保を図る努力を行うもの。→開発，環境

環境基本計画　環境基本法第15条を受けて1994年に策定された，わが国の環境保全に関する施策を総合的，長期的施策大綱として定めた計画。これまでに第3次基本計画まで策定されており，第1次では「循環」「共生」「参加」「国際的取り組み」が実現される社会を構築すること，第2次では「理念から実行への展開」と「計画の実効性の確保」という2つの点に留意，第3次では環

環境アート（ボートキー／シンガポール）

環境基本条例 環境基本法を受けて、地方公共団体の環境保全に関する基本的な考え方や取り組み方針を明らかにした条例。→環境，環境基本法

環境基本法 1993年施行。公害対策基本法、自然環境保全法に代わり、公害対策のみではなく、地球環境保全問題への取り組みも含む環境保全施策の基本を定めた法律。環境保全の基本理念から、明確な国、地方公共団体、事業者、国民の責務、環境保全施策の基本事項を定め、施策を総合的・計画的に推進することで、現在および将来の国民の健康で文化的な生活の確保に寄与する、人類の福祉に貢献することが目的。施策指針の第一は、大気、水、土壌その他の自然的構成要素が良好な状態に保持されること。第二は、生態系の多様性の確保と多様な自然環境の体系的保全。第三は、人と自然との豊かな触れ合いが保たれること。6月5日が環境の日。→環境，植生，水，緑

環境教育 今日の環境問題と、人口、開発、貧困、食糧、民主主義、人権や平和などの問題は密接不可分な関係にあることから、環境問題を社会経済的な視点からとらえ、「持続可能な社会」を理解し、一人一人が自分たちの生活や社会の仕組みを考え直し、人間と社会、人間と自然とのかかわりを学習するプロセス。わが国においても、中央環境審議会の答申では、環境教育、環境学習をいわゆる「環境のための教育・学習」という枠から、「持続可能な社会の実現のための教育・学習」にまで範囲を広げることとしている。

環境共生 環境負荷の軽減、人と自然の共生およびアメニティの創出を図った質の高い都市環境を創出すること。わが国では、1990年代に入り、都市の利便性や快適性を求めて都市環境を積極的に創造していく側面（創出的環境）と、地球環境への負荷軽減、人と自然との共生を目指した、環境を保全していく側面（自然的環境）について、そのバランスを取りながら双方の達成度を高め、総合的に都市環境の質を向上させることが急速に論じられるようになった。→エコシティ，共生

環境共生住宅 地域の特性に応じて周囲の自然環境と調和し、太陽光発電、雨水利用等の自然エネルギーを活用することを目指して設計された住宅。集合住宅の形態では敷地内でのビオトープ、コンポスト、照明機器の太陽光発電等、集合住宅の利点を活かした試みが可能となる。→環境，住宅

環境共生住宅（東京都）

環境決定論 人間の行動、心理は物理的な、あるいは社会的な環境によって影響を受ける部分が大きいとする理論。個人の内的な

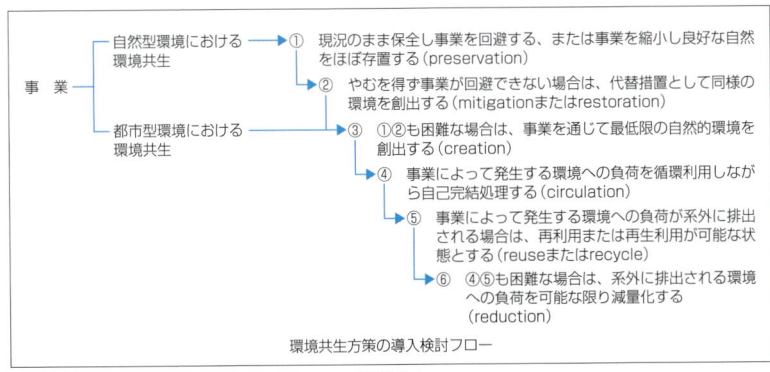

```
                    ┌─ 自然型環境における ──→ ① 現況のまま保全し事業を回避する、または事業を縮小し良好な自然
                    │   環境共生              をほぼ存置する（preservation）
                    │                     → ② やむを得ず事業が回避できない場合は、代替措置として同様の
事業 ───┤                                    環境を創出する（mitigationまたはrestoration）
                    │                     → ③ ①②も困難な場合は、事業を通じて最低限の自然的環境を
                    └─ 都市型環境における ──→   創出する（creation）
                        環境共生           → ④ 事業によって発生する環境への負荷を循環利用しながら
                                              自己完結処理する（circulation）
                                           → ⑤ 事業によって発生する環境への負荷が系外に排出
                                              される場合は、再利用または再生利用が可能な状
                                              態とする（reuseまたはrecycle）
                                           → ⑥ ④⑤も困難な場合は、系外に排出される環境
                                              への負荷を可能な限り減量化する
                                              （reduction）
```

環境共生方策の導入検討フロー

環境共生

部分によるとする「環境適応論」や中間となる人間-環境の「相互作用論」，遺伝子により決まるとする「遺伝決定論」などと比較される。

環境権 環境はすべての人々のものであり，誰も勝手にこれを破壊してはならない，という環境共有の法理を根拠とする人間の権利。1969年にミシガン大学サックス教授が提唱し，翌1970年にミシガン州環境保護法が提出されたのが始まりといわれる。日本も1970年の公害国際会議の東京宣言にて環境権を世に問うた。個人の環境利益を享受する権利と，地域社会の協働利益としての環境共有権の二面性をもつ。

環境色彩 インテリアやファッション，グラフィックデザイン等の色と異なり，建築物，工作物，看板，歩道等の色のように，身の回りの環境として，多くの人に共通して存在する色を指す。都市，建築分野に関して，各地で地域固有の環境色彩を活用した景観形成が目指されている。

環境社会配慮 大気，水，土壌への影響，生態系および生物相等の自然への影響，非自発的住民移転，先住民族等の人権の尊重その他の社会への影響に配慮することをいう。世界共通の目標になっている持続可能な発展(sustainable development)，すなわち環境と調和した人間活動を目指すうえでは経済大国の積極的なかかわりが必要でもあり，こうした経済大国が環境面に即した国際貢献を行う必要がある。

環境主義 自然本来と考えられる人間生活によって，環境に負荷を与えずに暮らそうとする考え方。

環境省 2001年1月の中央省庁再編で環境庁から環境省となる。地球環境保全，公害の防止，廃棄物対策，自然環境の保護および整備その他の環境の保全を図ることを業とし，関係各種法整備，政策指針策定等を行っている。

環境心理学 [environmental psychology] 建築や都市空間における物理的な状態や要因と，人間の心理・行動との関係を探ろうとする学問。デザインに直接関係する物的対象を客観的に扱うため，建築，土木，都市計画，インテリア，ランドスケープなどの分野でも近年さまざまな研究成果が得られている。

環境税 [environmental tax] 環境負荷の抑制を目的とし，かつ課税標準が環境に負荷を与える物質におかれている税をいう。従来主流であった規制的手法ではなく，経済的手法で環境問題を解決するために導入される税の総称。

環境彫刻 環境アートの一種で，彫刻の形態をしているものを指す。素材，色彩，動作の有無等さまざまであるが，設置される空間の周辺環境との関係性を考慮してつくられている点が従来の彫刻と異なる。→環境アート，パブリックアート

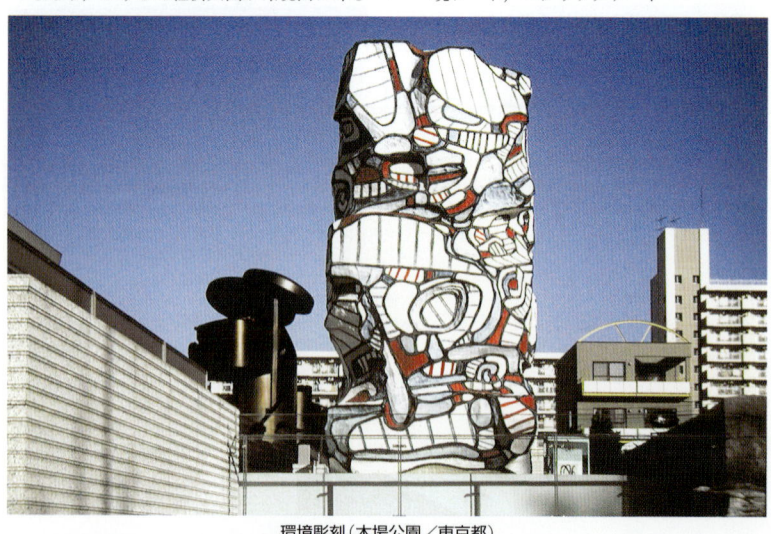

環境彫刻（木場公園／東京都）

環境デザイン　environmental design

環境の概念には，人と人を取り巻く自然，人工の環境，環境と人，人と人の関係が含まれる。環境デザインはこうした広義の概念の範疇に入るあらゆる環境をハード，ソフトの両面で計画，調査，研究することを指す。その範囲は地域，社会基盤，都市，建築，ランドスケープ，インテリアなどが含まれ，対象は家具や住宅などの小空間から，山野の自然，農山村，町並み，建築，街路，広場，公園などの地域，都市に及ぶ。これら対象そのものおよび相互の関係性を理解，分析，デザインすること。具体的には空中写真，地図等で土地のもつ特徴を全体的に理解すること，マスタープランを通じて一定の広がりをもつ地域の計画・立案を行うこと，地区の課題を分析し，計画を導くこと，自然資源を活かした生活基盤整備（風力発電，太陽光発電等），都市緑化，自然保全などによる都市と自然との調和を保つこと，文化，歴史，自然資源と観光，都市機能拡大等の地域開発の調和をとること，地域，都市，街区等の景観形成を行うこと，個々の建築や空間の外装，内装をデザインするなどである。また，人の技術醸成，教育も環境デザインの範疇であり，計画のマネージメント，プロデュースを行うことも含まれる。個別のデザインに留まることなく，それを取り巻く周辺環境にも考慮する点が特徴である。→関係性のデザイン

上段左：地域を空から把握する（ケープタウン），上段右：マスタープランを作成する（ヴィクトリアワーフ／ケープタウン），中段左：町並みをデザインする（クラークキー／シンガポール），中段右：エネルギーを作る（風力発電／ウルムチ），下段左：生活環境の安全を確保する（バンドン／インドネシア），下段右：地域の景観を形成する（サルト／ヨルダン）

環境デザイン

環境都市 モータリゼーションの見直し，自然との調和，ヒューマンスケールを前提としたライフスタイル，環境教育（学校，市民，行政等），リサイクルシステム，自然エネルギー活用等，全体的・包括的に環境面に配慮した都市のこと。ブラジル・パラナ州の州都クリチバ市は，世界の環境都市のモデルとなっている。→エコシティ

環境破壊 [environmental disruption] 人類がより良い生活を目指した結果，開発などによって自然が失われ，野生生物の生息数が減少したり，人為的な活動によって地球温暖化ガスが放出されることで環境に対して徐々に負荷がかかり，地球環境において成立している本来の物質循環のバランスが崩れ，酸性雨，オゾンホール，地球温暖化，砂漠化，異常気象などの発生，さらには気候変動による氷河溶解にともなう海面上昇，熱帯性生物や病原菌等の生息環境の広域化による影響など，全地球規模にまで影響を及ぼす環境への影響現象をいう。

環境負荷 ある自然的または人的な行為によって，本来の物質循環や生物の生息環境などに影響をもたらすこと。人的に発生するものとしては廃棄物，公害，土地開発，焼畑，干拓，戦争，人口増加などがあり，自然的に発生するものとしては気象，地震，火山などがある。

環境保全 環境を構成しているさまざまな要素，地形，植生，動植物などの自然的要素および農耕地，集落，建造物，町並みなどを，開発や災害による破壊から守ること。そのために国際的な協定や国内での法令，条例等が定められている。→保存，景観保全

環境ホルモン [environmental hormons] 「内分泌攪乱化学物質」ともいう。生物の体内に入ると，正常なホルモンの作用に影響を与える外因性の物質で，環境省は67種の物質をその疑いがあるものして指定している。

環境マネジメント 事業者が自主的に環境保全に関する取り組みを進めるに当たり，環境に関する方針や目標を自ら設定し，これらの達成に向けて取り組んでいくことを「環境管理」または「環境マネジメント」という。このための工場や事業場内の体制，手続き等を「環境マネジメントシステム」という。ISO（国際標準化機構）では，方針，計画（Plan），実施（Do），点検（Check），是正・見直し（Act）による「PDCAサイクル」と呼ばれるプロセスを繰り返すことにより，継続的な改善を誘導する仕様（スペック）として環境マネジメントシステムISO14001を発行している。

環境問題 人為的な環境への負荷によって地球環境や生存環境を脅かすような問題のこと。→環境破壊

環境容量 地球環境において成立している本来の物質循環のバランスのこと。気候，水循環，食物連鎖，生態系などは外的障害因子が加わることで物質循環の流れが変化し，連鎖的に影響が生じるようになる。このような状態が環境容量を超えた状態である。

関係性のデザイン 環境デザインの概念に代表されるように，自然的，人工的，社会的要素の相互関係を意識して行うデザインの総称。要素そのものよりも，相互の関係から生ずる環境や事象に着目する。→環境デザイン

観光 余暇を利用して他の土地の風光明媚（めいび）な場所を見物，視察すること。英語の「Tourism」に由来する日本語のツーリズムと同義。宿泊をし，温泉，飲食に興ずることも含まれる。一度に数箇所を巡る周遊型観光と一箇所に滞在する滞在型観光がある。現在の日本の観光地には古くからの宿場町，宗教的巡礼，湯治等をきっかけに興隆した場所も多い。近年は都心を楽しむ都市観光，農村観光などもあり多様化している。→観光資源

観光（南アフリカ）

観光資源 観光の目的となり得る地域固有の魅力を示す。自然・人工の景観的魅力，歴史・文化遺産，イベント開催，特産物，温泉，スポーツ施設等。→観光

観光資源(ピラミッド／エジプト)

環濠集落(かんごうしゅうらく) 周囲に濠(ほり)をめぐらした集落。排水,防衛,集落の限界の機能をもつと見られる。弥生時代のものは,稲作文化の一環として大陸から伝来した。「環溝(かんごう)集落」と同義。室町時代に真宗寺院を中心に形成され,信者,商工業者等が集住した自治集落である寺内町(じないちょう)に多く見られる。

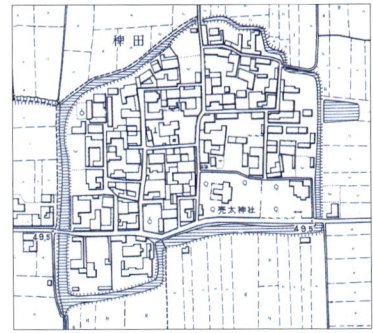

環濠集落(稗田／奈良県)

監視カメラ 人の行動を監視することを目的に設置されるカメラで,警備を要する空港,銀行等の施設で用いられることが多かったが,近年の犯罪増加傾向を受け,防犯の目的から都心,住宅地区,集合住宅の共用部分等に設置される例もある。

緩衝空間(かんしょうくうかん) 性質の異なる空間の接続時に,緩やかな連続性を確保する,異質なものを仲介させることで分離する等の方法がとられる。この際のつなぎ部分にあたる空間を指す。縁側やホテルのロビーは緩やかな連続性を生む緩衝空間で,工場,高速道路周辺の緑地帯等は分離目的の緩衝空間例である。→つなぎ空間

緩衝緑地(かんしょうりょくち) 性格の異なる2つのものの相互のぶつかり合いを緩和するために,その間につくる緑地。具体的には幹線道路と建築物との間,住宅地と工業地の間,駐車場と住宅の間などに設ける。その目的から,公害に強く枝葉が密生する樹種が使われる。→緑地,緑化

感性工学 人間の感性やイメージを物理的なデザイン要素に翻訳して,感性に合った商品を設計するテクノロジー。長町三生の定義(1989)による。プロダクトデザイン,インテリアデザインをはじめとして,近年では土木や都市計画など幅広い分野で研究,応用されている。

幹線道路 主要地点間を連絡するおもな道路。一般国道,自動車専用道等の高規格道路,道路法第56条の主要地方道等がこれにあた

幹線道路(HAT神戸地区／神戸市)

る。また、これらに該当しなくとも、地域の骨格を形成し、他都市、他地域との連絡を主にする道路も同じように位置づけられることもある。→道路

幹線道路網 幹線道路が有機的に結合し、構成するネットワーク。道路法においては、高速自動車国道と一般国道を合わせて全国的な幹線道路網を構成するものとし、都道府県道は主要地方道等が幹線道路網を構成するものとしている。→交通計画、ネットワーク

換地計画（かんちけいかく）土地区画整理事業においては、従前の土地に対して必要な減歩（げんぶ）を行った後、各土地権利者に対して換地を行う。具体的に換地の内容（従前の土地とそれに対応する換地の組合せ、帰属関係等）を定めるのが換地計画であり、その実行を「換地処分」という。→土地区画整理事業

関東大震災 1923年9月1日午前11時58分40秒に伊豆大島、相模湾を震源として発生した直下型の大地震（地震名称は「関東地震」）。東京都、神奈川県、千葉県、静岡県を中心に関東地方南部の広い範囲において、死者・行方不明者10万5千余人、避難者190万人以上、住家全壊10万9千余、住家半壊10万2千余、住家焼失21万2千余（全半壊後の焼失を含む）の大被害をもたらした。→阪神・淡路大震災

関東ローム ［loam］ロームとは粘土質の土のことで、関東平野の台地や丘陵を覆っている赤褐色の粘土化した火山灰の層。第四紀に富士山をはじめ、浅間山、赤城山、箱根などの各火山から噴出した火山灰が堆積してできた、厚さ約10mに達する地層。→しらす台地、土壌

カントリーハウス ［country house］16世紀後半から19世紀半ばにかけて、貴族たちが自らの権力を誇示し、自分流の暮らしを楽しむために、広大な領地に建てた邸宅。日本では洋風田舎風の住宅、別荘を指す言葉としてハウスメーカー、不動産業者等で用いられることが多い。

カンバーノルドニュータウン ［Cumbernould Newtown］スコットランド、グラスゴウ郊外のニュータウン。戦後イギリスで新都市法に基づいて建設された15のニュータウン

カンバーノルドニュータウン（中心施設／スコットランド）

カントリーハウス（カロデンハウス／スコットランド）

の最後につくられた。先行した多くのニュータウンで採用された近隣住区を基本とする段階構成の計画が，都市らしさを生み出せないことに着目し，活動の多くを中心部に集めたワンセンター方式を採用した最初の事例。→ニュータウン，ワンセンター方式

看板建築 ⇒覆面建築（ふくめんけんちく）

灌木（かんぼく）⇒低木（ていぼく）

官民境界 道路，水路敷き，公園等の公共施設に隣接する土地に家屋や塀等を建築する場合や土地の測量を行うときなどに，国や地方自治体所有の公的敷地の範囲，隣接する民有地間範囲を確認すること。境界の確定は不動産鑑定士や土地家屋調査士に委託し，土地案内図，公図，権利関係書類を添付し，双方立会いの下で確認を行う。

上：道路界、下：縁石と道路杭
官民境界（東京都）

官民パートナーシップ事業〔public private partnership〕官と民がパートナーを組んで事業を行うという，新しい官民協力の形態。例えば，水道，ガス，交通などの従来，地方自治体が公営で行ってきたインフラ事業に，民間事業者が事業の計画段階から参加し，設備は官が保有したまま，設備投資や運営を民間事業者に任せる民間委託などを含む手法を指す。→民活法，民間活力

管理運営主体 さまざまな計画，活動，プロジェクト等の完了後に，それらを管理（管轄し，処理や保守をすること）運営（組織を動かし，機能するようにすること）する主体（組織の中心となるもの）のこと。すべてのプロジェクトにおいて，管理，運営がうまくいくことによってはじめて，それらが良好な状態を保ち続けることが可能となることから，その主体の役割は非常に大きい。

関連公共施設 関連公共公益施設。略称は「関公（かんこう）」。住宅および宅地の供給を促進することが必要な都市地域における住宅建設事業および宅地開発事業の推進を図るため，これに関連する公共施設等を指す。

関連公共施設

特定公共施設	道路法規定都道府県道および市町村道 都市公園法規定都市公園 下水道法規定公共下水道および都市下水路 河川法規定一級河川以外の河川
公共施設	道路法規定道路 都市公園法規定都市公園 下水道法規定下水道 河川法規定河川 自由通路 駐車場，駐輪場　等
公益施設	小・中学校等の教育施設 在宅介護支援センター等福祉施設 防災諸施設 地域環境整備施設 行政支所　等

緩和曲線 鉄道の軌道上，高速道路の線形において，円曲線から直線にかけて滑らかに走行できるように曲率半径を徐々に変化させた曲線のこと。これが短いと，速度によっては脱線等の危険性があると指摘されている。→クロソイド曲線

き

記憶的イメージ われわれが空間等に抱くイメージのうち、記憶に基づいた部分に影響を受けると考えられる部分。特に、見たり聞いたりした瞬間に直接受ける感覚からもつイメージと区別する語。→イメージ

祇園新橋地区 （ぎおんしんばしちく）京都の茶屋町として有名な祇園地区に位置し、新橋通りを中心とした一画は、重要伝統的建造物群保存地区に選定されている（1976）。比較的規模の大きな町屋が建ち並び、1階に格子、2階軒先にすだれを下げた町並みが継承されている。また、保存地区の南側には白川が流れており、これも景観を豊かする一要素である。→茶屋町（ちゃやまち）、重要伝統的建造物群保存地区

祇園新橋地区（京都市）

基幹空港 [hub airport] ⇒ハブ空港
基幹施設 ⇒インフラストラクチャー
企業化調査 ⇒フィジビリティスタディ
企業の社会責任 [corporate social responsibility]「CSR」と略す。企業が地域社会の優良な構成員として、従来もっている経済的価値観に加えて、地域貢献、長期的な視点、すべての利害関係者のニーズへの積極的な対応、情報公開などの社会的価値観をもつこと。

基金条例 ①環境や福祉、教育など一定の目的のために積み立て、準備しておく資金を集金するために、地方自治体が定める条例。②都市計画においては、土地開発や公共施設整備など公共投資のための基金、森林保全や緑陰環境保全など環境保全のための基金に対する条例等があり、各地方自治体でこれらの条例を定め、各種整備に充当している。

危険予測図 ⇒ハザードマップ
記号論 [semiotics] 事物を表現する記号の機能を使って、文化や社会の解読を試みる方法。英米系のC.S.パースを祖とするセミオティクスを「記号論」、フランス系のソシュールを祖とするセミオロジーを「記号学」と分けて呼ぶことがある。

技術移転 ①企業間、地域間、国際間、異分野間で技術の移転がされること。先進国から発展途上国に対するもの。②安定した経済発展のために、産学連携のもと、大学や国公立研究機関および各種財団等の基礎研究の優良な研究成果を、開発力を有する企業に技術移転して実用化を図ること。

技術革新 新たな製品、建造物等のデザインプロデュースにおいて、これまでと異なる技術面の革新だけでなく、商品としての導入とそれにともなう新市場や新資源の開拓、新たな運営・経営組織などを含む概念。イノベーション。

基準地価格 都道府県が公報で公表する国土利用法に則って示される地価価格。都道府県知事が毎年7月1日時点の地価を9月末に公表する。土地取引の価格規制を行う場合の審査において、公示価格とともに、相当の価格を判断する際の規準として使用される。

キスアンドライド [kiss and ride]「K&R」と略す。自宅から主要な駅やバス停まで、自動車で家族が送迎する通勤、通学の形態。公共交通機関が脆弱な地域等に見られることが多い。朝夕の都心部の交通量を軽減させる効果が期待できるが、一方で駅周辺の混雑を引き起こすことが問題。→都市交通計画

規制緩和 ①各種法規制を緩和することで、経済活動の活性化を図ろうとする措置。市場主導型社会において、政府の規制を縮小する基本的な政策手段。②都市計画やまちづくりでは、社会経済の回復、国際的な都市間競争を背景として、1980年代の都市改造政策より市街化区域の拡大、市街化調整区域の規制緩和等が進み、都心部における土地の高度利用、一般都市のゾーニング

緩和，民間資金の都市開発への投資を促した。結果，バブル経済へ発展し，都心部，郊外部を問わない急激な開発促進，地価の異常高騰や都心部の人口減少等の問題を引き起こした。→開発，都市計画

規制緩和型インセンティブ　一定の条件を満たす都市開発に対して，条件の内容に応じて容積率や高さの緩和を行い，優良な開発を誘導するもの。欧米諸国では税制や経済対策と深く連動した手法（ライトダウン方式，TIF方式等）がある。日本では，総合設計制度，特定街区制度，高度利用地区制度，街並み誘導型地区計画制度などのハード面での緩和規定が多い。→開発，都市計画，規制緩和

既成市街地　①すでにでき上がっている市街地を指し，新規に開発される市街地（「新市街地」）に対して使用される場合が多い。②都市計画法に規定される既成市街地は，人口密度が40人/ha以上の地区が連たんして3,000人以上になる地域で，市街化区域設定の基準となる。③首都圏整備法において，政令で定められる区域の一つ。東京都およびこれと連接する枢要な都市を含む区域のうち，産業および人口の過度の集中を防止し，かつ都市の機能の維持および増進を図る必要がある市街地の区域のこと。→近郊整備地帯，新市街地

季節風（きせつふう）　一定の地域に一定の季節に吹く風の総称。夏の終わりに東北地方に吹く「やませ」や，冬の関東平野に吹く北風（空（から）っ風）など。

季節変化　一年のうちで空間が変化する様子。年変化。心理的に快適性を感じる部分との関係が明らかになっている。空間の時間的な性質である時間性の表現の一つ。→時間性

基礎生活圏　地方都市圏の中を生活圏の段階構成として計画するといった計画論の中で設定される基礎的地域社会単位レベルの圏域。基礎生活圏の範囲は，一般的呼称としての集落に相当する。→一次生活圏，圏域計画論

既存宅地　1968年の都市計画区域設定時やその後の都市計画区域の変更の際に，市街化調整区域内の土地であるが，すでに宅地として家屋が建っており，市街化調整区域内の市街化抑制規制を緩和して，建物の建築等が認められている土地。

既存不適格　一般に既存不適格建物を指す。建設時には適法であるが，その後の法令改正や都市計画変更等により，現行の建築基準法令等と不適格な部分が生じた建築物のこと。現状のまま使用していてもすぐに違法になるわけではないが，増築や建替えを行う際に，原則として現行法令に適合する

上段左：春，上段右：夏，下段左：秋，下段右：冬
季節変化（街路樹／つくば市）

北側斜線制限 建築基準法で定める高さ制限で、形態規制の一つ。低層住居専用地域、中高層住居専用地域における北側隣地境界線または北側前面道路の反対側の境界線までの真北方向の水平距離に1.25を乗じて得たものに、低層住居専用地域は5m、中高層住居専用地域は10mの立上り高さを加えることで建物高さが制限される。→建築基準法

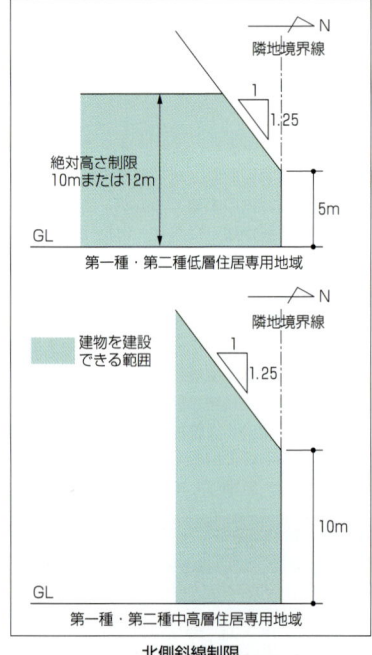

北側斜線制限

北野山本通地区（きたのやまもとどおりちく）神戸市中央区に位置し、明治、大正時代に建設された異人館が数多く残存する地域。1980年に重要伝統的建造物群保存地区に選定。1995年の阪神・淡路大震災の際にその多くが倒壊したものの、地元建築家とそこに住む人々の努力によって多くの異人館が再生された。→重要伝統的建造物群保存地区

北野山本通地区（神戸市）

キッチュ［Kitsch 独］まがいもの、俗悪なもの、本来の使用目的を外れた使い方をするものを指す。建築空間として必要のない装飾等をほどこし、猥雑（わいざつ）な雰囲気を創造する場合もある。テーマパーク等で用いられる手法。

規定項目 ①規則や規準の適合性を評価、判断するための要素、区分。②計画やデザインを行う場合の規定項目は、デザインガイドラインやまちづくり条例等に多く見られる。計画や構想の概念、コンセプト等を定める方針的な規定項目（総合的整備計画、将来像等のイメージ、周辺環境への影響配慮等）と具体的な作り方やデザインに関する規定項目（壁面後退距離、色彩、形態、意匠、材料、ランドマーク、照明、景観等）がある。

木戸（きど）①防備のために柵に設けた門、城の門。②庭園や通路の入口に設けた屋根のない開き戸の門。③興行場などの出入口。ここで徴収される入場料が「木戸銭」。

輝度（きど）光源や2次光源（反射面や透過面）から観測者の方向へ向かって発する「光の強さ」を、人間の目の感度（CIE標準分光視感効率V［λ］）で評価した測光量で、特定方向（観測方向）のみに着目する。ディスプレイなどの画面の明るさの度合いに用いる。輝度対比は、見ようとする対象物とその周辺や背景との輝度の違いの程度を指す。→照度

軌道（きどう）①車の通る道。路面電車を含む鉄道。②天体の運行する道。③物事が計画通りに進む道程。④日影の影響を確認するために、天空図を作成する際に書き込む太陽の通り道。⑤新交通システムとしてのLRT（light rail transit）やモノレール、従来の鉄道の総称。→LRT

キネティックタイポグラフィー［kinetic typography］⇒アニメーション

記念公園 国家的行事など、さまざまな事件や時代を記念するためにつくられる公園。公園の内容や性格は、記念する対象によって多様である。代々木オリンピック記念公園、大阪万博記念公園、昭和記念公園など。→公園

記念公園(松見公園／つくば市)

機能主義 [functionalism] ①現象とその相互関係を動的, 相関的, 過程的にとらえて記述しようとする科学方法論。②近代建築学において, 建築や家具などの形をその機能に従うように設計する方法。アメリカの建築家ルイス・サリバンは,「形態は機能に従う」(form follows function)という有名な言葉を残した。機能主義は近代建築および近代デザインの方法に大きな影響を与えた。

機能複合 さまざまな機能(商業, 余暇, 業務, 居住等)が複合している状況を指し, その範囲は単体施設から地域までいろいろな形態があり得る。典型的な事例は六本木ヒルズで, 一つのプロジェクトの中に業務, 商業, 居住, 文化等さまざまな機能が組み込まれている。

揮発性有機化合物 [volatile organic compounds] ⇒VOC

基盤整備 基盤とは基礎になっている事柄を指し, その分野ごとに異なるが, 建築・都市分野では, 都市基盤施設(インフラ)を整備することを指す。新規の事業開発において, 最も初期段階に整備すべき内容であるが, スプロールやミニ開発等では, この基盤整備が脆弱であることから, 都市防災上問題がある地域が発生する場合が多い。→スプロール現象, インフラストラクチャー, ミニ開発

記譜法 (きふほう) ⇒空間譜・ノーテーション

擬木 (ぎぼく) 鉄筋などで補強したコンクリートの表面に, モルタルやプラスターで色付けや模様を施し, 樹木の幹や木目に似せてつくったもの。最近は樹脂成型したものもある。花壇の縁取り, 柵, パーゴラなどに使われる。

規模計画 ①物事の大きさ(scale, size)を使用目的や想定人数などによって条件付け, かかる金銭も含めた適正な内容設定とともに定めるもの。②都市計画や建築計画においては対象面積規模, 計画対象物の全体面積, 単位空間とその数, 室構成, 利用目的と関連するしつらえの様相, 利用者想定など施設全体に求められる量, 内容, 事業金額を決定すること。

基本計画 ①政策や事業における基本的な方針とその内容, プログラム。②建築や都市の開発, 設計の一過程。基本構想を受けて, 当該敷地や地区の立地条件や事業実施のための具体的な課題や条件を整理し, 課題に対する具体的な対応策やアイデアを示し, 事業コンセプトの確定や代替案の検討, ボリューム検討, 諸手続きフローの確認, 事業費概算等, 事業実施のための青写真を示すことで, 具体的な設計の指針とするもの。マスタープラン。→都市計画, 土地利用, まちづくり, 基本構想, マスタープラン

基本構想 ①政策や事業における基本概念。②建築や都市の開発, 設計の一過程で, 企画, 事業実施のための概念整理や計画や事業全体のガイドラインを指す。具体的な検討のための周辺環境を含めた現況整理や事業実施のための課題抽出, 課題を受けた計画, 設計段階での諸条件を整理し, 可能性のある土地建物の利用方針, 事業実施体制, 行動計画等をまとめた, 実現性のある整備戦略的な方針。→都市計画, 土地利用, まちづくり, 基本計画, 計画立案, コンセプト

鬼門 (きもん) 北東の方位, 方向, 方角。忌むべき方角, または神々が通り抜ける方角, 太陽が生まれるために清浄の気を保つ方角。この根拠にはさまざまな説がある。現在でも家の鬼門にあたる方角には, 水回りや門などを置かないとする風習がある。→風水, 家相(かそう)

逆市街化 逆都市化とほぼ同義であるが，市街化のほうがその領域が狭く限定される。

逆線引き 市街化区域において，計画的な市街化が進展しておらず，将来的な開発計画のない農地や山林が相当規模含まれる場所で，土地所有者の理解を得て，将来土地区画整理事業等で市街化されるまでの間，一定の要件をつけて市街化調整区域として暫定的に位置づけること，または位置づけられた区域。→都市計画

逆都市化 都市において，都市化するのではなく，逆に都市でなくなっていく様（例えば，それまで栄えていた産業が衰退し，人口も減少し，都市的機能が成立しなくなっていくこと）を表す造語。人口減少社会に突入した現代が抱える都市問題。→都市化

キャッシュフロー［cash flow］企業活動により，実際に得られた収入から外部への支出を差し引いて手元に残る資金の流れのこと。現金収支を原則としているため，将来的に入る予定の利益は含まれない。

キャナルシティ博多 福岡市博多区の中央部に位置する都市型複合商業施設。1996年に元鐘紡の工場跡地に計画され，商業テナントのほかに，ホテル，スポーツクラブ，ゲームセンター，劇場等，さまざまなアクティビティが用意されている。設計はJ.ジャーディを中心とするJPI社。中央のカナルを取り巻くダイナミックな空間構成と多彩なイベントによって，活気あふれる都市空間を演出している。→機能複合

キャピタルゲイン［capital gain］株式や債券などの有価証券の価格の上昇により得られる売却益。一般には，土地や資産の値上り益についても呼ばれる。株式や債権の配当，利子にともなう利益は「インカムゲイン」と呼ぶ。

キャブシステム［cable box system］ケーブルボックスシステムの略。道路本体として，道路法に基づき，電力や通信のケーブルを収容するため，道路下に設ける蓋掛け式の構造物。現在はC.C.BOX（community/communication/compact cable box）設置が主流となっている。→共同溝

キャンパスデザイン［campus design］キャンパスとは軍隊の野営地など，広い敷地に多数の構築物がある空間を指したが，現在では大学キャンパスを指すようになった。コンセプトを有して一体的に行われる大学の計画。周辺地域環境との関連性，施設間の関係，人や車の動線等にも配慮する。

キャンピングサイト［campsite］キャンプを行うことが可能な場所を指し，キャンプ場と同義。通常はテント設置場所，キャンピングカーの駐車場所，炊事場，便所等が整備され，管理者が居る。有料である場合が多い。

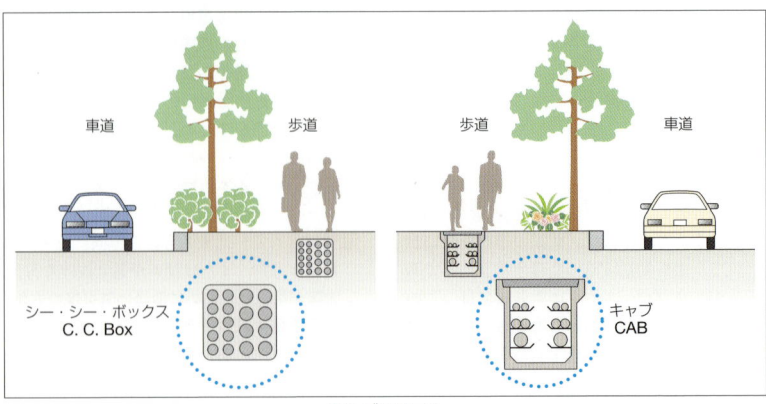

キャナルシティ博多（福岡市）

キャブシステム

キャンベラ［Canberra］オーストラリアの首都。同国の南東部に位置し，商業都市であるシドニーとメルボルンの中間地点に1912年から建設された政治都市。国際コンペで入選したW.グリフィンの案による。軸線とアイストップによるバロック的な構成で，生活感のないことで評価は低いが，初期の近代都市計画が生んだ作品であることは間違いない。→新都市，首都

キャンベラ（都市軸／オーストラリア）

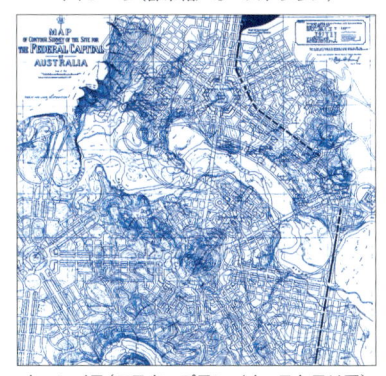

キャンベラ（マスタープラン／オーストラリア）

キューガーデン［Kew Gardens］正式名称はキュー王立植物園（Royal Botanic Gardens, Kew）。イギリス，ロンドン郊外。1759年宮殿庭園として始まり，1840年国立の植物園となり，拡充を続けて現在120haの広さで，世界でも有数の植物園。2003年，世界文化遺産に登録。→植物園

キューガーデン（ロンドン郊外）

嗅覚（きゅうかく）人間が空間の状態を知覚するための感覚の一つ。空気に混ざる粒子，化学物質を鼻腔の奥にある嗅細胞によってとらえる。ヒトでは約350種類の嗅覚受容体が発見されている。→感覚，視覚，聴覚，触覚

急傾斜地法「急傾斜地の崩壊による災害の防止に関する法律」。急傾斜地の崩壊による災害から国民の生命を保護するため，急傾斜地の崩壊を防止するために必要な措置を講じ，もって民生の安定と国土の保全とに資することを目的として，1969年に施行。傾斜度が30°以上ある土地を急傾斜とし，水の浸透を助長する行為，急傾斜地崩壊防止施設以外の工作物の設置，法切（のりきり），切土（きりど），掘削，盛土（もりど），立木竹の伐採，木竹の滑下（すべりおろし），地引による搬出，土砂の採取，集積を行うには，都道府県知事の許可が必要。

旧住民　混住地域などで外部から来住する新住民に対して，以前からその地域に居住している住民のこと。先祖代々，その地域に居住するため，血縁関係による住民同士の結束が強い。また，保守的で地域社会に対する関心と責任感が強く，地域の慣習に適応し，強いコミュニティを形成する。新住民とは根本的なライフスタイルの差がある。→混住地域，新住民

求心性　中心，自己の定位，中心となる場所・空間へ，他者を物理的，心理的に近づける，または近づけようとする性質。

旧村（きゅうそん）1953年施行の町村合併促進法に基づいて行われた市町村合併以前の村。一般的に旧村と呼称する場合，この時期新しい市町村の一部に組み込まれた旧市町村を指す。旧村は，住民の生活圏として自然的，社会的，経済的なまとまりをもつ領域とされ，農村地域整備の際に考慮されるべき地域単位である。

旧土地台帳付属地図　⇒公図

旧版地図（きゅうはんちず）①新版に対して改訂，追記を施す以前の地図を指す。旧版地図を用いることにより，地域変化の把握が可能となる。②日本では，戦前陸軍陸地測量部によって作成された地図を指す場合がある。

休養［rest］狭義では疲れた心や身体を休めること。栄養，運動とともに健康づくりの3本柱の一つとされるが，広義では社会的

活動，文化的活動，創作活動等による人間性形成，自己表現という側面もあり，まちづくりにおける福祉計画，生涯学習，レジャー論，アメニティ論等に関連づけて論じられることも多い。→レジャー

給与住宅　「社宅」とも呼ばれ，雇用主から福利厚生の一環として，無償もしくは廉価で提供される。戸建，集合住宅のどちらもあるが，集合住宅の場合は，棟全体が同一会社の所有もしくは借り上げの場合と個室単位の場合がある。→住宅

境界　無限定な空間を区切り，限定する要素を指す。坂，浜，山，川等の自然物を地域における境界とみなすことや，都市の城壁，石垣，境界杭，建築物の壁，障子など，とらえ方により異なり多様である。空間研究のテーマでもある。

境界樹　（きょうかいじゅ）昔から個人の所有地の境界に高木を植える習慣があり，植えられた樹木を境界樹という。特に広大な牧場や農地，山林などで用いられる。

境界領域　確立した認識をもつ事象に完全に帰属しない，認識が確立していない事象や空間を指す。例えば，学術的専門分野の境界領域として，建築と土木の境界領域に関する景観の研究，計画と社会学の境界領域に属する都市のイメージ構築の研究などがある。→境界

仰瞰景　（ぎょうかんけい）低い位置の視点から高い対象を見上げた景観。例えば山麓から望む富士山，ビルの谷間から見る三日月など。仰瞰は仰ぎ見る関係になるため，憧れや尊敬の心情につながることが多い。逆は俯瞰景。→俯瞰景（ふかんけい）

供給処理施設　都市施設の一つ。ガス，電気，上下水道施設など生活を営むうえで不可欠な施設を指し，ごみ焼却場，汚物処理場，火葬場，卸売市場，と畜場等も含まれる。

狭小住宅　（きょうしょうじゅうたく）1階床面積がおよそ50m²以下の，本来は建築不可能と考えられていた狭小敷地に工夫を凝らして建てられた家。近年，メディアに取り上げられたことや，大手ハウスメーカーなども参入して，狭小住宅は都心回帰傾向の一形態である。→住宅

共生　[symbiosis] 異なる2種類またはそれ以上の生物が一つの場を共有し，そのことによって少なくとも一つのパートナーの生き方が影響を受ける関係をいう。本来は生物学的な用語であるが，近年では「人と環境との共生」「環境共生」「共生型社会」などというように，それぞれがかかわりながら共存を可能にしたり，相乗効果をもたらしたりすることを表現する場合など，人を含めての社会概念を伝える場合に用いられるようになってきている。→環境共生

行政サービス　行政が住民の福祉の増進を図ることを基本として，地域における行政業務を自主的かつ総合的に実施する役割を広く担うこと。住民の福祉の増進に努めるとともに，最小の経費で最大の効果をあげるようにしなければならないことが，地方自治法に規定されている。すなわち，行政において，国民（市民）の共通の便宜を最大限増進するために，公共の役務の提供活動で行政需要に的確に順応し，機敏に民意に即応して実践されることが行政サービスである。

行政指導　行政機関がその任務または所掌事務の範囲内において，一定の行政目的を実現するため，特定の者に一定の作為または不作為を求める指導，勧告，助言，その他の行為であって，処分に該当しないものをいう。行政手続法において規定され，例えば法律または都道府県市町村の条例に従わない場合における是正指導や改善勧告がこれに当たるが，行政指導の相手方はこれに従う法律上の義務を負うわけではない。しかし，この行政指導に従わないときには，さらに厳しい措置として行政命令が適用される場合がある。

仰瞰景（シプカ僧院／ブルガリア）

協定 紛争，競争などを避けるため，協議して取り決めをすること。例えば「建築協定」があり，建築基準法で定められた基準に上乗せする形で個別的な要求を満足させるため，その区域内の総意で建築物の「敷地」「位置」「構造」「用途」「形態」「意匠」「建築設備」に関しての約束事を定める。近年，地方自治体においては「まちづくり協定」「里山保全協定」などに見られるように，「協定」が幅広く活用されている。他に「緑化協定」など事業者への行政指導の一環で，最低水準よりも積極的に善処してもらうため協定の規定に基づいて実施してもらう「紳士協定」がある。→まちづくり協定，住民協定

共同溝（きょうどうこう）上下水道，ガス，電気等の地下に埋設する都市インフラ整備を共同の溝を用いて行う。整備時，保守管理の容易さ，コスト削減の利点がある。筑波研究学園都市では，中心地区において家庭ごみを含む収集管も併設した共同溝が設置された。東京の臨海副都心でも地域一帯に共同溝が設置されている。→キャブシステム

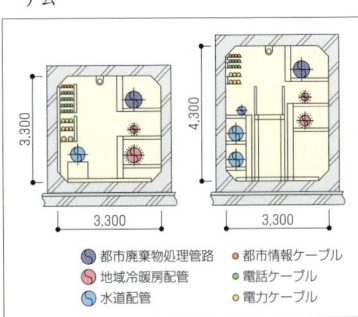

共同溝（多摩ニュータウンの例）

共同住宅 集合住宅形式の一つで，1棟に2戸以上の住戸があり，柱，壁，床などの構造，廊下や階段その他の生活施設を共用している住宅を指す。→集合住宅，コーポラティブハウス，コレクティブハウス

共同体意識 伝統的な地域社会における農村集落などを中心とする共同体に属する住民全体の意向のこと。強い連帯性を示すが，その一方では排他的または追従的な面を併わせもつ。→コミュニティ意識

京都議定書 気候変動枠組条約に基づき，1997年12月11日に京都市で開かれた地球温暖化防止京都会議（第3回気候変動枠組条約締約国会議，COP3）で議決した議定書。正式名称は，「気候変動に関する国際連合枠組条約の京都議定書（Kyoto Protocol）」。これにより，先進国の温室効果ガス排出量について，法的拘束力のある数値目標を各国ごとに設定し，国際的に協調して目標を達成するための仕組みが定まった。しかし，途上国に対しては，数値目標などの新たな義務は導入されていない。→温室効果ガス，排出権取引

京都タワー 京都駅北口に建つ高さ131m，円筒形の塔。設計は京大棚橋研究室。建設1964年。同時期に東京で皇居に面して建設された東京海上火災ビルとともに，景観を問題にして建設反対運動が展開された。「京都を愛する会」が結成され，大企業の開発に住民がクレームをつけたという意味で注目された建造物。→景観，景観論争

京都タワー

擬洋風（ぎようふう）幕末以降，明治期における大工の棟梁が洋風のデザインを取り入れて建てた建築物。外観は洋風の装飾を取り入れているが，小屋組などの構造は和風建築の技術が用いられ，西洋文明の影響を受けた折衷的要素をもった近代建築物で

擬洋風
（旧宇治山田郵便局・博物館明治村／愛知県）

ある。代表的な事例は，松本にある重要文化財「旧開智学校」があげられる。

喬木（きょうぼく）⇒高木（こうぼく）

業務核都市 東京都区部への一極集中問題を緩和するため，第4次首都圏基本計画で定められた，業務機能を中心とする都市機能を分散することを目的として指定された都市。横浜，八王子・立川，土浦・つくば・牛久など15地区。→首都機能移転，首都圏整備計画

業務中枢機能 企業や官公庁の業務における主要な部分，役割，地域社会経済，政策の中心的役割を果たす機能で，都心部での立地が多い。広域に対して迅速に対応するため，関係機関同士が近傍に立地しており，さまざまな情報を集中させ，これを解析してわかりやすい形で社会に発信する。

共有地 ①2人以上の人間が共有している土地のこと。共同地。②誰でも自由に利用できる「共有地」において実現される社会的な均衡が，望ましい均衡をはるかに超過して乱獲されることにより，資源を過剰に利用しすぎて枯渇を招いてしまう「コモンズの悲劇」に用いられる土地。類似語で，一定の人々の間で入会の権利が設定されている山野や漁場などを「入会地」という。→会所地，入会地（いりあいち），コモン

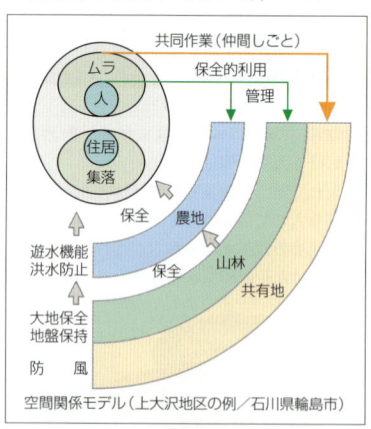

共有地

共用空間 複数の人々が所有，利用，管理という側面からかかわる空間のこと。内部空間では，居間などの生活をともにする居住者により共同利用される空間が該当する。一方，外部空間は，農村では道，広場，生活施設，農林地，祭事空間など多岐にわたり，都市ではオープンスペースやホールや通路などが該当する。→コモンスペース

橋梁（きょうりょう）橋。交通のために河川，湖沼，海峡，運河等の水面，あるいは水のない谷，窪地または建物や他の交通路等を越えるために，桁の下に空間を残してつくられる道路構造物で，長さ2m以上のもの。比較的大きな構造物でり，地域のシンボルになりうるため，橋梁そのものの形態が魅惑的であること，景観的に周囲と調和するものであることなどが求められる。→河川，景観，都市計画，インフラストラクチャー

上：アーチ橋，下：トラス橋
橋梁（東京都）

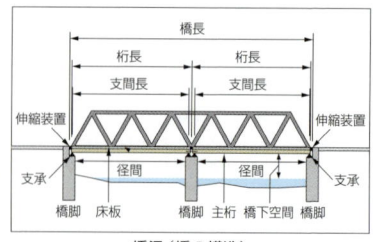

橋梁（橋の構造）

橋梁景観（きょうりょうけいかん）周囲からの橋の眺め，または橋からの周囲の眺め。橋梁は通常，川，海などの低地と道路，鉄道などの移動空間が交差する場所につくられることから，景観対象として目立ちやすく，またその上からは印象的な景観が得られ，景観デザイン上は重要な要素となる。→景観，道路景観

橋梁景観（明石海峡大橋／兵庫県）

拱廊（きょうろう）⇒アーケード①

漁業集落　漁業を主たる生業としてなりたつ集落。集落の形態として，漁業が共同作業を行うため密居形態をとり，その比率において農業集落の倍以上となる。その形態や立地は，漁港との関連がきわめて重視され，海岸線や港の位置によって決まっている場合が多い。「漁村」ともいう→集落

漁業集落（小伊津集落／島根県）

居住環境　①生活するうえでの建築やその空間の状態のこと。②建築，都市，農村等の空間を快適性やデザイン性という視点からとらえた状態，また地震や災害等の防災面の安全性や衛生，健康といった保健面からとらえた環境のこと。→生活空間

居住環境整備事業　国土交通省による補助事業で，長期にわたる補助が得られることから多くの都市で適用された。伝統的建造物群保存地区の周辺市街地の整備など。1996年に「身近なまちづくり支援街路事業」に統合された。→歴みち事業

居住地区　都市や農村における生活圏の最も基本的な単位。世帯を形成しつつ住民一人一人が日常生活を営んでいる圏域。生活，生産を通じ，地理的にも機能的にも密接な関係を保っている農村部の集落圏や身近な環境保全の単位となる街区では，おおむね50～100程度の世帯で形成されている。→集落，基礎生活圏

漁村　⇒漁業集落

漁村景観　例外を除けば，多くの漁業集落は急峻な山地に囲まれた入江の奥につくられている。これは台風，高波などの危険から守りつつ漁場への接近性を重視した結果である。平坦地がないため斜面に積み重なるように密集しているので，立体的な景観に特徴がある。→景観，集落景観，農村景観

漁村景観（小伊津集落／島根県）

巨大都市　⇒メガロポリス

拠点集落　行政，商業，娯楽，教育，医療などの各種のサービス機能がある程度集中しており，それらのサービス機能を利用するために，周辺地域の人々が集まってくるような集落。類語として「中心集落」「核心集落」。→集落

拠点的景観要素　景観をつくりだしている多くの物的要素の中で際立ったもの。遠くから見える塔や城，大聖堂などが該当するが，都市によっては山や河川などの自然的要素が拠点になる場合もある。→景観構造，ランドマーク

距離尺度　⇒間隔尺度

距離知覚　知覚される空間の物理的な長さ，間隔。知覚距離。人と人の知覚距離，人がものを知覚する距離を示す。

ギラデリスクエア［Ghirardelli Square］サンフランシスコ，フィッシャーマンズ・ワーフにあるショッピングセンター。古い

ギラデリスクエア（サンフランシスコ）

チョコレート工場をリニューアルして100を超す店舗を備える。デザインはL.ハルプリン。→リニューアル，ローレンス・ハルプリン

切土（きりど）建築時に，土地の環境や機能を整えるために必要な宅地造成工事の一つで，土を切り出して土地を整えること。斜面を掘って削り取る場合を示す。逆に土を盛り上げて整地にすることを「盛土」という。→盛土（もりど）

切り通し　都市や集落を取り囲む山や丘を，そこに行くために切り開いてつくった道。重要な防衛や管理の場所になることが多く，人々の記憶に残りやすい。鎌倉幕府が築いた鎌倉の七切り通しが有名。→歴史的景観

切り通し（鎌倉市）

近畿圏整備法　近畿圏の整備に関する総合的な計画を策定し，その実施を推進することにより，首都圏と並ぶわが国の経済，文化等の中心としてふさわしい近畿圏の建設とその秩序ある発展を図ることを目的とした，1963年に施行された法律。福井県，三重県，滋賀県，京都府，大阪府，兵庫県，奈良県および和歌山県の区域（政令で定める区域を除く）を一体的に指し，この法律に基づいて，「近畿圏整備計画」が策定される。→国土計画

緊急啓開道路（きんきゅうけいかいどうろ）災害発生直後における道路上の各種障害物の除去および道路施設の応急修復を行う対象の道路。高速自動車道，主要国道およびこれらを連絡する幹線道路，病院，消防署，警察署等の救援活動主体の拠点を連絡する道路，庁舎および総合庁舎等を結ぶ道路などがこれにあたる。これらの道路と市町村災害対策本部や主要公共施設，救援物資等の備蓄倉庫，他都市との連絡する道路などで，国土交通省，都道府県，各市区町村が協議して決定する。→防災

近景　［the foreground］視点の近くに見える景色。相対的な距離の大小による概念だが，近景は景観全体の中で図（主対象）となることが多く，デザイン対象としての価値も当然高い。逆によくない近景は，中，遠景の価値を大きく損なう。→風景，遠景，中景

近郊整備地帯　首都圏整備法に基づき，首都圏の既成市街地の外側で，計画的に都市づくりを進めるとともに，緑地を保存することを目的とする区域。具体的には都心から半径50kmの区域が指定されている。ロンドンのグリーンベルトを真似たもの。類似のものに，近畿圏整備法に基づく「近郊整備区域」がある。→既成市街地，グリーンベルト

近郊農業地帯　大都市の周辺で近郊農業を営んでいる地域。この地域は，市街地の拡大によって土地利用の変動が激しく，また輸送システムの発達による遠郊ものの果実や野菜との競合，さらには生活様式の都市化などさまざまな問題を抱えており，農業地域としてはもとより，都市政策上もきわめて不安定な地域である。→農村の都市化

近郊緑地保全区域　首都圏における良好な緑地を保全するために定められた首都圏近郊緑地保全法で，国土交通大臣が指定する緑地の区域。その中で特に重要性の高い土地については，「近郊緑地特別保全地区」として都市計画に定め，これを買収し整備することができる。→首都圏整備法，グリーンベルト

銀座　東京都中央区に位置する日本を代表する繁華街の名称。1872年に銀座煉瓦街が計画されるが，関東大震災によって壊滅的な被害を受ける。これを帝都復興計画によって再建するが，第二次世界大戦によって一部を除いて焼失。再び戦災復興によって再建するという歴史をもつ。昨今は，海外ブランドの路面店等の進出が著しいが，建物の高さを制限する銀座ルールを導入し，

銀座（東京都）

景観の維持を保つ動きも出ている。また、日本の繁華街の代名詞的存在となっており、○○銀座と呼ばれる商店街は日本中に存在する。→繁華街，目抜き通り，銀座煉瓦街

銀座煉瓦街（ぎんざれんががい）1872年2月の銀座大火の後、政府によってロンドンのリージェントストリートをモデルに西洋式の都市建設が進められ、1877年にかけて拡幅された道路沿いに官営、民営による2階建の洋風建築が立ち並んだ。建物の設計はアイルランド人の建築技術者ウォートルス。1923年の関東大震災でほとんどの建物が倒壊、焼失した。

近自然型川づくり 自然のあり様を模した河川整備。従来の治水、利水機能を前提とした直線的、画一的な整備ではなく、生態系の回復、都市の潤い、やすらぎ、アメニティを保全する整備。→多自然型川づくり

近世都市 古代、中世の後に続く時代に繁栄した都市。狭義には近代と区別することもあるが、西欧ではルネサンスから絶対王政時代の時期に繁栄した都市を指し、日本ではおもに江戸時代の都市を指す。15世紀イタリア共和制の時代に繁栄したフィレンツェや、江戸時代の城下町などが事例として挙げられる。→古代都市，中世都市，近代都市

近世都市（フィレンツェ）

近代化 ［modernization］前近代社会から近代社会に移行すること。一般には社会の資本主義化、産業化、合理化などをともなう。東洋の国々では西欧化の影響を社会、政治、軍備の制度に受ける。建築における近代化は、西洋の様式や技術の影響を受けた幕末以降の洋風の意匠を取り入れた建築、また近代建築運動の理念を反映したモダニズム建築を指す。

近代化遺産「近代産業遺産」とも呼ばれ、国家や産業が近代化するために必要とした産業を支えた建築遺産、土木構築物を指す。製糸場、製鉄所、造船所、倉庫などの各種工業施設や、ダム、発電所、橋梁、トンネル、港湾施設などの土木遺産を指す。フランスのエッフェル塔やイギリスのアイアンブリッジ、ドイツのフェルクリンゲン製鉄所は、産業遺産の世界文化遺産として有名。日本では旧富岡製糸場が近代化遺産としての重要文化財である。

錦帯橋（きんたいきょう）山口県岩国市横山。境川に架かる5連の木造のアーチ橋で、日光の神橋、甲州の猿橋と並ぶ日本三名橋の一つ。1673年創建、2度の洪水による流亡を経て1953年現在のものが再建され、2004年修復工事完了。橋の周り一帯にも歴史的町並みが残る。→橋梁景観，歴史的景観

錦帯橋（山口県）

近代都市 封建制社会の後、産業革命を経て資本主義社会が成立する近代に建設された都市。主権国家体制、市民社会の成立、産業革命による工業化、資本主義の発達を受け、良好な居住環境を実現するための近代都市計画が発展した。田園都市構想に基づくイギリスのレッチワース田園都市、近隣住区論に基づくアメリカのラドバーン住宅地、近代に特定の産業を中心に発展した産業都市である夕張市や八幡市（現北九州市の一部）などが代表的な都市としてあげられる。→古代都市，中世都市，近世都市

近代都市（ハーロウニュータウン／ロンドン郊外）

近隣公園 都市公園法に定められた住区基

幹公園の一つで，近隣住区(約100ha，1万人)に対応して設けることを原則とする。利用誘致距離は500m，公園面積は2haを標準とする。中央の広場，遊具のあるコーナー，散歩道のある林などから成る。最近では，こうした画一的な内容ではなく，特定の機能に特化させた特色のある近隣公園もつくられるようになった。→公園，街区公園，地区公園，都市公園

近隣公園(小金原公園／千葉県松戸市)

近隣交流　[neighboring] 近くに住むことで生じる日常的な付き合いや生活上の相互活動など，地域社会の最小単位における交流のこと。

近隣住区　[neighborhood unit] C.A.ペリーが提案したコミュニティ確保のための小学校区単位での住宅地域計画のこと。住宅地域の中心部への学校，公園，教会の設置や，内部道路の交錯点への小公園や商店の設置や通過交通の排除による交通安全，生活上の便宜，住民間の地域的一体感の醸成を意図するもの。→地域計画，コミュニティ計画，ニュータウン，クラレンス・アーサー・ペリー

近隣商業地域　都市計画法における用途地域の一つ。都市計画法では「近隣の住宅地の住民に対する日用品の供給を行うことを主たる内容とする商業その他の業務の利便を増進するため定める地域」と定義されている。また，建築基準法によって建設できる建物や工作物の内容，容積率，建ぺい率等が定められている。→用途地域

勤労者世帯　世帯主(家計上の主たる収入を得ている人)が会社，団体，官公庁，学校，工場，商店などに雇われて勤めている世帯のこと。→標準世帯

近隣住区(テルフォードニュータウン／イギリス)

クアハウス［Kurhaus 独］温泉利用の一形態で，普通の温泉入浴の効果だけでなく，温泉の性質を科学的に活用して，一定のプログラムに従って治療や保養を行う施設。日本においても，施設も利用者も現在急速に増加している。→温泉

クアハウス（バーデンバーデン／ドイツ）

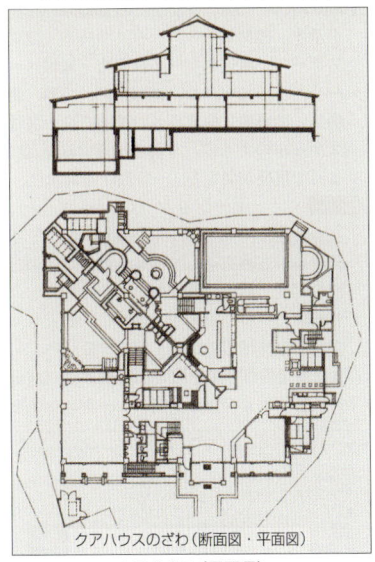

クアハウスのざわ（断面図・平面図）
クアハウス（長野県）

区域区分 都市計画区域の市街化区域と市街化調整区域との区分。都市計画法第7条によって，都市計画決定手続きに従って決定されることが明記されている。「線引き」ともいう。→都市計画

空間 絶対空間と相対空間という2つの属性が存在する。絶対空間は，イギリスの物理学者ニュートンが唱えた空間の性質で，連続的で均質な無限の広がりという空間の性質を表現する。相対空間はライプニッツによれば，空間とは諸物の関係で，その存在は，その中の諸物の関係を，幾何学などにより合理的に説明できれば証明されるとした。これは空間の性質を，諸物の位置ならびに位置相互にある距離として表現するものであった。空間という用語は何らかの基準で区切ること，区別が可能な物理的空間を指す場合が多いが，その範疇は広い。自然空間，人工空間といった空間が構成される要素の違いと対比的な概念で表す場合，居住空間，寝室空間等の機能で区別する場合，心象空間のように心理的印象を基準として示す場合などがある。

空間演出 地域，都市，建築等をさまざまな計画や設計の方法，技法によって空間的な特性，魅力，効果が生じるようにすることを指す。神社の参道空間では，日常から非日常への移行を，門や塔などの要素の配置，連続した空間の緩やかな変化などで効果を出している。→空間，空間計画，空間特性

空間解析 空間を対象として，さまざまな理論に基づいて詳細に研究すること。また，対象空間そのものだけではなく，座標系や極限の理論などを用いて周辺との関係をもとに研究すること。→調査方法，分析方法

空間計画 空間を何らかの理念をもって計画すること。対象となる空間はさまざまで，緑地空間，都市空間，住宅空間，建築空間等とその範囲を決めることができる。例えば都市空間について，近代日本は地域の土着的風景と空間システムの中に，欧米の空間システムを構築してきた過程であるととらえることもできる。→空間，空間特性

空間構成原理 寺社境内，集落，都市などさまざまな環境について，その歴史的な形成過程を調査し，これまでの人間と空間との関係性や空間を構成する要素の抽出，機能，配置，形態，素材等を把握し，何らかの法則を見つけ，普遍的な原理とすること。→空間，空間計画，空間構成要素，空間単位

空間構成要素 物的環境を記述する方法として，各種空間は最小空間の組合せによって構成されているととらえ，最小空間を空間構成要素と呼ぶ。除外されるとその空間が影響を受けるものを指す。→空間，空間計画，空間構成原理，空間単位，単位空間，エレメント

空間・時間系モデル 空間の記述を行う際に，空間の物理的特性に加えて，時間軸の概念を取り入れ，時間変化と空間特性の関係をモデル化して説明しようとするもの。時間をとらえる周期はさまざまで，日，週，月，年，季節等がある。

空間図式 「スキーマ」。空間を解釈するための構造，構成要素，またはこれらを一般化すること。あるいは，心理学的な描写（心象，概念）のこと。空間を考える際の立場を示す大きな視点から，空間の内部の状態を解釈するという視点まで，多くの立場で使用される。→イメージ，概念，空間類型，空間構成要素，単位空間，ストラクチャー，ミーニング，ヒエラルキー，セミラティス，定位

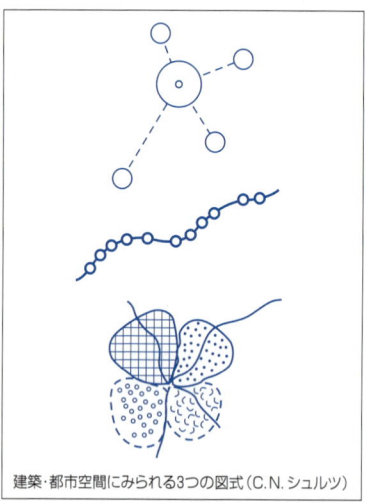

建築・都市空間にみられる3つの図式（C.N.シュルツ）

空間図式

空間単位 空間をとらえる際の一定規模を示し，定義方法は多岐にわたる。地域，都市，地区，街路，建築，住戸等のそれぞれの空間的広がりの範囲における空間単位を定義することが可能で，対象により単位規模は異なる。→空間，空間計画，空間構成要素，空間構成原理，空間類型

空間特性 ある物理的環境の空間的な特徴を示す。物理量，心理量，社会的要因等の定量的，定性的な尺度で記述することができると考えられ，それらは対象空間を計測，実験，調査する等の方法で行われる。→空間，空間計画，空間類型，コンテクスト

空間認知 人が地域，都市，建築等の空間をどのように把握しているかを指す。この分野の研究は盛んで，その構造を明らかにすることで空間形成に寄与することが期待されている。具体的な空間を対象に人の認知のしかたを把握する方法には，イメージマップ法，エレメント想起法などの手法がある。→空間，空間特性　空間の記述

空間の記述 空間の特性，構成原理等を言葉や図式，数式等で記述すること。例えば参道空間をその構成要素とシークエンスの側面の特徴から記述すること，都市空間を特徴的な空間単位や構成要素によって説明することなどが含まれる。→空間，空間認知，空間譜・ノーテーション

空間のスケール 空間をとらえる際の枠組を示す。部材スケール，室スケール，建物スケール，街区スケール，都市・地域スケール，広域スケール，地球スケール等，重層的，階層的に構成された建築を含む各種スケールのように，空間を把握する視点によって規模が異なる。→空間，空間単位

空間譜・ノーテーション（くうかんふ・―）[urban score of space image/notation] 空間譜は，五感を通して感じられる空間の分節の程度，魅力，雰囲気などを記号化し，五線譜に音符を記入するように，譜として空間の意味情報や構造を記録する試み。いまだ普遍的な方法としては確立していない。ノーテーションは，空間のシークエンスを

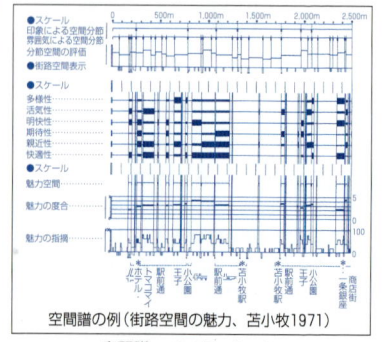

空間譜の例（街路空間の魅力，苫小牧1971）

空間譜・ノーテーション

理解，操作するため，観察者が経路移動の際に経験する空間や環境のイメージを諸要素に分け，記号化し，継起連続的に記述する空間記録技法の一つである。→空間，空間の記述

空間分節 空間と空間を何らかの基準で区切る点を指す。区切りの基準は，意味的なものと機能的なものとが含まれる。意味的なものには，参道空間のような連続する空間をそれぞれの場所のもつ意味で区切るために分節点を設ける。住宅等での居室を壁によって区切ることは，それぞれの機能の分節である。

空間変容 空間の構造が，時間経過とともに変化する様態を指す。対象となる空間は地域，都市，街区，建築，住宅等で，その対象の規模により，空間を構成するどのような要素が空間変容に寄与するかは異なる。→空間

空間類型 空間を理解する際に，空間が有する特徴を整理し，一定の類にまとめて把握することを指す。この際に，それぞれの類の特徴を取り上げて命名を行う。類型化することにより，多様な空間が整理され，個々の類別型の対処法等を検討しやすくなる利点がある。一方で，空間の個性が埋没する可能性もある。→空間，空間特性，空間単位

空地（くうち）①敷地内の，建物が建っていない部分を指す。一般に，マンションなどの場合，空地率が高いほど住環境は良いとされる。また，土地所有者だけが使用するのではなく，一般の人も利用できる空地は「公開空地」という。②利用されていない敷地一般も指す。この場合「空地（あきち）」という。→空地率，公開空地

空中権 ①空間を対象として，上下の範囲を定めて設定した地上権のこと。登記にもその旨を記載する。空間権のうち，地上部分を「空中権」，地下部分を「地下権」と呼ぶ例もあり，空港の空路や地下鉄のトンネルなどに適用される。②土地の上部の空間の一部を使用する権利のことで，容積率に余裕がある土地の未利用容積率を他の土地へと移転する権利のこと。土地の所有権は，法的にはその土地の上下，つまり地上または地下に及ぶとされている。→地上権

空中写真測量 航空機より地表面を撮影した写真を用いて，地物の位置や大きさを求めていくもの。おもにステレオペアとして撮影された2枚の写真を立体視したうえで，地表面の凹凸を計測し，地形図を作成することに利用されている。→地上写真測量

空中歩廊（くうちゅうほろう）建築物の地面に接していない上層部分において，建築物同士をつなぐ目的で設置された歩廊を指す。高層ビルの歩廊は屋根，壁があり，ガラス等で透明感を出すデザイン的演出と眺

空中歩廊（松代団地／つくば市）

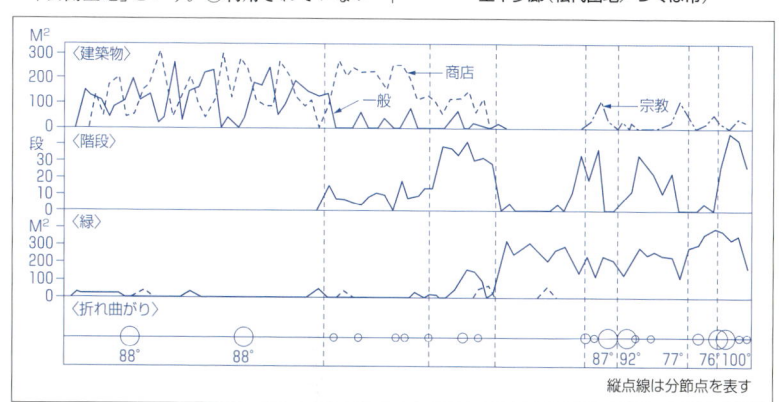

空間分節（金刀比羅宮／香川県）

縦点線は分節点を表す

望を確保する場合が多い。

空地率　（くうちりつ）敷地面積から建築面積を差し引き，敷地面積で割った値を示す数値。空地率が高いほど建築物の周囲の環境が良好になると考えられ，空地に歩行用通路，樹木，植栽等を整備することにより，不動産の価値を高めるという開発手法がある。→空地

空洞化　都市の中心部の発展にともない，その居住人口が減っていくこと。「ドーナツ現象」ともいわれる。都心圏でも商店街では郊外型の大型量販店の無秩序な立地によって引き起こされ，地方都市などでは人口の減少や都心回帰の影響に起因している。→スプロール現象，都心居住

グエル公園　［Parc Güell 西］スペイン，バルセロナ郊外。もとはアントニオ・ガウディが設計し1900〜1914年に建設された分譲住宅地であるが，建設主グエル伯爵の死後，市の公園に寄付した。入口に建つ門番小屋や正面のとかげの彫刻，中心のギリシャ広場など，ガウディのデザインの特徴が詰め込まれている。1984年，世界文化遺産に登録。

グエル公園（バルセロナ）

区画街路　近隣住区等の地区における街区を形成し，また沿道宅地へのサービスを目的として，密に配置される街路。

沓脱ぎ石　（くつぬぎいし）和風建築の玄関や縁側などの上がり口に，履物を脱いだり履いたりするために置かれる平らな石。実用のためだけでなく，建築や庭園の入口の演出でもあり，名石が置かれることもある。→日本庭園，和風庭園

国指定史跡　文化財保護法に基づき，「貝づか，古墳，都城跡，城跡，旧宅その他の遺跡で我が国にとって歴史上又は学術上価値の高いもの」のうち文部科学大臣が指定したもの。現状の変更や保存に影響を及ぼす行為には，文化庁長官の許可が必要となる。

沓脱ぎ石（修学院寿月観／京都市）

区分所有権　マンション等の集合住宅において，区分所有者が自分の専有部分（住戸）についてもっている権利。分譲マンションでは，壁，床，天井で囲まれた各々の住戸について所有権が成立する。→専有部分

区分所有法　「建物の区分所有等に関する法律」の略称。別称「マンション法」ともいわれ，権利関係や管理に関する規定をまとめたマンションに関する基本法である。規約や集会方法，管理組合法人，復旧，建替えに関すること等について定めている。

熊野古道　（くまのこどう）京都，大阪，伊勢方面から紀伊半島南部に位置する熊野三山（熊野本宮大社，熊野速玉大社，熊野那智大社）に参詣するためにつくられた歴史的街道で，和歌山，奈良，三重の3県にまたがる。険しい山地や鬱蒼とした森林を抜ける雰囲気豊かな道である。2004年，世界文化遺産に登録。→歴史的景観

熊野古道（和歌山県）

熊野大社（くまのたいしゃ）島根県松江市八雲町。出雲大社と並ぶ出雲国一宮で、『日本書紀』(720)、『出雲国風土記』(733)などに記載がある。祭神は熊野大神櫛御気野命（くまののおおかみくしみけぬのみこと）であり、素戔嗚尊（すさのおのみこと）と同一神であるとされる。建築様式は大社造り。和歌山県の熊野三山（熊野本宮大社、熊野速玉大社、熊野那智大社）はこれと並び有名。出雲の熊野大社が勧請（かんじょう）されたという説がある。2004年に熊野古道とともに「紀伊山地の霊場と参詣道」として世界文化遺産に登録された。

くまもとアートポリス 熊本県が1988年から進めている建築文化事業で、質の高い建造物の建設を行うことで、県全体の町並みや環境を整備し、地域活性化を目指すもの。これまでに行政施設、公営住宅、美術館等の建築物、橋等の土木構造物や公園が建築家やランドスケープアーキテクトの設計のもと建設されてきた。また事業範囲は、建造物建設のみに留まらず、展覧会や建物散策などの文化的なイベントも展開されている。→町並み

くまもとアートポリス（北警察署／熊本市）

クラインガルテン［Kleingarten 独］ドイツにおいて、1919年の「クラインガルテン法」に基づいて制度化された都市緑地政策の一環としての貸農園、小菜園地や分区園。都市の住民など農業関係者以外の人々が、レクリエーション等営利以外の目的で農作業を行うための農地をいう。都市緑地として都市の美観を形成している都市施設である。→市民農園、農園付き住宅

グラウンドワーク［groundwork］1980年代にイギリスで始まった、グラウンド（生活の現場）に関するワーク（創造活動）を行うという主旨を基に、地域再生を目的とした環境改善活動のこと。住民と行政と企業がパートナーシップを図り、トラストと呼ばれる専門家（おもに女性や中高年の雇用の場となる）の仲介を基に活動を行う。イギリスでは45箇所のトラストに700人以上のデザインや経営、教育などの専門家が、約数万人のボランティアの協力によって、年間4,000以上もの活動を行う。→ナショナルトラスト、シビックトラスト、パートナーシップ

クラインガルテン（群馬県）

グラウンドワーク（ビオトープ整備の例）

倉敷アイビースクエア 岡山県倉敷市の倉敷美観地区（1980、重要伝統的建造物群保存地区選定）内に位置するホテルのこと。

倉敷アイビースクエア（岡山県）

明治時代に建設された赤レンガ紡績工場を再利用したもので，近代産業建築を再生利用した先駆け的建築物。アイビースクエアの名の通り，建物の中央に位置する広場は，蔦（つた）と赤レンガのコントラストが美しく，訪れる人々を魅了する。→重要伝統的建造物群保存地区，再生，リニューアル

クラスター［cluster］集合している，まとまっている状態。集合，群。

クラスター分析［cluster analysis］多くの変数（変量）を用い，統計的に類似度と非類似度によって対象をいくつかの集合（クラスター）に分類する方法。階層的方法と非階層的方法がある。調査結果そのものや，加工されたデータ，他の分析結果から得られた統計量を用いて行われる。→多変量解析

倉造り 建物の主体構造部（骨組）を木材で構成する構造の一種である組積式の木材を横に積み重ねる方式。例には校倉（あぜくら）造り（井籠（せいろう）組），ログハウスがある。→ログハウス

倉づくり（春日大社／奈良市）

蔵造り（くらづくり）江戸時代の町屋形式が発達したもので，観音開きの窓や鬼瓦を使った土蔵造りを指す。川越市に残るものが有名で，これは1893（明治26）年の川越大火時に街全体の3分の1が焼けた際に，数件の蔵造りの家だけが残ったことから盛んに建設された経緯による。

蔵造り（登米地区／宮城県）

クラレンス・アーサー・ペリー［Clarence Arthur Perry］（1872-1944）アメリカの都市計画家。1924年に「近隣住区論」でニュータウン建設の基礎理論を提唱した。市街地を計画的に分割し，コミュニティを支える住居や学校，公園などの諸施設を配置し，人間的スケールの都市によるコミュニティの育成を目指す，近隣住区の地域計画の方法論を示した。アメリカの郊外型住宅地開発やラドバーンシステム，イギリスのニュータウン建設や日本の団地建設に大きな影響を与えた。

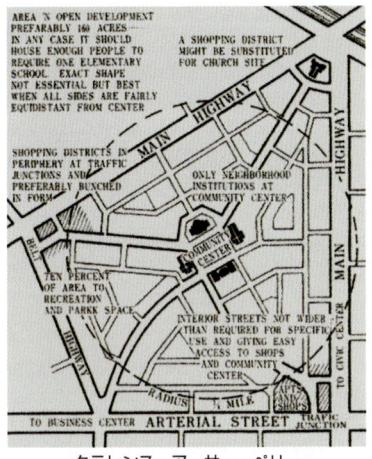

クラレンス・アーサー・ペリー（近隣住区モデル）

グランドデザイン［grand design］壮大なスケールのデザイン，もしくは根幹を定めるような基本的なデザインをいう。「国土のグランドデザイン」「21世紀のグランドデザイン」のように使われる。

クリーンエネルギー［clean energy］太陽光，太陽熱，風力，水力など消費しても環境中に有害物質や温室効果ガス等をほとんど放出することのないエネルギー源の総称。次世代型のエネルギーの開発が積極的に進められるようになった。従前の化石燃料よりも環境への負荷が低いことから実用化の期待が寄せられている。→温室効果ガス，燃料電池，バイオマス

クリーンテクノロジー［clean technology］自然資源を有効に活用して環境負荷を軽減するなど，地球環境保護につながるさまざまな技術の総称。「グリーンテクノロジー」ともいう。具体的には，太陽光，風力，地

熱，バイオ燃料，燃料電池，廃棄物利用など多岐にわたる。→環境負荷，地球環境

グリーンテクノロジー［green technology］
⇒クリーンテクノロジー

グリーンベルト［greenbelt］大都市または大都市郊外における無秩序な市街地の拡張を抑制するため計画的に配置され，都市を環状的に囲む土地利用規制のある緑地帯。イギリスでは1932年の都市農村計画法を受けて，1938年にロンドン郊外の都市化抑制のためにグリーンベルト法が立法化された。欧米各国をはじめ世界の諸都市で整備されており，わが国でも多くの都市で整備構想や方針が策定されている。

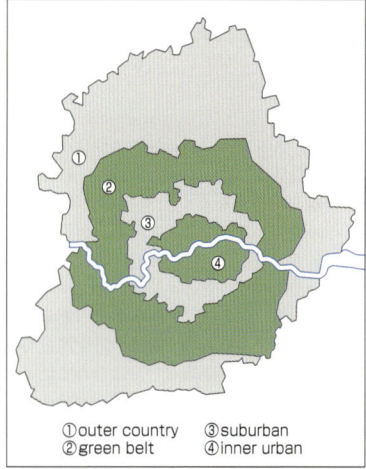

①outer country ③suburban
②green belt ④inner urban

グリーンベルト（大ロンドン計画／イギリス）

クリスチャン・ノルベルグ＝シュルツ
［Cristian Norberg-Schulz］(1926-)ノルウェー生まれで，スイス連邦工科大学卒業，建築史，建築論を専門とする学者。著書『実存・空間・建築』(1971)，『ゲニウス・ロキ』(1979)などが有名。現象学などの考え方に基づいて，人間が環境との相互作用により空間を定位することで実存的空間が生まれるとした。

クリストファー・アレグザンダー
［Christopher Alexander］(1936-)ウィーン出身の建築家。カリフォルニア大学バークレー校教授。設計理論として示した『パターン・ランゲージ』(1977)は多くの建築家や都市計画家に影響を与え，『都市はツリーではない』(1965)はポストモダンの都市論に大きな影響を与えた。

クリストファー・アレグザンダー
（盈進学園／埼玉県）

クリチバ市［Curitiba city］ブラジル南部地方で最大の都市で，パラナ州の州都。先進的な都市政策，交通政策，環境政策をもつ都市。→環境都市

グリッドパターン［grid pattern］格子状の空間構成をもつことを指し，都市において格子状の構造を計画的に適用した事例は古くから多く存在し，古代ギリシャ都市，中国の長安，日本の平城京や平安京，ニューヨーク，札幌等はその例である。また，集合住宅等の街路形成，区画整理事業においてもグリッドパターンが用いられる場合がある。

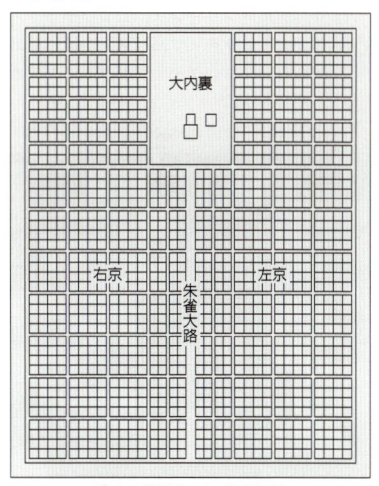

グリッドパターン（平安京）

グルーピング［grouping］何らかの基準を設けて，対象を一定の群に分けてとらえることを指す。対象は人，物，事象について可能である。①人の場合には，性別，年齢等の属性によるグルーピング，意識調査等への回答傾向に基づくグルーピングが行われる。②物や事象に関しては，物理的な特

徴（高さ，面積，形態，素材，情報量等）を基準にして行われる。住宅設計手法において，建物配置の際に行われるものも含む。

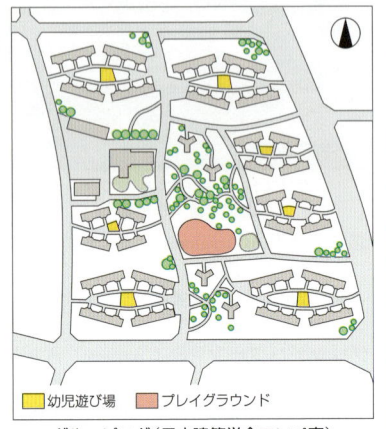

グルーピング（日本建築学会コンペ案）

□ 幼児遊び場　■ プレイグラウンド

グループホーム［group home］複数の個人もしくは世帯が集まって住むことを指し，共有空間，共同作業をともなうことが多い。障害者，高齢者を含み，構成員の需要に対応して形成される。居住形態，運営方法により，グループリビング，コレクティブハウス，コーポラティブハウス，生活ホーム等がある。→コレクティブハウス，コーポラティブハウス

クルドサック「cul-de-sac 仏」袋小路の意。幹線道路で囲まれた街区に進入する道路の奥が行き止まりで，通り抜けできない状態の形式。袋小路ではなく，自動車の方向転換が可能なサークル状になっている。居住者や関連車両以外の通過交通を抑制する役割がある。クルドサック街路の一部を欠き込む形で駐車スペースを設け，住戸の反対側が歩行者専用道路へつながる形式が多い。→歩車分離

グレーゾーン［gray zone］中間領域，遷移空間，緩衝空間など，性質が明確に異なると考えられる2つの空間や事象の間にありどちらにも属さない，またはどちらに属すとも考えられるあいまいな領域。同種のものを2通りに解釈可能な場合に用いる。学術的な用法以外に，グレーゾーン金利，グレーゾーン商法など法規上の解釈なども含む。

クレマトリウム［Crematorium］スウェーデン，ストックホルム郊外スコッグス。正式名称は「scoggus kiruko goden」で，火葬場や礼拝堂をもつ大規模な霊園。1915年のコンペでE.G.アスプルンドが設計者に指名されるが，実際に設計・建設されたのは1935～40年。芝のオープンスペース，道，塀，列樹，十字架，参列所などの要素が絶妙なバランスをもって独特の時空間を演出している。近代建築としてはじめて世界文化遺産に登録。→霊園・墓苑，エリック・グンナー・アスプルンド

クルドサック（並木地区／つくば市）

クレマトリウム（スウェーデン）

グローバリズム［globalism］地球主義。地球を一つの共同体と考える立場から共生を主張する思想。多国籍企業が国境を超えて経済活動を行う場合や，アメリカ主義などを限定的に示す場合もある。→リージョナリズム

黒壁株式会社（くろかべかぶしきがいしゃ）滋賀県長浜市において1988年に，中心市街地活性化の拠点活用を目的に設立された

第3セクター。黒壁の1号館は，明治時代に第百三十銀行長浜支店として建築され，その外壁が黒漆喰（じっくい）であることから「黒壁」の愛称で親しまれていた建物で，これの売却解体計画がもち上がった際に，その保存を望む声が高まり，ガラス工芸の制作と販売を軸としたまちづくりが始まった。→リノベーション

黒壁株式会社（黒壁5号館／滋賀県長浜市）

クロス分析 2つの尺度（変数）を用いて，標本のデータが両尺度（変数）のどこに位置するかをみる分析方法。尺度（変数）相互の関係や分布の差を，表やグラフを用いて分析する。

クロソイド曲線 ［clothoid curve］緩和曲線の一つ。自動車両の走行において，直線部分と単曲線（円弧）部分との間に配置され，安定した高速走行を可能とする。曲線の形状は螺線（らせん）を示し，曲線の長さに比例して曲率が大きくなる特徴をもつ。→緩和曲線

上：直線と円弧による線形
下：クロソイド曲線を入れた線形
クロソイド曲線

グロピウス ［Walter Gropius］⇒ウォルター・グロピウス

群化の法則 （ぐんかのほうそく）［grouping］体系化の法則。ゲシュタルト心理学において，人間が事物を見るとき，頭の中でまとまりを作成して理解しようとする傾向。また，最も簡潔な秩序あるまとまりをみようとする傾向（プレグナンツ（簡潔性）の法則）がある。

群集流動 群集が移動する際に見せる，個人の移動とは異なる性質，またはそれを見るための視点。群集流。鉄道駅や空港などにおいて，大量の歩行者が連続的に移動する状態をみることで，平面形状や階段などの設計，避難計画などに利用される。

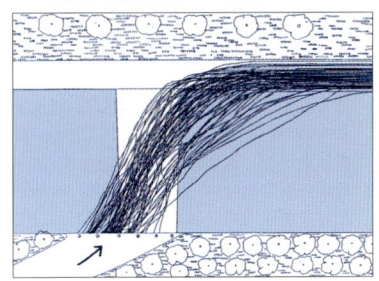

横断歩道上の歩行軌跡集積
（大阪大学岡田研究室阪野正幸の調査による）
群集流動

景 ①目に見える様子。「景色」「景観」とほぼ同義。②他の語と合体して，その風情（ふぜい），趣（おもむき）などを表す。情景，光景，背景，風景，景気，景品，景勝など。→風景，景観

景域 （けいいき）視覚を中心に環境を認識する「景観」に対して，自然と人間の営みの総和としての地理的状態を表す用語として用いられる。→景観

警戒水位 各水防機関が水害に備えて出動し，警戒にあたる水位。

計画規模 ①事物の計画における大きさや概要。広さや大きさなどのボリューム，構成する要素の内容と物理的な数量，達成するための予算など。②洪水を防ぐための計画において，対象地域の治水安全度（洪水発生の安全度合い）を表す目標値。一級河川の主要区間の計画規模は，平均して100〜200年に一度の割合で発生する洪水流量を目標に整備される。河川が流れる地域によって，5〜200年の確率で計画規模の目標設定を行う。

計画許可申請 ［planning permission］イギリスにおける都市開発，都市設計，建築設計に関する許可制度。建築線，都市計画との適合性，計画内容等が審査される。計画施策指針を考慮して，地方公共団体が運用する。

計画高水位 （けいかくこうすいい）堤防の設計，整備等の基準となる水位。計画高水流量が河川改修後の河道断面（計画断面）を流下するときに到達すると想定されている水位。大水発生時に整備された堤防が耐えられる最高高さ。→防災，安全性

計画交通量 道路の計画の基礎となる自動車の1日当たりの交通量。その道路が存在する地域の経済活動や発展の動向，周辺地域における住宅地や工業団地の発展の傾向などを要件として，将来を推定しながら決められる。高速道路および一般国道については国土交通大臣が，その他の道路はそれぞれの道路管理者が決定する。

計画制限 都市計画が定められることによって発生する，土地などの所有者等の権利に加えられる各種の制限の総称で，「都市計画制限」ともいう。制限のおもなものは，開発行為の規制，都市計画施設区域内の建築等の規制，風致地区内の建築等の規制，地区計画区域内の建築等の規制など。

計画目標 ①物事を行うにあたっての方法，手順等を考える際に，到達点や表現したい内容をわかりやすいものとして据えること，その内容。②都市，建築の計画，設計においては，具象化すべき形や将来像，達成すべきテーマ等。政策や景観においては定性的になるが，到達点として目指すべき内容等を指す。→イメージ，コンセプト

計画立案 ［planning］①企画，調査，設計，プログラミング，運用，保守等のプロセス，テスト，トライ＆エラーのアクティビティ，実行すべき内容を定めるタスクからなるプロジェクト全体の姿を構築し，運営組織のあり方，行動指針，円滑な推進を図る課題等を明確にすること。戦略。②都市，建築，まちづくりでは，対象地区の諸条件，問題，課題の把握，対応策を検討し，当該計画のコンセプトや実施内容を決め，これを具現化するための運用組織，プログラム検討，フィジビリティスタディ，事業試算等を行い，空間および事業イメージを整える。この際，複数の代替案を検討し，より効果的で，デザイン性に優れ，実現性が高く，コスト的に見合うものなど着地点を導き出す。→コンセプト，マスタープラン

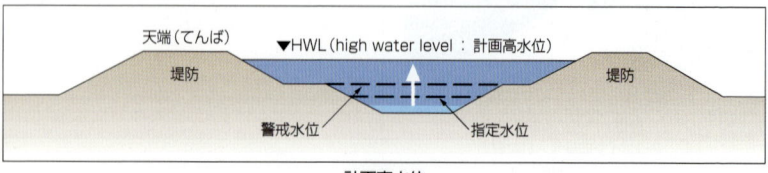

天端（てんば） ▼HWL（high water level：計画高水位）
堤防　　警戒水位　指定水位　堤防
計画高水位

景観　landscape, scenery

①自然と人間活動との調和がとれた一体の生活空間。②人間を取り巻く環境世界を，主として視覚を通して認識すること。①は地理学や生態学の分野で用いられる用法で，いわば地域的生態の秩序概念である。②は都市計画や地域デザインの分野で用いられ，風景や景色に近い価値概念を含んだ用法であるとともに，その保存や改善をも視野に入れた操作的概念でもある。以下，主として②について述べる。景観の景は主体である人間が認識する対象（自然および人工物を含む）であり，観は主体の見るという行為であるから，景観とは人間と対象との間に視覚を通じて成り立つひとつの関係ということができる。そうなれば，主体の見方が変わったり，対象の特色が変化したりすれば，同じ人が同じ場所にいても景観は異なるものになる。しかし，地域文化を共有する人々の間には共通の認識，評価のしかたが存在することも知られている。これが景観をデザインの対象，人間の意志によって操作することが可能な事象と位置づける根拠である。景観をめぐる新しい解釈やさまざまな取り組みは1960年頃から始められた。先進的な地方自治体は，地域の個性的な景観を維持したり改善する目的で独自の景観条例を制定するとともに，景観を新しいまちづくりの重要な柱と位置づけるようになった。国も遅まきながら2004年には景観法を制定し，この動きをバックアップする体制を整えた。これからの各地の景観づくりの成果が注目される。→風景，修景，美観，眺望，景観論，風景論，原風景，景観イメージ，景観サーベイ，景観評価，景観計画，景観コントロール，景観構造，景観構成要素，景観保全，景観創造，景観条例，景観法，景観行政，借景，可視領域，シーン景観，シークエンス景観，自然景観，河川景観，道路景観，町並み景観，田園景観，文化的景観，夜間景観，ライトアップ，サウンドスケープ

上段：アルペン街道（ドイツ南部）
下段左：林立する仏塔群がつくる景観（ミャンマー），下段右：都市を埋め尽くす超高層建築（香港）
景観

けいかん

景観アセスメント ⇒景観影響評価

景観アドバイザー [adviser] 自治体が各種事業を計画, 実施する場合, 景観面での提案やアドバイスを受けるために委嘱する専門家。専門家としては, 建築家, 都市デザイナー, ランドスケープアーキテクト, グラフィックデザイナー, カラープランナーなど。→景観審査会, 景観コントロール

景観イメージ [image] 実際に目にしている景観ではなく, 過去の体験や映像や文章を通して対象について頭や心で思い描く景観。「イメージ景観」ともいう。これはその人独自の景観観をつくり, 実際の景観の受容や評価に大きな影響を与える。→イメージ, 心象風景

景観影響評価 「景観アセスメント」ともいう。環境アセスメントと同様に, 景観を変化させる事業等を行う場合, 事前に調査, 予測, 評価をして, その影響の大きさと可否を判断すること。→環境アセスメント

景観ガイドライン [guideline] 良好な景観の形成を目的として景観基本計画が定められた場合, それを具体的に実行するために, 対象地区内の建築物, 道路, 橋梁, 駐車場, 工作物, 看板, 標識, サインなどの形態や色彩を規制, 誘導するための指針。→景観基本計画, 景観コントロール, 景観形成モデル

景観カテゴリー [category] 景観上の特徴によって区分される景観の種類。一般には商業地区景観, 住宅地景観, 農村景観などであるが, 目的によっては日常景観, 非日常景観, 開放景観, 閉鎖景観などの区分もある。「景観類型」ともいう。→景観地域区分

景観管理 景観基本計画が策定されると, 決められたさまざまなルールがきちんと守られているかどうかをチェックする必要がある。届出書類のチェック, 現地での監視などを含めた管理をいう。→景観コントロール, 景観阻害要素

景観基本計画 自治体がその地域の景観を保存, 整備, 創造するために, 総合的かつ計画的に取り組む施策の体系を示したもので「景観マスタープラン」とも呼ばれる。おもな内容は, 地域景観特性の把握, 景観形成の課題と目標, 基本方針, 重点整備地区, 景観ガイドライン, 審査, 表彰制度, モデル事業などを含む。→景観計画, 景観ガイドライン, 景観審査会

景観協議会 景観法に定められた, 官民一体となって良好な景観形成を目指して協議するための組織。民間側としては住民, NPO法人, 観光商工業団体, 公益事業者などが参加できる。→景観法, 景観協定

景観行政 自治体が行政行為として景観の保全や改善を行うこと。日本では1970年代後半から神戸市, 京都市などで始まり, 80年代には多くの自治体が景観条例を制定し, 取り組むようになった。景観法が成立した現在では, 都市行政の一つの柱になっている。→景観法, 景観条例, 景観コントロール

景観協定 景観法で定められた, 景観計画区域内の一団の土地の所有者の全員の合意に基づく協定で, その区域内の建築物, 緑, 看板などの景観に関する事項について自主的にルールを決める。法に基づく住民協定の一種。→住民協定, 建築協定

景観計画 ①広義としては景観基本計画と同じ。②狭義としては, 景観法に基づいて景観行政団体(都道府県または市町村)が定める計画で, 区域, 規制内容, 景観重要要素(構造物, 樹木, 公共施設)の指定, 許可基準などが内容。→景観法, 景観基本計画

景観計画区域 景観法の規定により, 景観計画を定めるべき土地の区域を指す。現状の良好な景観の保全を目的とする場合と地域の特性にふさわしい良好な景観の形成を目的とする場合とを含んでいる。→景観計画, 景観法

景観タイプ
- 低層集落
- 台地集落
- 丘陵地集落
- 新興住宅地
- 団地
- 既成住宅地
- 近隣商業地
- 飲食・娯楽地
- 商業・業務地
- 沿道サービス地
- 業務地
- 工業地

景観カテゴリー(水戸市の景観特性)

景観形成地区 各地域で景観基本計画を策定したり、景観条例を制定する際、地域の中でも特に景観を重要視する必要のある地区を選定し、具体的な景観形成のプログラムを立てるのが一般的である。このような対象地区を景観形成地区または都市景観形成地区と呼ぶ。→景観基本計画、景観条例

景観形成モデル 多くは文章で表現される景観ガイドラインの内容を、より具体的でわかりやすく表すために作成される図または模型。あくまでガイドラインを補うもので、規制型、誘導型がある。→景観基本計画、景観ガイドライン、景観シミュレーション

景観形成モデル（つくば市の例）

景観権 良好な景観を享受する権利。広い意味の環境権の一つといえるが、例えば日照権に比べればまだ一般的に法的保護を受けられる権利とは認められていない。過去に認められたのは、国立（くにたち）マンション訴訟のような特殊なケースである。→環境権、日照権

景観研究 景観に関する研究は、1980年代から急速に進展し、原理、歴史、認知、再現、評価、操作のさまざまな領域を対象に、哲学、心理学、地理学、建築、都市計画、土木、造園などの分野で行われている。→景観論、風景論

景観工学 道路、橋梁などの主として土木工作物を対象とした景観のあり方を論じる学問。それまで機能性重視の計画が行われていた分野に登場した新たな領域。→景観論、景観研究

景観構成要素 景観を成り立たせているさまざまな物的要素。例えば、ある農村景観を考えた場合、集落、屋敷林、背景の山並み、そこを流れる小川、広がる農地、鯉幟（こいのぼり）、電柱・電線、交通標識、空に浮かぶ雲などは、いずれもその景観の構成要素である。要素には大小、面的・線的、自然的・人工的、恒常的・一時的など多様なものが混在している。→景観、景観構造、景観阻害要素

景観構造 景観を構成している多くの要素の中で、他の要素を関係づけ、空間に秩序や方向性を与えるような要素が構造的要素である。構造的要素で組み立てられるのが景観構造。構造的要素は周囲から際立つ、連続的で線状などの特徴をもつ。景観構造の特性を記述することで、景観はとらえやすくなる。→景観構成要素、景観図式

景観構造（ヴィーク村／アイスランド）

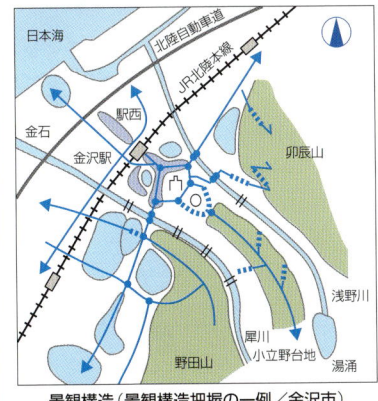

景観構造（景観構造把握の一例／金沢市）

景観コントロール　[control] 景観デザイン実現の主要な手法の一つ。景観基本計画や景観ガイドラインで示された目標に向けて，抑制，誘導，表彰などの方法を使って近づけていくこと。条例等に定められたもの以外に，行政指導，専門家のコンサルテーションなどを使う。→景観基本計画，景観条例，景観ガイドライン

景観サーベイ　[survey] 1970〜80年代盛んに行われたデザインサーベイの手法を受け継ぎ，対象とする景観のもつ特色や景観デザインの手掛りを得るために行う詳細な現地調査。→デザインサーベイ，景観資源図

景観軸　景観構成要素の中の景観構造の骨格となるようなもの。多くの場合，長い直線的空間や象徴的建築が連続する空間などが景観軸になる。都市または地区の景観デザインは，景観軸を基準になされることもある。例えばパリのシャンゼリゼ通り，プラハのバーツラフ広場など。→景観構造，景観デザイン

景観資源図　景観資源とは，景観形成にとって重要と思われる現存する要素を指し，それらを地図上にプロットしたものが景観資源図（マップ）で，簡単に「景観マップ」とも呼ばれる。資源を見つけるためには景観サーベイを行ったり，住民参加の「町並みウォッチング」など，いろいろな方法がある。→景観評価，景観サーベイ，景観基本計画

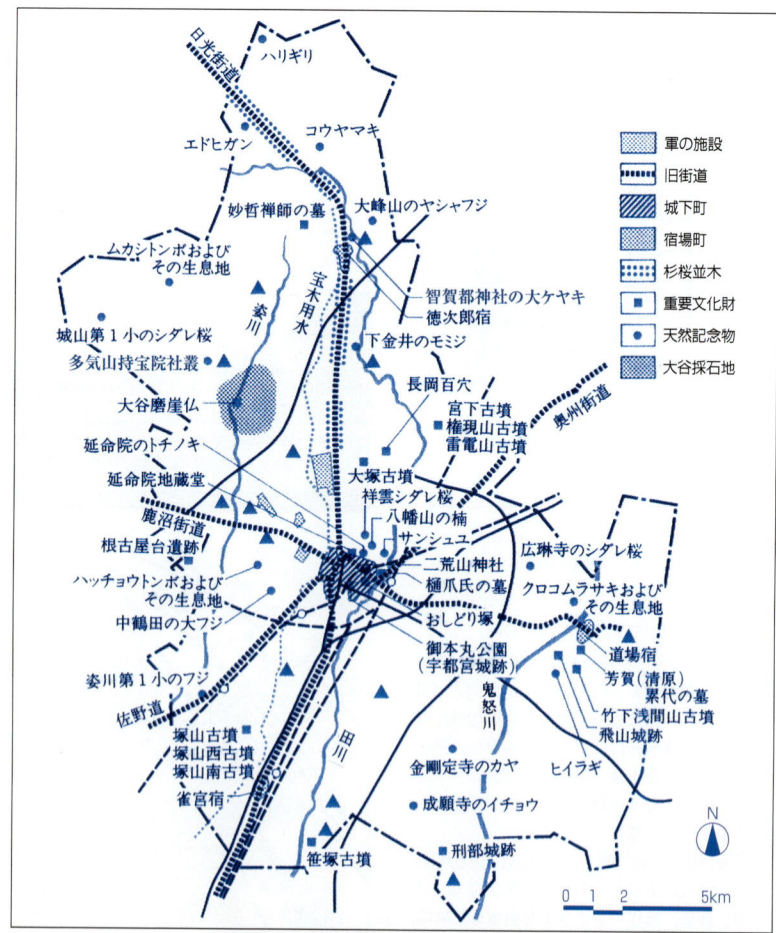

景観資源図（宇都宮市の歴史，文化的資源図）

景観シミュレーション［simulation］都市や町並みの景観やその変化の様子を擬似的に表現する方法。透視図や模型による古典的な方法もあるが、現在では主としてコンピュータグラフィックスが使われる。使用目的はデザイン過程での検討資料の場合とプレゼンテーションの場合がある。→景観基本計画、シミュレーション、プレゼンテーション

景観重要建造物 都市計画の景観計画区域内に存在する、良好な景観形成にとって欠かせない建造物。景観法に基づき指定できる。建設年代は問わないが、外観の保存が最優先される。→景観法、景観計画区域、景観保全

景観重要公共施設 景観法で定められたもので、景観計画区域内の、景観上重要な道路、河川などの公共施設で、その管理者の同意を得て指定されたもの。「景観重要道路」「景観重要河川」と呼ぶ。景観への配慮が要請され、電線地下埋設などが優先される。→景観法、景観重要建造物

景観重要樹木 景観法で定められたもので、都市計画の景観計画区域内にある景観上重要な樹木を、所有者の意見を聞いて指定できる。→景観法、景観重要建造物、シンボルツリー

景観賞 住民や企業の景観に関する意識を高めるために、優れた景観形成に寄与した建築、工作物、モニュメント、町並みなどを表彰する制度。今は多くの自治体で条例の中で採用しており、景観行政の柱の一つになっている。→景観行政、景観条例

景観賞（街角の少女像／宇都宮市）

景観条例 良好な景観を保存したり形成したりする目的で、都道府県もしくは市町村が制定する条例。景観法が成立するまでのほぼ30年間、日本の都市景観はこの条例によって支えられてきた。しかし、地方条例であるから原則として罰則規定はなく、実効上の困難も多かった。→景観法、景観コントロール

景観審査会 多くの景観条例には、景観審査会を設置する定めがある。専門的立場から個別物件の景観上の評価を行うとともに、景観形成の方向づけに関する提言を行う役割をもつことが多い。→景観条例

景観スキーマ ⇒景観図式

景観図式 「景観スキーマ」ともいう。景観を構成しているさまざまな要素相互の関係をわかりやすく図化したものを指したり、関係の基本形となる図を指す。→スキーマ、ダイアグラム

景観生態学 景観がもつ機能や構造とその変化を、生態学的、地理学的に解析する学問。近年、都市や地域のグランドデザインを生態学的に描く手法として注目されている。→景観、景観研究

景観整備事業 良好な景観の保存、整備、創出のために行うソフト、ハードにまたがるさまざまな事業の総称。国レベルの事業としては街並み環境整備事業があり、地方自治体は条例でその地域の特色に合った多様な事業を行っている。→事業、景観創造、街並み環境整備事業

景観創造 すでにその地域に存在する良好な景観を維持、保全する景観整備に対して、ニュータウンや再開発地域では新しく景観をつくり出す（創造する）必要があり、そのために景観計画を策定したりデザインコードを定めたりすることが多い。→景観基本計画、景観デザイン、景観コントロール

景観阻害要素 景観を構成している要素の中で、その存在が良好な景観を台無しにしているもの。例えば、きれいに整備された商店街に残る電柱や電線、伝統的な町並みのすぐ近くに建つ高層マンションなど。阻害要素の撤去は困難な課題だが、景観向上の効果は大きい。→景観基本計画、景観コントロール

景観単位 ある一つの景観カテゴリーが連続する地区の範囲。地域景観はいくつかのカテゴリーの景観がパッチワークのように分布していると考えたときの最小単位であり、景観計画を策定する際の対象区域でもある。→景観カテゴリー、景観地域区分

景観地域区分 景観計画は対象地域全体にかかわる事項と、景観上の特色もしくは問題のありかに基づいて区分された地区ごと

に定められる事項とからなる。後者の区分を景観地域区分と呼ぶ。→景観基本計画，景観カテゴリー

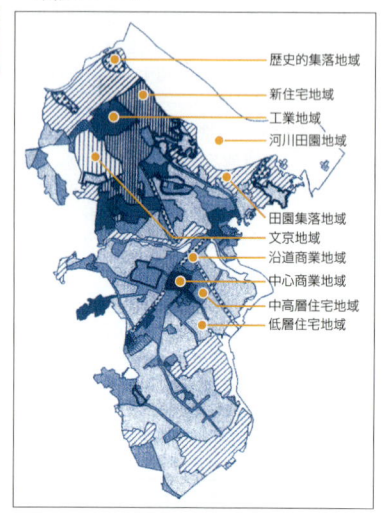

景観地域区分（千葉県柏市の例）

ラベル: 歴史的集落地域／新住宅地域／工業地域／河川田園地域／田園集落地域／文京地域／沿道商業地域／中心商業地域／中高層住宅地域／低層住宅地域

景観地区 都市計画法に基づく地域地区の一つで，特に優れた景観を生かして，さらに良好な景観形成を図る地区。景観地区内では，建築の形態，意匠，高さ，壁面線などの規制が可能。→都市計画，景観基本計画

景観デザイン 良好な景観の実現を目指す計画・設計の行為。景観計画とほぼ同義だが，景観法で景観計画が限定的に定義されているので，より幅広く表現する際に便利。また，より積極的な景観誘導や景観コントロールを目指す場合にも使われる。→景観基本計画，景観コントロール

景観特性の把握 景観計画立案の過程で欠かせない調査項目。地形，植生，微気象，土地利用，人工物の配置などを調べることによって，その地域の景観上の特色を明確にする。→景観基本計画，景観コントロール

景観認知度 ①一般市民が地域の重要な景観資源の存在，特色，所在地などを知っている度合い。②その地域で取り組んでいる景観施策の存在，内容などに対する住民の認知度合い。→景観行政，景観評価

景観破壊 それまで秩序が保たれていた景観が，開発や災害などによって変ぼうしてしまうこと。環境破壊の一種。→景観保全，環境破壊

景観評価 対象とする景観を何らかの方法で評価すること。評価には，対象となる景の物理的な質に対するものと，主体である人間の受け取り方に関するものがある。後者の評価方法には，主観的評価と客観的評価があり，前者は美的観賞や体験記述などを通して行われ，後者は環境心理学的方法でなされることが多い。→環境心理学，評価構造

景観変容 景観が変化する様子。この変化は，時間の経過とともに起こる自然的，連続的なものと，災害や開発などの特別な出来事によって人為的，突発的に起こるものとがある。前者は予測，対応が可能であるが，問題は後者で，下手をすると景観破壊につながる。→景観破壊，景観保全

景観法 2004年6月に制定・公布された，景観の保全・整備に関して包括的に定めた法律。従来地方自治体の景観条例等に委ねられていた日本の景観保護，改善の政策に国のバックボーンができて，景観改善の可能性は広がった。→景観，景観保全，景観計画

景観保護 良好な景観を破壊や変容から守ること。そのために必要な規制や誘導を行うこと。具体的には不用意な開発や再開発による地形，地物の破壊や建築物の建設を制限し，価値ある建造物の補修を行うことなどが含まれる。→景観保全，景観破壊

景観保全 良好な景観を守るという点では「景観保護」とほぼ同義。「保護」がどちらかといえば開発や災害などの外圧から守るという意味が強いのに対して，「保全」は昔からの景観を維持しようとする内的な力のほうに重心がある。→景観，景観基本計画

景観マスタープラン ⇒景観基本計画

景観マップ ⇒景観資源図

景観緑三法（けいかんみどりさんぽう） 2004年に制定された「景観法」に合わせて，その関連で同時に制定された「景観法の施行に伴う関係法律の整備法」「都市緑地保全法等の一部改正法」の3つの法律をまとめてこう呼ぶ。→景観法，都市緑地法

景観誘導基準 地域の景観をある方向に誘導し，そこらしい景観を整備するために定められる基準。多くの場合基準になるのは，地域に実在する優れた景観資源や素材，祭りや伝統行事といった文化，地場産業などである。→景観コントロール

景観類型 ⇒景観カテゴリー

景観論 1960年代から70年代にかけて世界的に発表された景観に関する論説。フレデリック・ギバードの『タウンデザイン』，ゴードン・カレンの『都市の景観』（ともに1959）を皮切りに，景観の価値，歴史，評価方法，操作論など多岐にわたる考察や提言がなされ，その後の景観保全や整備の理論的支柱となった。→景観，風景論

景観論争 わが国で1960年代に盛んに行われた景観をめぐる一連の論争。著名なのは1964年の京都タワー論争，1967年の東京海上火災ビル建設をめぐる丸の内美観論争などである。→景観保全，京都タワー

渓谷景観 （けいこくけいかん）山間部の谷間の景観。一般に谷筋に沿っては視線が遠くまで通るのに対して，両側は山の斜面に挟まれているため，奥行感と包囲感をもつのがこの景観の特徴である。谷には通常，川が流れているから「渓流景観」ともいわれる。→自然景観，囲繞景観（いにょうけいかん）

経済的インセンティブ ①事業や諸施策展開において，直接従事する関係者に対して，金銭上の便益を直接または間接に提供することで行動や成果を変化させるもの。税制上の優遇措置，公的資金融資制度，補助金の充当等が該当する。②都市開発・設計，建築設計においては，優良な建築物の建設や諸開発において，公共施設整備等を同時に整備することで市街地環境の向上に資する場合に，公共資金の投資や一定期間の固定資産税の減免等の措置が図られることがある。環境保全に関する内容による税制の特例措置等も含まれる。→規制緩和

景勝地 （けいしょうち）優れた景色が見られる場所。多くは自然的要素を主とした景観で，長い歴史の中で人々の評価が定まっていった土地である。中には文化財として「名勝」に指定されるものもある。→風景，風景地，名勝

景相生態学 （けいそうせいたいがく）「景観生態学」とほぼ同義であるが，人間の感覚や心の動きをより重要視する立場。→景観生態学，景観研究

軽装備再開発 大規模再開発および従来の市街地再開発を「重装備再開発」と命名し，その反語として活用される造語。これまでの大規模であればあるほど重装備にならざるを得なかった再開発に対し，中小規模建築物あるいは小さく完結性のあるいくつかのシステムが相互に連携することで，全体としては計画性をもつコンパクトな再開発を行うことを指す。→都市再開発，市街地整備

境内 （けいだい）神社や寺院の敷地で，正式には「境内地」。歴史のある大きな社寺には長い参道があったり，背後の広い社寺林があり，景観や環境の保全にとって重要な

渓谷景観（黒部渓谷／富山県）

けいたい

役割を果たしている。また祭りや演芸の場所として活用される。→参道空間, 社叢林（しゃそうりん）

境内（宇佐神宮／大分県）

形態規制 建設される建築物に対して建物高さ, 階数, 敷地規模, 敷地間口, 屋根の形や勾配, 建物用途, 看板や屋外広告物等にルールを定め, でき上がる内容を適正に誘導するもの。建築基準法に定められている容積率, 建ぺい率, 高さ制限, 斜線制限, 日影規制, 建物用途規制等。町並み景観形成の際には, 地区計画等を活用してこれらを統一的にルール化し運用することが求められる。

形態制限緩和手法 建築基準法の集団規定における形態規制は最低基準を定めてあるが, 一団の都市空間として必ずしも望ましい水準を保証できない場合があるため, 建築基準法の許可制度や認定制度, 都市計画法の指定制度を活用して計画ごとに誘導する手法。→規制緩和

経年変化 1年以上長期にわたって空間が変化する様子, またはその性質。空間の時間的な性質である時間性の一つ。→時間性, 周期的変化, 長期的変化

芸能空間 人々の生活を基盤に地域で育まれ, 継承されてきた芸能が行われる空間を指す。能舞台, 土俵等の機能固定的な空間と, 日常的な空間が芸能目的によって変化する場

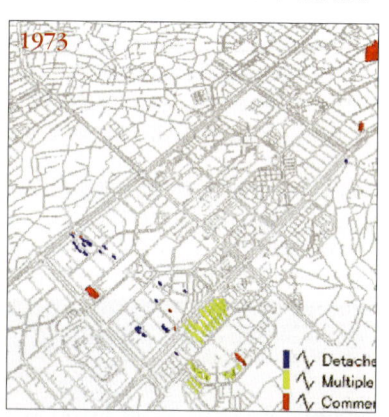

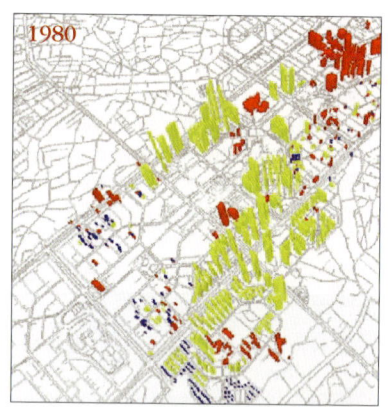

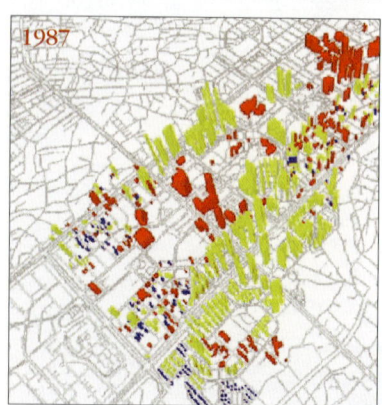

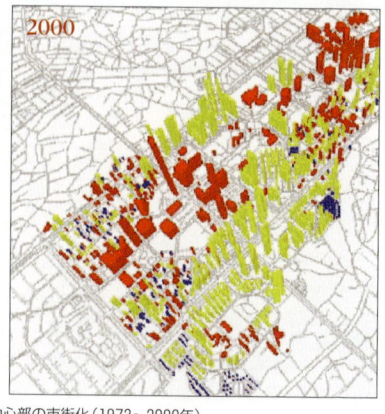

経年変化　筑波研究学園都市中心部の市街化（1973〜2000年）

合がある。変化する空間には広場，街路，住宅等が含まれる。→空間

芸能空間（黒川能の舞台／山形県）

渓流景観（けいりゅうけいかん）⇒渓谷景観（けいこくけいかん）

経路探索 道路や鉄道などのネットワーク型線状築造物において，始点から終点までの経路をさまざまな条件下で探索すること。最もポピュラーなのは始点，終点での最短経路検索であり，GISの機能として具備されていることが多い。ネットワーク解析の一つに位置づけられる。→ネットワーク解析

ケヴィン・リンチ［Kevin Lynch］(1918-84) アメリカの建築家，都市計画家。マサチューセッツ工科大学教授。『都市のイメージ』(1960)を通して，世界中の都市計画に大きな影響を与えた。都市のイメージを形成するアイデンティティとストラクチャー，およびミーニングを提唱し，インタビュー調査に基づいて都市のイメージを構成する要素として，ランドマーク，パス，ノード，エッジ，ディストリクトを抽出した。

ケーブルボックスシステム［cable box system］⇒キャブシステム

景色（けしき）⇒風景

ゲシュタルト［Gestalt 独］形態，姿，形，構造，体制などを意味するが，環境・景観デザインの分野ではゲシュタルト心理学，およびその性質であるゲシュタルト質を指す。→ゲシュタルト心理学

ゲシュタルト心理学 心理事象は要素の総和ではなく，要素間の関係からなるという立場をとる心理学。1912年，ドイツの心理学者ウェルトハイマーに起源をもつとされる。心理的に意味のある絵画やメロディなどがゲシュタルト質をもっており，個々の要素の総和が全体の性質と等しくないこと，要素全体が移動した場合にその性質は変わらないことなどが根拠となっている。ゲシュタルトをもつための要因として，近接や類同，併合，連続，シンメトリーなどがあげられる（図・92頁）。→ゲシュタルト，シンメトリー，図と地

下水道 ①雨水，汚水を流す排水路。これらの処理施設全体。②都市部の雨水，汚水を排除するために設けられた排水管等の排水施設。浄化処理を行う施設整備も含まれる。→インフラストラクチャー，公共下水道

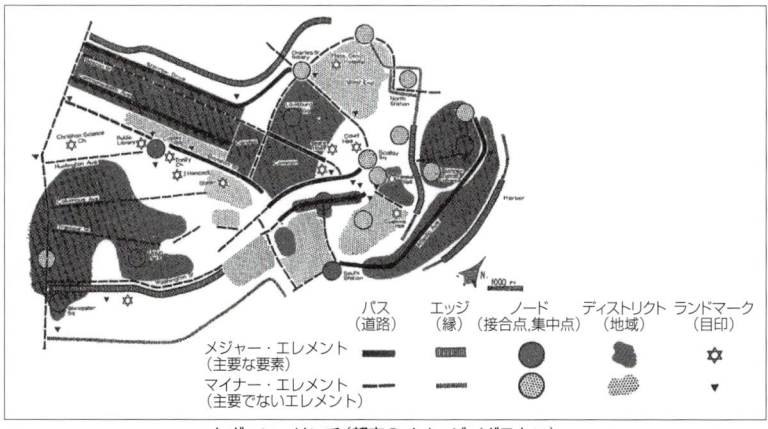

ケヴィン・リンチ（都市のイメージ／ボストン）

けつかい

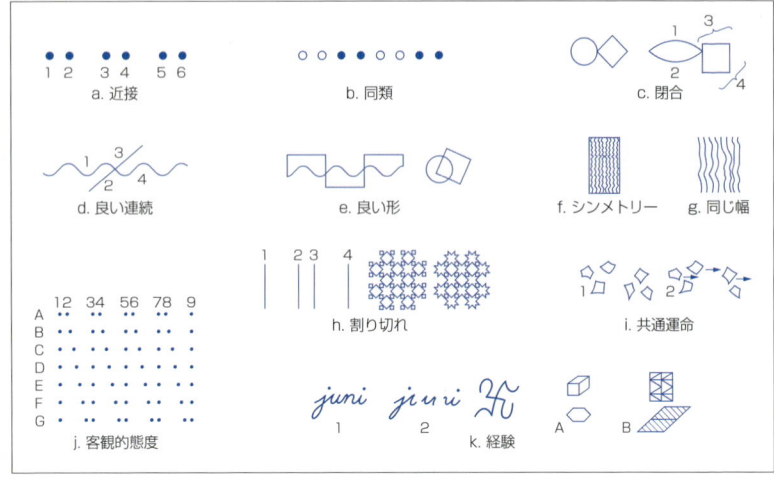

ゲシュタルト心理学（ゲシュタルト要因）

結界（けっかい）①仏教における修行，修法において，障害にならないように一定の区域を区切り，領域を定めること。②寺院における内陣と外陣の境。またはそれを区切る柵。③商店の帳場に囲い立てる2つ折り，3つ折りの低い帳場格子。

結界（下鴨神社／京都市）

ゲニウス・ロキ［genius loci ラ］ラテン語で「場所の精霊」（地霊）を意味する。古代ローマ人は，土地の個性や土地のもつ安定性に神秘的なものを感じ取り，それをゲニウス・ロキとして感じ，配慮したという。C.N.シュルツの著書に『ゲニウス・ロキ』（1979）がある。→クリスチャン・ノルベルグ＝シュルツ

けもの道 本来は山道で獣が通過して踏みつけた道を指すが，日常的な場面で，本来は歩道でない部分が歩行目的で利用されているような小路，近道等を指す。

圏域計画論 都市や農村において，居住者の生活に関する活動の範囲を基に，生活環境の構成を示した都市計画の理論。吉阪隆正の理論が広く知られている。→基礎生活圏，一次生活圏

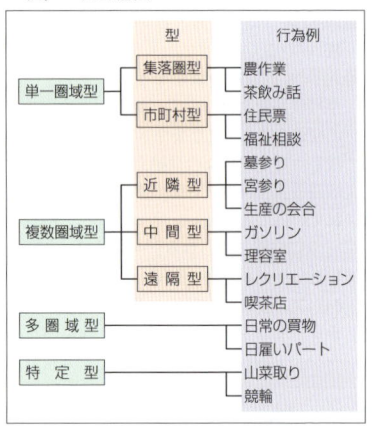

圏域計画論

原因者負担 事業の経費との間に因果関係が特定できるなどの場合，受益者ないし原因者がその経費を負担する考え方をいう。環境汚染を引き起こす汚染物質の排出源である汚染者に，汚染回復責任と被害者救済責任を負わせる「汚染者負担原則」の考え方がある。地方自治法では，「数人又は地方公共団体の一部に対し利益のある事業について，その必要な経費に充てるため，その事業によって特に利益を受ける者から，その受益の限度で分担金を徴収することができる」と定めている。下水道の受益者負担金，道路法などの損傷原因者負担金など

も広義に見れば含まれる。

限界集落 地域の高齢化が進み，65歳以上の高齢者が人口比率で住民の50%を超えた状態を迎えた集落。独居老人世帯が増加し，このため集落の共同活動の能力が低下し，社会的共同生活の維持が困難な状態（限界）になり，やがて消滅に向かうとされている。→集落

減価償却 （げんかしょうきゃく）[depreciation] 長期間にわたり，使用される有形固定資産の取得（設備投資）に要した支出を，その資産が使用できる期間にわたって費用配分する手続きのこと。→マンション建替え問題

健康都市 1986年に始まった世界保健機関（WHO）のプロジェクトで，都市に生活する住民の身体的，精神的，社会的健康水準を高めるためには，健康を支える都市の諸条件を整える必要があるという認識のもとに，従来までならば保健医療部門とは無縁であった活動領域の人々にも健康の問題に深くかかわってもらい，都市住民の健康を確保するための仕組みを構築しようとしたもの。→世界保健機関

現尺 ⇒原寸（げんすん）

現象学 [phenomenology] 環境・景観デザイン分野では現象空間，現象学的空間の基底をなす考え方を示す。現象学は，もともとは本体とは区別された現象の学問を指し，後に現代の考え方の基礎となるフッサールの一切の先入観を排した意識に現れる現象を直観，本質を記述する方法，およびヘーゲルの精神現象学をもととして，ハイデガーからサルトルへ至る現象学的存在論，メルロ・ポンティの身体性の現象学，ミュンヘン現象学派の美学などを指す。→現象空間，マルティン・ハイデガー

現象空間 物理的空間と異なり，主観的に把握される空間を現象空間と呼ぶ。現象空間には観察された事象の物理的特長および動的状況，観察者の心理に与える影響が含まれる。→空間，実存的空間

原寸 （げんすん）実物と同じ大きさのこと。1対1。「現尺」ともいう。

原生林 伐採や下刈りなどの人間の手がまったく加えられていない自然の森林。種間の生育競争の結果，枯れた倒木やツタ類が繁茂し，落葉を分解する菌類やコケ類の存在など，生物の多様性が実現されている貴重な自然。現在では焼畑やプランテーションによる伐採以外にも，酸性雨などの人間活動の間接的な影響を受けて，原生林の存続は危機的状況にある。→自然，自然林，自然保護

原生林（知床半島／北海道）

建築　architecture

人間がその内部において活動するための工作物を建てる行為のこと。または，その建築物そのもののこと。建築は，人間が風雨や寒暑，外部の攻撃から身を守るために工作物をつくることから始まったが，その後，神や祖先を奉るもの，権力を象徴する器として発展してきた歴史がある。つまり人間の物質的欲求を満たすと同時に，精神的欲求も満たす行為であるといえる。また建築は，地域の歴史や風土と密接にかかわっており，神殿，宮殿，城郭，宗教建築物など，権力の象徴として建設される建物でも，庶民が暮らす簡素な住宅であっても，ある場に建築されることから，建てられる場，建物を構成する素材，使用する用途，付随する装飾などすべてにおいて，地域に受け継がれる歴史が融合され，具現化されているものといえる。なお「建築」という用語は，architectureの訳語として使用されるようになったもので，明治初期には「造家」という訳語が使用されていた。しかし，当時の建築家である伊東忠太が，工学ではなく総合芸術として「建築」という訳語がふさわしいと主張したことから，「建築」が使用されるようになり，当事の造家学会が建築学会と改称された。なお，江戸時代までは，土木建築工事を「普請(ふしん)」，建物の建設を「作事(さくじ)」と呼んでいた。→建築学，建築様式，建築基準法

上段左：ハビタ67(モントリオール／カナダ)，上段右：ロンシャン教会(フランス)
中段左：熊野神社長床(福島県)，中段右：丹後伊根舟屋(京都府)
下段：グッケンハイム美術館(ビルバオ／スペイン)
建築

建築学 建築物の計画・設計(プランニング・デザイン)や構造,材料,歴史について研究する学問。一般的に,理工学的な側面と社会文化的な側面をもつ。総合的学問であり,伝統的に建築学部や芸術学部として位置づけられるが,日本では工学部や理工学部におかれることが多い。

建築確認申請 建築物の建築,大規模の修繕や模様替の工事または用途変更を行う際,当該計画が建築関係規定に適合していることについて,建築主事または指定確認検査機関の確認を受けるため申請すること。確認されれば確認済証が交付される。工作物や建築設備にも準用される。→建築基準法

建築基準法 建築物の敷地,構造,設備および用途に関する最低の基準を定めて,国民の生命,健康および財産の保護を図り,公共の福祉の増進に資することを目的とする法律。その適用範囲は,建築物および建築物の敷地,構造,設備,用途が規制の対象となる。→建築確認申請,建築協定,地域地区制度,2項道路,用途地域

建築行政 行政庁の建築関連部署が行う業務のこと。具体的には,建築基準法に基づく建築確認等事務,建築士法,宅地建物取引業法にかかる進達事務,都市計画法に基づく開発許可,建築規制にかかる許可および進達事務等。→開発許可,開発許可申請,開発指導要綱,建築確認申請,建築基準法,建築審査会,都市計画法

建築協定 建築基準法で定められた基準に上乗せする形で,地域の特性に基づく一定の制限を地域住民等が自ら設けることができる制度。建築協定を結ぶには,協定を結ぼうとする区域内の土地の所有者の全員の合意が必要であり,市長の認可を得て成立する。協定の内容は,区域,用途,建築の構造,形態,意匠など。協定の有効期間は10年であるが,通常次の10年までは自動継続となる。したがって,20年後に見直しが行われ,既存の環境を担保したい場合は,協定の継続や地区計画への移行が検討される一方,土地所有者の代替わり等によりこの機会に協定を廃止するケースも出てきている。→景観法,建築基準法,地区計画

建築協定(二ノ宮地区/つくば市)

建築計画学 建築学のうち,特に計画・設計について研究する学問。室環境,行動や動線,空間の配列や構成などを扱う。

建築行為 建築基準法第2条第1号に規定する建築物を建築する行為のこと。一般的に,建築物を新築,増築,改築,または移転することをいう。→建築基準法

建築コミッショナー [architectural commissioner] 特定の地域における開発などにおいて,その地域や自治体の長の代理的な権限をもつ都市計画や建築,ランドスケープなどを総合的に統制する権限をもつ職名のこと。熊本県「くまもとアートポリス」構想の磯崎新,岡山県「クリエイティブタウン岡山」構想の岡田新一,ヴェネツィア・ビエンナーレ建築展日本館の藤森照信などがその例である。→建築審査会,景観審査会

建築指導要綱 特定行政庁が,住民の良好で安全な環境の確保と整備を図ることを目的に,建築確認事務に必要な事項を定めたもの。要綱では,おもに建築確認にかかわる各種協議,建築物や工作物に関する基準,建築確認申請に添付すべき書類等が規定されている。→建築確認申請,建築基準法

建築審査会 建築指導事務の公正な運営を図るため,建築基準法第78条の規定に基づき設置される都道府県知事の付属機関のこと。建築審査会の役割は,建築許可が必要な建築物に対しその可否を決めたり,特定行政庁や建築主事などを処分,またはこれに係わる不服がある場合には提起する審査請求に対する採決をする,また知事の諮問事項の調査,審議および関係行政機関への建議などを行ったりすること。→建築基準法,建築行政

建築設計 ⇒建築デザイン

建築線 建築物が突出してはならない道路と敷地の境界線。旧市街地建築物法により道路幅員の境界線を法定建築線として用地確保した境界線。現行建築基準法では用語として定義されていない。

建築デザイン [architectural design] 建築設計と同義。人類が発達させてきた人工的

建築面積 建物を真上から見たとき,外壁などの中心線で囲まれた内側の部分の水平投影面積のこと。各階の最も大きい階の面積となり,多くは地階を除き1階の面積になるが,1階より2階の面積が大きい建物の場合は,2階を地面に投影した面積となる。→延べ床面積,建蔽率(けんぺいりつ)

建築様式 建築作品,作品群に共通してみられる特徴。特に,形態や色彩など視覚的,表層的な特徴を示す。現代ではこれを否定する流れもあるが,結果的には一つの様式と解釈できる。

現地調査 実際の現場(現地)を訪れて調査を行うこと。建築・都市分野では,きわめて重要な調査。新たに地域計画を行う際には,該当する地域の地理的条件,道路形態,周辺建物等の物理的条件とともに,そこに住まう人々の住まい方や意識等の状況を現地で調べることにより,地域に即した建物や都市施設の計画・設計が実現される。また,研究的視点からは,過去に研究の蓄積がある地域でも,異なった視点から現地調査を行うことで,新たな知見が得られる場合も多い。→都市計画基礎調査,土地利用現況調査

減歩 (げんぶ)土地区画整理事業において,事業目的を達成するために行う所有土地面積の一定割合の減少のこと。道路や公園などの公共施設用地の確保のための「公共減歩」と,事業費に充当するための「保留地減歩」とからなる。減歩の割合を「減歩率」という。一般に区画整理では,土地の面積は減少するが,利用価値および資産価値は上がることが多いとされている。→土地区画整理,土地区画整理事業,換地計画

原風景 (げんふうけい)人の心の中に浮かぶ風景(心象風景)の中で,特に子供の頃の原体験を想起させるイメージ。幼少時に住んでいた家やその周り,よく遊んだ場所やお祭りの情景,たまたま旅行で行った先の風景などが原風景をつくることが多い。原風景はその人の価値意識や行動選択に強い影響を与えるといわれる。→イメージ,風景,心象風景

建蔽率 (けんぺいりつ)建築物の建築面積の敷地面積に対する割合。用途地域によって異なり,住居専用系は30～60%,住居系は50～80%,商業系は60～80%,工業系は50～80%,工業専用地域は30～60%,用途地域指定がない地区は30～70%の間で地方公共団体が定めている。→建築基準法,都市計画法

建ぺい率(用途地域別)

建築基準法第53条		建ぺい率
住居系	第一種低層住居専用地域 第二種低層住居専用地域 第一種中高層住居専用地域 第二種中高層住居専用地域	3／10 4／10 5／10 6／10
	第一種住居地域 第二種住居地域 準住居地域	5／10 6／10 8／10
商業系	近隣商業地域	6／10 8／10
	商業地域	8／10
工業系	準工業地域	5／10 6／10 8／10
	工業地域	5／10 6／10
	工業専用地域	3／10 4／10 5／10 6／10
無指定	用途地域指定のない区域内	3／10 4／10 5／10 6／10 7／10

権利関係 土地,建物の権利に関する法的内容を指す。法務局の登記簿謄本に記載されているものが主。甲区には,所有権にかかわる事項,乙区には抵当権などの所有権以外の権利に関する事項が記載されている。分譲マンションの場合は,区分所有に関係する権利についても記載されている。

権利変換 市街地再開発事業の対象地域に関するさまざまな権利(土地,建物の所有権,借地権,借家権,抵当権など)を,新しく整備された建物や敷地に関する権利に置き換えること。建物の高度化,共同化と公共施設の整備をスムーズに行うための権利調整のシステムの一つ。施行区域内の土地所有者や借地権者が共同で設立した市街地再開発組合や,都道府県知事の認可を受けた個人,地方公共団体などが事業を行う際に使われる。→再開発事業,再開発コーディネーター

こ

コア［core］①ものの中心，核心。②地球の中心部，マントルコア。③コイルなどの鉄芯。④建築物の中央部分で，構造耐力壁や設備スペースが集められる部分。⑤鋳物の中子。

広域圏計画　広域市町村圏計画。広域市町村圏を構成する市町村の将来像，達成するための大綱を示し，圏域の総合的，一体的な振興整備を推進するための施策体系，広域事業計画等の指針。

広域公園　都市公園法に定める大規模公園の一種で，市町村を越える広域の住民にレクリエーションなどの場を提供することが目的。規模は面積50ha以上が標準。→都市公園，公園

広域市町村圏　1960年代後半の高度経済成長による地域社会の不均衡として，社会資本整備の地域間格差や過疎過密問題，農山村部における行政サービス水準の向上要求，モータリゼーションの進化による地域社会・生活圏の広域化が引き起こされたことに対応するため，広域事務処理単位として創設。

広域避難　国や地方自治体が指定した大人数収容できる避難場所。公園，学校，大規模団地等が指定されることが多く，地震等の大災害時に使用される。→防災，まちづくり，ハザードマップ，防災基本計画

合意形成［consensus building］ある目的に向けて，関係者の根底にある多様な価値を顕在化させ，相互の意見の一致を図る過程のことをいう。地方自治においては，市民の意見を市政やまちづくりに反映させる場合に地区ごとにワークショップを開いたり，公共政策の意思決定過程に市民が参画するパブリックインボルブメント，一定のテーマに関して市民の意見を募集するパブリックコメントなど，あらゆる場面で合意形成手法が取り入れられるようになってきている。→市民参加

公営住宅　公営住宅法に基づいて，国の補助を受けて地方公共団体（都道府県および市町村）が供給する，住宅に困窮している低所得者を対象とした低廉な家賃の賃貸住宅。国庫補助の比率は標準建設費および土地取得費の1/2（災害対策の場合は2/3），家賃は原則として居住者の所得に応じて決められる。供給方式には，(1)事業者である地方公共団体が自ら建設する，(2)他の事業者が建設した住宅を買い上げる，(3)同じく借り上げる，の3通りがある。公営住宅は長らく最低限住宅と見なされ，画一的で無機的な表情のものが多かったが，HOPE計画によって，地域の伝統的材料や形態を重視したものがつくられるようになった。→住宅，公庫住宅，公団住宅，HOPE計画

公営住宅（竜蛇平団地／熊本市）

公益施設　都市，地域の骨格となる道路，河川，公園，緑地，広場など「公共施設」に対して，住民の生活のために欠かせないサービス施設の総称として用いる。明確な定義はないが，学校等の教育施設，病院等の医療施設，集会所等のコミュニティ施設，官公庁施設などを含む。場合によっては，商業施設や銀行，郵便局，通信情報施設，電気，ガス，水道などのエネルギー施設を含むこともある。→公共施設

公益信託　個人が公益活動のために財産を提供しようという場合や，法人が利益の一部を社会に還元しようという場合などに，公益のために不特定多数に助成することを目的とした基金。信託銀行に財産を信託し，信託銀行はあらかじめ定められた公益目的にしたがってその財産を管理・運用し，公益活動を行う制度で，幅広い分野で活用されている。まちづくりの分野にも応用されていて，わが国では1992年「世田谷まちづくりセンター」が皮切りとされ，住民による自主的なまちづくり活動に対し支援が行われている。→トラスト

公園　(public) park, public garden

「公園」という概念は，産業革命が最初に進行し人口の都市集中が進んだイギリスで成立した。都市住民が自然から切り離され，また都市環境が劣悪化するなか，市民社会が形成され，市民権の一つとして緑の環境や運動をする場所の必要性が主張された。それまで王，貴族の私的な場所であった狩猟園地(park)が一般に開放されpublic parkと呼ばれたことが公園の始まりである。明治維新後の日本では，公園は近代都市の必要施設と考えられ，1874年に最初の公園設置の布告が出された。最初は広い面積を保有していた神社や寺院の境内を中心に接収して公園とした。本格的な近代的公園がつくられるのは，1903年の日比谷公園が最初である。しかし法的整備は遅れ，国立公園法(1970年に現行の自然公園法に改定)が1931年，都市公園法は戦後の1956年になってようやく制定された。鉄道や道路の整備に比べて，公園はないがしろにされたともいえる。公園は，敷地を取得して利用施設等の整備をする「造営物公園」と，地域を指定して規制，誘導によってその価値を維持する「地域制公園」とに大きく分けられる。前者は自然や緑の少ない都市部における公園づくりであり，後者は自然地域における保護，保全の公園指定であるから，それぞれ「都市公園」「自然公園」と言い換えることができる。それぞれの種類と特徴は下表の通り。公園には，空間の広がりや緑の存在がもたらす環境改善や心理的効果を含む「存在価値」と，散策，運動，レクリエーションなどを可能にする「利用効果」とがある。また，法に定められたもの以外にも，ポケットパーク，プレイロットなどの公園的空間がある。→庭園，造園，都市公園，自然公園，公園緑地システム，緑地，街区公園，近隣公園，地区公園，国営公園，霊園・墓苑，国立公園，国定公園

公園（小松川境川親水公園／東京都）

公園の種類・内容

分類			名称	規模	誘致距離	内容
造営物公園	都市公園	住区基幹公園	街区公園	0.25ha	250m	街区に居住する者が利用
			近隣公園	2.0ha	500m	近隣に居住する者が利用
			地区公園	4.0ha	1km	徒歩圏内に居住する者が利用
			(特定地区公園)	〃	〃	都市計画域をもたない町村に設置
		都市基幹公園	総合公園			都市住民が休息，鑑賞，散歩，遊戯など総合的なレクリエーションを行うことを目的とする
			運動公園			都市住民が運動利用
		大規模公園	広域公園			市町村の区域を超える広域レクリエーションに対応
			レクリエーション都市			大都市その他の都市圏の広域レクリエーションに対応
			国営公園	300ha	200km	都道府県の区域を超える広域的な利用，国家的記念事業や優れた文化遺産の保存・活用の観点から国が設置
		緩衝地等	特殊公園			史跡の保存や風致の維持を図る。動植物公園・墓園
			緩衝緑地			公害の防止やコンビナート地帯などにおける災害およびその拡大の防止を目的とする
			都市緑地			都市の自然環境の保全や都市景観の向上を目的とした緑地
			緑道			災害時における避難路や火災時の延焼防止など，都市生活の安全の確保や快適性の確保を目的とした道路状の公園
	国民公園					旧皇室の財産で，歴史上由緒があり，国民の広場または庭園として現環境省により管理運営
地域制公園	自然公園		国立公園			わが国の風景を代表するに足りる傑出した自然の風景地（海中の景観地を含む）について，環境大臣が自然公園法により指定
			国定公園			国立公園に準ずる自然の風景地を，知事の申し出で環境大臣が自然公園法により指定
			都道府県立自然公園			国立公園または国定公園以外の優れた自然の風景地で，知事が条例により特別保護区および海中公園地区以外の地域を指定

公園緑地システム 都市市街地において，公園や緑地を個別的に配置するのではなく，互いに関連づけ全体としてオープンスペースのネットワークを形成するように整備するシステム。個々の公園や緑地を連結するために，河川整備や緑道がつくられる。→公園，緑地，オープンスペース，緑道（りょくどう）

公害［pollution］社会・経済活動によって環境が破壊されることにより生じる社会的災害。環境基本法において公害として列挙されたものを俗に「典型7公害」といい，大気汚染，水質汚濁，土壌汚染，騒音，振動，悪臭，地盤沈下がこれにあたる。わが国の四大公害病として，四日市ぜんそく，イタイイタイ病，水俣病，第二水俣病がある。ダイオキシンやアスベスト問題も複合の問題であるが，特定事業者による故意ではなく時代の経過とともに公害的な発生メカニズムが究明されてきたもので，今後はこうした類の公害が増加する可能性もある。

郊外［suburb］①市街地に隣接した地域。まちはずれ。城壁や城郭の外の広い土地全体。②都市や城壁の一定の境界から拡大して開発された場所で，都市の外縁部に位置する住宅街を指すことが多い。鉄道やバス，道路網など公共交通施設の拡大によって形成された。

公開空地（こうかいくうち）①⇒オープンスペース。②建築基準法の総合設計制度に基づいて，開発プロジェクトの対象敷地内に設けられた空地のうち，一般に開放され，歩行者が自由に通行または利用できる区域。公開空地の有効面積に応じて，容積率の割り増しや高さ制限の緩和が受けられる。→総合設計制度，斜線制限

公開空地（神戸市）

郊外住宅地 郊外とは，都市の外縁部に位置する地域のことで，郊外住宅地は，郊外に出現するおもに居住に特化した地域のこと。近代のモータリゼーションの発達により，公共交通機関等を利用し，郊外住宅地に居住しながら，都市部に通勤する人々が出現した。また，近代都市計画が目指した機能的で安全性や利便性を重視した新市街地形成の対象として，さまざまな理論や理想をもとに計画的につくられた地区も多い。→戦前の郊外住宅地開発，既成市街地，中心市街地，ニュータウン

郊外住宅地（フラワータウン／兵庫県）

公開審査 作品や設計，意匠，取り組み等について，審査員のほか関係者の学際的な参加，あるいは一般の傍聴者または審査にも適宜加わり，優劣や採択についての審議や決定をすること。建築設計，芸術をはじめ，新規産業の提案などさまざまな分野で優れたデザインを競いあうコンペ（competition）の最終選考において，公開審査で行われることがある。

公害対策 大気汚染，水質汚濁，騒音，振動などの公害の防止や環境の監視に取り組むこと。→公害

公害対策基本法 水俣病，第二水俣病（新潟水俣病），四日市ぜんそく，イタイイタイ病の四大公害病の発生を受け，1967年に施行。1993年に環境基本法に統合。国民の健康で文化的な生活を確保するうえにおいて公害の防止がきわめて重要であることに鑑み，事業者，国および地方公共団体の公害の防止に関する責務を明らかにし，ならびに公害の防止に関する施策の基本となる事項を定めることにより，公害対策の総合的推進を図り，もって国民の健康を保護するとともに生活環境を保全することを目的としていた。大気汚染，水質汚濁，土壌汚染，騒音，振動，地盤沈下，悪臭の7つを公害と規定。→環境基本法

高架水槽 高さによって一定の水頭圧をもたせて水を安定供給する貯蔵タンク。施設的にも大きく，ランドマーク的役割のある

施設であるため、意匠設計に配慮する場合がある。さまざまな形状があるほか、敷地を公園等の公開空地（くうち）として整備する例もある。

高架水槽（辻堂海岸団地／神奈川県）

高架道路 地上高く橋梁構造でつくられた道路。都市内を走る高速道路等は、一般道路と区別して高架道路で建設されることが多い。

高架道路（首都高速道路／東京都）

高規格幹線道路 全国的な自動車交通網を形成する自動車専用の道路。第四次全国総合開発計画（四全総）によって高規格幹線道路網が定められ、地方中核、中核都市、地域の発展の核となる地方都市および周辺地域からおおむね1時間程度で利用が可能となるよう整備されている。高規格幹線道路は、すでに規定されている国土開発幹線自動車道、本州四国連絡道路、これらに接続する新たな路線を合わせた約14,000kmの道路を指す。→交通計画，都市計画

高規格堤防 ⇒スーパー堤防

工業化住宅 住宅の構造体となる床、壁、天井を規格化して工場で生産し、それを現場に搬入して組み立てる工法のこと。「プレハブ住宅」とも呼ばれる。種類としては、壁面や床面を規格化し工場生産したものを現場で組み立てるパネル方式と、ほぼ完成した状態で現場に据え付けるだけのユニット方式がある。→住宅

公共空間 明確な概念規定はないが、所有形態的には公的機関が所有する土地や施設を指すが、用途的には公園、緑地、道路、私有であっても公共の用に供される空間（駅、広場、商業施設等）は含まれる。英語ではpublic spaceと表現される。→パブリックスペース

工業系用途地域 都市計画に定める用途地域で、おもに工業施設等を建設する用途地域の便宜的な呼び方。準工業地域、工業地域、工業専用地域の3つの用途地域を指して呼ぶ。→用途地域

公共下水道 主として市街地における下水を排除し、または処理するために地方公共団体が管理する下水道で、終末処理場を有するもの、または流域下水道に接続するものであり、かつ汚水を排除すべき排水施設の相当部分が暗渠（あんきょ）である構造のもの。集められた下水は自然流下方式、処理場内ポンプ場方式、中継ポンプ場方式のいずれかで運ばれ、処理される。→インフラストラクチャー

公共広告物 国、地方公共団体および知事が指定する公共の団体が、公共目的をもって掲出するもの。公共の団体が掲出するものは、寄贈者名等表示の割合が1/5以下のもの。表示面積が5m²以上のものは、公共広告物等表示・設置届の提出が必要。→屋外広告物

公共交通機関 おもにバスや鉄道、モノレール等の軌道、旅客飛行機、旅客船を指し、不特定多数の公衆が運賃を払って利用する交通機関。タクシーは半公共交通機関。

公共施設 都市再開発法では「道路、公園、広場その他政令で定める公共の用に供する施設」とされ、その他政令で定めるものは「緑地、下水道、河川、運河、水路並びに学校教育法に規定する公立の小中学校」。土地区画整理法では、道路、公園、水路等の公共の用に供する施設を指す。再開発事業で再開発ビル内に設けられる市民ホール、集会所、市出張所といった地方公共団体が設置する施設は「公共公益施設」と呼ばれ、公共施設とは区別される。→公益施設

公共性 人間の生活の中で、他人や社会と相互にかかわり合いをもつ時間や空間、または制度的な空間と私的な空間の間に介在する領域のこと。公共とは、私や個と相反するものではなく相互補完的な概念であるといえ、個々の公共性のための活動は、ひ

いては個々に恩恵が与えられることになる。かつての井戸掘りや里山の維持管理のほか、最近では自治会による防犯パトロールやNPOなどの活動もこの精神に基づくものである。つまり個の利益を追求したとき、全体の利益を考えたほうが合理的であるという結論から公共性の概念にたどり着くものである。

工業専用地域 用途地域の一つ。工業の業務の利便の増進を図る地域。建設できる工場に制限はない。住宅、店舗、学校、病院、ホテル、老人ホーム、遊興施設等は建設できないが、特定行政庁が許可した場合はこれらの施設でも建設できる。→用途地域

工業団地造成事業 都市に散在する企業などの住工混在状況を緩和し、居住区域の住環境の保全と工業の円滑な活動のために、工場などが集積する工業団地を創出する事業。産業基盤を拡充して優良企業の誘致を行うことで、地域の経済力を高める。→市街地開発事業

工業地域 ①多くの工場が集中し、第二次産業の割合が高い地域で、物流に柔軟に対応できる幹線道路沿線、鉄道沿線地域や海岸沿いに帯状に広がる。戦後の経済成長期に工業が発達した地域のことを指す場合もある。②用途地域の一つ。おもに工業の業務の利便の増進を図る地域。建設できる工場に制限はない。住宅、店舗は建設可能。学校、病院、ホテル、遊興施設、公衆浴場等は建てられないが、特定行政庁が許可した場合はこれらの施設でも建設できる。→用途地域

工業都市 ①特定の工業が集積した都市で、経済が第二次産業を中心にして成り立っている。②フランス人建築家トニー・ガルニエが確立、構築した都市形態モデル。工業地域と住宅地の緑地帯による機能分離、装飾を排除した鉄筋コンクリート造のシンプルな建築デザインをもつ複合都市。

工業都市（大阪湾岸地域）

公共図書館 図書、記録その他必要な資料や情報を収集、整理、保存して、地域住民の利用に供し、その教養、調査研究、レクリエーション等に資するとともに、住民の教育と文化の発展に寄与することとを目的として、地方自治体によって設置された図書館（図書館法第1条、第2条による）。

公共の福祉 人権相互の矛盾や衝突に際して、それを調整するための「公平の理念」を表したものが「公共の福祉」である。人権の衝突に際しての利害関係の調節を目的とした基本的人権の制約を意味することになる

工業都市（T.ガルニエの工業都市透視図）

が，日本国憲法では「基本的人権の尊重」を重要な理念の柱としているため，「国家のため」あるいは「社会のため」に個人の人権を制約することを許す趣旨とはなっていない。憲法第13条後段は，国家権力が公共の福祉の許す範囲内でのみ行使されるよう，国民に対して一般的自由を与えているため，安易に「公共の福祉」を理由として人権を制約することは許されていない。

公共緑地 都市における緑地すなわちオープンスペースのうち，公共財，公共施設として誰でも利用できるもの。私有地の緑地でも，公共団体と民間が協定を結ぶことによって通行や利用を可能にしている場合もある。→緑地，公共施設

航空制限 建築物に対する航空規制。航空法によって飛行場内および空港近隣の建築物に対して高さ制限，航空障害灯の設置基準等がある。

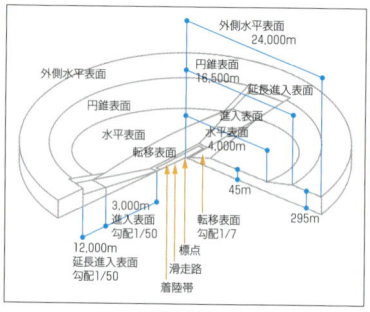

航空制限

航空法 1952年施行。航空機の航行の安全および航空機の航行に起因する障害の防止を図るための方法を定め，航空機を運航して営む事業の適正かつ合理的な運営を確保して利用者の利便の増進を図ることで航空の発達を図り，公共の福祉を増進することを目的とした法律。

航空レーザー 航空機などに搭載されたレーザー測距システムを駆使して，地表面の3次元情報を収集，解析する技術。高高度からレーザーパルスを発射し，その反射パルスを受信することで往復時間を計算し，地表面のレーザー照射地点の3次元座標を得る。

光景 ⇒情景

光源 光を放射する物質や機器など。形態として点光源と面光源がある。また，人間の作り出した光源を「人工光源」と呼び，白熱電球などの熱放射型と，蛍光灯，ナトリウムランプ，メタルハライドランプなどの放電型に区分される。

広告物取締法 1912年に施行された屋外における広告物，看板に関する法律。1949年に屋外広告物法が施行されると同時に廃止された。→屋外広告物法

公庫住宅 住宅金融公庫から融資を受けて建てた住宅。融資額の大小に関係なく，一部でも公庫資金の融資を受けて建てた場合を含む。住宅の床面積が80m²以上280m²以下，敷地面積が原則として100m²以上。国の建築基準法を満たし，そのうえで公庫建築基準を満たしていること。基準金利適用住宅の条件を満たさなければいけない。住宅の種類や構造によって区別される。最長である35年返済が適用されるのは，新築住宅で耐火構造の場合のみ。申込の年齢によっても返済期間が短縮される。→住宅

耕作放棄地 農林水産省の統計調査における区分であり，過去1年間作付けせず，今後も数年の間に再び耕作するはっきりした意思のない土地。農業の後継者不足などを理由に年々増加の一途をたどっている。これに対して都市部では，オープンスペースの確保，市民の農作業欲求の高まりを受け市民農園として再整備している例がある。

耕作放棄地（金杉地区／千葉県）

公示価格 一般の土地取引の指標，公共用地の適正取得価格の算定の目的で地価公示法に基づき，国（国土交通省）が官報で毎年1月1日の価格を3月下旬に公表するもの。各指標の地点数は全国で31,866地点ある。1地点につき2人の不動産鑑定士が評価を行う。

工事公害 建設工事にともなう騒音，振動，交通渋滞，粉じん飛散等。各地方公共団体によって，工事公害防止のための手続きが開発指導要綱等とともに定められており，事前調査を行い，影響の少ない工事手法の

選定，期間の設定，近隣説明と理解，工事車両計画，安全対策等を図ることを明確にして基本協定書を締結する。着工後の苦情受付，影響が出た場合の補償等も含まれる。

格子戸（こうしど）格子の間に何も入らない「吹抜け格子戸」が本来のものだが，ガラスを入れたものも格子戸と呼ぶ。連子（れんじ）格子，吹寄（ふきよせ）格子，切落し格子，千本格子，筬（おさ）格子などの種類がある。

格子戸（祇園地区／京都市）

公衆衛生法 国民の疾病の予防，生命の延長，身体と精神機能の増進を図ることを目的とする法律。生活習慣病，伝染病（感染症），公害対策，上水道，下水道，食品衛生など社会保障の基礎となる法律で，イギリスやドイツは感染症との関係が大きく影響し，19世紀に法制化されている。日本では統合的な法律はないものの，食品衛生法，環境基本法，風営法，公衆浴場法，下水道法など，各分野で必要な公衆衛生確保のための法律がある。

公衆用道路 ⇒公道

恒常性（こうじょうせい）「ホメオスタシス（ホメオステイシス）」ともいう。生物のもつ重要な性質の一つで，生体の内部や外部の環境因子の変化にかかわらず，生体の状態が一定に保たれるという性質，あるいはその状態。

工場立地法 1959年施行。工場立地が環境の保全を図りつつ適正に行われるようにするため，工場立地に関する調査を実施し，および工場立地に関する準則等を公表し，並びにこれらに基づき勧告，命令等を行い，もって国民経済の健全な発展と国民の福祉の向上に寄与することを目的とした法律。設置箇所の選定の適正化，敷地内の設置，利用の適正化，大規模な工場の集中立地が予想される地域についての複合汚染の防止の3つの内容に分かれる。→開発，都市計画

工場緑化 環境の維持，改善のための都市緑化活動の一環として，条例，協定等によって工場敷地の一定割合の緑化を求めるもの。工業団地などの緑の増進には効果的。→緑化，学校緑化

公図 旧土地台帳法施行細則第2条第1項の規定に基づく地図。「旧土地台帳付属地図」とも呼ばれる。土地の区画，地番を明確にするために登記所に備えおく図面で，不動産登記法第17条「地図に準ずる図面」として利用。土地の位置の特定や，隣接地との関係は確認できるが，面積，角度，距離等の定量情報の精度は高くない。

構図 構成された図形の意味。一定の画面内にある対象物をバランス良く配置すること。デザイン，絵画，写真用語として用いられる。写真用語では「アングル」ということもある。対象物の大小，重量感の差異等を考慮し，画面内でのバランスをとるとともに，黄金比も考慮する。芸術家は感性的にこれを行う。→構成

洪水 ①河川から水があふれ，氾濫する自然災害。②台風や前線によって流域に大雨が降ることや，雪解け等によって河川の水量が急激に増大することを指し，河川の氾濫がともなわなくとも河川管理上は洪水となる。水防法および気象業務法に基づいて，国土交通省と気象庁が共同で河川の洪水に関する情報を提供する洪水予報指定河川，特定都市河川水害対策法に基づいて国土交通大臣または都道府県知事が指定する，著しい浸水被害が発生するおそれがある特定都市河川がある。→河川，防災，ハザードマップ，流域

高水敷（こうすいじき）複断面の河川で，常に水が流れる低水路より一段高い部分の敷地。高水域または半安定帯。洪水時には冠水する。平常時にはグランドや公園等で利用されることもある。日本の河川は平常時と洪水時の河川流量に大きな差があるため，高水敷を設けた複断面河川が多く見られる。→河川，防災，河川敷公園

洪水調節 洪水調節ダム，調整池，遊水地，堰（せき）等で，流入量が一定量を上回った時点で，流入量と放流量の差をダム湖内に貯留することで，下流においては河川流量を調節し，水位上昇を防ぐこと（図・104頁）。→河川，防災

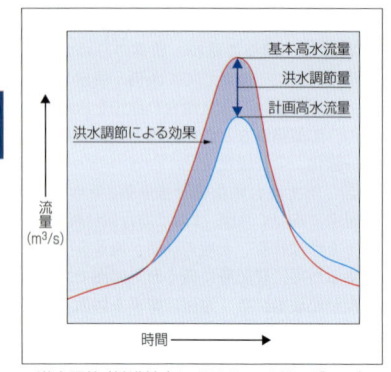

洪水調節（基準地点におけるハイドログラフ）

洪水調節ダム 洪水調節を行う人工湖のこと。自然調節方式，全量調節方式，一定量放流方式，不定率調節方式，一定率一定量調節方式等の調節手法があり，一定量放流方式が最も単純な方式。→河川，防災

構成 事象が細分化された要素の集合として形成されることを指す。とらえ方は多岐にわたり，空間を規模，形態等の物理的な構成要素で把握することも可能であるし，人がどのような印象を受けるかなどの心理的要素を含めてとらえることも可能である。→構図，コンポジション

公設市場（こうせついちば）大都市などに住む消費者に生鮮食料品などを安定して供給することを目的に，地方公共団体が開設，運営する市場。小売店やスーパーなどに卸売りする場所で，公平を図るため大勢の買い手を前にして公開で価格を決める「セリ」取引（一部「入札」）と，卸売業者と買い手の協議によって価格を決める「相対取引」の2種類があり，法律で市場内の取引を規制するという世界でもあまり例のない独特の制度が取り入れられている。

公設民営 地方公共団体が施設を所有し，運営を民間に委ねる形態による公共と民間の共同事業手法の一つ。第三セクターの事業の救済方法として導入されたが，本格的な政策としては行政改革の流れを汲んだもので，地方公共団体の行政サービスの効率化と質の向上を図ることとして有望視された。2003年の地方自治法の改正で，地方公共団体が設置する公の施設の管理を民間事業者にも行わせる指定管理者制度が施行されている。これにより公共施設などの管理，運営を民間事業者やNPOが行えることとなり，市民サービスの向上と経費の節減に結びついている。

構造改革特区 構造改革特別区域。構造改革特別区域法（2003年4月に施行）第2条に規定され，従来法規制等では事業化が不可能な事業を特別に行うことが可能になる地域。地方公共団体や民間事業者の自発的な立案により，地域特性に応じた規制の特例を導入する特定の区域を設け，構造改革を進めるというもの。→規制緩和

構造合理主義 ⇒構造主義

高層湿原 ［high-moor］泥炭が厚く蓄積し，河川の流入がなく雨水のみで維持される貧栄養の湿原。植物は水苔類が主体。日本の代表事例は尾瀬ヶ原，矢島湿原（霧ヶ峰）など。非常にデリケートな生態系なので慎重な保存が必要。→自然保護

高層湿原（矢島湿原／長野県）

高蔵寺ニュータウン（こうぞうじ―）名古屋市郊外の春日井市丘陵地帯に建設されたニュータウン。開発主体は住宅公団（現都市再生機構）で，計画面積850ha，計画人口81,000人，1968年入居開始。事業手法は土地区画整理事業。ワンセンター方式，オープンコミュニティ，ペデストリアンデッキなど計画上の特色をもつ。→ニュータウン，千里ニュータウン，多摩ニュータウン

構造主義 構造を重視する立場。一般的には，事象を分解し各要素相互の関係に着目して整理しようとする立場。建築学での構造派は，近代から現代において，新材料と構造の合理性を前面に出した表現を目指そうとした。「構造合理主義」とも呼ばれる。→合理主義，記号論

構造デザイン 構造設計において，構造上の問題解決方法が卓越している，構造体の設計においてデザイン的配慮がなされている，こうした構造的な要求と，デザイン性を両立させた構造の設計（計画）を構造デザインと呼ぶ。

高蔵寺ニュータウン（景観／愛知県）

高蔵寺ニュータウン（マスタープラン／愛知県）

構造主義（エッフェル塔／パリ）

光束 単位時間当たりの光の量、放射エネルギーを示す。単位はルーメン（lm）。ただし、人間が視覚的に認知する量として記述するため、標準比視感度を波長ごとの放射エネルギーに乗じたうえで、積分した形で表される。

高速鉄道網 専用軌道を走る高速大量輸送機関の連絡網。大都市圏における通勤、通学、物流、交通環境の整序化等、都市交通体系を確立する鉄道網。東京圏、大阪圏、名古屋圏で整備計画が立案されている。→交通計画、ネットワーク

高速道路［expressway］道路交通法第108条の28に基づく高速自動車国道と自動車専用道路。高速道路株式会社法では、高速自動車国道法第4条第1項に規定する高速自動車国道と道路法第48条の4に規定する自動車専用道路、これと同等の規格および機能を有する道路。道路沿いの土地からの自由な出入りや自動車以外の通行を制限し、高速道路への流入は交差点を使用せず、インターチェンジを用いる。原則として、往復車線が中央分離帯によって分離されている。通行できる車両についても排気量等の制限がある。ドイツのアウトバーン、アメリカのフリーウェイ、イタリアのアウトストラーダ等も高速道路の一種。

高速道路（首都高速道路／東京都）

公団住宅 住宅公団（現在の都市再生機構）が供給する住宅。主として中堅所得者世帯を対象に公共の資金を用いて建設されるもので、分譲住宅と賃貸住宅がある。賃貸住宅では、一定の金額以上の収入があることが申込の条件で、公募が原則。→公営住宅

公団住宅（豊中団地／大阪府）

耕地整理事業 耕地整理法（1900年施行、1949年廃止）に基づくもので、農地の生産力向上のために、土地交換、分筆、合筆（がっぴつ）、地目（ちもく）の変換、区画形質の変更、道路やかんがい排水の整備等を行う事業のこと（写真・106頁）。→土地区画整理事業

耕地整理事業（僧尾地区／神戸市）

公聴会（こうちょうかい）法律や条例の規定により機会付与が義務づけられている重要事項について，決定する前に外部の意見を聞く制度。または，その会。政策に関して意見を募る目的で任意に開設するパブリックコメントよりも，意見陳述に対する政策への反映性や対応手続きが明確化されている。都市計画法では，都市計画決定手続きにおける住民参加の拡大を図る観点から，計画の作成段階から公開の場において，住民等の意見陳述の機会を得ることが義務づけられている。→パブリックコメント

交通安全 おもに自動車，自転車，歩行者の関係で，相互に事故のない利用ができるようにすること。災害時の避難経路の確保等も安全上の配慮事項となる。ルート，視認性，交通量，交差点の処理，道路構造，道路構成に配慮し，交通管理者である警察当局と協議を行う。このほかに，鉄道交通，海上交通，航空交通について，その運行，航行等のスケジュール，経路管理等も該当する。

交通OD調査 交通起終点調査。Oはoriginで起点，出発点，Dはdestinationで終点，目的地を指す。平日，休日各1日ずつの車の使われ方調査でアンケート方式，インタビュー方式の調査がある。

交通監視員［traffic warden］駐車禁止区域やパーキングメーターの管理，進入制限のあるエリアでの車の出入等を管理する。イギリスを始めとした海外の都市交通管理において見受けられる。日本でも民間法人の従業員による駐車監視員制度が導入されている。

交通計画 人やものの動きを対象として，輸送に関係する新しい技術開発や各種政策の導入，実施等を通して，社会全体にとって望ましい姿を見出し，その方向へ誘導すること，およびそのための政策や専門的な学問等。発生集中交通量，分布交通量，分担交通量，配分交通量などの予測から交通需要を割り出し，社会情勢や得られた交通需要から，合理的，効率的な総合交通体系の整備を図るための施策や技術体系をまとめ，道路，鉄道，軌道，港湾，空港等輸送に係る全般の交通計画の連携，幹線交通網に関連する諸施設の整備計画を総体としてまとめること。ITS(intelligent transport systems)や駐車場誘導システム等，情報社会における新技術導入により，利便性や安全性を高めることはもちろん，排気ガス規制や騒音・振動対策，雨水排水等の設備計画に見られる，環境改善，維持保全，交通による環境影響の低減についても方針や基本対策を示すもの。→道路，都市計画，都市交通計画，ITS

交通計画（車両動線／サンフランシスコ）

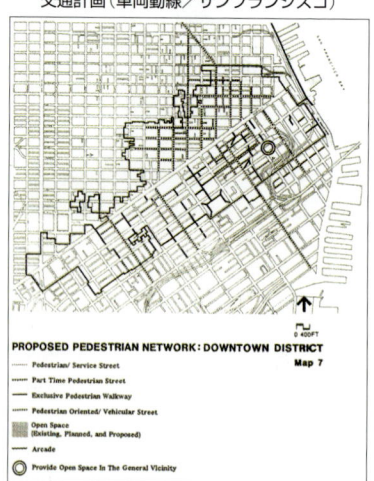

交通計画（歩行者自転車動線／サンフランシスコ）

交通公園 都市公園の中の特殊公園の一種。主として子供を対象に交通知識や交通道徳を教えるため，敷地内に道路，歩道，標識，

信号機などを設けて疑似体験を可能にする。また一部に古い機関車や線路を設置する例もある。→公園，都市公園

交通サービス 都市交通における人やものの交通，物流のニーズに対応した交通流を円滑に行うための交通機関。公共交通の充実や交通状況の利用者への情報提供をはじめ，都市内交通の空白域を補完するコミュニティバス，高齢者，障害者用の送迎バス，中心市街地における荷物の集配システムなど。

交通災害 自動車，航空機，定期旅客船，旅客運送の用に供する交通船，汽車，バス，電車，自転車等に衝突したり，転落，転覆した事故，またはこれらの乗物にはねられたり，ひかれた場合等，人身や物損をともなう事故。対策として安全な交通空間の設計，交通手段の選択の多様性，運行上のルール設定と徹底，教育等が挙げられる。

交通システムマネジメント [transportation system management]「TSM」と略す。モータリゼーションの発展による道路混雑，公害，エネルギー問題に対処するため，交通システム全体の効率性，生産性の最有効利用を図るべく，運用，管理，サービス政策の調和を目的としてアメリカにおいて生まれた発想。既存道路空間やシステムの有効利用，混雑地域での自動車交通の削減，公共交通サービスの向上管理施策。→交通計画，交通需要マネジメント，都市交通計画，モータリゼーション

交通需要マネジメント [transportation or travel demand management]「TDM」と略す。TSMは既存の道路空間の活用により交通問題に対処したが，対応の限界から車の利用者の交通行動の変更を促すことで，都市や地域レベルの道路交通混雑を緩和する手法。経路変更，自家用車利用から公共交通利用への手段変更，1人乗車減少を図る効率的利用，利用時間変更，発生源抑制の5つが施策。→交通計画，都市交通計画，モータリゼーション，交通システムマネジメント

交通ターミナル ①鉄道，バス等の終点。②都市部の主要駅等において，地下鉄を含む鉄道，バス交通，タクシー等の乗合自動車，一般車両の駐車場施設，モノレール等の新交通，商業施設等への歩行者専用道路など多様な交通機関が集中する場所。高速道路のサービスエリア等も路線バス交通の結節点となる場合がある。

交通バリアフリー法 2000年施行。正式名称は「高齢者，身体障害者等の公共交通機関を利用した移動の円滑化の促進に関する法律」。高齢者，身体障害者等の自立した日常生活，社会生活を確保するため，公共交通機関を利用した移動の利便性および安全性向上を促進することで，公共の福祉の増進を図ることを目的とした法律。駅におけるエレベーター，エスカレーター設置や路線バスの低床化等のバリアフリー化対応が進んでいる。2006年，ハートビル法と統合され，バリアフリー新法となる。→バリアフリー新法

左：エレベーター、右：エスカレーター
交通バリアフリー法（JR東京駅）

公道 道路法に基づいて，国や地方公共団体が整備，管理し，通行可能な道路のこと。正式名称は「公衆用道路」。私道に対する概念であり，一般的に道路という場合は，公道のことを意味する。→道路，私道

行動観察調査 さまざまな状況下における被験者の行動を調査する方法。行動場面を客観的に観察することによって，潜在的な行動や意識を引き出すとともに，行動に含まれる問題点や課題を定量的に把握する。

行動シミュレーション 利用者の行動を予測することによって，行動全体をシミュレートすること。街路での群集の流れや避難時の動きなどについて，相互作用を表すエージェントモデルなどを用いて予測する。

行動パターン 人間の行動を調べ，そこに何らかの法則を見出し，典型例化すること。都市，建築等の計画時に，空間を利用する人の行動パターンを分析することから，より利便性の高い空間創出等が目指される。→行動モデル

行動モデル 人の行動パターンに従い，ある一定の条件化（空間の移動経路，立ち寄

り行動，施設利用方法等）で予想される行動をモデル化し，それに沿った現状の改善策，新規提案等を行う。行動モデルは複数設定が可能である。→行動パターン

高度地区　都市計画に定める用途地域内において，市街地の環境維持または土地利用の増進を図るために，建築物の最高高さまたは最低高さ限度を定めるもの。都市計画法第9条。建築基準法第58条。最低限度を規制する場合は，一定高さの建物を集中させることで防災街区を形成したり，上部空間利用を促す。最高限度を規制する場合は，町並みの統一，日照や採光の確保を図る。
→景観，都市計画

高度利用地区　都市計画に定める用途地域において，ペンシルビルの林立など土地利用状況が著しく低く，また不健全である地区を対象に，市街地における合理的土地利用，健全な高度利用と都市機能更新を図るために定める区域。→景観，都市計画

高木（こうぼく）だいたい人間の身長よりも高くなる樹木（の種類）。遮へい性があるので緩衝緑地などに適しており，緑陰をつくるので公園や広場への植栽に向いている。「喬木（きょうぼく）」ともいう。→低木（ていぼく）

広葉樹林　常緑，落葉をとわず，幅の広い葉をつけ，葉脈が網目状の樹木が広葉樹であり，それによって構成されている森林を広葉樹林と呼ぶ。対するのは「針葉樹林」。
→針葉樹林，常緑広葉樹林

合理主義［rationalism］①合理的に無駄をできるだけなくし，能率的な形態，組織，ネットワークなどをつくること。②19世紀以前の建築に対し，観念ではなく理念に基づいた建築をつくるべきとする立場。特に装飾等を排除する立場。モダニズム（近代主義）と同義にも用いられる。→モダニズム

小売商店街　小売商店が立ち並ぶ通りのこと。モータリゼーションの発達，ローカル鉄道の廃止等で地方部の駅前に位置する小売商店街は衰退が著しい。また，近年の郊外部における大規模商業施設建設によってさらに打撃を受けており，特色のある商店街づくりをしなければ生き残れない状況となっている。→商店街，スーパーマーケット

光量　光の大きさ，明るさなどを総合的に表す。光束や光束発散度，光度，輝度（きど），配光特性などの値があり，それらを用いる

小売商店街（奈良市）

ことで光量の詳細を具体的に説明することができる。

高齢者ケア　高齢者単身世帯または病気等の高齢者が，不便のない日常生活を送れるように，また生き甲斐を感じて生活ができるようにするために行う生活の補助や世話のこと。

高齢者・障害者住宅　都市基盤整備公団（現在の都市再生機構），地方住宅供給公社，認定を受けた民間機関が提供するケア・サービス付きの住宅。住宅はバリアフリーで緊急時対応や健康相談などの基本サービスのほかに，食事や選択的に利用できる各種のサービスがある。食堂，集会施設等の共用施設がある場合もあり，入居条件には年齢，障害の程度，所得制限（公営住宅の場合）がある。「シルバーハウジング」ともいう。

高齢者・障害者住宅
（久仁塚コレクティブハウスの中庭／神戸市）

港湾景観　都市景観の一種だが，港湾は海と陸地の活動をつなぐ場所で，突堤とそこへの船の出入りや荷揚げ施設，貯蔵施設などの存在で，独特の景観をもつ。最近は，自然的要素やヒューマンスペースの重視な

ど，港湾景観を改善する動きがある。→景観，都市景観，海洋景観

港湾景観（神戸港／兵庫県）

コーディネーター制度［coordinator］コーディネーターとは調整役のことをいう。会議やワークショップにおいては，その内容や進行についての方針を出し，取りまとめを行う役割を担う。会議やワークショップをスムーズに進行していく役割のみの場合は「ファシリテーター」と呼ばれる。協働型社会の進展にともない，こうしたコーディネーションが制度化されてきている。例えば，企業等のIT投資を有効に経営成果に結びつけるための経済産業省等の支援による資格制度として，ITコーディネーター（information technology coordinator）制度等がある。→ワークショップ

コーポラティブハウス［cooperative house］住宅を建築しようとする個人が組合を結成し，共同して事業計画を定め，土地の取得，建物の設計，工事発注，その他の業務を行い，住宅を取得し管理していく住宅形式。原則として分譲会社（ディベロッパー）は介在せず，入居者が主体となって進め，完成・入居後の建物は，分譲と同様の権利形態（所有権）となる。海外では欧米を中心に広く普及しており，ドイツでは全住宅の約10%，ニューヨークでは約20%がコーポラティブ方式といわれる。日本でも30余年の歴史があり，都市基盤整備公団（現在の都市再生機構）も多摩ニュータウンなどに建設している。

コーポレートアイデンティティ［corporate identity］「CI」と略す。企業がもつ特徴や理念を体系的に整理し，簡潔に表したもの。一般顧客からみて企業を識別できるような，その企業に特有のもの。また，これを外部に公開することで，その企業の存在を広く認知させるマーケティング手法。デザインとしてはロゴマーク，色彩などが用いられる。

護岸 流水作用から河岸および堤防を保護する構造物。石，粗朶（そだ），コンクリート等で覆う。堤防に見られる「高水護岸」，水際に見られる「低水護岸」があり，親水・安全性の確保など主目的の違いによって多様なデザインがある。

護岸（宮川／岐阜県）

国営公園 都市公園の中の広域公園の一種で，都道府県にまたがる広域からの利用を目的とする場合と，歴史文化遺産の保存や国家的記念事業の跡地の場合がある。国が直接建設，運営を行う。昭和記念公園，ひたち海浜公園，明石海峡公園など現在16箇所。→公園，都市公園，広域公園

コーポラティブハウス（東尻池コート／神戸市）

国営公園（明石海峡公園／兵庫県）

国際標準化機構［International Organization for Standardization］「ISO」と略す。工業分野（電機分野を除く）の国際的な標準規格を策定するための民間の非営利団体。スイスのジュネーブに本部を置く。1947年にロンドンで組織された。近年、ISO 14000シリーズは環境マネジメントシステムの規格として、環境負荷への低減を目指す世界の企業、団体が適合を目指している。→環境マネジメント

国定公園　国立公園に準じる自然の景勝地を、自然公園法に基づき国が指定した自然公園。規模は国立公園に比べると小さく、所在する都道府県が管理者となる。津軽、男鹿、琵琶湖、秋吉台、日南海岸など55地区。→公園、自然公園、国立公園

国土基本図　国土地理院によって、1960年から作成された地図で、縮尺2,500分の1と5,000分の1の2種類がある。地域の実態を詳細に表現していることから、国および地方公共団体における合理的な行政施策を推進する際（公共事業調査、計画、立案等）に活用される。→都市計画図

国土計画　①国土の利用、整備、保全に関する計画。国土および天然資源の総合的利用開発計画。諸資源の開発、産業・文化等の立地特性、人口配分計画。②2005年に施行された国土形成計画法に基づく国土形成計画や国土利用計画法に基づく国土利用計画。従来は、旧国土総合開発法に基づく全国総合開発計画（全総）を中心に展開されてきたが、人口減少時代を迎え、開発基調志向の全総は時代にあわなくなった。国土形成計画は、国土政策上の課題に対する対応策、国民が安心して生活しうる国土の将来像と豊かでゆとりある国民生活のあるべき姿を提示する「国土の将来ビジョン」である。→都市計画

国土形成計画法　旧称「国土総合開発法」（1950年施行）。2005年に改称。国土の自然的条件を考慮して、経済、社会、文化等に関する施策の総合的見地から国土の利用、整備および保全を推進するため、国土形成計画の策定その他の措置を講ずることで、国民が安心して豊かな生活を営むことができる経済社会の実現に寄与することを目的とする法律。国土資源、海域の利用および保全、災害の防除および軽減、都市および農山漁村の規模および配置の調整ならびに整備、良好な環境創出と保全、景観形成等に関して計画を定めることとしている。

国土総合開発法　1950年施行。現「国土形成計画法」のこと。→国土形成計画法

国土利用計画法　1974年制定。国土利用計画の策定に必要な事項を定め、土地利用基本計画の作成、土地取引の規制に関する措置、その他土地利用を調整するための措置を講ずることで、総合的、計画的国土利用を図ることを目的とする。国土を、規制区域、監視区域、注視区域、その他一般と分類している。→都市計画

国宝　文化財保護法第27条2項に基づき、重

国宝（東大寺南大門／奈良市）

要文化財の一種として指定されたもの。重要文化財のうち，世界文化の見地から価値の高いものであり，かつ類をみない貴重なものであることから，国の宝として文部科学大臣が指定したものを指す。指定されているものは，建造物，絵画，彫刻，工芸，書籍，典籍，古文書，考古資料，歴史資料等。→重要文化財

極楽浄土（ごくらくじょうど）浄土は仏，菩薩（ぼさつ）がすむ欲望や苦しみがない世界。極楽浄土は阿弥陀仏の浄土。西方十万億の仏土の彼方にあり，阿弥陀仏が常に法を説いている。平安時代に広まった浄土信仰により，ひたすら念仏を唱えれば，死後，極楽浄土に往生できると信じられた。

国立公園 日本を代表する優れた自然の景勝地で，自然公園法に基づき国が指定，管理する公園。1934年，当時の国立公園法によって瀬戸内海，雲仙，霧島の3箇所が第1号の国立公園に指定された。現在では29地区，総面積は206万haで国土全体の約5％を占める。国立公園は特別保護地区，特別地域，普通地域に分けられ，それぞれに応じて開発，改変等が制限される。→公園，自然公園，国定公園

国立公園（富士箱根伊豆国立公園）

ゴシック［gothic］ヨーロッパ中世の美術様式で，ロマネスクに次いで12世紀中頃北フランスにおこり，各国に広まってそれぞれ発展をみた。ゴシック建築は尖頭アーチ，フライングバットレス，リブヴォールトなどの工学的要素に特徴があり，ミラノのドォーモ，パリのノートルダム寺院などが有名。→ロマネスク

湖沼景観（こしょうけいかん）四方を陸地で囲まれ，海とは切り離されている静止した水面が湖沼の特徴であり，水面に映る倒立した地上風景が湖沼景観を独特なものにしている。また湖沼は閉鎖水域なので汚染等の影響を受けやすく，保全の必要性は高い。→公園，自然景観，自然保護

ゴシック（ノートルダム寺院／パリ）

湖沼景観（摩周湖／北海道）

戸数密度（こすうみつど）1ha当たりの住宅戸数。計画策定時のボリュームの一つの目安となる。これまでのわが国の開発では，郊外戸建住宅地で25戸/ha，一般市街地戸建住宅地で50戸/ha，低層住宅で40〜80戸/ha，中層住宅で80〜150戸/ha，高層住宅で250〜350戸/ha，超高層住宅で300〜500戸/ha程度となっている。

戸数密度（目安）

郊外戸建住宅地	25戸/ha
一般市街地戸建住宅地	50戸/ha
低層住宅	40〜 80戸/ha
中層住宅	80〜150戸/ha
高層住宅	250〜350戸/ha
超高層住宅	300〜500戸/ha

コスモス［cosmos ギ］宇宙。無秩序に対して体系ある世界。調和，秩序。→カオス

コスモロジー［cosmology］①宇宙論。宇宙の構造，状態，進化の過程を研究する学問分野。アインシュタインの静的宇宙論，

フリードマンの膨張宇宙論などがある。現在ではビッグバン理論が広く受け入れられている。②われわれの周りをを取り巻く世界を，人間社会，精神，宗教も含めて考え，論じること。

個体距離 生物学的な動物群を含む群，群集における同種生物個体間の距離，混みあい。他人の進入を拒む距離を「個体空間」ともいう。さまざまな研究があるが，ストレスを与える距離が文化によって大きく異なることがわかっている。

古代都市 中世以前の古代に成立した都市。西欧では古代ギリシャのアテナイ，西ローマ帝国滅亡(475)以前の古代ローマ時代のローマ，中国では漢王朝滅亡(220)以前の長安，日本では平城京や平安京などがあげられる。文明と階級が成立しながら封建社会にまで進んでいない社会で建設された都市といえる。→中世都市，近世都市，近代都市

戸建住宅（こだてじゅうたく）土地および建物を単独で所有または占有する形態。複数で所有する場合も，配偶者や子供などの親族間で共有するケースが多い。一戸建住宅の購入希望者は，永住志向が高く，独立性を重視する傾向がある。利点は増改築，建替え，リフォーム，売却等が自由，注文住宅では自由に建物を設計できる，建売住宅では大量発注・生産で建築費を抑えており，安価にて取得可能，マンションと比較して独立性が高い。一方，都心部では土地，建物の総額が高くなる，防犯上の安全面が図りにくい，維持・管理に手間，費用がかかる。→住宅

国庫補助事業 国が地方公共団体に対する援助として交付する国庫補助金を使用して行われる補助事業。ただし，地方分権推進計画において，積極的に整理合理化を推進することが検討されていることから，国庫補助金は原則として廃止，縮減するなど，スリム化の方向が示されており，結果として国庫補助事業も減少してきているのが実情。→地方単独事業

固定資産税 1950年に導入された市町村が課する地方税で，毎年1月1日に現在の不動産(土地，建物，売却資産)の所有者に課税される税金。課税標準(評価額)の1.4%。路線価を基に計算されるため，公示価格や基準地価格よりも評価点が多く，3年に一度評価替えされることになっている。住宅用地に対しては200m²以下の小規模宅地，200m²以上の一般宅地，新築建物に対して軽減措置があるほか，重要伝統的建造物群保存地区における歴史的建造物や国指定の重要文化財については減免措置がある。

古都保存法 「古都における歴史的風土の保存に関する特別措置法」の略称。1966年制定。古都(京都市，奈良市，鎌倉市と，その他政令で指定された市町村)の歴史的風土を保存し，次の世代へとつなげていくことを目的とした法律。規定内容は，歴史的風土保存地区の指定，地区内の開発規制，その土地の所有者への補償等。→歴史的市街地，歴史的風土保存地区

古代都市（ポンペイの遺跡／イタリア）

古都保存法（若宮大路の壇葛／鎌倉市）

子供の遊び場［play lot］正式な公園ではないが、住宅地や商店街の一角につくられた小さい子供を遊ばせる場所。簡単な遊具や子供を見守る保護者のためのベンチなどが置かれる。→街区公園、ポケットパーク

子供の遊び場（多摩ニュータウン／東京都）

小堀遠州（こぼりえんしゅう）（1579-1647）本名は小堀政一。近江国小室村生まれ。古田織部に茶を習い、江戸初期の茶人として遠州流を興す。近江小室藩藩主であった。備中松山城の再建、駿府城修造、後陽成天皇の仙洞御所の作事、二条城の修築、品川御殿の作事を通じて、建築家、造園家としても名を馳せた。三代将軍徳川家光に献茶し、将軍家茶道師範となる。大名茶人として活躍し、台子（だいす）を茶方の中心とする「きれいさび」の茶を主張した。

小堀遠州（大徳寺孤篷庵／京都市）

ごみ処理施設 一般廃棄物処理施設（ごみ処理施設、し尿処理施設、最終処分場）の一形態。集められたごみを焼却する際に、排ガス処理によって有害ガスや煤じんの除去を行って煙突から排出される。ごみ収集車の交通、臭気、有害ガス等から「迷惑施設」として扱われることが多く、人の住まない臨海部や山中に計画される場合が多い。処理能力の問題等から移転する場合は、移転予定先の周辺住民との協議等が必要になる。また、余熱利用で温水プール等の整備を行っている自治体もある。→インフラストラクチャー

ごみ処理施設（港清掃工場／東京都港区）

こみせ 吹雪や日差しから歩行者を守ってくれるアーケード状の通路のこと。商店がその軒先を出し合い、雨風や雪に妨げられることなく人が行き来できるようにした仕組みの通路。雁木と同じ。→雁木（がんぎ）

コミューン［commune 仏］信仰と自治で組織され、土地を共有する自主的な共同生活体を指す。フランスの教会区に由来する共同体としての基礎単位で、現在の行政区画としての市町村に該当する。イタリアやスウェーデンなど欧州の他の国でも見られる。反権力、共同、自治、自由、平等、博愛の観念を含む語として、象徴的な意味をもって用いられる。→共同体意識、コミュニティ

コミュニケーション［communication］①社会生活を営む人間の間に行われる知覚、感情、思考の伝達のこと。②複数の人間や動物が、互いに身振りやことば、文字や映像などの記号を媒介として、意志や情報を伝え合うこと。また、他者から伝えられた情報を理解し、相手の心の状態を理解することやその過程をいう。社会システムを組織化し維持する機能をもつ。

コミュニティ community

①相互扶助による共同生活が行われる自律性の高い一定の地域であり、かつての農村集落のような生活共同体のこと。地域社会。②ある地域に居住し、その地域社会の構成員であると同時に、その地域への帰属意識をもち、地域の環境管理や福祉の増進などにおいて共同し、日常の人間関係を築いている社会集団のこと。例えば自治会、町内会。③アメリカの社会学者R.M.マッキーバーによるアソシエーション（association：機能社会）に対して用いられてきた社会集団の類型のこと。④規範的かつ積極的な意味を込めた社会学的な概念のこと。⑤生態学でいう生物群集のこと。コミュニティの意味自体は、多義的で曖昧にとらえられがちだが、C.A.ヒラリーが抽出した最低限の形成条件として「地域性」と「共同性」がある。「地域性」とは地域、近隣、居住地などの地域社会という一定の範囲を表す概念であり、「共同性」とは同じ信条や関心を共有している人々の社会的共同生活を表す概念のことである。しかしコミュニティという用語は、その意味合いやとらえ方も時代とともに変化してきている。1960〜70年代のわが国では、都市化への社会構造の変動により、伝統的な地縁や血縁が強い住民が定住するむら社会から、流動的な居住者や消費者で構成される都市社会に移行した。またコミュニティ形成の条件も大きく変化しており、そのうちの一つである「地域性」については、地域が生活における課題によってさまざまなつながりが拡がるために、非常に多様な展開が期待される反面、その希薄化や均質化が懸念される。一方最新のコミュニティとして、例えばネット上の仮想的な空間におけるコミュニティや、電子掲示板やメーリングリストなどさまざまなツールによる参加者同士の相互交流を実現した新たなコミュニティが見られる。これらの不特定多数の自発的な参加者によるコミュニティは、「共通性」をもつ一方で、距離的な制限は受けないため「地域性」とは無関係に形成される。
→アノミー，共同体意識，集落，地域，地域社会類型，コミュニティ意識，コミュニティ概念，コミュニティ施策，都市・農村交流，ロバート・M・マッキーバー

NPOによるコミュニティ支援の事例
コミュニティ（ウェールズ／イギリス）

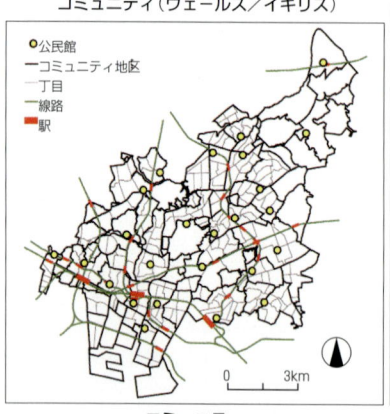

コミュニティ
（地域コミュニティの単位／船橋市）

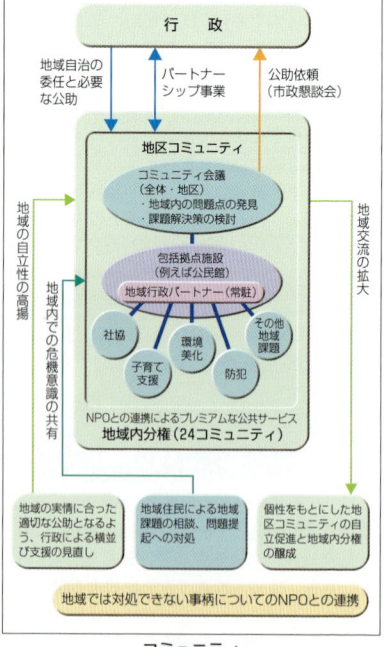

コミュニティ
（コミュニティ単位の地域内分権／船橋市）

コミュニティ意識 伝統的な地域社会の崩壊後,新しい地域社会の形成にともなうコミュニティに対する価値概念としての個人または集団がとらえる意識のこと。コミュニティに対する自らの関心や動機づけや価値観を,例えば「積極性」「連帯性」「合理性」などさまざまな側面からとらえた意識。

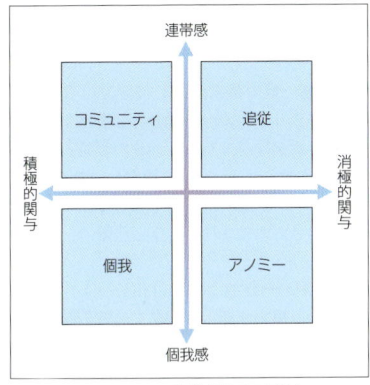

コミュニティ意識(奥田モデル)

コミュニティ概念 1971年に奥田道大が定義したコミュニティモデルのこと。コミュニティを地域性と普遍性の2軸によって4つに分類した。「地域共同体」モデル,「伝統的アノミー」モデル,「個我」モデル,「コミュニティ」モデルからなる。

コミュニティ計画 [community planning] 一定の拡がりをもった住生活環境を対象とする施設計画やコミュニティ活動計画など物的,非物的両方がかかわる総合計画のこと。都市計画の一分野であるが,住および生活環境基盤の整備,拡充を具体的内容としている。住民および自治体を計画主体としており,特にわが国では,まちづくり運動において,技術工学的側面にとどまらず,社会学的側面が強調されている。→都市計画,近隣住区,田園都市

コミュニティ計画(ハムステッド/ロンドン郊外)

コミュニティ施策 中央政府または地方自治体がコミュニティ形成のために打ち出す施策で,地縁的つながりや地域的共同性を作り出すこと。おもな内容として規模設定,空間的な施設計画,社会システムとしての組織づくり等がある。自治体特有の施設管理的な側面が強く,住民によるコミュニティ形成運動とはしばしば対立する。

コミュニティセンター ①地域社会の中心施設都市における集会所,学校,図書館などのこと。②多目的施設として建設された施設。地域の人々,団体,機関により住民運動,住民交流,住民学習,行政サービスなどの場として利用され,日常生活においてコミュニティを形成するために機能する公共施設群の集合した拠点のこと。

コミュニティ道路 住宅地の道路整備手法の一つで,歩行者の安全性や快適性を考慮した道路づくりのこと。類義語として,「歩車共存道路」ともいう。歩行者空間や小公園を併設し,車道部分を蛇行させ自動車の速度を抑えることで歩行者との共存を図る。交通への整備効果以外にも,電線類の地中化や植栽帯の設置等により景観,防災の向上がある。→ボンエルフ

コミュニティ道路(前橋市)

コミュニティバス [community bus] 市区町村などの自治体が,おもに市街地の交通空白帯への住民の移動手段を確保するために運行する路線バス。他にも,市街地内の

コミュニティバス(前橋市)

主要施設や観光拠点を循環するタイプなどもあり、乗合バスを補う公共交通サービスとして全国的に展開した。→ディマンドバス

コミュニティビジネス［community business］地域に眠る人材や資源を活用しながら、行政では対応できない多様なサービスや、企業では採算の合わないサービスを通して、地域コミュニティの再生を目指す小規模ビジネス。利益の追求以外に、地域課題の解決を目指すもの。

コミュニティ崩壊［community disorganization］急激な社会変動により、地域社会の価値や制度、社会関係や行為様式に変化が生じ、共同の目標への意見が不一致となり、地域住民の間で社会的な相互作用や地域社会の機能が有効に作用しなくなる状態のこと。→アノミー

コミュニティ理論 ⇒コミュニティ

コモン［common］①共通の、共有の、協同の、一般の、普通の、という意味の形容詞。②村などの伝統的な地域社会の共有地や共用地。③都市の中心部にある公園。ボストン・コモンなど。④集合住宅地などで計画的に整備される居住者のための私的な共用空間で、コモンスペースを略してこう呼ぶ。→共有地、コモンスペース

コモンスペース［common space］集合住宅の居住者が共同で使用する共有空間で、廊下や階段、またベンチやシンボルツリーを配した共同利用庭園などのこと。居住者同士の交流や憩いに役立つと同時に、日照やプライバシーの確保、居室からの眺望として住環境を保持するために使用される。不特定多数の人が使用するパブリックスペースとは異なる。→共用空間、パブリックスペース

コモンスペース（バーミンガム／イギリス）

固有性 他の事象と同じ尺度では表現できないオリジナルな心理の部分を指す。または、ポテンシィ（potency）の訳語。活動性（アクティビティ）、快適性（イヴァルエーション）と並び、主としてSD法によって抽出される3つの主要な心理軸の一つ。→SD法

コラボレーション［collaboration］「共に働く、協力する」の意味で、異業種同士や複数のグループ同士で同じ目標に向かってそれぞれの役割を担い行動すること。共演、競演、合作、共同作業等があてはまる。対等な相互関係を意味する言葉でパートナーシップがよく用いられるが、コラボレーションのほうが行動を含む概念となる。日本語では「協働」と表現されている。地方自治体では民間活力の導入の一環として、例えば大学研究と行政施策とのコラボレーションや民間施設の公共活用など、取り組みに広がりを見せている。→まちづくり、パートナーシップ

コリドー［corridor］回廊を意味し、建築物や都市空間の物理的な回廊を示す場合もあるが、地域や都市の緑地、交通網のネットワークや関係性構築を示す際に用いられる場合もある。→回廊

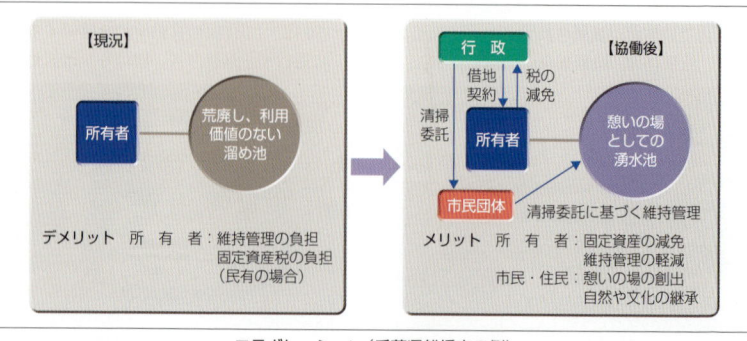

コラボレーション（千葉県船橋市の例）

コレクティブハウス［collective house］集合住宅の一つの型式として，個人生活のプライベートな領域のほかに，共用生活スペースを設けた協同居住型集合住宅のこと。もともとは北欧で，母子家庭での家事負担軽減を目的に生まれた居住スタイル。複数家族が共同の台所等を使い，家事や育児を分担し，助け合うスタイルがつくられ，高齢者，単身者等のさまざまな世代間で豊かなコミュニティが生まれることが期待されている。→グループホーム

コレクティブハウス
（真野ふれあい住宅共同室／神戸市）

コロネード［colonnade］回廊，列柱廊のことで，中世の邸宅や宮殿では中庭を囲んだり，建物の前庭にエントランスへのアプローチとして設けた。建物の導線でありながら，内部と外部をやさしくつなぐ緩衝地帯。夏は直射光が部屋に入るのを防ぎ，冬は暖かい日差しを取り入れる空間となるため，現代の建築でも採用されている。→回廊，コリドー

コロネード（パレ・ロワイヤル／パリ）

転び（ころび）石垣やコンクリート擁壁の面が，垂直に対して傾いている度合いをいう。一般に転びが大きいほど安定感は増すが，多くの土地（面積）を必要とする。→擁壁（ようへき）

コンクール［concours 仏］作品の優劣を競う催し。競技会。芸術分野の作品（美術，建築，音楽，写真，デザイン等）において行われる場合が多い。地域や都市デザインにおいても景観デザインの優れた施設，場所等を対象にしたものがある。→コンペティション

混合開発 ⇒ミックスドディベロップメント

混雑課金制度 ロードプライシング（road pricing）の一つ。日本ではロードプライシング制度を正式に活用している事例はまだないが，シンガポール，ロンドン，オスロ等海外の数都市において，都心部への過剰な自動車の流入による交通渋滞，大気汚染等を緩和，規制する対策として，特定の道路や車線に対する線的課金，都心の一定範囲内の自動車の公道利用を有料化して交通量制限する面的課金等の政策措置が取られている。→都市交通計画

コンサベーション［conservation］日本語では「修復」や「保全」と訳される場合が多い。建築や都市の分野では，歴史的，文化的建築物および都市空間を維持していく際に，時代考証に基づき一定の時点の姿を維持していく保存（preservation）に対し，時代の要請に応じて用途等を変更しながらも建物を維持していく際の用語として用いられる場合が多い。→保存，保全・保存，町並み保存

コンサベーション（大内宿／福島県）

コンサルタント［consultant］①金融，経営，建設，不動産，ITなど一定の内容について相談，助言，指導，調査，提案を行う職能のある専門家，もしくは専門家の集団。②都市計画，建築，環境，不動産等につい

て，専門の科学技術を駆使して，専門的，総合的立場から助言や提言を行う職能，もしくは職能のある専門家を指す。職能や職域を指し，特定の資格はないが，技術士，建築士，不動産鑑定士，会計士等の国家資格，民間資格である再開発コーディネーター等を有する場合が多い。

混住地域 かつては大部分が農家で構成されていた農村地域に，離農者が増加したり，都市からの移住者や農家の分家，離農等による非農家が来往したりして農家，非農家が混在化した状態で居住する地域。→旧住民，新住民

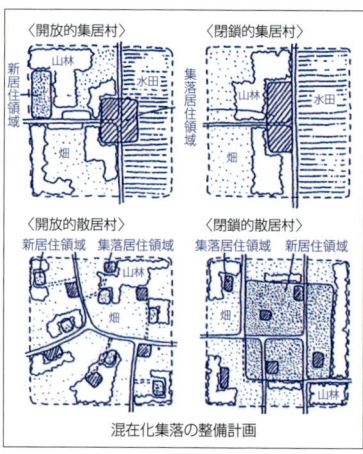

混在化集落の整備計画
混住地域

コンスタンティノス・ドクシアディス
[Constantinos A. Doxiadis] (1913-75) ギリシャの都市計画家。エントピア，エキュメノポリスなどを提唱し，世界の都市計画に大きな影響を与えた。『新しい都市の未来像』(1969)，『エントピア，ディストピアとユートピアの間に』(1975)，『現代建築の哲学』(1979) などが邦訳されている。都市開発，再開発，住宅地計画，交通，農業，工業製品などさまざまな分野とスケールに関する計画を手がけた。→エキスティックス

コンストラクションマネジメント [construction management] アメリカで多く用いられている建設生産，管理システムの一つ。略して「CM」ともいう。工事の専門家ではない一般企業などの発注者に代わり，専門家であるコンストラクションマネジャー (construction manager) が技術的中立性を保ちつつ発注者の側に立ち，設計，発注，工事の各段階での品質，コスト，スケジュールなどの各種マネジメント業務を行う方式。→再生，リニューアル

コンセプト [concept] 物事の総括的，概括的な意味のこと。概念を示す。ある事柄に対して共通事項を包括し，抽象・普遍化してとらえた意味内容で，普通，思考活動の基盤となる基本的な形態として頭の中でとらえたもの。地域，都市，建築計画におけるコンセプトは，計画しようとする内容の全体にかかる基本的考え方，方針を示すものであり，これに基づいて全体計画，部分的，詳細な計画がつくられる。→創造

コンソーシアム [consortium] 共同事業体。個々の企業もしくは個人では実現しにくい事業や活動を実現することを目的につくられた個人や企業の集まりを指す。例えば，ITにおける汎用的な公共WEBサービス技術開発の実施や，発展途上国に対する国際的な経済援助は，異業種，多国間の協力によって円滑に技術研究開発や調整を行うために必要な機関等を指す。建築・都市分野においては，市街地の開発や再開発，維持，保全等の企画から完了に至るまで，事業推進，コントロール，コーディネート，販売等を各種専門家や企業等が集まって行うプロジェクトに対する共同事業体を指す。

コンテクスト [context] 文脈という意味であるが，空間のコンテクストという使途では，空間が周辺環境も含めてもっている特性，空間相互の関係性を表す。地域や都市空間のデザインでは，空間のコンテクストを把握し，それに沿った計画，デザインが求められる。

コンドミニアム [condominium] 本来英語ではマンションなど共同住宅全般を指す言葉だが，日本では長期滞在型宿泊施設 (キッチン付き宿泊施設) としての定義が一般的。一軒家，マンション，アパートの形態がある。ホテルと異なりキッチン，洗濯場，家具など生活に必要な日用品は完備されている。

コントラスト [contrast] 画像や画面表示における，明るい部分と暗い部分との明度の差のことである。差が大きいほど，コントラストは強いと表現される。地域，都市，建築空間のデザインでは，実際の空間における空間相互の様相の違いをコントラスト

としてとらえ，これを考慮した計画が求められる。

コンバージョン［conversion］日本語では「転換」「改造」といった意味で使われる。建築，住宅関連でコンバージョンという場合は，建物の用途転換を意味する。具体的には，ある用途のために建てられた建物を，別の用途として用いるために行う部分更新技術のことを呼ぶ場合が多い。→再生，リニューアル

コンバージョン（銀行からホテルへ／函館市）

コンパクトシティ［compact city］1990年代にEUで提起されたサスティナブルな空間形態をもつ都市政策概念。人口減少や停滞による既成市街地の衰退，モータリゼーションの発展による都市機能拡散，環境・エネルギー問題への関心の高まり等を背景として，徒歩による移動性の重視，職住近接，建物の混合利用，複合土地利用など土地建物利用の効率化，交通需要管理，多様な都市機能やサービスが比較的小さく明確な境界をもつエリアに高密に集積している都市形態。イギリスのアーバンビレッジやアメリカのニューアーバニズムは同様の思想。日本では中心市街地活性化等の個別取り組みにとどまっている。

コンビニエンスストア［convenience store］特徴として販売方式がセルフサービス，営業時間が1日12時間以上，または閉店時間が午後9時以降，売場面積が50m²以上500m²未満，取扱い商品は食品中心で，酒類，菓子を含めた店頭売りシェアが50%以上，商品アイテム数は2,000以上で公共料金振込，郵便，宅配便の取次などのサービスも行う。一般的な売場面積は約100m²といわれる。日本には1974年に第1号店が東京で開業し，2003年時点では全国に13万店舗が存在する。

コンピュータグラフィックス［computer graphics］「CG」と略す。コンピュータ処理を用いて生成された画像や動画像。または，そのようにコンピュータで画像を処理，生成する技術を指す。一般には3次元グラフィックス（3DCG）を指すことが多い。座標とベクトルを計算することで位置関係を再現し，色や質感，照明やアングルといった高度な処理を行うことができる。処理方法としては，「レイ・トレーシング」や「シェーディング」などと呼ばれる技法がある。3次元グラフィックスは，CADを利用した工業デザイン（建築物の完成図など）や物理現象のシミュレーション，オンラインでの製品展示，ゲームの仮想世界の構築まで，さまざまな場面に応用されている。

コンプライアンス［compliance］「法令順守」。企業や組織がその活動において，法令や規則，社会倫理，さらに自らの倫理を順守することをいう。

コンペ　⇒コンペティション

コンペティション［competition］競争を示すが，都市，建築分野では設計競技を意味し，一定の設計条件等に基づく，公開，非公開のコンペティションを行い，複数の審査員により採点され，最良策を実際の設計に適用する方法がとられる。事業主は公共，民間のいずれの場合もある。対象施設も公園，地区計画，建築物等さまざまで，範囲も基本計画，実施計画など異なるレベルで行われる。略して「コンペ」ともいう。→アイデアコンペ，事業コンペ

コンポジション［composition］①組立て，構成を指す。都市・建築計画分野では，それぞれのコンポジションは空間内の構成要素によって形成されていると認識できる。②絵画・写真の構図。→構成

コンポスト［compost］稲わらや落ち葉等の植物といった農産廃棄物を発酵し堆肥化すること。近年は，生ごみや下水汚泥を原料にした堆肥化もコンポストと呼ばれており，廃棄物の減量化と資源循環の面で普及が拡大している。好気性発酵と嫌気性発酵がある。好気発酵の場合，発酵の進行度合いによって低熟，中熟，完熟コンポストに分けられる。嫌気発酵の場合には，あまり高い温度にはならないが，堆肥として利用する一方，反応過程で発生するメタンガスをガス発電などに利用してエネルギーに還元することも下水汚泥処理施設や生ごみ処理施設で行われている。

さ

サーキュレーション [circulation] ①循環，流通。②マーケティングでは発行部数や視聴率。③空間における人やものの動線，わかりやすく効率的にアクティビティな空間や場所をつなぐことが求められる。環境工学的な立場からは，空気循環やエネルギー循環に対しても使用する。→空間計画

サービス圏 サービス提供者の視点からみたサービスが及ぶ範囲。建築計画で地域施設計画を行う際の重要な指標である。公共サービスの種類より公共施設の特徴をみると，サービス圏が重なることが少ない役所の出張所，小中学校，派出所，消防署などのものと，サービス圏が相互に重なり合う郵便局，病院などに大別される。→生活圏，利用圏

サーフェイス [surface] 物体の表面，その状態。色彩と質感の総称。→色彩，質感

サーマルリサイクル [thermal recycle] 廃棄物を単に焼却処理するだけではなく，焼却の際に発生するエネルギーを回収，利用すること。廃棄物の焼却熱は，回収した廃棄物を選別した後の残渣（ざんさ）処理にも使われる。マテリアルリサイクルが不可能なために廃棄物を焼却した場合，その排熱を回収して利用する場合が多く，代表的な手法にごみ発電やエコセメント化があるほか，温水などの熱源や冷房用のエネルギーとして回収する方法も普及している。

災害救助法 1947年制定。一定規模以上の災害における被災地，被災者に対して，「国が地方公共団体，日本赤十字社その他の団体及び国民の協力の下に，応急的に，必要な救助を行い，災害にかかった者の保護と社会の秩序の保全を図ることを目的」とした法律。仮設住宅建設や衣食住にかかわる救援物資援助，災害弔慰金支給，罹災者の救出，障害物除去等が法23条によって救助活動として位置づけられている。

災害対策基本法 1961年制定。あらゆる災害から国土や国民の生命，財産を保護するために，防災に関して国をはじめとした行政の体制を整え，責任所在を明らかにして，災害予防，災害対応，普及，復興，保険等必要な災害対策の基本を定めることにより，総合的かつ計画的な防災行政の整備・推進を図ることで，社会秩序の維持，公共の福祉の確保を目的とした法律。防災を主とした災害に対するリスクマネジメントに配慮した法律。

再開発 ⇒都市再開発

再開発計画 ①既存の建物や施設が集積している地域で，建築物を取り壊したり，修復・建替えするなどして環境の改善を図ること。②都市再開発法に定める市街地再開発のことを指し，同法に基づく事業の場合，「法定再開発」とも呼ぶ。→再開発コーディネーター，再開発事業

再開発コーディネーター 再開発事業を円滑に進める際には，多岐にわたる専門知識と経験を要し，関係利権者や事業施行者（再開発組合等）の指導や調整，公共団体やディベロッパー等の事業関係者との調整を図る必要がある。この事業の円滑な遂行にあたるものを，再開発コーディネーターという。→再開発計画，再開発事業

再開発事業 正式名称は「市街地再開発事業」。再開発のうち，都市計画法と都市再開発法の規定にしたがって行う市街地開発事業が「市街地再開発事業」。道路や公園などの公共施設の整備をともない，組合や公的セクターなどが担う。権利変換方式を使う第1種と，収用方式（管理処分方式）による第2種がある。→市街地開発事業，権利変換，再開発計画，再開発コーディネーター

再開発事業（グランドコモンズ／東京都）

再開発促進地区 都市再開発方針に定められた地区指定で、「1号市街地」(都市再開発法第2条の3第1項第1号)と「再開発促進地区(2号地区)」がある。再開発促進地区は、1号市街地のうち、一体的かつ総合的に市街地の再開発を促進すべき相当規模の地区で、地元の再開発への気運の高まりや実現の見通し、緊急の整備の必要性、整備による広域的な波及効果等により選定される。→再開発、都市再開発法

再開発地区計画 一体的かつ総合的な市街地の再開発または開発整備を実施すべき区域として、地区計画により建築物の用途、容積率等の制限などを定めるもの。2002年の都市計画法改正により「再開発等促進地区」に再編された。→都市計画法、地区計画

災害予防 防災の考え方に基づく対応。防災対策の組織化、訓練、物資等の備蓄、施設等の整備、点検等が災害対策基本法第46条によって定められている。阪神・淡路大震災以降、建築物の耐震化、道路ネットワークの強化、地域コミュニティの育成、災害ボランティア活動の環境整備等が政策的にも自主的活動としても図られている。→防災

細街路 (さいがいろ) ①幅員の狭い道路一般を指す。②建築基準法第42条第2項に基づき、建物(塀などを含む)の建築時に道路の中心から2m後退させる道路を指す。細街路拡幅整備事業では後退する部分を、建築主と行政で協議のうえ道路状に整備し、災害に備える。また、拡幅整備された道路は、沿道周辺の通風や採光も改善され、良好な環境づくりにも役立つ。

在郷町 (ざいごうまち) 農村部に自然発生的に形成された都市(都市的な空間)のこと。その成立が自然発生的であることから、道路に面した建物は一定程度のルールを保って建てられていても、裏側は農地として利用されている場合が多く、都市基盤整備もあまりなされていない場合が多い。→城下町、宿場町

西国浄土 (さいごくじょうど) 西方、またインド(天竺)にあるとされる、煩悩(ぼんのう)や穢(けが)れを離れた清浄な国土。極楽浄土、仏のすむ世界。→極楽浄土(ごくらくじょうど)

財産区 市町村および特別区の一地区で、財産を有しまたは公の施設を設けているものがある場合、その財産または公の施設の管理、処分について権能をもつもの。特別地方公共団体の一つ。→地方自治体、特別区

採算性調査 ⇒フィジビリティスタディ

最小限宅地面積 宅地開発指導要綱や地区計画で定められる建物を建設できる最低限の宅地規模。良好な市街地形成のために適正な土地利用を促進することが必要であり、ある広さの敷地に適正規模の建物が建設されるようにするために敷地規模のコントロールを行うことで、宅地の細分化や不適切な高密度化を回避することが可能となる。

再生 [regeneration, renovation] 古くなったものを新しく作り直すことが原意。ここでは、建築や都市において、古くなって時代に合わなくなった機能や設備を改修し、使い続けられるようにすること。なお、再生の意味を含むカタカナ語のリジェネレーション、リノベーション、リニューアル、リフォームがそれぞれの状況に応じた細かい使い方がされている。→都市再生、リジェネレーション、リノベーション、リニューアル、リフォーム

再生(ローテンブルグ／ドイツ)

在宅介護支援センター 各市町村に置かれている在宅介護に関する総合的な窓口であり、同時に介護の要請に応じた支援機関のこと。24時間無料で相談に応じ、居宅介護支援事業者としての役割も兼ねる。各中

在郷町(会津坂下地区／福島県)

学校区単位に設けられる地域型と，市町村単位に1箇所設けて地域型を総括する基幹型の2種類に分かれる。事業は社会福祉法人など，民間に委託する。

在宅ワーク 自宅で仕事をするという意味。遠隔地での就業可，通勤時間の効率化，柔軟な就労時間が可能（家事，育児との両立），雇用者側のオフィススペース削減等の利点がある。日本では，就労形態は正社員，契約社員等さまざま。職種的には設計，製図，デザイン，DTP，電算写植，プログラミング，翻訳，システム設計に関連する文章入力，テープ起こし，データ入力等の定型的，出来高判断が容易なものに携わる場合が多い。→SOHO

埼玉けやき広場 埼玉県大宮市（現さいたま市），さいたま新都心駅前に新しくつくられた人工床の広場。2000年建設。設計は国際コンペに勝ったP.ウォーカー＋鳳コンサルタント。広場上には6m間隔にケヤキが植えられ，大規模な屋上緑化の事例でもある。→人工地盤，屋上緑化，ピーター・ウォーカー

埼玉けやき広場

再調達価格 建物状況調査評価において，既存の建物と同程度のものを調査時に新築するとした場合の費用のこと。ただし，解体撤去費用，設計料，移転引越費，仮事務所費，営業補償費等は含まない。

最低敷地面積 ミニ開発や無秩序な開発を防止し，良好な住宅地の形成を誘導するため，各地方自治体が敷地面積の最低限度を定めたもの。

最適配置 都市生活を支えるさまざまな施設を適正に配置すること。利用者の行動範囲やパターンから，施設の利用圏域を設定することや立地条件から判断できる需要，救急行為や避難行為のネットワーク等を考慮して，利用者の行動経路と施設の位置関係を都市内に適切に配置すること。解析にはボロノイ分割など数理モデルが用いられることがある。

彩度 色の三属性の一つ。色の鮮やかさ（色の強さ）の度合いを表し，無彩色では彩度がない。純色の赤，青，緑に白や黒などの無彩色を少しずつ加えていくと，色の鮮やかさが薄れていき，彩度が低くなる。純色に近いほど彩度が高い。ある色相に関する部分を取り出して，明度，彩度に応じて分類すると，一つの色調（トーン）が浮かび上がる。→色相，明度

サイトプラン［site plan］⇒敷地計画

西芳寺苔庭（さいほうじこけにわ）京都市西京区松尾。通称「苔寺」と呼ばれるほど苔庭が有名だが，今のような苔庭になったのは江戸後期といわれる。形式としては回遊式庭園で，別に枯山水（かれさんすい）の石組みの残る庭園がある。→日本庭園，回遊式庭園

西芳寺苔庭（京都市）

在来型工法 「在来工法」「木造軸組工法」ともいう。柱，梁を組み合わせて骨組を組み立て，これに壁，床，屋根などを造りつけていく，わが国で最も伝統的な木造建築工法である。おもに地域の大工や工務店により建設されてきており，長い歴史の中で，それぞれの地域の気候，風土にあった特徴が取り込まれている。間取りの融通が利くこと，柱間の開口部を多く設けることができること等が特徴であるが，これが耐震上

在来型工法（兵庫県）

の欠点となり，地震による被害が発生してきたため，現在では筋かい等の耐力壁や仕口への構造用金物の設置などの耐震対策も行われている。

在来工法 ⇒在来型工法

サイン [sign] 都市・建築計画分野におけるサインは標識を意味し，人や車の動きを誘導する機能を果たす。交通標識，施設案内，避難経路案内，広告看板等が含まれる。また，設置方法も交通標識のように恒久的なものと，広告看板のように暫定的なものがある。

サイン（筑波大学キャンパス）

サインデザイン サインの機能を最大限に活用することを目的に，その掲示方法，掲示内容等のデザインを行うことを指す。例えば，高速道路上のサービス施設サインを統一した形状，絵文字使用，色彩，素材で表示することなどである。→サイン

サインマップ法 空間認知の調査方法の一つ。主要な空間の形状が描かれた図面上に被験者がその他の情報を記入する方法。イメージマップ法が白紙に地図を描き，エレメント想起法が空間情報をすでに完成された図面上のポイントとして記すのに対して，これら両者の中間にあたる。イメージマップ法が主として質的な情報を，エレメント想起法が量的な情報を得ようとするのに対し，両方の情報を得ようとする。→イメージマップ法，エレメント想起法

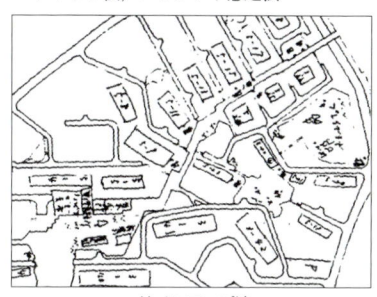

サインマップ法

サウンドスケープ [soundscape] 1960年代終わりに，カナダの音楽家M.シェーファーによって提唱された概念で，「音風景」と訳される。風景には音が欠かせないという考え方で，そこからサウンドスケープデザインが生まれた。日本におけるデザインの実施例としては，大分県竹田市の滝廉太郎記念館などがある。→風景，景観創造

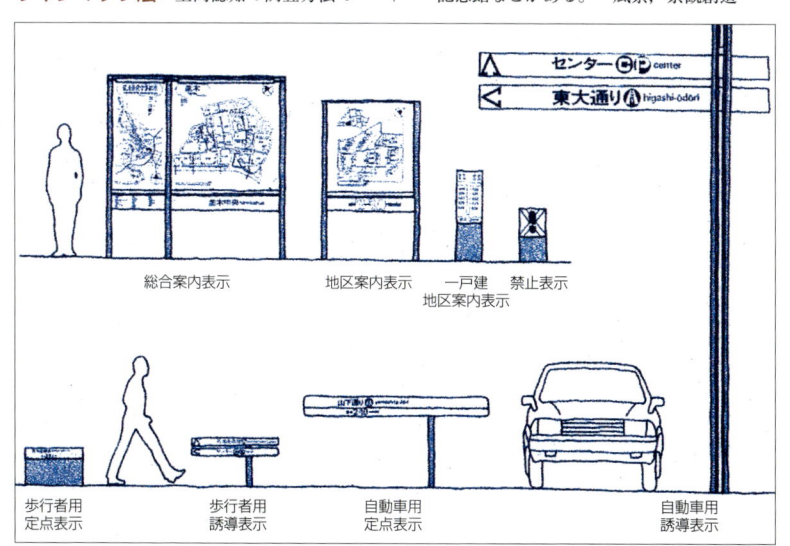

サインデザイン（筑波研究学園都市）

盛り場 ⇒繁華街（はんかがい）
錯視（さくし）感覚器のうち，視覚における錯覚のこと。目の錯覚。生理的錯覚や幾何学的錯視，形態に関するもの，色彩に関するものなどがある。

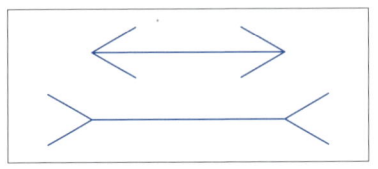

錯視（ミュラー・リヤー）

作庭記（さくていき）平安時代に書かれた日本最古の庭園書。橘俊綱の著といわれている。寝殿造り庭園について記述してあり，作庭法，岩組みなどが書かれている。→寝殿造り庭園

サグラダファミリア［Sagrada Familia 西］聖家族教会。バルセロナに位置する建築家アントニオ・ガウディの代表作。1882年着工，当初は建築家ビリャールの設計，その後若いガウディが引き継ぎ，内戦，建築中断を経て，没後の現在も未完成で工事中。→アントニオ・ガウディ

サグラダファミリア（バルセロナ）

サスティナブル［sustainable］「持続可能な」という意味。将来の環境や次世代の利益を損なわない範囲内で社会発展を進めようとする理念として，1992年にリオ・デ・ジャネイロの「環境と開発に関する国連会議（地球環境サミット）」にて「持続可能な開発（sustainable development）」という概念が提唱されている。この宣言が契機となり，環境共生，自然エネルギー利用，長寿命化，リノベーションなど，さまざまな手法を通して持続の可能性が模索されている。

サテライトオフィス［satellite office］本拠となる主たる執務空間（センターオフィスと呼ぶ）とは別に，出先拠点として用意された執務空間を指す。センターオフィスは活動範囲に対して1つだが，サテライトオフィスは複数設置が可能。従来は，在宅勤務時の自宅や近郊の地方都市にビジネスの中継点を指すことが多かったが，都心に設置される事例も増えている。→SOHO

里坊（さとぼう）寺院の僧侶が寺地（てらち）を離れて人里に居住する地区。通常僧侶は寺院内の僧坊（宿坊）に住むが，山岳寺院では高齢者に厳しいため，山麓の町場に住むことを認めることがある。代表的なものは比叡山延暦寺の里坊で，大津市の坂本地区にあり，重要伝統的建造物群保存地区に選定されている。→宿坊，社家町（しゃけまち）

里坊（坂本地区／滋賀県大津市）

里山 人が暮らす集落に接した山。「裏山」ともいう。通常低い山や丘陵を指すが，平坦地にある林地（平地林）をいうこともある。広葉樹林が多く，薪，炭，落葉，山菜などの供給地として地域の生活・経済と密接な関係があったが，エネルギー転換，開発などによって多くが失われた。現在，里山の

里山（藍那地区／神戸市）

復活を目指すボランティア活動などを行っている地域もある。→里山保全，自然林

里山保全 これまで近代化の中で失われてきた里山の価値を再評価し，その保全や復活を目指す活動。多くのボランティアが参加している。作業の中心は萌芽更新を促す枝打ち，間伐，下草刈り，林床整備など。→里山，環境保全

砂漠化 植物が生息する土地が，生息しなくなる，不毛地となる，あるいは農業に適さない土壌になる現象。これにより気候としての砂漠，乾燥した状態になる。多くは人為的な要因によるものを指す。

砂漠気候 降雨量が少なく乾燥していて植物が育たず，砂，礫(れき)，岩石などが広がる地域の気候。ただし，こうした地域にも「オアシス」と呼ばれる水と緑のあるスポットがある。和辻哲郎の名著『風土』(1935)で「モンスーン」「牧場」と並ぶ三大風土類型の一つとされた。→風土，モンスーン気候，風景思想，和辻哲朗(わつじてつろう)

サバンナ [savanna(h)] 熱帯，亜熱帯で年間降雨量が少なく，雨は短い雨季に集中する地帯に形成される草原(サバンナ)。南米では「パンパ」と呼ぶ。サバンナにはゾウ，キリン，ライオンなどの大型動物が生息し，昔はハンティングの，今ではサファリ観光の対象地でもある。→亜熱帯林，熱帯雨林

座標系 さまざまな事象の位置の基準となるもの。空間的な位置を表す場合であると，日本測地系やWGS84系などの地図座標系，画像座標系などがある。

砂防ダム 上流からの土砂を貯えたり，河床勾配を緩和する目的で造られる。土石流災害の危険指定箇所に建設され，土石流の防止に特化した機能をもつ。高さ約7m以上のものを「砂防ダム」，それ以下のものを「砂防堰堤(えんてい)」という。

砂防林 ①川への過剰の土砂流入を防ぐために，山腹に設けられる林。また，地域の環境に配慮し山腹，渓畔の景観の維持，保全，育成も行うことができる。②海岸部では，海からの風によって舞い上がる砂が，市街地に大量に入り込まないように設置されている。「飛砂(ひさ)防備保安林」ともいう。→保安林

侍町 (さむらいまち) ⇒武家町(ぶけまち)

更地 (さらち) その上に建物，構築物，工作物などが建っておらず，また借地権や地役(ちえき)権などの，使用収益を制約する権利のついていない宅地のこと。

参加型開発手法 開発途上国への支援プログラムの一手法。住民自身が自ら地域の問題を発見し，解決のために計画をつくり，評価するというようなプログラム全体に参加する方法。→住民参加，ODA

山岳景観 独立峰や山並みを主対象とする景観。自然景観の中では垂直性に特徴があり，認識しやすい。多くは仰瞰景となり，特に富士山，鳥海山などの独立峰の場合は，崇高や尊敬の念を抱かせる。→自然景観，仰瞰景(ぎょうかんけい)

山岳景観(マッターホルン／スイス)

山岳信仰 山を崇拝の対象とし，信仰，儀礼を行うこと。日本では長野諏訪上社や奈良大神(おおみわ)神社が山をご神体として

砂防林(飛砂防備保安林／神奈川県藤沢市)

山岳信仰(三徳山三仏寺投入堂／鳥取県)

祭っている。自然崇拝の一種で自然の雄大さ，畏敬の念，清浄への敬いなどの感情から発展したものと考えられている。熊野，大峰山，出羽三山は修験道（しゅげんどう）の修行場であり，木曽御岳神社，富士浅間神社は山宮に登拝する。

参加・体験型観光　観光客が地域住民との交流や，地域イベント，体験観光プログラム実施団体が提供するイベントへの参加など，従来の名所を見てまわるという享受型が主流であった観光とは異なり，自ら活動に参加し，体験をするという観光の一形態。農漁村体験，イベント参画，環境保護活動参加（植林・清掃活動）などがある。→観光

参加のデザイン　市民参加，住民参加などにおいて，各パートナーの参加や協働の仕組み等をデザインすること。または，住民参加で行われる「まちのデザイン」であり，生活環境の改善に向けて住民が自ら考え，アイデアを出し合い，まちづくりへの参加を促す手法。デザインする対象によってさまざまな参加の型があり，ワークショップ開催，コンペティション，コンクール，シンポジウム，フォーラムなどイベントへの参加，公園の手作りの彫刻など手仕事による参加もある。→ワークショップ

市民参加の公園デザイン検討会
参加のデザイン

産業遺産　各産業（農林水産業，鉱業，土木・建築業，工業，商業，サービス業）における工夫や発明など多くの教訓や示唆を与えてくれる遺産のこと。先人たちが残した顕著な偉業や功績を表す有形の文化財として近年保存，保全が盛んとなっており，その多くが近代に開発，あるいは建築されたものである。→近代化遺産，文化遺産，エムシャーパルク

産業革命　1760年代のイギリスに始まり，1830年代以降におもに西ヨーロッパへ波及した，工場制機械工業の導入による産業の変革と，それにともなう社会構造の変革のこと。それまでの手工業中心の技術から，機械設備による大工場中心の技術へと変わることで，社会構造や生活形態が変化し，近代資本主義経済が成立した。

散居集落（さんきょしゅうらく）家屋が一戸ずつ散在している村落。散村と同義で用いられる。住居が一定地域に密集して形成されるタイプの集落に対し，一戸または少数戸ずつが相当程度の距離を保ちながら分布し，全体としては集落を形成しているタイプの集落。平場の農業集落に見られ，代表的なものとしては富山県の砺波平野，島根県の簸川平野等の集落がある。→集落形態，集居集落，密居集落

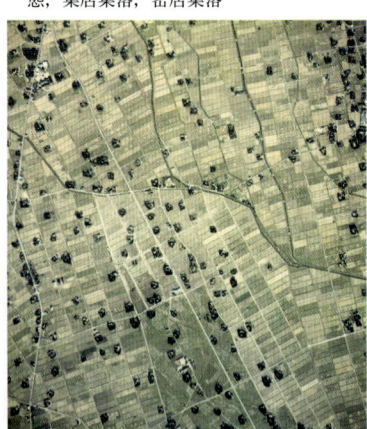

産業遺産（白水ダム／大分県）

散居集落（砺波平野／富山県）

サンクンガーデン［sunken garden］周囲の土地よりも低いところにつくられる広場や庭園。囲まれた感じになり，落ち着いて人々が集まる場所になりやすく，都市デザインの手法として用いられる。「沈床園（ちんしょうえん）」ともいう。→公園，庭園，広場

サンクンガーデン（三井55広場／東京都）

3次元解析 平面上の位置のみでなく高さの情報も加味したうえで解析するもの。代表的なものにDTM（digital terrain model）を用いた地形分析などがある。しかし厳密には地盤の表面を2次元データの属性として解析したものであり、これを「2.5次元での解析」と呼ぶことがある。この場合には、対象の内部構造までを示したデータの解析を指す。

3次元CAD ［computer aided design］コンピュータ機器の発達とソフトウェアの高度化によって実現された3次元空間での設計支援システム。設計業務を現実世界と同等の位置づけで実施する。また、CADデータそのものもオブジェクト化されるような標準化も進められている。→CAD

3次元データ 平面上の位置と高さの情報をもったデータ。現実世界の3次元空間における位置を表したものであり、3次元解析に用いられる。

山紫水明 （さんしすいめい）山々に囲まれ清らかな水が流れる美しい風景。またそういう風景の土地。昔の人々の自然への憧れを表す表現。→自然，自然景観

山水画 （さんすいが）自然の風景を描く絵画。「人物画」「花鳥画」と並ぶ東洋絵画三分野の一つ。洋風にいえば風景画だが、水墨画が多く、写実的ではないものが多い。→風景画

サンスーシー宮殿庭園 ［Sans Souci 仏］ドイツ、ポツダム。宮殿は1747年、プロイセン王フリードリッヒ2世がヴェルサイユ宮殿を真似して建設したロココ様式の離宮。宮殿正面には大規模な階段状の庭園があり、ブドウが植えられている。平面的な構成が多い宮殿庭園としてはユニーク。世界文化遺産。→フランス式庭園

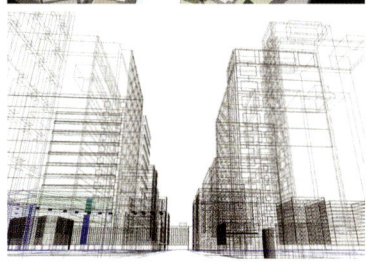

3次元CAD

サンスーシー宮殿庭園（ドイツ）

酸性雨 （さんせいう）大気汚染が原因で降る酸性の雨。環境問題の一つとして定義され、pH値5.6以下を基準とする。大きくは地表を酸性にする上空からの酸性降下現象すべてを指す。化石燃料の燃焼や火山活動による硫黄酸化物、窒素酸化物、塩化水素などが原因とされる。

山川草木 （さんせんそうもく）自然界に存在する有形の環境。自然景観を構成する要素。自然環境の一部であるが、自然環境そのものを示す際に用いられる場合もある。

山村 （さんそん）山間部に形成された村落。臨海村、平野村に対する地形上の意味と、

農村，漁村に対する機能上の意味がある。多くの場合，林業，狩猟業，副次的には農業を生業として成立している。飲料水の得やすい谷筋に街村(がいそん)として発達する場合と，山腹の緩傾斜地に列村として見られる場合が多い。

散村（さんそん）⇒散居集落

産地産業　⇒地場産業

参道空間　寺社に参拝するために設けられた道路沿いに展開する空間を指す。空間演出が巧みに用いられているとして多くの研究対象となっている。参道を構成する要素の変化やいくつかの分節点を設けることにより，連続した空間に変化を与えながら，目的地である本殿へ参拝者に高揚感をともなって導くことが行われている。→アプローチ空間

参道空間（金刀比羅宮参道／香川県）

産寧坂（さんねいざか）京都市東山に位置する清水寺（きよみずでら）の参道である清水坂から北へ石段で降りる坂道のことで，清水寺の門前町として発達した。「三年坂」ともいう。沿道には土産物店，陶器店，飲食店，料亭などがひしめき合って建っている。また産寧坂から円山公園まで続く道は「二年坂」と呼ばれており，一年中観光客が絶えない通りである。1976年，重要伝統的建造物群保存地区に選定。→重要伝統的建造物群保存地区

桟橋（さんばし）①橋のように，杭などの支柱の上に床版を載せて構造したふ頭。船舶の係留，貨物の積み下ろし，船の乗降等に利用される。浮き桟橋のように，足場をもたず水面に浮いているものもある。②本体工事を施工するために設置する工事用の作業足場。

桟橋（東京国際会議場船着場／東京都）

サンプリング調査　①調査対象（集団）に対して，その一部だけを代表（サンプル）として取り出す調査法。全数調査に対応。②調査対象を調べるために，関係のある他の部分を取り出す調査法。水質調査のための低質表層調査など。

サン・マルコ広場　[Piazza San Marco 伊]イタリアのヴェネツィア（ヴェニス）の中心部を構成し，ヴェネツィアの象徴的な役割をもつ広場。バシリカ・サン・マルコの正面に位置し，周辺を大運河と行政建築の象徴的な回廊で囲まれる。16世紀にほぼ現在の形となる。

産寧坂（京都市）

サン・マルコ広場（ヴェネツィア）

し

地上げ ①土地に土を盛り上げて高くすること。②不動産業者が土地を購入する際に用いる用語で、再開発等を行うときに、権利関係が複雑な細かい土地を強引に買い集めて一つにまとめ上げることを指す。

シアム ⇒CIAM

シークエンス ［sequence］参道，回遊式庭園などで，アプローチに沿った移動にともなう景観の連続や変化，シーンのつながりを指す。シークエンシャルな空間では構成要素の形態，量が変化し，そのことが空間を体験する人に期待感，高揚感，威厳性を与える効果をもつ。→シーン，軸線，回遊空間

シークエンス景観 ［sequence］視点の移動にともなって継起的に変化する景観。通常対象は移動しない（対象も移動する場合は移動景観）。特定の対象に向かうアプローチ空間（参道など）や回遊式庭園の園路など，景観の変化を操作するデザインでは重要な概念である。→シーン景観，景観デザイン

ジードルング ［Siedlung 独］集合住宅のこと。特にワイマール共和国時代にドイツで建設された集合住宅が有名。19世紀後半から人口集中，スラムの発生など都市問題が深刻となり，イギリスの田園都市構想にも刺激を受け，1920年代にドイツ各地で集合住宅が建設された。これらの計画にはバウハウスなどのモダニズムの建築家たちが多く参加し，建築史上では，近代建築運動の実践としても評価される。デッサウ（W. グロピウス），フランクフルト（エルンスト・マイ），ベルリン（ブルーノ・タウト），馬蹄型のブリッツ・ジードルンクが有名。→ウォルター・グロピウス

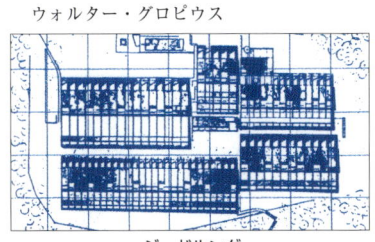

ジードルング
（ヘレン・ジードルングの配置図／スイス）

シーン ［scene］光景，風景，映画，演劇などの一場面を指す。空間はシーンの連続として視覚的にとらえられる。建築家は建築を一つのシーンとして表現するために，複数のスケッチを描くことから空間を創造する。シーンは固定的視点での時間変化等をともなわない現象であり，空間のすべてを伝えるものではない。→シークエンス

シーン景観 ［scene］視点も対象も固定され，写真のようにとらえられる景観。切り取られた景観ともいえる。展望台や眺望点からの景観はシーン景観である。視点が移動するときのシークエンス景観と対になって使われる。→眺望点，シークエンス景観，景観デザイン

ジェーン・ジェイコブズ ［Jane Jacobs］（1916-2006）アメリカ生まれ，カナダの都市計画家，作家，活動家。それまでの近代的都市論に対して，人間的な魅力をそなえた現代都市論をとなえ，世界の都市計画に大きな影響を与えた。著書に『アメリカ大都市の死と生』（1961），『都市の経済学』（1986）など。

シェルター ［shelter］①避難所や防空壕のこと。②屋根や壁で覆われている構造物。広義的には家屋等の建築物もこれに含まれる。防災用の地下シェルターや核シェルターは代表的なもの。一方で屋根が架かっているだけのバス停もバスシェルターと呼ばれることがある。人やものを風雨や災害等から守るための施設一般を呼ぶ。

シェルター（バスシェルター／横浜市）

ジオイド面 ⇒平均海面

ジオフロント 地下空間。地下利用のための開発。都市空間や地表の環境保全，有効

利用のため，新しく利用可能な空間としての地下空間。歩道，共同溝，ショッピングセンターや駐車場等による利用がなされている。40mより深の大深度地下空間を生活の場として活用することなどが検討されている。また，物流基地やエネルギー備蓄，廃棄物処理等の利用も想定され，これらを総称して「ジオフロント開発計画」という。→ウォーターフロント

潮見坂（しおみざか）伝統的な空間認知，景観デザイン手法の一例で，下り坂の前方に海を眺めることができる坂道。道を通して富士山が見える「富士見坂」と並んで多くの事例があり，眺望景観の一種ともいえる。→アイストップ，ヴィスタ，見通し景，景観デザイン

潮見坂（函館市）

枝折戸（しおりど）おもに露地の中門の戸として使われる，竹をひし形に編んだ簡素な扉。茶庭（ちゃにわ）に合った侘（わ）びた形式。さらに，数寄屋風の庭の入口に設ける簡素な開き戸を指す。→露地

枝折戸

視界 視点近傍の状態による見えている空間（視空間）の範囲。霧に包まれると視界は狭くなり，崖に行く手を阻まれると視界はなくなる。交通標識の設置などにとって重要な条件。→可視領域，視点場

市街化区域 都市計画法第7条において，「既に市街地を形成している区域及びおおむね10年以内に優先的かつ計画的に市街化を図るべき区域」と定義されている。無秩序に広がる市街地のスプロール化抑制を背景に，1969年の改正により，大都市地域を市街化区域と市街化調整区域に分け，市街化区域では，集中的な基盤整備，面的整備促進，用途地域規制により，土地利用を都市計画でコントロールすることで，良好な市街地の形成，都市環境創出を目的としている。市街化区域内には，住居専用地域，商業地域，工業地域等の地域地区が定められ，土地利用から建物用途や規模のコントロールを行い，良好な市街地整備を実現する。そのため，一定規模の敷地または建物，特定建築物の建設における市街化区域の開発においては，特定行政庁の長の許可が必要である。→都市計画，土地利用，都市計画区域

市街化区域内農地 都市計画法で市街化を図るべき地域に指定された「市街化区域」にある農地。1992年の生産緑地法改正により，市街化区域内農地は「宅地化農地」と「生産緑地」に区分された。三大都市圏の特定市の「宅地化農地」は，固定資産税，都市計画税の宅地並み課税が適用され，相続税の納税猶予，免除制度の適用がない。

市街化調整区域 都市計画法第7条において「市街化を抑制すべき区域」とされ，市街化を抑制し農地または緑地として保存，保全する地域。用途地域の設定はないため，原則として開発行為，都市施設の整備は行われない。市街化の拡大のおそれがない場合に限り，都道府県知事等の許可を得て建築物等の建設が可能となっている。また，良好な市街地形成に資すると判断された事業が確実に行われる場合においては，都市計画変更を行うことで市街化区域への編入が図られる場合がある。→都市計画，土地利用

市街地 人家や商店，業務ビル等が建ち並ぶ場所の総称。→既成市街地，郊外，市街地整備，中心市街地

市街地開発事業 都市計画法第12条に定義。一定規模の広がりのある地域を面的に開発する事業であり、土地区画整理法による「土地区画整理事業」、新住宅市街地開発法による「新住宅市街地開発事業」、首都圏の近郊整備地帯及び都市開発区域の整備に関する法律または近畿圏の近郊整備区域及び都市開発区域の整備及び開発に関する法律による「工業団地造成事業」、都市再開発法による「市街地再開発事業」、新都市基盤整備法による「新都市基盤整備事業」、大都市地域における住宅及び住宅地の供給の促進に関する特別措置法による「住宅街区整備事業」、密集市街地整備法による「防災街区整備事業」の7つを指す。

市街地景観 市街地景観の特徴は、景観を構成している要素の種類と数が多く、その大部分が人工的要素であること。すなわち操作可能な要素が多く、景観デザインや景観コントロールの必要性も高い。通常、地区の性格によって商業地景観、住宅地景観などと区分して扱う。→景観、都市景観、人工景観

市街地建築物法 1919年に施行された建築法規。現在の建築基準法の前身。日本の社会構造の変化や都市への人口集中を背景に、都市や建築の統制が必要という機運が高まり、都市計画法とともに制定された。これより前に検討されていた東京市建築条例の考え方を受けて、都市美観のために建築物を集団的に統制する「美観地区制度」が法で定められた。

市街地再開発事業 ⇒再開発事業

市街地整備 既成市街地や新市街地において進めている都市基盤の整備や居住環境の改善のこと。→既成市街地、再開発事業、市街地、新市街地

市街地内農地 市街地の中に残存する農地。土地利用計画の策定が立ち遅れ、零細な開発行為や個別の建築行為に対し有効な計画的規制が行い得なかった地域では、市街地内農地と宅地とが混在した市街地になる。「市街化区域内農地」が類語。→生産緑地

視覚 感覚の一つで、眼でとらえられる光刺激に対応した感覚。人間の場合であれば、波長380~770nmの光を感じる感覚。深層心理的な作用を含む認知、それ以前の浅い意識しない部分も含む知覚に対して、感覚は脳の働きまで届かない部分を示すことが多い。視覚に対し人間の眼は、両眼で対象をとらえるため眼球が共同運動をするようになっている。対象物と網膜底の黄斑を結ぶ線が視線となる。遠近感は、単眼での焦点距離などでも得られているが、両眼から得られる視差から感じ取っている面もある。視差とは、右目で見たときの像と左目で見たときの像の差を指し、これが大きいほど奥行方向の距離を感じる。この原理は、空中写真測量や地上写真測量におけるステレオ測計に応用されている。視覚の重要な特性として、パターン認識と呼ばれるものがある。これは光の強度が変化するような対象物の輪郭部分については、それを強調するように知覚しているといった網膜の特性である。光を受けた網膜周辺の信号は、抑制されて伝達される特性に起因する。これを神経生理学では「横抑制」と呼ぶ。→眼球運動、視距離、視線入射角、視野狭窄(しやきょうさく)、感覚、聴覚、嗅覚、触覚、立体視

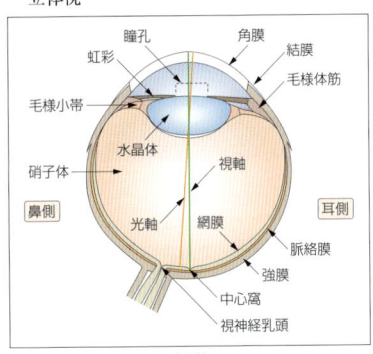

視覚

視覚障害者 視覚に障害のある人のこと。大きくは、視力をまったく失った「盲」(blindness)や、残存視覚を有しルーペなどの補助器具を用いて独力で文字の読み書きができる「弱視」(low vision)に分けられる。また、先天性か中途失明か、失明年齢などさまざまな状態や程度がある。

視覚的イメージ ⇒心象風景

志賀重昂 (しがしげたか)(1863-1927) 地理学者。札幌農学校を卒業。『日本風景論』(1894)が日本のランドスケープデザインに大きな影響を与えた。表面的な近代化に対して国粋主義をとなえ、国会議員も務めた。→風景論

自家用広告物 自己の氏名、名称、店名も

しくは商標、または自己の事業もしくは営業の内容を表示するため、自己の住所または事業所、営業所に掲出するものを指す。管轄行政機関への許可を受けることなく、禁止地域または許可地域に掲出できるが、表示面積の上限がある。→屋外広告物

時間性 空間における時間変化にともなうさまざまな性質。われわれのイメージに影響を与える性質を示す。形態や色彩などの時間によって変化しないと考えられる性質に対して、天候や季節、時刻によって変わる部分を特に取り出して示す用語。この一部はイメージとの関係が明らかになっている。→周期的変化、長期的変化、日変化、季節変化、経年変化、時景、イメージ

光と風と波と建造物（上段左：ロンドン、上段右：ギリシャ、下段左：モルディブ、下段右：東京）

時間性

時間地図 実際の距離ではなく、移動にかかる時間を尺度として描かれる地図で、交通の整備状況や交通条件の変化を表現できるのが特徴。実測地図とは様相が異なることから、見る者の興味を誘い効果的なプレゼンテーションに有効である。全地点間の時間距離を同時に表現する既往の時間地図はおもに2種類で、時間距離を時間地図上の全地点間の直線間隔にできるだけ合うように点配置を行う「MDS時間地図」と、リンクでつながれた地点間のみの時間距離が適合するように地点の配置を行う「ネットワーク時間地図」である。

色彩 光の刺激による視覚系の感覚。物体の表面がある部分の波長の光を反射することによる「物体色」と、光源から発する一定の波長の光による「光源色」とに大別される。デザインの対象となるのはおもに物体色で、その見え方は、色相、明度、彩度の三属性で表される。→表色系

色彩計画 ある対象の地域、地区、施設等の色彩に関する計画を周辺の自然環境、人工環境に配慮して行うこと。自然、地形、景観的特長を把握するとともに、対象の種別を考慮して計画を進めていく必要がある。また、計画される色彩が整備内容と整合するか、心理的な印象と整合するか等の検証も求められる。→カラーコーディネーション、色彩

色彩景観 景観対象がもつ色彩的構成が、その景観の印象を決定づけるような場合の表現。「白銀の峰」「真っ赤な夕日」「茜色の空」などはその典型例。落ち着いた景観、華やぐような景観など、人の感情に訴える風景を生み出すうえで色彩の果たす役割は大きい。→景観、景観構成要素、景観デザイン

色彩景観（ニーハウン地区／コペンハーゲン）

色彩調和 2つ以上の色を組み合わせて「まとまりのある美しさ」をつくり出すこと。人の感情の快・不快に関係し、色彩調和論も著者の数だけの法則があるといわれている。→カラーコーディネーション、色彩

色相 （しきそう）色合いを表す。赤、黄、緑、青、紫の5色を標準色に、中間の色5色を加えたものが10色相。赤を基準として反時計回りに360°に配置したものを「色相環（しきそうかん）」と呼ぶ。→色彩、明度、彩度

敷地 建築物の建っている土地、建物を建てたり、道路、堤防などの施設を計画することが可能な土地を指す。建物が1棟の場合はその建物のある土地を指し、母屋と離れなど用途上分離できない2棟以上の建物がある場合は、その建物のある土地全体を含む。→画地（かくち）

敷地延長宅地 ⇒旗竿宅地（はたざおたくち）

敷地計画 ［site plan］①建築やその他の構築物を互いに調和するように配置する技法。敷地内における土地利用計画、建物配置お

よび外構，照明，サイン等，屋外の物理的環境すべての計画。立地環境の分析や需要調査も含まれる。「サイトプラン」ともいう。②土地区画整理事業や市街地再開発事業においては，権利変換や換地対象となる土地の計画を指す場合もある。→配置計画

敷地調査 一般に，建築物を建設する前の敷地にかかわる調査を指す。用途地域指定などの法律的な条件や，地盤，造成状態，周辺の状況などを調査し，建物を建てるうえでの制限や条件，事前に必要な改良点などを取りまとめる。

敷地内通路 公道から建物までの通路。敷地内の各建物や施設へアクセスするための通路。バリアフリー化による安全性や施設間連絡，回遊性のわかりやすさ等が求められる。

上：車両動線，下：フットパス
敷地内通路（サンヴァリエ桜堤／武蔵野市）

事業 ①仕事。その中でも社会的意義があるとされる大きな仕事のこと。②営利を目的とした経済活動のこと。③建築・都市分野では，道路建設，宅地開発，工作物建設等のプロジェクトのことを指す。→事業主体，事業方式，事業手法

事業インパクト調査 当該事業を行うことによって想定される，経済，市街地整備，環境等へ及ぼす変化や影響，効果を把握するための調査。環境アセスメント調査に代表される環境影響評価等もその一つ。→開発，環境，事業，土地利用，安全性，立地特性

事業コンペ コンペとは「コンペティション（competition）」の略で，建築・都市分野では設計競技という意味で使用されている。事業コンペとは，実際に実現される事業についての設計だけでなく，事業実施計画等も含む競技（コンペ）のこと。これに対し，基本構想やコンセプトについて案を募るものを「アイデアコンペ」という。→アイデアコンペ，コンペティション

事業主体 特定の事業を進行する際に，主となって事業を推し進める組織体のこと。→事業，ディベロッパー

事業手法 特定の事業を進行する際に，選択される事業のやり方，方法のこと。→事業，事業方式

事業評価 実現された事業について，その事業ごとに評価，点検する作業のこと。→事業

事業方式 特定の事業を進行する際に，選択される事業の形式または手続きのこと。→事業手法

事業用借地権 借地借家法に基づく定期借地権の一つで，居住ではなく事業のために一定期間土地を借りて使用する権利。借主は契約満了時に更地（さらち）にして地主に返還することとしている。→定期借地権

視距離 対象とそれを見る人の距離。実際の距離をそのまま用いることを「絶対視距離」ということがある。また，対象が画面となるときには，視距離を画面の縦の長さ（H）の倍数で表すことがあり，これを「相対視距離」と呼んでいる。

市区改正 1888年に首都東京の市街地改造を目的とした市区改正条例が施行され，全国の都市の市街地整備の大きな方針となった。1878年，楠本正隆府知事（在任1875-79）が東京市域の再検討に着手したことに始まり，道路や鉄道を計画的に築造する必要性を痛感した芳川顕正府知事（在任1882-85）が1884年に原案をまとめ，内務省に提出。1888年に政府の機関として東京市区改正委員会が置かれ，東京市区改正事業により，大正時代までに路面電車を敷設するための道路拡幅，上水道整備等が実施された。日本における都市計画法制の始まりといえる。

軸線 形態および空間の構成を秩序づける6原理の一つとして，F.チンによれば，軸線は2点によって形成される線であり，その周りに要素が配列される。空間演出として

参道空間の分節点と本堂をつなぐ軸線の設定を行うこと，主要な公園や緑地を2点とした都市における緑の軸線を設定し，その周辺に緑地を計画的に配置していく方法などがある。→空間構成原理

時景（じけい）時間で変化する景観（ランドスケープ）。視覚による知覚だけではなく，景観のもともとの意味と同じく，他の感覚器による知覚や記憶などに基づく認知空間を含む概念。→時間性，景観，ランドスケープ

重森三玲（しげもりみれい）(1896-1975) 本名は重森計夫。日本美術学校を日本画で卒業，いけばな界で活躍の後，独学で学んだ庭園のデザイナーとして活躍した。造園家，造園史研究家。日本庭園史大系を完成させるなど庭園史の研究家として大きな功績を残した。東福寺庭園など多くの作品がある。

重森三玲（東福寺庭園／京都市）

資源ごみ 一般廃棄物のうち，古紙，鉄くず，アルミニウム，ガラスびん，布類，ペットボトルなど，再生利用して新たな資源とするごみのこと。資源物としてリサイクルできるように分別収集される。→分別収集

時刻変化 ⇒日変化（にちへんか）

事後評価 事業完了後に実施するもので，実施当初の目的や機能を果たしているかどうかを評価し，以後の改善につなげていくための手段である。政策評価の基本であるPlan，Do，Check，Action（PDCA）にとどまらず，「事業の改善」「計画，調査のあり方，評価手法の見直し」にまで言及していくことが重要とされている。

次三男住宅（じさんなんじゅうたく）一般的には農家の次三男が分家する場合の住宅のことであるが，農村計画では親や兄弟が居住する農村集落と同一の集落において，親元から土地の提供を受けて建設される住宅のことをいう。市街化調整区域等での建設の規制が緩いこともあり，集落の非農家化や混住化の一つの要因となっている。

鹿威し（ししおどし）①畠を荒らす鳥や獣を追い払う装置で，案山子（かかし），鳴子（なるこ）などの総称。②日本庭園で蹲（つくばい）などと組み合わせて，竹筒に水を通して一定間隔で音を出し，風情を醸しだす手法。→日本庭園

鹿威し（詩仙堂／京都市）

自主防災組織 災害から自らの身や財産を守るために，市街地整備における狭隘（きょうあい）道路の拡幅，空地（くうち）の整備，建物の不燃化等の防災まちづくりが行われる中で，ソフト対策として地域社会の防災力を高め，消火や避難活動を行うための住民組織。地域行政と一体となった防災知識の普及や教育，訓練，組織づくりとしての従来の町内会消防団との連携，まちづくり協議会の守備範囲の拡大等の動きが見られる。

四神相応（ししんそうおう）四神は東の青龍（川），西の白虎（びゃっこ）（道），北の玄武（山），南の朱雀（すじゃく）（池）であり，これらの神々の存在にふさわしい地勢や地相を指す。平城京，平安京は四神相応の場所に建設されている。また江戸も四神相応を考慮して建設された。古代中国や朝鮮の風水の考え方を反映したもので，都市が繁栄するためにこのような地相が選ばれて建設された。

地震防災対策特別措置法 1995年制定。阪神・淡路大震災を契機に，都市直下型・突発地震の発生に備えるための特別立法で，「地震による災害から国民の生命，身体及び財産を保護すること」，「地震防災緊急事業5箇年計画に基づき国の財政上の特別措置，地震に関する調査研究の推進のための体制の整備等について定めること」で防災対策強化，社会秩序維持，公共の福祉の確保に努めることを目的としている。

地すべり法 「地すべり等防止法」の略称。1958年制定。地すべりおよびぼた山の崩壊による被害を除却し、または軽減するための宅地造成に関する規制の一つ。地すべりを助長、誘発する行為については都道府県知事の許可が必要。

詩性 (しせい) リズムをもつ抽象的な表現の事物や文章、芸術作品、建築空間。押韻(おういん)やこれに似た空間的な反復、定型詩のような型の中での表現などを示す。

史跡 ①歴史上の事件が起こった場所やさまざまな建造物の跡地。「史蹟」とも書く。②文化財保護法に基づき指定された史跡。すなわち史跡は人類の、または民族の文化的歴史遺産と見なされる。なかでも貴重なものは「特別史跡」に指定される。三内丸山遺跡、平城宮跡、キトラ古墳など。→文化財保護法、名勝、天然記念物、歴史的景観

史跡(岡城址/大分県)

史蹟名勝天然記念物法 (しせきめいしょうてんねんきねんぶつほう) 正式名称は「史蹟名勝天然記念物保存法」で、1918年に公布され、その名の通り史跡名勝および天然記念物の保存に関する法律であった。1950年に「文化財保護法」が施行された時点で廃止された。→文化財保護法、史跡、天然記念物、名勝

施設転用 既存の施設を竣工時の用途とは異なった他の用途として使用すること。→コンバージョン

自然 [nature] 人間の手が加えられていない自らそうなっている様。自然は一義的に人間を取り巻く環境であり、さまざまな思考や思想を生む源泉である。自然と人間の関係については、多くの哲学的な考察が加えられてきた。ここでは存在物としての自然(自然物)と現象としての自然(自然現象)を、人造物、人工現象との対比のうえで取り上げる。自然物としては山、川、森林、平野、海、島、星、動植物、微生物などがあり、自然現象としては宇宙、光、風、雨、気温、凍結、噴火、流星などがある。これらは気の遠くなるような長い地球の歴史の中で生み出され、また時間の経過とともに緩やかに現象している。それに比べると人間存在やその活動は、短期的だが爆発的に変動している。この時間とリズムの不一致が、さまざまな感動を生み出すとともに、多くの困難をもたらしてきた。人間と自然のかかわりは、地上に出現した人間にとって、自然が畏れや防御の対象だった時代から、支配や攻撃の対象になる時代へと変化し、最近は保護すべき対象とする見方も生まれている。時代が下がるにつれ両者の関係は密になり、自然のもつ特性を人為的につくり出すことも行われる(人工林、人工海浜など)。自然そのものではないが、自然を感じさせたり模倣したりすることは、自然的であるとして推奨される(庭園、盆栽など)。また、土や砂、草や木などの自然の素材がもつ性質を生かした人造物(陶磁器、生け花、お茶、木桶など)は人々に好まれる。→地形、水、植生、環境、自然保護、自然破壊、自然美、自然景観、自然公園、原生林、潜在自然植生

自然遺産 世界遺産の分類の一つで、優れた価値をもつ地形や生物、景観などをもつ地域のことを指す。→世界遺産、文化遺産

自然遺産(知床地区/北海道)

自然型護岸 コンクリート三面張りの河川整備やコンクリート護岸による港湾整備ではなく、生態系の回復、河川を含めた地域の水循環の形成、地域に適した良好な景観形成のための護岸整備であり、土や石、木といった地域に適した素材を用いたり、屈曲部を設けて水流を緩和し、洪水時の水溜まりを設ける、魚道確保のための小さな落差を設けるなど、地域に適した整備を行う(写真・136頁)。

しせんか

上:お台場(東京都)、下:バーデンバーデン(ドイツ)
自然型護岸

自然観　「自然は人間文化と対峙するという見方」「自然のなかに文化の規範を見出すべきとする見方」「自然と人造物が一体となるのが文化的景観とする見方」等々が自然観である。自然観は個人に属する世界観の一部であるが、歴史上の時代や民族、生活地域などによって共通的であり、そのうえで多様である。→自然、文化的景観

自然環境保全法　国民の健康で文化的な生活を確保するために1972年制定された。厳しい保全基準の「原生自然環境保全地域」と、やや緩い「自然環境保全地域」が指定できる。後者にはさらに保全の対象ごとに「野生動植物保護地区」などの「特別地区」を設けることができる。→自然保護、環境保全

事前協議　ある許認可をともなう事業を行うに当たり、行政庁が許認可の判断を行う前に事業の計画を事前に審査し、必要に応じて是正を求め、許認可に適合するよう協議すること。わが国では開発行為の許可(都市計画法)や廃棄物処理施設の設置許可(廃棄物処理法)などにおいて導入されているケースが多く、その手続きは地方自治体の条例や要綱で定められている。

自然景観　構成要素の多くが山、川、森林、草花などの自然物からなる地域や場所の景観。山岳景観、河川景観、森林景観、島嶼(とうしょ)景観などの総称。人工景観の対語。多くの場合、自然にはその地域独自の形成秩序があるため、人工景観とは異なり不快な景観を呈することはほとんどなく、人々に好まれる。→景観、景観保全、人工景観

自然景観(知床半島/北海道)

自然公園　自然公園法に定める国立公園、国定公園および都道府県立自然公園の3種の公園の総称。「地域制公園」と呼ばれ、規制、誘導により保全、活用の目的を達成しようとする。主としてアメリカの制度を導入したものだが、国土の条件が大きく異なることから困難も多い。→公園、国立公園、国定公園、自然公園法

自然公園法　1931年に制定された国立公園法を改定して1970年に制定された。わが国における自然保護政策の柱の一つで、優れた自然風景地を、国立公園、国定公園、都道府県立自然公園の3段階で保全、活用していく枠組を定めたもの。→自然公園、都市公園、自然保護

自然探索路　⇒ネイチャートレイル

自然地形　人の手が加わらない自然の地形。「造成地形」の対語。自然地形は安定的とされるが、傾斜地の端部を利用のために造成したりすると土砂崩れの原因になる。自然地形はその地域の気象条件を反映して、個性的な景観を呈する要因でもある。→地形

自然地理学　系統地理学の一つで、人文地理学と同様に地域で起こる事象や要素を抽象化して分析する。対象は地形や気候などの自然現象が基本であり、広くは自然災害の予測なども扱う場合がある。環境科学の一分野でもある。→人文地理学

視線入射角　視線に対する対象面の角度。90°であれば、対象面の見えの面積が最も大きくなる。この特徴を利用して、景観分析などに用いられている。

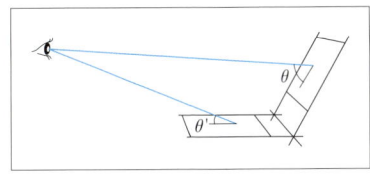

視線入射角

自然破壊 人間活動の領域が広がるにつれて自然を破壊することが多くなった。この場合の自然は幅広い概念で，原生林の破壊，氷河の後退などだけでなく，動物や植物の種の減少や草原の砂漠化なども含む。土地造成や海面埋立などのミクロな破壊から，酸性雨や地球温暖化などのマクロな破壊まで，全地球的に進んでいる。→自然保護，環境保全

自然美 自然そのものがもつ美しさ。美学においては，人間がつくり出す美しさとしての「芸術美」「技術美」と対比される。

自然風景地 優れた自然景観があり，それを楽しむために人々が集まる地区。ここでは海，山，川などの自然風景だけでなく，人々が利用するためのホテルなどの人工造形物のデザインが重視される。→自然，景観保全

自然保護 自然を破壊から守ること。そのために多くの団体の活動がなされ，また裏づけとなる法律や条例があるが，土地所有権等の私権との調整は困難で，必ずしも十分な成果をあげていない。その自然の貴重度によって，保護すべき水準は当然異なる。→自然破壊，環境保全

視線誘導 道路上の線形に沿った車両の安全な走行を導くために，運転者の視線を誘導するために人工的な操作を行うことを指す。中央分離帯等の道路上の表記，夜間，降雨，濃霧時に対応した発光型の立体的な視線誘導標などがある。反射式や太陽光を利用したものもある。

自然林 目的をもって植林された「人工林」とは異なり，その土地に自然に生育し，成立した森林をいう。ただし原生林とも異なり，一定の人間の管理の手が入った二次林等も含む。生活空間に近い里山の自然林の価値は高い。→里山，原生林，人工林

持続可能な開発 サスティナブルディベロップメント(sustainable development)の訳語。国連の環境開発世界委員会が1987年に提唱した理念で，現代の世代が，将来の世代における利益や要求を損なわない範囲内で環境や資源を利用し，自分たちの要求も満たしていこうとするもの，1992年の国連地球サミットにおける中心的な考え方で，今日の地球環境問題に対する世界的な取り組みに影響を与える理念。→地球環境

視対象 主体と対象の関係で成立する景観を構成する主要な要因。景の中心である主対象(図)とその背景となる周辺の対象場(地)とからなる。一般に対象は操作不可能なことが多く，景観の改善は主として視点場の操作による。→視点，視点場

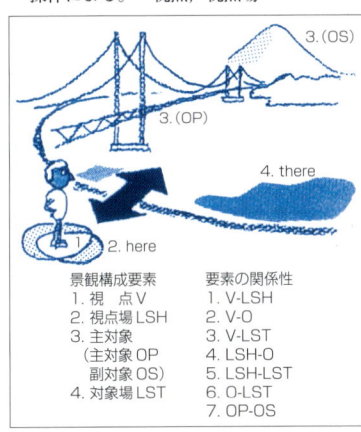

景観構成要素
1. 視 点 V
2. 視点場 LSH
3. 主対象
   (主対象 OP
   副対象 OS)
4. 対象場 LST

要素の関係性
1. V-LSH
2. V-O
3. V-LST
4. LSH-O
5. LSH-LST
6. O-LST
7. OP-OS

視対象（景観把握モデル）

下町 ①「山の手」あるいは「山手」の対語。市街地の中で，海や川に近い低地の部分を示す。②市街地を社会階層的に区分する際に用いる。江戸時代に町民階級の住んだ町

下町（東京都）

を「下町」と呼び，現在も庶民的な住民が多く住む地域のことを指す。現在では，①の地形的エリアと②の社会階層的エリアの両方重なった意味で使用される場合が多い。→山の手，ダウンタウン

市町村合併 市町村の廃止，設置，分割，合併で，地方自治法第7条および第7条の2の「市町村の廃置分合又は市町村の境界変更」にあたる。明治，昭和，平成それぞれの時代で大合併がなされており，明治期は市町村制開始，昭和期は新制中学校設置にともなう財政となる自治体再編，平成期は地方分権の基礎自治体としての体力強化志向，国の地方交付税交付金の削減の影響等を背景としている。合併により各種許認可制度の変更が見られ，市町村内の地区区分やまちづくりのためのゾーニングも変化する。

市町村マスタープラン 都市マスタープラン。都市計画マスタープラン。都市計画法に定められた法定計画で，市町村の都市計画に関する基本的な方針。都市づくりの理念，都市計画の目標，目指すべき都市像，実現のための主要課題，課題に対応した整備方針，地域別市街地像，実施されるべき施策の方向，定めるべき都市計画の種類，実施すべき都市計画事業の種類，アクションプログラムを定める。整備，開発，保全の方針や景観計画との整合が必要となる。→都市計画，まちづくり，都市計画法

質感 物体の表面の状態，反射と拡散のしかた，透明度，発光などの組合せによって視覚的に感じる性質。荒さや冷たさ，柔らかさなどを感じるもととなり，金属や木，ガラス，石，水，布，紙などによって異なる。→サーフェイス，色彩

シックハウス症候群［sick building syndrome］「SBS」という。新築の住居などで起こる，倦怠感，めまい，頭痛，湿疹，のどの痛みなどといった呼吸器疾患などの症状。住宅の高気密化や化学物質を放散する建材や内装等の使用による室内空気汚染が原因とされており，そのほか家具・日用品の影響，カビ・ダニ等のアレルゲン，化学物質に対する感受性の個人差など，さまざまな要因が複雑に関係していると考えられている。

実行可能性調査 ⇒フィジビリティスタディ

湿性緑地（しっせいりょくち）陸地と水面が生態的に連結されて一体となった生物生息空間。水辺の樹林，草地，水生植物，浮遊植物および開水面などからなる。生物の多様性を確保するために重要な環境であるが，破壊されやすく復元されにくいデリケートな環境で，観察や利用には細心の注意を要する。→緑地，生物生息空間，環境保全，生物多様性

実存主義 人間を実存としてとらえ，個別的で具体的，主体的な存在として中心におく哲学的立場。神による絶対的価値基準や悟性的認識によらず，人間の自由と責任に基づいて選択，創造することを強調する。キルケゴールが先駆者といわれ，ハイデガー，ヤスパース，サルトルらによって発展した。→マルティン・ハイデガー

実存的空間 自己の身体を中心とし，体験や学習などに基づき主体の意識に形成された空間，環境のイメージ。意味を内包した空間で，主体に外在する実存的，客観的空間と対立した空間概念。→現象空間

指定水位 各水防機関が水防活動の準備を行う水位。

指定道路 ①⇒位置指定道路。②重さ指定道路。高速自動車国道または道路管理者が道路の構造の保全および交通の危険防止上支障がないと認めて指定した道路で，総重量の一般的制限値を車両の長さおよび軸重に応じて最大25トンとする道路。③高さ指定道路。道路管理者が道路の構造の保全および交通の危険防止上支障がないと認めて指定した道路で，高さの一般的制限値を4.1mとする道路。

私的空間 ⇒内部空間

視点 ある景観を眺めるときの人間の目の位置。視点の位置によって，同じ対象でも見え方は大きく異なる。展望台，山道の峠などは，良好な眺望景観を得るための視点の確保である。→視点場，視対象

自転車専用道路 自転車による移動の安全

自転車専用道路（多摩川／川崎市）

性確保や，スポーツ，レクリエーション（サイクリング）として自転車を利用することを目的とした道路（道路法第48条の14）。道路交通法上は車道として扱われる。

自転車歩行者道路 自転車および歩行者の一般交通の用に供する道路または道路の一部（道路法第48条の14）。道路交通法上では，歩道内の普通自転車の通行を認められたもので標識の設置が必要。

自転車歩行者道路（つくば市）

視点場（してんば）景観を眺めるときの視点（観察者の居場所）がある場所。→視点，視対象，可視領域

私道 道路は基本的に公共施設として一般の通行を保障しているが，これを「公道」というのに対し，個人の所有地（私有地）の中につくられた道路を私道という。私道でも長期にわたって一般の通行を認めていた場合は，通行する法的な権利が発生することがある。→公道，道路

蔀戸（しとみど）古代から住宅や商家に使われた板戸で，棒で押し上げて開け，軒先から吊るした鍵にかけて止める方式。戸は方形に格子を組み，裏から板を打ち付けたもの。開口部の下半分ははめ込みにして，上半分を蔀戸にしたものを「半蔀（はじとみ）」と呼ぶ。

蔀戸（修学院離宮／京都市）

寺内町（じないちょう）室町時代に浄土真宗などの寺院等を中心として形成された自治集落のこと。濠（ほり）や土塀で囲まれるなど防御的性格をもち，信者，商工業者等が集住した。代表的な例として，今井町（奈良県橿原市），富田林（大阪府富田林市）等があげられる。→今井町，重要伝統的建造物群保存地区

寺内町（富田林地区／大阪府）

視認性（しにんせい）見えやすさ，見えにくさを指す。一般的に明度差の大きいものが視認性が高いといわれる。色の視認性という場合には，色の見えやすさを指し，例えば看板などで，背景色と文字の色とで明度が小さいと，文字が見えにくくなる。この場合，色の視認性は低いと表す。逆に背景色との明度の差が大きいと，文字は見えやすくなる。視認性には明度以外にも彩度や色相の差も関係する。

地場（じば）一般的にはその地方や地域，または地元のことであるが，まちづくりやむらづくりなどでは，地域の個性化が進むなか，地域資源や地域資源のキーワードとして，もの，ひと，ことの全般に多用されている。

地場産業（じばさんぎょう）伝統技術，在来工業，地域農業等を基礎に，地域に根づいている産業のこと。「地方産業」「産地産業」ともいう。地域活性化および地域の個性化の一環として，地場産業の育成が課題となっている。

シビックトラスト［civic trust］1957年にイギリスで当時の地方行政担当大臣であったダンカン・サンズによって創設された，おもに都市環境の保全と改善を目指す民間の非営利団体のこと。地域の活動団体を公益的な団体として認めることによって法的な力や発言力を与えている。イギリス全土で1,000を越す団体が参画し，約30万人の個人会員が登録されており，地域住民自身

の自発的,積極的貢献によって地域環境の改善を図ろうとするもので,運動は住民の自発的で無償のボランティア活動によって支えられている。→グラウンドワーク,公益信託,ナショナルトラスト

シビックデザイン［civic design］公共土木施設の姿は国土や都市の文化,技術,生活の豊かさの水準を表徴するといわれ,1988年,美しい国土形成と都市の基盤整備を担うデザインとして,シビックデザインという概念が生まれた。これは地域の歴史,文化と生態系に配慮した使いやすく美しい公共土木施設の計画・設計と定義される。シビックデザインに求められる三要素は,永続性,公共性,環境性とされる。

シビルミニマム［civil minimum］都市化社会,都市型社会において,市民が生活していくのに最低限必要な生活基準。これに基づき市民と自治体の協働で,まちづくり,社会保障等の基準を定めるべきとされる。

シミュレーション［simulation］模擬実験を指し,現実の問題を模した装置を準備し,実験を行い,結果を分析・予測する手法。実験装置にコンピュータを用いて作成するものを「コンピュータシミュレーション」と呼ぶ。都市計画,建築計画の際に合成画面等を作成して,実際に建設が行われた事後の様子を予測し,妥当性,代替案の検討などが行われる。→ヴァーチャルリアリティ

市民参加 市民が市町村の行政施策に関して意見を述べ提案することにより,行政施策の推進にかかわること。市町村の基本構想や環境基本計画,都市計画マスタープランなどの重要な施策を決定するときに市民の意見を聴くことや,行政施策において市政提案公募制度,パブリックコメント,パブリックインボルブメント等により合意形成をもって事業に反映させることを「市民参加条例」などで制度化している自治体もある。→合意形成,住民参加,条例

市民農園 おもに都市部の市民がレクリエーション,自家消費用の野菜,花,稲等の生産,高齢者の生きがいづくりなど,多様な目的で耕作する小面積の農地。農家や自治体,農協が遊休農地を土地所有者から借り受け,休憩所,農具倉等整備し,市民に貸し付ける方法をとる農園タイプや,一定の面積に区分された農地を主体とする都市公園タイプがある。→クラインガルテン

市民農園（バーミンガム郊外／イギリス）

視野 目に見える範囲。視覚的に形態や動きをとらえることができる。人間は片目で水平方向約160°,両目では約200°程度といわれる。肉食動物は獲物を狙うために目が顔の前にあるが,このため視野は狭くなっており,逆に草食動物では肉食動物から逃げやすいよう目が顔の横にあり広い視野をもつ。→視野狭窄（しやきょうさく）,動視野,静視野,注視野

シャウプ勧告 1949年に来日したコロンビア大学教授シャウプ博士を団長とした調査団による,戦後日本の税制の骨格をつくった報告書の総称。負担の公平性と資本価値の保全を租税原則の基礎として,間接税偏重から直接税中心に改めることを目的とし,行政責任の明確化と地方自治確立のための市町村財力の強化を図るため,地方税制の確立,国庫補助金の原則廃止,地方財政平衡交付金制度の創設,国,都道府県,市町村の間の行政事務権限の配分を再構成することを求めたもの。

遮音壁（しゃおんへき）道路周辺の住民への自動車騒音被害を緩和するために,道路両側に設置される壁。その種類はコンクリート製をはじめ,繊維強化プラスチック,軽量化,景観への配慮などを図った新素材がある。また,太陽光が当たると自動車排ガスを浄化できる光触媒機能をもたせたもの,太陽光発電を搭載したものもある。形状も,垂直壁だけではなく,湾曲させて音波が壁の外に漏れないよう工夫されているものもある。→防音壁

社会計画 社会政策にかかわる計画のほか,地域開発,余暇,文化,コミュニティ等,広く社会システム全般に関する総合計画において,目的と期限とを明示して諸主体の社会的活動やその方針を定めること。人口,福祉,教育,文化,経済,都市,環境等の社会問題に対して,問題解決に向けた具体

社会工学 社会経済，経営，都市，地域，国際関係などの社会問題について，理工学的（分析的，数理的，計量的）なアプローチによって解明し，政策的な意味合いを見いだそうとする学問。

社会資本 ［social capital, infrastructure］①社会学用語。社会関係資本。社会の信頼関係，規範，ネットワークといった人間の協調行動が活発化することで，社会の効率性を高めること。人々がもつ信頼関係や人間関係。②経済学用語。国民福祉の向上と国民経済の発展に必要な公共施設。道路，港湾，工業用地，上下水道，公営住宅，病院，学校等を指す。公共の福祉のための施設であり，民間事業として成立しにくい。そのため，政府や公共機関が確保，建設，運営，管理を行う。経済成長のための基盤。一部の社会資本は，財政構造改革推進等により民活型社会資本整備としてPFI（private finance initiative）手法が導入されている。→インフラストラクチャー

社会調査 社会における人々の意識や実態をとらえる調査。無作為による多くの事例を集めて処理する統計的社会調査（量的調査）と，インタビューや参与観察を通して少人数の事例を集める事例的社会調査（質的調査）に分けられる。人口，世帯の実態を把握する国勢調査は「全数調査」と呼ばれる。

視野狭窄 （しやきょうさく）①目の疾患（しっかん）のうち，視野異常の一つ。視野の広さが狭くなるもので，視野全体が狭くなる「求心狭窄」，視野の一部分が不規則な形で狭くなる「不規則狭窄」とがある。②偏ったものの見方，考え方。

借地権 自分が使用する目的で他人の土地を借りる権利。従来，貸した土地が地主の元へ戻りにくいなどの不都合が指摘されていた。新しく施行された借地借家法では，一定の期間だけ賃貸借契約を交わすことができるようになった。→借地借家法

借地借家法 （しゃくちしゃくやほう）建物の所有を目的とする地上権および土地の賃借権の存続期間，建物の賃貸借の契約の更新，効力等に関して定めるとともに，借地条件の変更等の裁判手続きに関し必要な事項を定めた法律。1991年制定。従来の借地法では，実質的に無期限になっていた借地権に制限をつけ，賃貸市場の活性化が図られた。

尺度 対象を測るもの指し，はかり。質的尺度として「名義（名目）尺度」と「順序（序数）尺度」があり，量的尺度として「間隔（距離）尺度」と「比率（比,比例）尺度」がある。空間分析を行う際は，目的に応じて，質的尺度，量的尺度のいずれか，もしくは両方を用いる。

社家町 （しゃけまち）社家（特定の神社の神職を代々世襲してきた家のこと）の家が集まったエリアのこと。社家は奉職する神社の近くに家を構えることが多く，社家の家が集まった所を社家町と呼ぶ。上賀茂神社の社家町は重要伝統的建造物群保存地区に選定されている。

社家町（上賀茂／京都市）

社寺庭園 （しゃじていえん）神社や寺院につくられた庭園。大きな社寺はいくつもの庭園をもつ。時代や宗派によって様式はさまざまだが，禅宗系寺院の枯山水などは独自のもの。→枯山水（かれさんすい）庭園，日本庭園

社寺庭園（曼殊院／京都市）

社寺林 （しゃじりん）⇒社叢林（しゃそうりん）

写真投影法 カメラを被験者に貸与し，一定のテーマについて撮影してもらった後に，回収することによって被験者のテーマに対

する認識を明らかにする調査手法。記入式アンケートと比較して調査する側，される側双方の言語表現や理解能力に制約がなく，被験者が現実に体験したことをその場ですぐに映像の形に記録できるとともに，行動にもあまり制約を受けず多くの記録を取得できる，といった点に特徴がある。

斜線制限 建築基準法に定める建物形態規制の一つ。道路や隣接地の日当たりや通風等に支障をきたさないように，建築物の各部分の高さを規制したもので，道路斜線と隣地斜線，北側斜線の3つがあり，用途地域によって各境界からの斜線の傾きや立上り高さが異なる。道路斜線と隣地斜線は壁面後退による緩和措置がある。→建築基準法，用途地域，北側斜線制限

車窓風景 電車や自動車など，比較的高速で移動する視点がとらえる周囲の風景。近景は阻害物となるため，近景，中景がなく，遠景に顕著な対象がある場合はすばらしい景観体験ができる。移動景観の一種。→移動景観，遠景

社叢林（しゃそうりん）神社や寺院の境内や裏山に残されている森林。「社寺林」ともいう。社叢林の中には長い間伐採を免れ，原植生（人間活動の影響を受ける前の植生）を知る手掛りになるものがある。「鎮守の森」も同義。→原風景，自然林

社叢林（鹿島神宮／茨城県）

斜長橋（しゃちょうきょう）橋脚または橋台に高い塔を建て，この塔から主桁をケーブルで斜めに吊り上げる形式の橋。この橋は，比較的支閒長の長い橋（100〜260m）に適用される形式で，地域のランドマーク的な意味合いも備えて計画されることがある。瀬戸内海に架かる多々羅大橋は世界最長の斜長橋で1999年に完成した。

斜長橋（東大通り／つくば市）

借景（しゃっけい）庭園の外側にある遠くの山並みや森林を，あたかもその庭の一部であるように見せる日本庭園独自のデザイン手法。巧みな借景を行うには，借りてくる景の季節的，時間的変化を読み取る確かな観察眼が必要になると同時に，開発等による景の変化を防ぐ手立てを講じねばならない。→借景庭園，修学院離宮，ランドスケープデザイン

借景庭園（しゃっけいていえん）借景を重要な空間の構成要素とする庭園で，スケールの大きい景観を感じることができる。京都には，円通寺，天竜寺，修学院離宮庭園など，借景庭園が多い。→借景，日本庭園

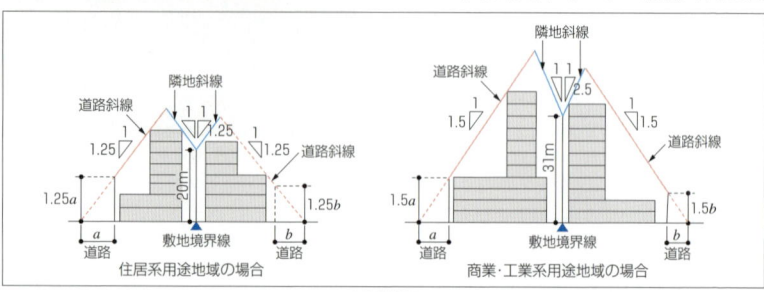

斜線制限

借景庭園（知覧地区／鹿児島県）

車道部 道路において，車の走行する部分。
→道路構造令

斜面地マンション条例 住環境の悪化をもたらす斜面地を利用した地下室マンションの建設に対応するための条例で，マンション自体の高さや容積率を規制できる内容となっている。条例の策定主体は地方公共団体。

斜面緑地 開発が進んだ都市部では，比較的急傾斜の造成しにくい斜面に林が残っていることが多い。斜面緑地は垂直面をつくり，人の目に入りやすい。都市景観にとってこの種の緑地の保全は重要な事項である。→緑地，景観保全

斜面緑地（生田地区／川崎市）

ジャン・ピアジェ ［Jean Piaget］（1896-1980）スイスの心理学者。パリ大学で児童心理学講座を教え，発達心理学において現代の教育現場を中心に大きな影響を与えた。発生的認識論を唱え，発達段階と科学史を近似的に考察，子供の思考発達段階を系統的に説明すると同時に，臨床的な調査方法を確立した。→発達心理学

周縁的空間 「中心」の概念と対比し，曖昧で多様，多義的な価値が混在する概念である「周縁」によって構成された空間を指す。自然物でいえば坂，浜，山，川などの無限定な空間を区切り，限定する可能性のある要素の空間を指す。人工物では石垣，壁，列柱等によって形成される空間。→空間

重回帰分析（じゅうかいきぶんせき）⇒回帰分析

集会施設 町内会や団地等において，周辺住民など居住者が集まることのできる施設。冠婚葬祭，生涯学習，定例総会等，各種イベント開催拠点として活用し，住民間のコミュニティ醸成促進機能をもつ。地域住民のわかりやすい場所に設置する。

上：独立型（幕張ベイタウン／千葉県）
下：併設型（武蔵野緑町パークタウン／東京都）
集会施設

修学院離宮（しゅうがくいんりきゅう）京都市左京区修学院藪町。江戸時代初期，退位した後水尾天皇によって造営された池泉（ちせん）回遊式庭園。スケールが大きく，非常に開放的でダイナミックな構成で日本庭園の中でも特出する存在。→回遊式庭園，日本庭園

修学院離宮（京都市）

住環境整備モデル事業 国土交通省所管のモデル事業で，道路，公園などの公共施設整備とあわせて住宅整備を行うもの。現在は，木賃住宅の建替え促進を目的とした

「木造賃貸住宅地区総合整備事業」等の他事業との整理・統合を経て，密集住宅市街地整備促進事業（1995年施行）として運用されている。→密集住宅市街地整備促進事業

周期的変化 時間性をとらえる際の変化のしかたの一つ。同じような変化を周期的に繰り返すもの。→時間性，長期的変化，日変化，季節変化

宗教空間 宗教は人間生活の究極的意味を明らかにし，人間問題の究極的解決にかかわると人々によって信じられている営みを中心とした文化現象であり，その営みとの関連において神観念や神聖感をともなう場合が多いと定義されており，この概念を投影した空間が宗教空間である。宗教ごとにその空間への意味づけ，宗教的機能が異なり，空間の様相も多岐にわたる。神殿，教会，神社，寺，モスク等が含まれる。→空間，宗教建築

宗教空間（厳島神社／広島県）

宗教建築 宗教の実践を行うために建設された施設を指す。世界中に神殿，教会，寺社仏閣等，古くから現存するものが多い。建設当時の最新の技術と莫大な資金，労力を費やして建てられたものが多く，建築的，文化遺産的価値の高いものも多い。→宗教空間

住居系用途地域 用途地域のうち，第一種低層住居専用地域，第二種低層住居専用地域，第一種中高層住居専用地域，第二種中高層住居専用地域，第一種住居地域，第二種住居地域，準住居地域の7つの用途地域を指す。→用途地域

集居集落（しゅうきょしゅうらく）⇒集村（しゅうそん）

修景（しゅうけい）[landscaping] 現在の状態に手を加えて景観をより美しく整えること。例えば，町並みにそぐわない表情の建築のファサードを周囲に合わせて改善する，露出した駐車場の道路側に生垣を作るなど。歴史的町並みの保存事業では，歴史的ではない建物を伝統的建築に調和するように修繕または模様替えすることを指す。→景観保全，景観創造

集合住宅 一つの建物の中に，複数の世帯が入居している住宅の形態。古典的な例は，ドイツのアウクスブルクに残る15世紀のフッゲライ（Fuggerei）といわれるタウンハウス。豪商フッガー家が，慈善事業として寄付したもので，歴史的建造物としても有名。国土が狭く，人口密度の高い地域，都市部で多く建てられている。寮およびワンルームマンションを含む共同住宅，寄宿舎および長屋も含まれる。→住宅，フラット

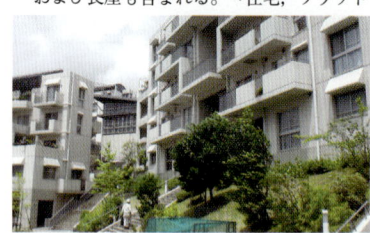

集合住宅（シェラビア東山台／兵庫県）

自由時間 仕事，勉強，家事など社会生活のために必要な活動と，睡眠，食事など基礎的な生活に必要な活動時間を除いた時間。さまざまな用途に使われる。特に，テレビ，読書，スポーツやゲームなどの趣味，社会的奉仕活動，休養等に使用されるが，文化によって大きく異なる。「余暇時間」ともいう。→余暇

宗教建築
（キトのサン・フランシスコ教会／エクアドル）

住生活基本計画 住生活基本法に定められた住宅政策にかかわる法定計画。国および都道府県が住生活の基盤である良質な住宅の供給，良好な居住環境の形成，居住のために住宅を購入するもの等の利益の擁護・増進，居住の安定の確保を基本理念に，良質なストック形成，住宅市街地の良好な景観の形成の促進と居住環境の維持向上，事業者の責務の明確化（正確な情報の提供，性能表示制度の普及，中古住宅流通の円滑化）を基本施策として，おおむね5年間の具体施策と数値目標（アウトカム目標）を定めた計画。→住宅マスタープラン

住生活基本法 2006年施行。国民の豊かな住生活の実現を図るため，住生活の安定の確保および向上の促進に関する施策について，その基本理念，国等の責務，住生活基本計画その他の基本となる事項について定めた法律。→住宅マスタープラン

重層的 いくえもの層をなしている様子。明確な境界線で区分されたものではなく，さまざまな要因や影響が重なり合いながらあることを指す。

集村 （しゅうそん）平場・山間を問わず，家屋が一定の区域に集まり，敷地が隣接していて，居住地区と耕地とが分離している形態の集落。集居集落とほぼ同義で用いられる。→集落形態，塊村（かいそん），密居集落，散居集落

集村（桜川村／茨城県）

住宅 人が生活することを主目的に建てられた建築物を指す。その種別は所有形態別に借家住宅，持家住宅，建築形態別に戸建住宅，集合住宅，機能別に店舗併用住宅，軽工業の作業空間を併設した住宅，居住者の共同空間を有する共同住宅がある。住宅内部は寝室，居間，台所，浴室，便所等の生活上必要となる機能とそれらをつなぐ廊下，玄関ホール，ベランダ等から構成される場合が多い。共同住宅の場合には台所，浴室，便所等が共有される場合もある。

住宅営団 わが国で初めて国策として全国的かつ計画的に住宅供給を行うために設立された機関。住宅難の打開策として，1941年に特殊法人として設立。戦中は，国の住宅政策の実践として全国に活動を行い，そのおもな内容は，住宅建設，住宅経営に留まらず，仲介資金の貸付け，技術者の養成，研究なども行っていた。また，戦後においては復興のための住宅建設等も行った。→同潤会（どうじゅんかい）

住宅街区整備事業 大都市地域において良好な住宅街区を形成し，大量の住宅地および住宅を供給していくことを目的として定められた事業。土地区画整理事業的な手法によって，道路や公園などの基盤施設を整備し，農地等空地（くうち）や既存の住宅地の集約，換地を行うことで良好な住宅地整備と都市近郊農地の保全を図る。また，市街地再開発事業的な手法により，中高層住宅の建設，供給を行う。大都市法を根拠とする。→大都市法，市街地開発事業

住宅金融公庫 住宅金融公庫法に基づく国土交通省，財務省所管の特殊法人の政策金融機関。業務内容は，住宅の建設や住宅の購入のため，長期，固定，低利の住宅資金の貸付け。2007年4月1日に廃止され，独立行政法人住宅金融支援機構に業務が引き継がれた。

住宅建設5カ年計画 1966年に制定された「住宅建設基本法」に基づき計画された住宅政策。計画当初は，圧倒的な住宅不足に対応し，住宅の数を増やすことおよび狭小な住宅が多いことから，最低居住面積を設定し，住戸面積拡大に重点が置かれ，この計画が日本の高度経済成長の索引役を担ってきた。その結果，最終計画となった第8期まで，住宅数を増やす政策が継続されてきたが，増加する中古住宅ストックと，全国的な高齢化の進行および人口減少時代への突入から，2005年度をもって計画は廃止された。

住宅公団 正式名称は「日本住宅公団」という。1955年設立。設立時の目的は，高度経済成長期における圧倒的な都市への人口流入と住宅不足に対応し，都市近郊で中堅所得者に良質な住宅を供給する目的で設立され，多数の団地が形成された。1960年代以降は，わが国を代表するような大規模住

宅地やニュータウンの開発を牽引した。1981年に宅地開発公団と統合し「住宅・都市整備公団」に組織替えを行った。→高蔵寺ニュータウン，住宅・都市整備公団，多摩ニュータウン，筑波研究学園都市，都市基盤整備公団，都市再生機構

住宅市街地総合整備事業 国土交通省所管の補助事業で，美しい市街地景観の形成や快適な居住環境の創出，都市機能の更新を図りつつ，職住近接型の良質な市街地住宅を供給するための支援事業（住環境整備型）。これとは別に，旧密集住宅市街地整備促進事業を前身とする事業（密集市街地型）がある。→住環境整備モデル事業，密集住宅市街地整備促進事業

住宅政策 住宅建設や供給，市場にかかわる政策。従来の住宅政策の基本的な枠組は，戦後の住宅不足解消を背景に，公営住宅制度，日本住宅公団，住宅金融公庫による住宅と住宅資金の公的直接供給を基本とし，時代のニーズに対応しつつ，住宅不足の解消や居住水準の向上を果たしてきた。昨今，ニーズとストックのミスマッチ対応，住宅セーフティーネット確保，少子高齢化・環境問題等，多様な価値観，住まい方，住環境に重点をおいた市場活用とストック活用を中心とした新たな政策が必要となっている。

住宅宅地審議会 国土交通大臣の諮問に応じて住宅・宅地に関する重要事項を調査審議し，当該事項について関係行政機関に建議する諮問機関。

住宅地区改良事業 不良住宅が密集することなどにより，住環境が劣っている地区において，住宅地区改良法(1960年法律第84号)に基づく改良地区を指定し，地区内の不良住宅すべてを除却した後，生活道路，児童遊園，集会所等を整備し，従前居住者のための賃貸住宅（改良住宅）を建設することにより，不良住宅地区の整備改善を図る

住宅地区改良事業（北方団地／北九州市）

もの。→改良住宅

住宅地図 建物に住んでいる人の名前や建物名称，番地などが記載されている地図。当初は配達業務を請け負う人々のために作成された。現在，ほぼ毎年地図の最新版が作成されており，地域の最新情報を読み取るツールとして幅広く利用されている。→地理情報システム，国土基本図

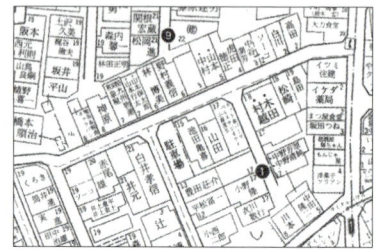

住宅地図（例）

住宅都市 居住を主たる機能とする都市。ニュータウンの多くは住宅都市といえる。住宅地と異なるのは，居住だけでなく公共サービス，商業，娯楽，文化，スポーツ，医療，福祉などの都市機能を一通り備えていて，それが可能な規模であること。→ベッドタウン，ニュータウン

住宅都市（シャルホルメン／ストックホルム郊外）

住宅・都市整備公団 現在の「独立行政法人都市再生機構」。その前身は「日本住宅公団」で，1981年に宅地開発公団と統合し「住宅・都市整備公団」に組織替えを行った際の名称。→住宅公団，都市基盤整備公団，都市再生機構

住宅付置義務要綱（じゅうたくふちぎむようこう）都心部におけるドーナツ化現象にともない，著しく人口が減少した地域において，開発事業者が一定規模以上の建築物を建設する場合，住宅の設置を義務づけるもの。ただし，これは行政の内部規制である「指導要綱」による行政指導で行われているものであり，法的な根拠はない。

住宅マスタープラン　住宅供給や住宅市街地の課題整理と整備方針等，地域特性に応じた住宅政策を総合的に進めるための基本計画。公的住宅戸数の供給計画のみならず，家賃対策や高齢化対策のソフト対策も包含され，1990年代以降多くの自治体で策定されている。1994年にHOPE計画を包含した。2006年の住生活基本法施行により，住生活基本計画への移行，連動，整合が求められる。→HOPE計画

住宅問題　住宅に関して貧困や生活不安など放置できない深刻な状態が生じる社会問題の一つ。スラムなど貧困問題に含まれることが多いが，不動産投機や急激な都市化，住宅市場の混乱などで住宅経済，環境破壊が突出するような場合においても使われる。狭小住宅，過密居住，危険家屋などについては，最低の維持水準を社会が定めて，水準以下の住宅，居住状態を解消することが政策目標とされている。

集団規定　建築物に関する法令の規定のうち，都市の土地利用，環境整備などを図り，相隣関係を調整するために設けられた規定の総称。→建築基準法，単体規定

修復　古くなって壊れたり，破損した箇所をつくり直すことが原意。建築・都市分野では，おもに歴史的，文化的に価値がある建物が年月を経て傷んでしまった際に，以前の状態に戻すように造作し直すことを指す。→コンサベーション，リノベーション，リフォーム

修復（チェスター旧市街／イギリス）

修復型再開発　再開発を行う際に，歴史的建造物や地域で継承するべき建物などを再整備しながら，最終的には市街地の活性化につながることを目的とする開発のこと。→再開発事業，修復

重文（じゅうぶん）⇒重要文化財

周辺環境改善事業　1969年イギリスの住宅法により指定された総合改善地区における

修復型再開発（ソサエティヒル周辺／フィラデルフィア）

住宅改良では，住宅改良事業にともなう歩行者路の整備等，環境改善や地域改善に対しても補助がなされるようになった。インナーシティにおける街区の環境維持と向上に寄与している。→事業，都市計画，まちづくり，インフラストラクチャー，基盤整備，都市再生

終末処理場　下水道法第2条に規定される施設で，下水を最終的に処理して，河川その他の公共用水域または海域に放流するために，下水道の施設として設けられる処理施設およびこれを補完する施設。下水で集積されたごみや土砂を沈砂池，沈でん池等で取り除き，エアレーションタンクで微生物の働きにより水をきれいにする装置。水再生センター。→インフラストラクチャー，公共下水道

終末処理場（芝浦水再生センター／東京都）

住民［residents］①その土地に住む人のこと。②一定の地域空間に居住して生活する

人々のこと。地方自治上の「住民」は、各自治体の区域内に住所を有するものを示し、外国人居住者を含む。地域社会学では、流動型、土着型、伝統型、無関心型、権利要求型、自治型などの住民類型が仮説とされてきた。近年では外国人居住者の増加にともない、エスニシティの要素も注目される。

住民運動 [residents' movement] 開発や建築計画に対する日照権問題などに、近隣の住民による共通の課題解決が基になり結びついた人々や集団の連帯による自発的社会運動。日本では高度成長期における急激な都市化にともなう自然環境破壊や公害問題の解決を求めて高まり、住民の権利意識を高めた。→コミュニティ意識

住民協定 自治会や商店街など、近隣の住民同士で建物の色や形、敷地の緑化など地域の居住環境について取り決めること。→協定、まちづくり協定

住民参加 事業によって直接または間接的に影響を受ける住民の直接的な意見を取り入れる手段や制度。仕組みとしては「市民参加」と類似し、「住民参加」のほうが利害関係者に近い市民の参加といえるが、用語としては区別なく用いられる場合が多い。→市民参加

重要伝統的建造物群保存地区 文化財保護法第144条に基づき、市町村が都市計画または条例等により決定した「伝統的建造物群保存地区」のうち、特に価値が高いものとして国(文部科学大臣)が選定したものを指す。略して「重伝建地区」、または「重伝建」「伝建(でんけん)」と称することが多い。選定を受ける地域のタイプは、城下町、宿場町、門前町など全国各地に残る歴史的な集落、町並み等。→文化財保護法、歴史的町並み

重要伝統的建造物群保存地区(鳥居本地区／京都市)

重要文化財 日本に所在する建造物、美術工芸品等の有形文化財のうち、文化史的、学術的に特に重要なものとして文化財保護法第27条に基づき国(文部科学大臣)が指定した文化財のこと。「重文(じゅうぶん)」と略称される場合が多い。→国宝、文化財保護法

重要文化財(根来寺根本大塔／和歌山県)

集落 ①農山漁村の地域社会において共同生活を営む家々の集まり。②地理学では居住生活を営むための家屋の集まり、人間の生活基盤となっている地域の農地や水路、諸施設と交通路などの空間をも含めていう。通称的には、広義に臨時的なもの、移動性のあるものも含むが、一般的には定着性のあるものを指す。都市に対して「村落」と同義で用いられることがあり、自然発生的で、一次産業に基盤をおく小規模な定住地を指す。→居住地区、基礎生活圏、農業集落

集落景観 集落は長い時間をかけて形成してきたものが多く、一定の空間構成原理に基づく秩序を有する景観が見られる。その

集落景観(大音集落／滋賀県)

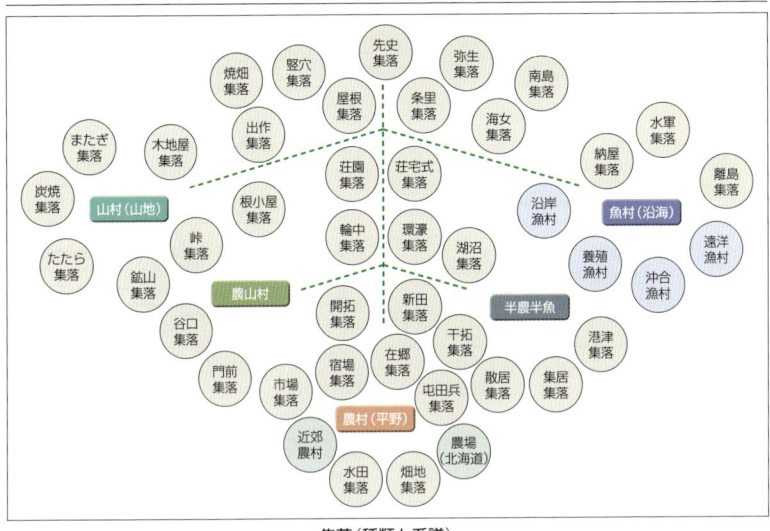

集落（種類と系譜）

原理は地形，生産域，祭り，コミュニティなどが要因になっている。農村，山村，漁村などの集落種別によって景観が特色づけられるのは当然である。→景観，農村景観，漁村景観

集落形態 立地場所の自然条件，居住者の生活慣習，生産の方式，開発過程等によって異なってくる集落における集住の形態のこと。多種多様な特色を見せるが，集居集落や散居集落等に分類される。集落形態を分類するうえで根拠とする構成要素には，民家の集合の粗密，敷地形状，道路網，屋敷の形態とその附属建物や屋敷林の配置状態，屋敷と耕地との関係などがあり，立面的，平面的に形態を類型することができる。
→集居集落，密居集落，散居集落

集落整備事業 集落全体の生活環境および農業生産，自然環境等の改善や整備を進めるための公的事業。物的環境の改善を含む集落の基幹を整備することが目的で，おもに農林水産部門，建設部門，環境部門が対象となる。事業の推進に当たっては，住民の合意に基づき綿密な現状調査と，計画案の十分な検討が必須である。

集落地域整備法「土地利用の状況等からみて良好な営農条件及び居住環境の確保を図ることが必要であると認められる集落地域について，農業の生産条件と都市環境との調和のとれた地域の整備を計画的に推進し，地域の振興と秩序ある整備に寄与する」ことを目的にして1987年に制定された法律。福岡県（旧）久山町，茨城県（旧）藤代町等が先進的事例である。

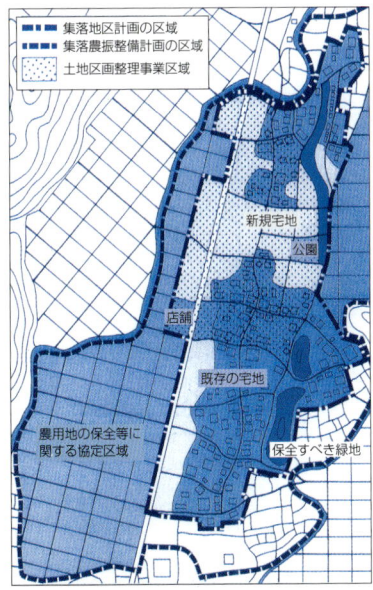

集落地域整備法（仮想集落での適用例）

集落地区計画 集落地域整備法に定められている制度で，都市計画に定める地区計画に導入された。集落のもつ豊かな農的，自然的環境の維持，促進に配慮した居住地形成が主目的となる（図・150頁）。→地区計画

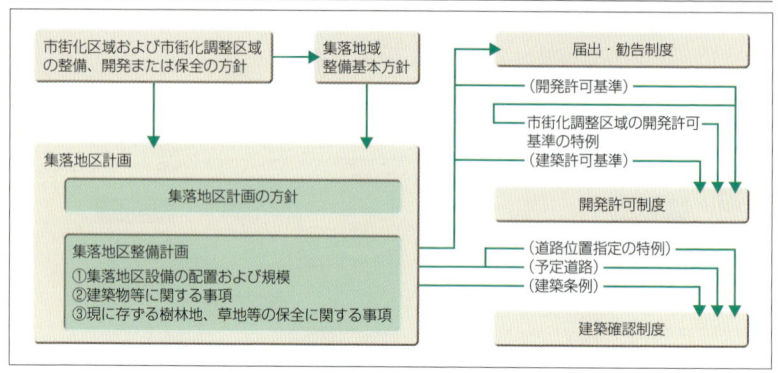

集落地区計画（制度の仕組み）

集落調査 全国の農業集落の特性を統計的に把握する調査で，世界農林業センサスおよび農業センサスの一環として実施されている。おもな調査事項としては，自然的および社会的，経済的立地条件，構成および機能，農業生産基盤の整備状況，地域環境自然の保全，都市等との交流事業の実態を把握する項目を設けている。

受益者負担 特定の利用者に限ってサービスの提供を受けるような場合には，利用者と利用しない人との負担を公平にする観点から，その利用者に費用負担を求めるという考え方。→原因者負担

主観 認識論において，意識や理解，直覚といった自己による認識。客観に対応。すべての事象は主観でとらえているという科学的な立場は，現代では一般的に受け入れられている。

宿駅（しゅくえき）⇒宿場町（しゅくばまち）

縮景（しゅくけい）日本庭園の作庭法の一つ。広さが限られた庭園の敷地の中に，各地の名勝を集め，スケールダウンして配置する方法。代表的な庭園は，広島浅野家が江戸時代初～中期に造営した広島駅の近くの縮景園（様式は池泉（ちせん）回遊式庭園）。
→日本庭園，名勝

祝祭空間（しゅくさいくうかん）祭り，イベント等の祝祭が行われる空間。宗教上の祭りの場合には寺社境内，参道等の宗教空間が祝祭空間として使われる場合もある。一方，祇園祭り，山笠祭り等のように，街全体が祝祭空間として日常の様相から変化して一定期間のみ使われる場合もある。博覧会場なども現代の祝祭空間ととらえられる。→空間

縮景（お花／福岡県柳川市）

祝祭空間（南京町春節祭／神戸市）

宿場町（しゅくばまち）おもに江戸時代，主要街道において「駅逓（えきてい）事務」を取り扱うため設定された町場のこと。「宿駅」ともいう。東海道五十三次（宿）がその典型例。また宿場には，武士が宿泊，休憩

宿場町（根雨宿／鳥取県）

するための問屋場，本陣，脇本陣なども設置された。明治時代以降は，鉄道開通などの交通事情の変化にともない，多くの宿場町が衰微していったが，町並み保存運動などを経て，その景観を維持している宿もある。→妻籠宿（つまごじゅく），町並み保存，重要伝統的建造物群保存地区

宿坊（しゅくぼう）おもに仏教寺院などで修行中の僧侶が寝泊りをする建物のこと。多くの場合，寺院の境内地にある。→里坊

主成分分析 統計的分析のうち多変量解析の方法の一つで，多くの変量を系統的に結合させ情報の簡素化，要約を行う方法。多種類のデータを簡素化する際に，情報のロスをできるだけ少なく，互いに無相関な変数をより少数の総合的な変数に変更する。→多変量解析

首都 国の政府が所在し，国の政治機能の中枢を担う都市のこと。政治的，地域的なバランスから，新しく建設される場合（新首都）もある。→ブラジリア，キャンベラ

首都機能移転 首都に置かれている政府の立法機能，行政機能，司法機能を，他の都市に移転すること。ただし実際には，政府機能以外の機能や施設の移転のほうが多い。→業務核都市

首都圏整備計画 首都圏整備法に基づいて作成するもので，首都圏基本計画を基本とし，首都圏の区域のうち，既成市街地，近郊整備地帯および都市開発区域において，所要の広域的整備の観点を含め，道路，鉄道等の根幹となるべきものを定めたもの。東京中心部，近郊地域，関東北部地域，関東東部地域および内陸西部地域の5地域について，既成市街地，近郊整備地帯および都市開発区域を中心とする区域を対象としている。

首都圏整備法 1956年制定。東京都の区域および政令で定めるその周辺の地域を一体とした広域を「首都圏」とし，首都圏の整備に関する総合的な計画を策定し，その実施を推進することにより，わが国の政治，経済，文化等の中心としてふさわしい首都圏の建設とその秩序ある発展を図ることを目的とする法律。首都圏は，東京都，神奈川県，千葉県，埼玉県，茨城県，栃木県，群馬県，山梨県の1都7県。

循環型社会 大量生産，大量消費，大量廃棄によりさまざまな環境への負荷を増大させるのではなく，リサイクル（recycle），リユース（reuse），リデュース（reduce）の「3R」を推進し，環境への負荷の低減を目指す社会をいう。廃棄物となることが抑制され，資源として活用できるものは有効に活用し，適正に循環的な利用が行われることが促進され，天然資源の消費を抑制し，廃棄物の埋立などによる最終処分を可能な限り少なくすることが，循環型社会推進基本法の第2条において示されている。→ゼロエミッション

循環型社会（建設現場における3R活動の推進）

準景観地区 景観法に定められた地区の一種。同法による景観計画区域の中で，都市計画区域以外の場所に良好な景観を有する地区がある場合，景観地区に準じて景観の保全または改善を行うために指定する地区。→景観法，景観地区

準工業地域 都市計画法第9条に定められた用途地域の一つ。主として環境の悪化をもたらすおそれのない工業の利便を増進するため定める地域。軽工業の工場等，危険性・環境悪化が大きい工場のほかは，ほとんど建設することができる地域。→用途地域

準住居地域 都市計画法第9条に定められた用途地域の一つ。道路の沿道としての地域の特性にふさわしい業務の利便の増進を図りつつ，これと調和した住居の環境を保護するため定める地域。国道や幹線道路沿いで，宅配便業者や小規模な倉庫が点在するような地域を指し，10,000m^{2}までの店舗，事務所，ホテル，パチンコ屋，カラオケボックスと，小規模の映画館，車庫・倉庫，環境影響の小さいごく小規模な工場が建設可能。→用途地域

準耐火構造 耐火構造に準ずる耐火性能を有する構造で，壁，柱，床，梁，屋根，階段などの建築物の主要構造部のうち，準耐火の基準に適合し，国土交通大臣が定めた構造方法を用いたものか，国土交通大臣の

準都市計画区域 2000年の都市計画法の改正にともない、これまで都市計画区域外とされた地域でも、市町村が準都市計画区域を指定することで、当該区域に建てられる建築物に制限を加えられるようにしたもの。都市計画法第5条の2に規定されており、市町村は、都市計画区域外の区域のうち、市街化が進んでいる、または今後進行すると見込まれる一定の区域で、そのまま土地利用を整序することなく放置すれば、将来における都市としての整備、開発および保全に支障が生じるおそれがあると認められる区域を、準都市計画区域として指定することができる。→都市計画

準防火地域 防火地域とともに、市街地の火災による危険を防ぐために指定された地域。4階以上の建物、または1,500m²以上の延べ面積の建物は耐火建築物、3階までまたは500〜1,500m²の延べ面積の建物は、準耐火建築物とする。都市計画法第9条、建築基準法第3章第5節。→防火地域

準用河川 (じゅんようかせん) 河川法の二級河川の規定(河川法第100条)を準用し、市町村長が管理する河川で、一級河川、二級河川以外の河川。→河川

書院造り 棟の中に書院を取り入れ、格式を意識した高級な住宅建築様式で、室町時代に完成した様式とされる。もとは、僧家で僧の書斎として使われていたもので、座敷飾りの床、違い棚、書院などを備えた座敷のある住宅を指す。

省エネ・リサイクル支援法 正式名称は「エネルギー等の使用の合理化及び資源の有効な利用に関する事業活動の促進に関する臨時措置法」。環境と経済の両立に資する循環型経済社会の構築が急務であることに鑑み、(1)国内における省エネルギーの促進、(2)海外における二酸化炭素の排出抑制、(3)リサイクル、リユース、リデュースによる再生資源の有効利用、(4)フロン等特定物質の合理化に取り組む事業活動を積極的に支援することを目的としている。

省エネルギー 石油、電力、ガスなどのエネルギーを効率的に使用し、その消費量を節約すること。わが国の場合、第一次石油危機後、省エネルギー対策を徹底的に進めた結果、主要先進国の中でも最も効率的にエネルギーを使用している国となっているが、エネルギー自給率でみれば4%(原子力を含め約20%)とエネルギー供給構造の脆弱性は依然として変わらず、原油の中東依存度はすでに石油危機当時の水準を超えている状況である。

生涯学習まちづくり 文部科学省における補助事業。2002年から04年にかけて実施されている。市町村および高等教育機関が組織的に連携し、地域住民の学習成果や能力を活かしたまちづくりへの取り組みを支援する事業。

障害者の空間 バリアフリー新法で法制化されている車椅子、杖(つえ)使用者にも優しい空間整備は最低基準を規定するものであり、障害者を含む誰もが安全に、安心して利用可能な空間整備が求められている。観光、娯楽施設等でのきめ細かい取り組みや、盲導犬との共生住宅計画等も進められている。一方で、空間を提供する管理者、共有する健常者、他利用者側の理解や意識が低く、整備施設の未活用、利用状況の不振等があり、こちらの対策も求められている。→空間、バリアフリー新法、バリアフリー、ユニバーサルデザイン

城郭都市 (じょうかくとし) ⇒城塞都市(じょうさいとし)

城下町 領主の居城を中心に成立した都市

城下町(越前大野の町並み/福井県)

城下町(寛政期の金沢)

のこと。成立は戦国時代であるが，江戸時代に発展を遂げる。城の防衛機能，行政，商業都市等の性格をあわせもつ。町割りは居城を中心として，侍町(武家町)，町人町，職人町，寺町などが配置された。近世都市計画の典型例。→在郷町，宿場町

焼却施設 廃棄物を処理する工程の一つで，生ごみ，紙類，木材，革類，プラスチックなどに含まれる有機物を熱分解して無機物に還元し，無害化とともに減容・減量化する施設。一般的には下から空気を送り込み，金属状の火格子でごみを850～900℃で燃焼するストーカ炉が主流だが，そのほかにも炉内で高温に熱した砂を流動させてごみを燃焼する流動床炉や，近年では焼却灰の再資源化による埋立て最終処分の減量化とダイオキシン等の対策の一環から，1,300℃以上の高温で燃焼させるガス化溶融炉方式が普及している。

焼却施設からの余熱を利用した温水プール
焼却施設(群馬県桐生市)

商業系用途地域 都市計画法に定める用途地域のうち，商業地域，近隣商業地域を指す。おもに商業その他の業務の利便性を増進するために定められる。→用途地区

商業団地 卸業を中心とした地域商業の物流拠点。卸商業団地制度による助成団地(予定を含む)は，1953～71年にかけて建設され，全国で81団地存在する。

商業地域 都市計画法に定める用途地域の一つ。主として商業その他の業務の利便を増進するため定める地域。都心部の繁華街等に指定が多く，商業施設・事務所，住宅，店舗，ホテル，遊興施設，車庫・倉庫，小規模の工場，広義の風俗営業関係施設の建設が可能。→用途地区

情景 目に映ったさま。多くは特定の人，場所，時が結びついて印象や記憶に残る風景。「光景」もほぼ同じ意味。→風景，心象風景

上下水道 上水道と下水道の両方をいい，仕組みはそれぞれ別々である。上水道とは「導管およびその他の工作物により，水を人の飲用に適する水として供給する施設の総体をいう」ことが水道法で規定されている。そのため各戸で汲み上げている井戸水は，上水道の対象とはならない。農業用水，工業用水などは「中水」と呼ばれることがある。下水道は，おもに都市部の雨水および汚水を，地下に埋設した管渠(かんきょ)などで流下させ，公共用水域へ排出するための施設・設備の総体のことである。→浄水場

商工会議所 一定区域内の商工業者で組織される公益社団法人。原則として地方自治体単位をその区域とする。日本商工会議所は，これらの中央機関。→青年会議所

使用後評価 製品や材料，またこれら組合せを実際に複数回，特に日常生活の中で使用した後に，使用以前と比較する評価方法。

城塞都市 (じょうさいとし) 中世時代に発展した都市の形態で，城を中心とし，その周りに住居や店が存在し，一番外側を城壁が囲むといったもの。「城郭(じょうかく)都市」ともいう。

城塞都市(ドゥブロヴニク／クロアチア)

城址公園 (じょうしこうえん) 城址につくられた公園。「城跡」とも書き「しろあと」とも読む。明治維新後，多くの城が取り壊され，そこが公園になった。城は町の中心にあったから，立地条件のきわめてよい公園が多い。古いものでは中世，戦国時代，江戸時代初頭のものもある。盛岡公園，青葉城公園(仙台)など。→都市公園，歴史公園

城址公園(篠山城址／兵庫県)

仕様書（しようしょ）設計図面だけでは表現しにくい材料，工法，仕上げなどについて，設計者の考えを施工者に伝えるために作成される図書。

浄水場　上水道の施設の一つ。河川や湖沼から取水した水に浮遊物質の沈殿処理を行い，消毒を行う施設。その後に配水施設を通じて各戸に供給される。

象徴空間　空間固有の形象的な価値のなかに，全体的なイメージを凝縮し具象化することで意味を表すことを目的とする空間。ステイタスや権威を表す空間や，宗教建築における天井の高さや垂直方向への伸びは典型例である。日本の玄関や床の間も，格式や威厳を示す象徴空間である。→空間

象徴性　様式美など人間の精神的欲求を満たすための表現。社会的権力者の権威や責任感，生活の哲学，宗教的な意義などを表現する。モダニズム建築ではこれを否定していたが，ポストモダニズム建築で復権された。→ポストモダン

象徴性（ビッグベン／ロンドン）

商店街　商店が立ち並んだ通りのこと。その売買形態の多くは小売りであるが，大規模な都市には卸売商店街も見られる。卸売商店街の代表的な例は，東京の東日本橋に位置する繊維問屋街である。→小売商店街，地下商店街

商店街（出石地区／兵庫県）

商店街活性化　狭義では買物客を増やすことにより，売上げを維持または伸ばし，商業者の経営を成り立たせること。広義では周辺住民のためのコミュニティを維持する機能や空間整備やまちづくりとしての物的な空間や環境の改善などのこと。イベントやサービス等のソフト部分と空間・環境整備というハードの2つの面をもつ。→まちづくり会社，TMO

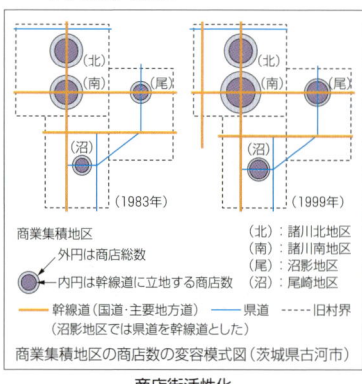

商業集積地区の商店数の変容模式図（茨城県古河市）
商店街活性化

照度（しょうど）光が当たる表面の単位面積当たりの光束の量を指し，その場所にどれだけの光が届いているかを示す。照度を測る単位は1lx（ルクス）で，1lxは1m²面積に1lm（ルーメン）の光束が入射している時の照度を表す。→輝度（きど）

浄土式庭園（じょうどしきていえん）仏教浄土宗の世界観を投影した日本庭園の一様式。平安時代後期。池や川の水を現世とあの世を隔てるものとし，その向こう（彼岸）に極楽浄土を見るという構成。その前の時代の「寝殿造り庭園」の構成をもとにしているが，庭園の独立性は強まっている。代表的なものは，宇治平等院，浄瑠璃寺庭園（京都），白水阿弥陀堂（福島県）など。→日本庭園

浄土式庭園（白水阿弥陀堂／福島県）

小都市分散論 田園都市構想の創設者E.ハワードが提唱した都市計画論。大都市への人口集中を防ぐため、母都市を中心に鉄道を整備し、周囲を農村で囲まれた自立的な小都市を開発していこうというもの。→エネベザー・ハワード、田園都市

商品化住宅 規格住宅（プレハブを含む）および分譲マンションのこと。規格住宅には建売住宅や注文住宅と銘打った建築条件付き土地分譲を含む。戦後の高度成長期以降、変化が起こり、現在は住宅全体の90％は商品化住宅といわれる。→住宅

商品化住宅（兵庫県三田市）

情報科学 情報の性質や構造、論理を探求する学問。情報の生成や伝達、変換、認識、利用などについて取りあげられる。コンピュータなどの情報機器の理論と応用を研究する学問でもある。

情報化社会 コンピュータやインターネットなどのIT（情報技術）によって、大量の情報が生産、蓄積、伝達されている社会。

情報公開 行政機関の保有する情報の公開に関する法律に基づき、国民に行政文書を開示する制度。同様に地方自治体でも条例で規定している。行政機関の保有する情報のいっそうの公開を図ることで国民への説明責任をまっとうし、国民の的確な理解と批判の下、公正で民主的な行政の推進に資することが目的とされている。開示請求があったときは、行政機関の長は、不開示情報が記録されている場合を除き、行政文書を開示しなければならない。

情報デザイン 利用者の理解を促すように、情報そのものを変換することを指す。世の中の情報が肥大化、複雑化していくなかで、視覚的にわかりやすく処理することもその一つとしてあげられる。その専門家は「インフォメーション・アーキテクト」と呼ばれる。

情報理論 クロード・シャノンによって1948年に発表された理論。情報の基本単位であるビットを定義し、コード化の考え方などを盛り込んでいる。コンピュータやネットワークに支えられた今日の情報化時代の実現を支えた理論。

照明デザイン 照明器具のデザインを指す場合もあるが、個々の照明器具のみではなく、照明が配置される空間や環境に配慮し、さらに照明によって生じる効果を勘案した総合的なデザインを指す。照明デザイナーの役割は、照明とそれによって照らされる物や空間が強い関係をもち、それが結果として美しく見えるようにデザインを行うことである。→ライトアップ

照明デザイン（間接照明の街灯／筑波大学構内）

照葉樹林（しょうようじゅりん）⇒常緑広葉樹林

常緑広葉樹林 シイ、カシ、ツバキなどの光沢のある葉をつける常緑樹を主とする森林。「照葉樹林」ともいう。亜熱帯から暖温帯にかけて、日本では関東南部から西の太平洋側に広く見られる（写真・156頁）。→落葉樹林、針葉樹林

常緑広葉樹林（島根県）

条例 憲法によって保障された自治権に基づいて，都道府県市町村などの地方自治体が自らの事務に関して制定する自主法。知事，市町村長や議員の提案，または住民も制定を請求することができ，議会の議決により成立する。条例は住民，議会，首長（行政）が目的を共有したうえで，その実現のためにそれぞれの果たすべき役割を，団体の最高意思として定めるものである。→委任条例

植栽（しょくさい）［planting］植物を植えること。植栽を行うには，気候，土壌などをもとに適切な樹種選定をし，景観を配慮して配置計画を立てる。特に建築物の周辺の植栽は，建物との調和が重要であり，街路樹の場合は排気ガスに強く，夏の緑陰と冬の日差しの確保が求められる。→街路樹，造園，庭木，移植

植栽桝（しょくさいます）道路の歩道や広場など，舗装された場所に植栽する場合に，樹木の生育に必要な空気や水の供給を確保するため樹木の根元につくる桝。良好な生育のためには，桝ではなく植栽帯が望ましい。植栽したばかりの樹木を保護するために，支柱やツリーサークルを設ける。→植栽，街路樹

職住近接 職場と住居が近いこと。近代以前の都市では，職場と住居が一体・近接していたが，産業革命以降の交通機関の発達や都市中心部の環境悪化，大都市化が住宅の郊外化を促し，職場と住居は離れた。最近では環境負荷の低減や通勤時間の減少，都心の空洞化といった視点から，職住近接が再評価され，ニュータウンにおいては職場の整備，都心では住宅供給が都市計画のテーマとなっている。→コンパクトシティ

植生（しょくせい）［vegetation］ある区域の土地に生育している植物の集団を示す概念。植生は高木，低木，草本類やシダ類，地衣植物など多様な種で構成される。地域の植生は，細かい条件の違いによっていくつかの植物群集や植物群落に分けられる。植生は自然的，社会的な条件によって成立し，その条件が変われば変化する。現在存在する植生が「現存植生」で，一つの植生から次の植生に変化する過程を「遷移（せんい）」と呼ぶ。伐採，火災，枝打ちなどの影響を受けて変化した植生を「代償植生」という。一切人の手が加えられず，長い間自然災害がなかった場合，その場所で遷移を繰り返して最終的に成立する，安定性の高い植生が「潜在自然植生」である。→潜在自然植生，代償植生

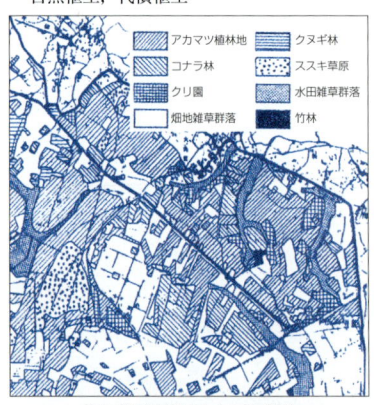

植生（現存植生図／つくば市）

職人町（しょくにんまち）江戸時代に，職人が居住していた区域。当時は，職種に応じて町人および工人の居住区域が定められていたため，職種別の町が形成された。代表的なものは鍛冶町，大工町，紺屋（こんや）町等。→城下町，寺町，町人町，武家町

職人町（井波地区／富山県）

植物園［botanical garden］多くの種類の植物，特にそこには自然には存在しない種を収集し，栽培し，展示するとともに，品種改良，新種の開発，遺伝資源収集・保存な

どの植物の研究を行う施設で，博物館の一種．現在は公園の一種のように利用される．→キューガーデン，動物園，水族館

植物園（北海道大学付属植物園／札幌市）

植物群落 一定の地域，地区における生物の群集のうち，植物だけを取り出した種の集団．集団の種の均一性や組成によって多くの群集，群落に区分される．→植生，マント群落

植林 主として材木を生産するために山などに苗木を植え，下草刈り，枝打ち，間伐などの生育管理をすること．最近では，生産コストの上昇，外国産材の大量輸入などのため経営は困難になっており，山が荒れる現象が起こっている．こうした植林とは別に，砂漠化の対応措置など，環境改善のための植林も行われるようになった．→人工林

触覚 物質の形状や温度，動きなど，おもに皮膚によって受容される感覚（皮膚感覚）．→感覚，視覚，嗅覚，聴覚

職工住宅 （しょっこうじゅうたく）多くの労働者を効率よく住まわせるために建設された給与住宅で，集合住宅の原型とされる．同潤会アパートの多くは工場長向け小住宅として設計された．→住宅，給与住宅

ショッピングセンター [shopping center] 1930年代にアメリカで誕生し，1950年代以降全米に広がった商業施設．日本には1960年代に導入，一経営体のディベロッパーが中心に計画，開発した建物に大型スーパー，百貨店などのキーテナント（大型小売店）と，小売専門店，飲食店，サービス業が入る．百貨店，スーパー等の単独店舗はショッピングセンターとは呼ばない．→ショッピングモール，スーパーマーケット，アウトレットモール

ショッピングモール [shopping mall] 商店街を指し，ショッピングセンターと同義．インターネット上の電子商店街を指す場合

ショッピングセンター（イートンセンター／トロント）

もこの呼称が使われる．→アウトレットモール，ショッピングセンター，モール

ジョナサン・バーネット [Jonathan Barnett] (1937-) アメリカの建築家，都市デザイナー．ボストン生まれ．都市計画のプロジェクトや著作を通して，デザインマネジメントや公園やオープンスペースの必要性，ゾーニングなど，都市デザインの方法論について提案してきた．また都市の改善，歴史的都市の修復，地区の再整備，ランドスケープに配慮した都市郊外地のデザインなど，新しい都市デザインを精力的に試みている．エール大学都市デザインプログラムの教授でもある．

所有形態 土地や建物などを所有している状態のこと．特定の所有者がそのすべてを所有している場合を「専有」，複数の所有者が分割して所有している場合を「区分所有」，複数の所有者が共同で所有している場合を「共有」という．所有者区分（個人または民間部門が所有している場合を「私有」，公的部門が所有している場合を「公有」）と合わせて用いられることがある．

所有権 物を自分のものとして支配する権利．民法第206条で所有権が保障されている．物を最も完全かつ全面的に支配する物権で，財産権の中心をなす私権であるが，憲法第29条等の「公共の福祉」によって所有権には多くの制限がかけられる．公衆衛生や消防などの警察的な制限だけでなく，都市計画や環境保全の分野においても制限がかけられる．土地の所有権については，民法で特例的な規定もあり，隣の土地の利用に大きな害を及ぼす使い方を制限する規定と起こりやすいトラブルを調整するための規定がある．

ジョルジュ＝ウジェーヌ・オスマン

[Georges-Eugène Haussmann] (1809-1891) フランスの行政官。ナポレオン3世皇帝の政権下，1853年から17年間セーヌ県知事を務め，その間にパリの都市改造を行った。入り組んだ路地裏を取り壊し，道路幅の広い街路を凱旋門や広場から放射状に広がるように建設した。またルーブル宮，新オペラ座の建設を進め，街路に面する建造物の高さを統一するなど，景観に配慮した都市建設を推進した。さらに上下水道の整備や大通りの街灯の整備を進めるなど，近代都市建設の見本となった。

市街地を横切ってつくられた街路（パリ）
ジョルジュ＝ウジェーヌ・オスマン

ジョン・ラスキン

[John Ruskin] (1819-1900) イギリスの芸術評論家，美術史家。著書の一つ『ヴェニスの石』(1853)は，近現代のデザインに大きな影響を与えた。

白川郷

（しらかわごう）岐阜県白川村に位置する合掌造り集落。合掌造りとは，大家族制のもと，豪雪による雪下ろしの作業軽減と屋根裏の床面積拡大を目的に造られた急角度をもつ茅葺（かやぶき）屋根のこと。合掌造りの補修や茅葺きの葺き替えは，地域住民の連携形式の結（ゆい）によって行われる。1976年に重要伝統的建造物群保存地区に選定，1995年に世界文化遺産に登録。→重要伝統的建造物群保存地区，世界遺産

白川郷（岐阜県）

しらす台地

「白砂」とも書く。鹿児島県の大隅，薩摩両半島に広く分布する，火山噴火による火山灰や軽石の堆積した台地。「しらす」土壌は粘性が非常に低く，崩壊しやすいため多くの災害をもたらした。→土壌，関東ローム

シルクロード

「絹の道」と呼ばれる中国と地中海地域を結ぶ中央アジアのオアシスを通る古代の交易路。中国で生産された絹をはじめさまざまな交易品がこのルートを使ってインド，イラン，ローマ帝国にもたらされた。東西文化の交流路でもあり，仏教やキリスト教，ゾロアスター教，マニ教が中国にもたらされ，奈良正倉院に残るガラス器はシルクロードを通ってササン朝ペルシアからもたらされたとされる。ドイツの地理学者リヒトホーフェンが，著書『シナ』(1877)の中でザイデンシュトラーセン(Seidenstrassen)（絹の道）と表したのが最初といわれる。

シルクロード（ウルムチ／中国）

シルバーハウジング

[silver housing] ⇒高齢者・障害者住宅

白地図

（しろちず）⇒白地図（はくちず）

白地地区

（しろぢちく）白地地域。都市計画区域内の用途地域指定のない場所。多くの問題が発生したが，2000年の都市計画法改正により，土地利用実態に即した建築制限を適用できるようになっている。

新規住宅地

新たに開発，整備された住宅地全般を指す。また，既存住宅地の相対として近年開発された住宅地を指すこともある。

真・行・草

（しん・ぎょう・そう）書道の筆法である楷書を本来の形の「真」とすれば，少し字形を崩した行書を「行」，最も字形を崩した草書を「草」とするもので，茶の湯や日本建築などの日本伝統文化にかかわる格を表すときに用いられる言葉。

人工海浜

（じんこうかいひん）浸食の進んだ海浜，干潟（ひがた）の回復，埋立て地等に新たに砂などで造成した海浜。治水機能

のほか，レクリエーション施設として市民が楽しめる施設整備がなされることもあるが，生態系との関係から実施場所については検討を要する。

人工海浜（葛西臨海公園／東京都）

信仰共同体 地域社会を，寺社や地元の住民などが伝統的な行事を切磋琢磨しながら脈々と受け継ぐことによって，持続的に活性化している村落の共同体のこと。

人工景観 「自然景観」の対語で，景観構成要素の大部分が人造物で占められるような景観。都市景観，街路景観，町並み景観等は人工景観である。人工景観においては，各要素のデザインの質が重要であるとともに，各要素間の関係がよく調和することがより重要である。→景観，自然景観，都市景観

人口減少時代 1960年代以降の高度経済成長期に対して，2006年を境に日本全体で人口が減少し始める時代のことをいう。非成長，非拡張の時代であり，人口や経済を含めた縮小縮減の時代。地域経営，施設計画等，その影響は多岐にわたる。

人工地盤 自然の地盤の上に人工的に造られる地盤で「人工土地」ともいう。目的は，都市中心部における土地利用を効率化するためと歩車分離の実現のため。通常，地上5m以上の位置に鉄筋コンクリートで構築する。→歩車分離

人工景観（ルーバン・ラ・ヌーブ／ベルギー）

人工地盤（坂出地区／香川県）

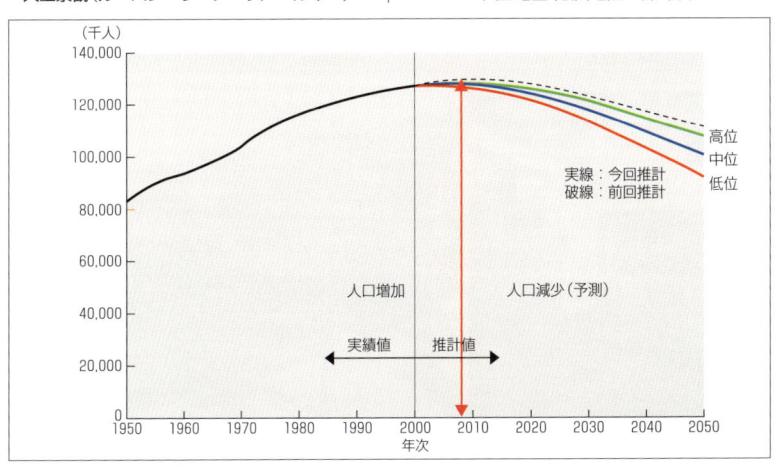

人口減少時代

しんこう

人口集中地区　[densely inhabited district]
市区町村の境界内において，人口密度の高い（約4,000人/km²以上）国勢調査区が集合している地域，かつ人口5,000人以上を数える地域。1953年の町村合併促進法の影響により，1960年国勢調査より「人口集中地区」の調査が行われ，市がもっている都市的地域面積と，居住人口によって判定されるようになった。略して「DID」という。

新交通システム　従来の鉄道とは異なる軌道輸送システム。広義ではモノレール，ライトレール，案内軌条式鉄道，ガイドウェイバス，磁気浮上式鉄道，スカイレール，IMTS等を指すが，わが国では一般的に中量輸送軌道システムで，道路等の公共物の上空空間に設置した専用ガイドウェイを自動走行するシステムの総称であることが多い。

人口統計　人口，世帯に関する統計。5年ごとに実施される国勢調査，住民基本台帳に基づき月々の転入，転出の状況を明らかにする住民基本台帳人口移動報告，国勢調査による人口を基に，各月の人口の動きを他の人口関連資料から得て算出される人口推計等，各種の人口調査に基づき作成される統計のこと。

人工土地　⇒人工地盤

人工林　植林によってできた森林。「天然林」「自然林」の対語。多くの人工林は木材生産を目的としているため，建材になるヒノキ，スギ，マツなどの単一種によるものが多く，生物多様性の実現には適さない。また伐採が一斉に行われることが多く，一時的だが

東京特別区および政令指定都市の人口集中地区（DIDs）　　（2005年国勢調査）

都市名称	総人口	DID人口	DID人口比率	総面積	DID面積	DID面積比率	DID人口密度
札幌市	1,880,863人	1,812,362人	96.36%	1,121.12km²	227.50km²	20.29%	7,966.4人/km²
仙台市	1,025,098人	905,139人	88.30%	783.54km²	130.20km²	16.62%	6,951.9人/km²
さいたま市	1,176,314人	1,080,130人	91.82%	217.49km²	115.59km²	53.15%	9,344.5人/km²
千葉市	924,319人	830,383人	89.84%	272.08km²	118.24km²	43.46%	7,022.9人/km²
東京特別区	8,489,653人	8,489,653人	100.00%	621.35km²	621.35km²	100.00%	13,663.2人/km²
川崎市	1,327,011人	1,316,910人	99.24%	142.70km²	132.03km²	92.52%	9,974.3人/km²
横浜市	3,579,628人	3,487,816人	97.44%	437.38km²	347.52km²	79.45%	10,036.3人/km²
新潟市	813,847人	579,033人	71.15%	726.10km²	100.90km²	13.90%	5,738.7人/km²
静岡市	713,723人	621,397人	87.06%	1,388.74km²	102.18km²	7.36%	6,081.4人/km²
浜松市	804,032人	471,949人	58.70%	1,511.17km²	84.21km²	5.57%	5,604.4人/km²
名古屋市	2,215,062人	2,159,379人	97.49%	326.45km²	273.69km²	83.84%	7,889.9人/km²
京都市	1,474,811人	1,387,532人	94.08%	827.90km²	140.10km²	16.92%	9,903.9人/km²
大阪市	2,628,811人	2,628,312人	99.98%	222.11km²	221.66km²	99.80%	11,857.4人/km²
堺市	830,966人	794,924人	95.66%	149.99km²	105.18km²	70.12%	7,557.7人/km²
神戸市	1,525,393人	1,409,454人	92.40%	552.02km²	147.80km²	26.77%	9,536.2人/km²
広島市	1,154,391人	1,004,506人	87.02%	905.01km²	135.07km²	14.92%	7,436.9人/km²
北九州市	993,525人	888,161人	89.39%	487.66km²	156.72km²	32.14%	5,667.2人/km²
福岡市	1,401,279人	1,343,902人	95.91%	340.60km²	150.38km²	44.15%	8,936.7人/km²

左：横浜シーサイドライン（横浜市），右：Sバーン（ドイツ）
新交通システム

震災復興 大きな地震災害からの復興。1923年の関東大震災(関東地震)の震災復興は、後藤新平らが策定した帝都復興計画に基づく大規模な区画整理と公園、放射状の幹線道路からなるもので、後に大幅に計画が縮小されたものの、現在の東京の都市骨格を形成した。1995年の阪神・淡路大震災(兵庫県南部地震)からの震災復興は、総理府に阪神・淡路復興対策本部が置かれ、道路拡幅、区画整理、再開発などの事業手法を用い、地域住民との合意形成を図りながら進められた。→関東大震災、阪神・淡路大震災

震災復興(六甲道駅前の再開発事業/神戸市)

深山幽谷 (しんざんゆうこく)奥深い山の中の静かな谷間。人間活動が中心となっている場所から遠く離れて、自分自身を見つめるような脱俗的環境。→桃源郷(とうげんきょう)、山紫水明(さんしすいめい)

新市街地 都市郊外部または田園地域に新しく形成された市街地。土地区画整理事業等にともなう市街地も含まれる。既成市街地(旧市街地ともいう)の対語として使用される。→既成市街地、ニュータウン

新住宅市街地開発事業 新住宅市街地開発法に基づき、都市計画事業として施行される全面買収方式の宅地開発事業。1963年創設。人口集中の著しい市街地の周辺地域において、健全な住宅市街地の開発および住宅に困窮する人々に対し、良好な住宅を大量に供給することを目的としたもの。→市街地開発事業、土地区画整理事業、土地収用法

新住宅市街地開発法 1963年施行。住宅に対する需要が著しく多い市街地の周辺の地域における住宅市街地の開発に関し、新住宅市街地開発事業の施行その他必要な事項について規定することにより、健全な住宅市街地の開発および住宅に困窮する国民のための居住環境の良好な相当規模の住宅地の供給を図り、もって国民生活の安定に寄与することを目的した法律で、ニュータウン開発に適用するために制定された。→新住宅市街地開発事業

新住民 現地域の居住者で、旧来からの地域居住者である旧住民に対して、地域外より当該地域に来住した居住者のこと。混住化した地域などで、新旧住民間でコミュニティ意識、地域整備の方向性についての考え方、住民の意思決定プロセス等が異なることが指摘されている。→旧住民、混住地域

新宿アイランド 新宿副都心の一角に位置し、新宿アイランドタワー(業務棟)を中心に、職住一体型のコンドミニアム(住居棟)、店舗、広場等が複合した施設で、都市再生機構が運営している。10人の世界的アーティストによる「パブリックアート」でも著名。→都市再開発、パブリックアート

新宿アイランド

行政区のタイプ	小規模コア型	新旧住民混在型	ミニ開発連担型
住宅地の状況	旧住民 / ミニ開発 / 新住民	旧住民 / 既存自治組織 / 新住民	旧住民 / 既存自治組織 / 新住民

新住民(旧住民との関係モデル)

心象風景 心に浮かぶ風景。それまでに体験したさまざまな情景や景観が心に残り，折にふれて浮かんでくるもの。記憶された景観体験といえる。多くの多様な心象風景をもつことは，人生を豊かにすることにつながる。→イメージ，風景，原風景

親水（しんすい）①物質と水の親和力を表す化学用語。②水辺利用の形態概念の一つであり，人と水辺のかかわり全般をいう。水辺のもつレクリエーション機能，心理的満足機能，空間機能，防災機能など複数の機能を併せもっていると考えられる。この概念に基づいて公園整備，生態系の回復等が図られている。また，必ずしも水に触れる場合のみを指すのではなく，借景としての川や海の利用といった視覚的効果もこのうちに包含されるものと考えられる。→河川，環境，公園

親水空間（しんすいくうかん）河川や海岸，用水路等の水辺で，人々が直接水に触れたり，水生生物を見たり楽しむことができる場所。

上：港南公園、下：プレイロット
親水公園（東京都）

親水空間（浜町公園／東京都）

親水公園（しんすいこうえん）海や河川，用水路等の水辺を市民に開放し，親しむために設置された公園。

親水護岸（しんすいごがん）河川や海岸線の護岸において，人々が直接水に触れたり，生態系の観察ができるなどの機能を備えた護岸。

心像 外部からの刺激をともなわずに，過去の記憶，想像などによって生じる感覚的性質をもつ像。「表象」「心象」「イメージ」とも呼ばれる。→イメージ

人造石 自然石に似せて人工的につくる石または石材。通常，コンクリートに骨材として大理石や花崗岩などの砕石と顔料を入れ，成型する。洗い出しや研ぎ出しがある。

身体感覚的評価 意識することなく，または認知していることに気づかずに，感覚器

親水護岸（荒川／東京都）

からの信号をもって感じる心理量。潜在意識による環境の評価。

身体障害者 一般的には先天的あるいは後天的な理由で，身体機能の一部に障害を生じている状態。手，足がない，機能しないなどの肢体不自由，脳内の障害により正常に手足が動かない脳性マヒなどいくつもの種類がある。視覚障害，聴覚障害，心臓病なども広義の身体障害である。近年，こうした身体障害者や知的障害者に配慮した居住環境整備やまちづくりが進められてきている。→バリアフリー新法，ユニバーサルデザイン

信託［trust］⇒トラスト

寝殿造り庭園（しんでんづくりていえん）古代に登場する日本庭園としての最初の様式であるが，建築（寝殿）と一体化していて，庭園としての独立性は低い。寝殿の南に池をつくり，左右に建物（釣殿，泉殿）を伸ばして囲む形式。湧水，遣水（やりみず）が特徴。現存する事例は少ない。→日本庭園

神殿都市 マヤ文明によって建設された神殿を中心とした宗教都市のこと。代表的なものは、マヤ地方のほぼ中心に位置するティカル（グアテマラ）の神殿都市。紀元300～900年に栄えた。1979年に世界文化遺産に登録。→世界遺産

神殿都市（ティカル／グアテマラ）

新都市 都市ではなかった場所に、新しく人為的に建設される都市。ギリシャ、ローマの植民都市、平安京、平城京の古代首都、中近世の城下町、アメリカ西部の諸都市や北海道の多くの都市などは、いずれも新都市としてスタートした都市である。新首都（オーストラリアのキャンベラなど）、大学都市、衛星都市、産業都市、研究学術都市など、目的によって計画手法は異なる。→キャンベラ、筑波研究学園都市、ニュータウン

新都市基盤整備事業 新都市の基盤となる根幹公共施設の用に供すべき土地および開発誘導地区にあてるべき土地の整備に関する事業、ならびにこれに附帯する事業。施行区域内の土地の整理、集約を含め、街区の整備を行い、道路、公園、下水道などの基盤整備、適切な開発誘導を行う。→市街地開発事業

新都市基盤整備法 1971年施行。人口の集中の著しい大都市の周辺地域における新都市の建設に関して、道路や公園、下水道施設などの新都市基盤整備事業の施行その他必要な事項を定めることで、大都市圏における健全な新都市の基盤の整備を図り、これにより大都市における人口集中と宅地需給の緩和に資するとともに、大都市圏の秩序ある発展に寄与することを目的とした法律。→市街地開発事業

人文地理学 （じんぶんちりがく）系統地理学の一つで、自然地理学と同様に地域で起こる事象を抽象化して解析する。対象は市、経済などの人文科学、社会科学で扱うテーマの総称。環境科学の一分野でもある。→自然地理学

新都市（北摂ニュータウン／兵庫県）

シンボル［symbol］象徴や表象を意味し、さまざまな時代背景や社会の複雑な状況を切り取って物的な形態として表現したもの。単体の建築や構造物、モニュメント、照明や音楽による演出などさまざまなスケールがある。→象徴

シンボル（マンジャの塔／シエナ）

シンボルカラー 組織、団体、商品、イベント等の統一感を出すために、象徴的な色を設定する。効果と目的は、対外的にはその色を示すことで存在を認知させる、またアピールする。内部的には意識的な結束を固め、一致団結感を醸成する。シンボルカラーは建物、広告、看板、文具、名刺、制服等に用いることができる。→コーポレートアイデンティティ、シンボル

シンボルツリー［symbolic tree］ある場所や地域を象徴する樹木。きわめて樹齢の長い老木、姿の美しい高木（こうぼく）、歴史的出来事と結びついた記念的樹木などがシンボルツリーになりやすい。その存在は景観計画にとっては重要である。→シンボル、景観重要樹木

シンボルロード 潤い豊かなまちづくりのため、地域や都市を代表し、その特性に応じて整備される道路を指す。機能的に重要な道路（中央通り等）を景観と緑化に配慮して、市民の憩いの場、コミュニケーションの場、祭りの場など、シンボルとなる空間としての再生を図ることで、並木、歩道の拡幅、ポケットスペースの確保などを含む。

シンボルツリー（鶴岡八幡宮大銀杏／鎌倉市）

シンボルロード（札幌大通り公園）

シンメトリー［synmetory］事物、形態が基本線を中心に左右対称形となっている状態、またはこれを用いたデザイン手法。ゲシュタルトの考え方の一つ。

針葉樹林 亜寒帯から寒帯にかけて広く自生する、マツ、スギなどの裸子植物の仲間によって形成される森林。多くは常緑で良好な建材（soft wood）が得られることから、木材生産を目的とする人工林（植林）は針葉樹林が多い。→常緑広葉樹林、落葉樹林、植林、広葉樹林

針葉樹林（シュバルツバルト／ドイツ）

シンメトリー(ヴェルサイユ宮殿／パリ郊外)

心理的空間 空間に対する人の心理量を測定し表現したもの。測定にはSD法を用いて因子軸を抽出し、その軸を代表する評定尺度の評定値を用いるのが一般的。空間研究においては、この心理的空間と空間の物理量との相関を分析することが多い。→多変量解析

心理量分析 人間の心理状態、心理的な指標を用いて得られた結果を、数量的に分析する方法。心理実験やインタビュー調査、アンケート調査などによって得られた情報を総合的に数量として扱い、おもに統計的な手法によって分析計算を行う。多変量解析の手法を用いることも多く、SD法による実験をもとにした因子分析などが有名。→心理実験、アンケート調査、インタビュー調査、SD法、意識調査、多変量解析、因子分析、統計的検定、相関分析、主成分分析、数量化理論

森林破壊 人為的活動によって木材の使用量や開拓地の面積が増え、商業伐採、農地や牧草地への転換などによって世界の森林が急速に減少している状態のこと。森林破壊は温帯の先進地帯のみならず、近年は熱帯の開発途上国における急激な熱帯林の減少が進行している。これによって生態系に大きな影響が出ているほか、大気中の二酸化炭素の増大などが懸念されている。森林破壊を食い止めようと、企業、NPO、市民などによる植林活動が始められている。

森林法 森林の涵養と生産力の増進を目的とした保護、監督に関する行政規定と盗伐等に関する罰則規定をもつ、森林に関する最も包括的な法律。→保安林

す

水位 河川、海洋、湖沼、貯水池等の水面の位置を、観測所ごとに設定した基準面からの高さで表した値。

水系 地表の水が集積して系統をなして流れるもので、同じ流域内にある本川、支川、派川およびこれらに関連する湖沼の総称。治水、利水の単位の一つで、広域ではあるが、災害等を予測する場合は水系単位で検討することが望ましい。地域のもつ保水・遊水能力の確認と向上、危険箇所の調査・修繕等が一体的に行われる必要がある。また、生態系の維持・保全についても立地条件を同じくする環境での対策が必要となる。
→河川、流域

水系（管理区分）

水系	模式図	河川別	管理者
一級水系		一級河川 大臣管理区間 指定区間 準用河川 普通河川	国土交通大臣 都道府県知事 市町村長 地方公共団体
二級水系		二級河川 準用河川 普通河川	都道府県知事 市町村長 地方公共団体
単独水系		準用河川 普通河川	市町村長 地方公共団体

水郷（すいごう）利根川河口近くに位置する茨城県潮来市を中心とする地域では、農地や村の中を縦横に水路が通り、以前は舟で農耕を行っていた。現在は水郷観光が行われ、農地に大量に植えられたアヤメの咲く季節には訪問者が多い。ここだけでなく、町や村を水路が流れるところは多く、水郷と呼ばれる（福岡県柳川市など）。→水の都

水郷（柳川地区／福岡県）

水質汚濁［water pollution］人間の生活活動様式の変化や産業の発達により、有機物や有害物質が河川、湖沼、海洋等に排出され水質が汚濁すること。その要因としては、工場排水による重金属や微量化学汚染物質などの有害物質による魚介類やヒトへの被害、生活排水や農業牧畜排水などの有機性排水によるBOD（生物学的酸素消費量）やCOD（化学的酸素消費量）の増加、窒素やリンによる富栄養化の進行にともなう藻類の異常繁殖（アオコまたは赤潮）、懸濁性有機汚濁物質の存在により溶存酸素の低下または硫化水素の生成による水生生物の死滅（青潮）などがあげられる。

水質汚濁（生活排水による汚濁）

水上公園 厳密な定義はなく、一般に水上公園と呼ぶのは実際に水の上ではなく、大きな川の中ノ島につくられた公園や庭園が多い。両岸から見てあたかも水上にあるように感じられるからである。岡山の後楽園、広島の平和公園など。→公園

水族館 水棲生物を収集し、飼育し、来館者の観賞のために展示することを目的とする博物館の一種。繁殖を行うものもある。最近では展示法が進歩し、迫力ある生態が見られるようになった。→アクアリウム、動物園、植物園

水田耕作 日本農業の根幹を成す稲作を中心とする水田耕作は、生産力の安定と生産量の増加をもたらしただけでなく、水田の貯水機能、環境緩和機能などの多くのメリットを生んだ。また、春の田植え、秋の刈り入れ、乾燥などは、季節感をともなった日本人の原風景ともなっている。→原風景、田園景観、農村景観

水族館(葛西臨海水族園／東京都)

隧道(ずいどう)[tunnel] トンネル。地中，海中，山岳等の土中を通る穴状の道。1970年OECDトンネル会議にて，「計画された位置に所定の断面寸法をもって設けられた地下の構造物で，その施工法は問わないが，仕上がり断面積は$2m^2$以上のものとする」と定義されている。

隧道(横浜市)

水防林(すいぼうりん) 河川の増水や濁流による河岸の侵食を防ぐとともに，沿川地域への土石流の侵入を抑える伝統的な水防方法の一つ。比較的大河川の中・上流部で使われる。植栽される樹種はケヤキ，クス，クリ，タケ，ササ類など。→防風林，防雪林

水門 用水の取り入れや排除，洪水防御，本線の逆流防止等のために，水の流出入を調節するために設けられる門扉(もんぴ)などの構造物。

水路 ①水の流れる道。②雨水排水など，ある目的をもって水を送る通路。送水路，導水路，用水路等。「青道(あおみち)」ともいう。③船舶等の航行路。

水門(天王洲水門／東京都)

水路(古川地区／岐阜県)

水路網 流域に面的にめぐらされた河川や水路。平野部や三角州の立地に多く見受けられる。物流経路や用水確保，治水対策として利用されることもある。

数値情報 数量化された地形や土地利用などのデータ。統計資料。おもにGISに用いる場所を示す指標が含まれているものを指す。国土数値情報，細密数値情報などがある。

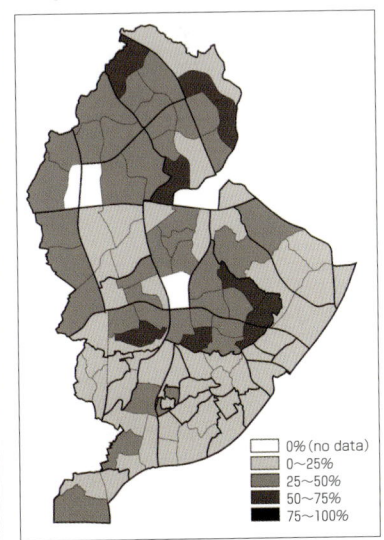

0%(no data)
0〜25%
25〜50%
50〜75%
75〜100%

数値情報(千里ニュータウンの高齢化率)

スーパー堤防 高規格堤防。大規模地震あるいは計画規模を上回る洪水(超過洪水)に起因する破堤による壊滅的な被害を避け,治水安全の向上を図ることを目的とし,従来の堤防から市街地側(民地側)に,堤防高さのおおむね30倍の幅にわたり,緩やかな傾斜で築造されるもの。「こわれない」「川にもっと親しめる」「まちづくりの中に川を生かすことができる」堤防。→河川,防災,堤防

スーパーブロック [super block] 幹線道路など質の高い道路に囲まれた一体の計画単位である大規模街区。「大街区」ともいう。

スーパーマーケット [supermarket] 従来の市場を超えた大型店舗を指す。特徴は,セルフサービスと豊富な品ぞろえで,一店舗ですべての買物が可能(ワンストップショッピング)な形態である。日本で一般的になったのは1960年代の高度成長期。その後,複合施設化したショッピングセンター,ショッピングモールに発展した。→ショッピングセンター,ショッピングモール

数量化理論 統計的解析に用いるデータのうち,名義尺度や順序尺度などの質的(定性的)データを用いて分析するための理論。林知己夫により開発された。重回帰分析に相当するものが数量化理論I類,同様に判別分析はII類,主成分分析や因子分析はIII類,多次元尺度構成法がIV類にあたる。→多変量解析,分析方法

スカイライン [skyline] 空を背景とした山岳や建築物の輪郭線や地平線を指す。都市や町並みのスカイラインは景観の特徴を示し,スカイラインをどのように保つかによって都市や町のイメージが異なる。例えば背後に山並みを有する地域では,山並みを越える高さの建物の建築を認めない方法により,地域のスカイラインを維持することが可能である。→景観

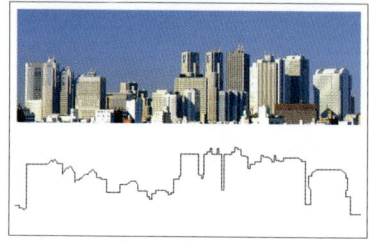

上:新宿副都心の景観
下:線画による都市のスカイライン
スカイライン

スキーマ [schema] ⇒空間図式

スキップフロア [skip floor] ①床の高さを半階ずつずらして配置する建築の方法。実際の面積以上の広がりが感じられ,開放的,変化のある室内空間が得られる,動線が短縮可能などの特徴がある。集合住宅でエレ

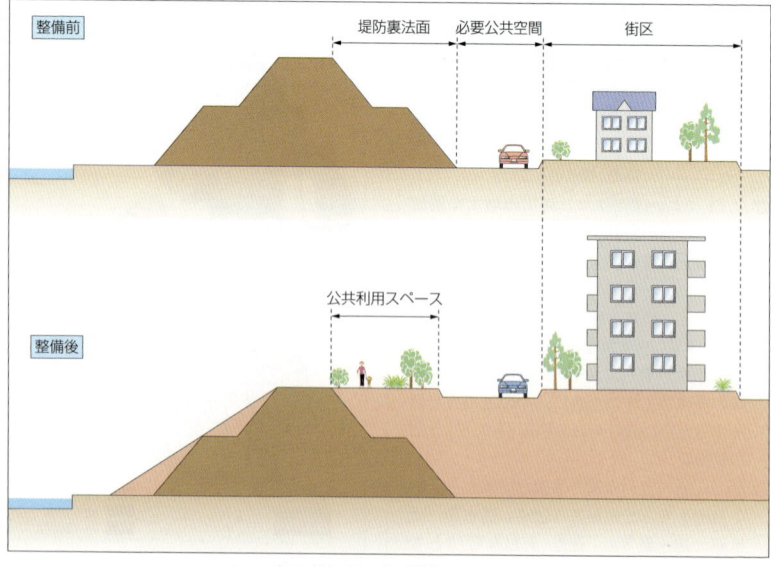

スーパー堤防

ベーターの停止階を1階から数階おきに設けることも含まれる。②敷地が傾斜地の場合に、上部空間を有効活用するために用いられることもある。

隙間（すきま）時間的、空間的な「間」の中で、意図的もしくは偶発的に生じた微小のものを示す。隙間の存在が都市や町並みに魅力を付加することもあり、京都などの路地、坪庭（つぼにわ）はその例である。現代都市は道路に囲まれた街区と敷地内に建築物が建つために、隙間は発生しにくい構造になっている。

数寄屋造り（すきやづくり）応仁の乱以降、文化人たちが世を捨て、隠居所として草庵で茶の湯を行ったのが始まりをいわれる。書院造りのように権威や格式、形式にとらわれず、自由に侘（わ）び、寂（さ）びを追求した造り。現在は料亭、旅館などに見られる形式である。

スクエア［square］原義は方形の広場を指し、トラファルガー広場（ロンドン）などが典型例である。都市や町に用途を限定せずに人が集まり、さまざまな活動を行うことができる場所。機能的な施設の前面や、直結している場合も多く、教会、駅前、議事堂、役所、商業施設などがその例である。必ずしも物理的空間である必要はなく、ネット上などでの同一関心事項を共有する人々の意見交換の場を指す意味でも用いられる。→広場

スクラップアンドビルド［scrap and build］現存する建築物等を取り壊し、その跡に新しく時代の要請に適した建築等を建てること。一時期こうした考え方が支配していたが、現在ではむしろ現存するものの価値を再確認し、長く使い続ける考え方に移行している。→都市再開発、都市更新

スケール［scale］ラテン語の「階段、はしご」を語源とする。①規模、大きさ。②縮尺。③目盛り、尺度。④物差し。都市、建築計画を行う際の空間スケールは、「ヒューマンスケール」と呼ばれる人の大きさや感覚を基準としたスケールを考慮して行われる。設計の場面でのスケールは、図面を描く際の縮尺を示す。

スケール感　空間や事物の規模、大きさをとらえる感覚。対象の空間は、人の一般的な感覚として認知されている規模や大きさと対比してどうであるかを表すことが多い。例えば、「○○は美術館のスケール感を逸脱している」等の用い方ができる。

スケールメリット［scale merit］規模の利益。経済学的に、物流や事物を収集させるほどコスト（物流コスト、維持管理コストなど）が低下すること。

スケルトンインフィル［skelton-infil］建物を構造体と内装、設備に分けて設計、建設する考え方のこと。英語の頭文字をとって「SI」と略す。スケルトンは骨格のことで、構造体を示し、インフィルは内外装、

スクエア（つくばセンタービル広場）

設備，間取りを指す。SIの利点は，ライフスタイルの変化にともなう設備，間取り等の変更が容易に行えること，配管を外配管にし，独立して取替えができることから，配管腐食による修繕および建替えのリスクを軽減すること等があげられる。→リニューアル，リフォーム

スケルトン定借　⇒つくば方式

ステレオタイプ［stereotype］印刷のステロ版（鉛版）印刷術が語源。判で押したように同様な考え方や態度のこと。「ステロタイプ」「紋切型態度」「類型的態度」などともいう。

図と地（ずとぢ）ゲシュタルト心理学における考え方で，図形において注目されて浮き上がって見える部分を「図」，その背景となる部分を「地」という。おもに視知覚における図形の特徴を示す。1915年にデンマークの心理学者ルビンが示した「盃の図」は，図と地の反転図形として有名。向かい合う少女と盃という2つの形をもっているが，同時にこれら2つの形を見ることができない。→ゲシュタルト，PNスペース

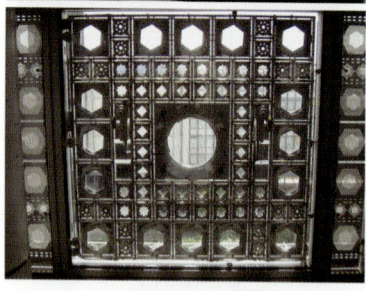

光による図と地の演出
図と地（アラブ世界研究所／パリ）

ストックとフロー［stock and flow］ストックとは時間性のない経済量であり，ある時点においてすでに蓄えられた建設物など，例えば土地や家屋などの個人的な資産や，公共施設や公園，道路など社会的な資本のこと。フローはカネ，もの，情報の流れなど，ある単位期間内に生産または供給され移動される，持続性のない経済量のことであり，例えば一定期間内の住宅の供給量や交通量，また国民総生産などのこと。

ストラクチャー［structure］①構造。建築物や構造物を物理的に支えている形状や各要素の関係。または，事物や人間などの関係。②K.リンチが都市のイメージを構成する3つの概念の一つとして，アイデンティティ，ミーニングとともに提唱した概念。都市内部の要素相互の関係。→イメージ，イメージアビリティ，レジビリティ

ストラテジックビュー［strategic view］際立った景観対象に対する遠くからの眺望を確保するために定める，視線上（ビューイングコリドー）の建築等に関する高さなどの規制。「戦略的景観」と訳す。→景観コントロール，ビューイングコリドー

ストリートファニチャー［street furniture］ベンチ，ごみ箱，灰皿，電話ボックス，交通看板，バス停，渡り廊下なども含む町並み，街路を快適に利用可能にする装置や家具。街の利便性確保という機能面に加えて，景観形成の重要な要素で，全体の配置計画，デザインを行うことで町のイメージ形成の効果があがる。→景観，都市デザイン

ストリートファニチャー
（ネイキッドスクエア／大阪府）

スナップ［snap］スナップショット。早撮り写真。または，動く被写体を手早く撮影すること。

スプロール現象［sprawl］都心部の地価の高騰や居住環境の悪化等によって，郊外へ非計画的な形で開発が拡散する現象。スプロール現象によって引き起こされた土地問題，インフラ整備等に関する問題への適切な対策は，都市計画の大きな課題である。→空洞化，農村の都市化

スペースフレーム構造（サイモンフレーザー大学／カナダ）

スペースフレーム構造 単材等を3次元的かつ所定の秩序により配置してつくる立体空間構造をいい、その種類は一般的に骨組構造（立体トラス）と耐力外被構造（ストレストスキン）に大別される。骨組構造は、鋼管やアルミニウムパイプなどの単材で立体的に組み合わせたもの。耐力外被構造は、鋼板、アルミニウム板等の板により立体の構成単位（すい体）をつくり、これを連結して立体構造としたもの。超大スパンの屋根構造に適するものであり、スペースフレーム構造の形状種類には平面型、ドーム型がある。

須磨離宮公園 （すまりきゅうこうえん）神戸市須磨区東須磨。1914年に完成した旧武庫離宮が1945年の空襲で全焼。その跡地を洋風庭園として整備し、1967年、神戸市の公園として開園した。日本では珍しいカナルと噴水を中心にしたシンメトリーのフランス式整形庭園を中心にもつ。→庭園、公園

須磨離宮公園（神戸市）

スラム [slum] ①貧民街のこと。②経済的に貧困な人々が集中し、衛生状態や住宅環境の水準が劣悪で公共サービスが受けられない地区のこと。住宅地は密集粗悪で、上下水道等の衛生条件も不備で、災害の危険が大きい。住宅地区改良事業の適用対象となる。

スラムクリアランス [slum clearance] 住環境が劣っている区域の不良住宅を強制的に除去し生活道路、児童遊園、集会所等を整備し、従前居住者のために住宅を集団的に建設して住環境の改善を図る再開発手法のこと。雇用問題や失業者対策が未解決のままで、スラムの根本的な原因を解決していないことが多い。→改善型まちづくり

刷り込み [imprinting] 動物の成長期など特定の時期にものごとが一瞬で、あるいは短時間で記憶され、それが長時間持続する現象。時間をかけて記憶される学習と区別する。「インプリンティング」ともいう。

せ

聖域 神の存在，影響が絶対的な神聖な場所，区域，地域。この内部は排他的であり，神に仕える者以外の侵入を排除する。聖域内外の境界には物理的な遮へいとして壁，門，生垣(いけがき)等を設置することが多い。神社境内の中にある神殿の周囲に設けられた垣はその例で，通常，この垣より中に入ることができるのは神職だけである。これから転じて「野生動物の聖域」のようにも使われる。→バードサンクチュアリ

整・開・保 (せい・かい・ほ) ⇒整備，開発および保全の方針

生活共同体 家共同体や村落共同体のように少数成員からなり，成員間の濃密な社会関係を封鎖的，統一的な社会構造に特色づけられた小社会のこと。また生産手段の共有などの生産関係の側面よりも，身分的結合や成員相互の互助組織に力点を置くこともある。広くは共同体の一般の生活構造の特徴を総称して用いる。→コミュニティ

生活空間 日常生活が営まれている生活環境の範囲のこと。または，各個人の行動をそのときどきに規定している環境などの全体のこと。住宅計画，都市計画，まちづくり等では，居住地整備や空間設計を目的とした居住者と生活領域からなる体系として広く用いられている。→居住環境

生活景 (せいかつけい) 身近な生活環境の景観であり，物理的な外観のみならず，身近な事物(ハード)に生活という人間の日常行為(ソフト)やその記憶がともなってできあがったものとされる。そこに住んでいる人の人柄や土地柄がにじみ出ている風景や情景，たたずまいなどのこと。

生活圏 人々が生活するうえで必要な学校，公共施設，購買施設，医療施設など諸機能をもつ施設が拡がる範囲の中で，日常生活行動がたどる一定の範囲や領域のこと。→サービス圏，利用圏

生活時間調査 1日の時間のすごし方を調べる調査。睡眠時間(就寝時刻，起床時刻)のほかに，仕事，勉強，家事などさまざまな活動を行っている時間を調べ，その結果を統計的に分析する。

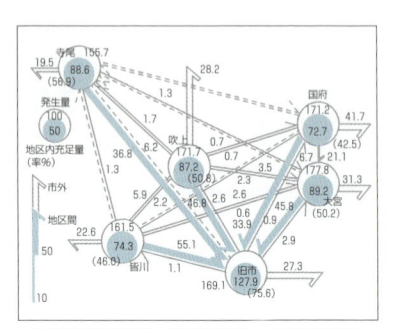

生活圏(生活行為の地域内充足と地区間移動)

生活文化 人々が地域社会で生活するに当たり，限られた時間や空間，ものを使って織り成す暮らしのスタイルのこと。まちづくりでは，個々人のライフスタイルではなく，その地域特有かつ共通のライフスタイルを一つの文化としてとらえ，それを育むことが目標とされる。

生産緑地 ①都市内の田，畑，果樹園などの緑地。②都市計画法による市街化区域内で保全する農地を指し，宅地転換を抑制する代わりに宅地並み課税を猶予する農地。→緑地，緑

生産緑地(大阪府寝屋川市)

生産緑地法 1974年施行。生産緑地地区にかかわる都市計画に関して必要な事項を定めることにより，農林漁業との調整を図りつつ，良好な都市環境の形成に資するために，都市化の進展にともない緑地機能等の優れた市街化区域内農地が無秩序に市街化されるのを防止すること，大都市地域を中心に住宅や宅地の供給促進を図ることを目的とした法律。

静視野 頭部を固定し，眼球の動きを固定して見ることができる範囲。→視野，動視野，注視野

生態学［ecology］人類を含む生物，生物群と自然環境の間の相互関係，相互作用を対象とする学問分野。生物（群）が環境に影響を与え，またその逆も考えられる。その中で生物種内の関係，種の総合的な個体群との関係，さらにこれらと環境の関係を扱う。人類の活動に対応させる，対するものとして扱う場合もある。

生態系［ecosystem］ある空間に生きている生物（有機物）と生物を取り巻く非生物的な環境（無機物）が相互に関係しあって，生命（エネルギー）の循環をつくりだしているシステムのこと。食物連鎖などの生物間の相互関係と，生物とそれを取り巻く無機的環境の間の相互関係によって成り立つ。ある空間とは，地球という巨大な空間であったり，森林，草原，湿原，湖，河川などや人工の水槽もあてはまる。

青年会議所 若いリーダーや企業家を対象とし，「人間力開発」「地域力開発」「リーダーシップ開発」を柱とする各種プログラムの遂行を行う団体のこと。junior chamberの頭文字をとって「JC」と呼ぶ。国際青年会議所（JCI）はその国際団体。日本では，社団法人日本青年会議所が中心に活動を行っている。メンバーは40歳になると会を退会することになっており，これが組織の活性化に寄与している。→商工会議所

性能設計 構造物に要求される性能を明確にし，その性能を達成する設計法。例えば耐震設計に関して，従来のように大地震に対して崩壊防止という目的だけでなく，構造物の重要性や用途，種別ごとに地震の強度（頻度）に応じて目標とする耐震性をはっきり定義し，これを確保することを目指した耐震設計を行うこと。

整備，開発および保全の方針 市街化区域および市街化調整区域の整備，開発，保全の方針。都市計画法第7条により，市街化区域および市街化調整区域の区域区分とともに，各区域について定められた都市計画のマスタープラン。2000年の都市計画法改正により「都市計画区域の整備，開発及び保全の方針」，いわゆる「区域マスタープラン」に変更。「整・開・保（せい・かい・ほ）」と略称で呼ぶことが多い。

政府開発援助［official development assistance］⇒ODA

生物工学［biotechnology］⇒バイオテクノロジー

生物生息空間 生物が生息可能な空間を指す。生物の種別を限定する場合には冒頭に付けて「水生生物生息空間」等と表記できる。自然と人間活動の共生を図る観点から地域，都市，住宅等の空間において，生物が生息できる空間を積極的に創造する試みがある。ビオトープはその例である。→ビオトープ

生物多様性［biodiversity］多くの生物や生息環境が健全な状態で保全されていること。すなわち「遺伝子」「種」「生態系」の各レベルで多様性が確保されていることが生物多様性の保全には重要視されており，生物多様性とはその尺度を表す。1992年にリオ・デ・ジャネイロで開催された地球サミットでは，「陸上，海洋およびその他の水中生態系を含め，あらゆる起源をもつ生物，およびそれらからなる生態的複合体の多様性。これには生物種内，種間および生態系間における多様性を含む」と定義されている。

政令指定都市 地方自治法の規定のもと，政令で指定される市のこと。政令市に指定される要件は，自治体に関する規模，行政能力等で，おもに人口100万人以上，または近い将来にこれを超える見込みの80万人以上の市が指定されてきた。この要件のもと，政令市となった自治体は13市（東京23

政令指定都市

都市名	人口（万人）	指定日	合併特例
札幌市	188	1972.4.1	
仙台市	102	1989.4.1	
さいたま市	118	2003.4.1	
千葉市	92	1992.4.1	
横浜市	358	1956.9.1	
川崎市	133	1972.4.1	
新潟市	81	2007.4.1	○
静岡市	70	2005.4.1	○
浜松市	80	2007.4.1	○
名古屋市	221	1956.9.1	
京都市	147	1956.9.1	
大阪市	263	1956.9.1	
堺市	83	2006.4.1	○
神戸市	153	1956.9.1	
広島市	115	1980.4.1	
北九州市	99	1963.4.1	
福岡市	140	1972.4.1	

＊人口は2005年国勢調査による。

世界遺産 1972年のユネスコ(国際連合教育科学文化機関)総会で採択された「世界の文化遺産及び自然遺産の保護に関する条約」(世界遺産条約)に基づいて、世界遺産リストに登録された遺跡や景観そして自然など、人類が共有すべき普遍的な価値をもつ地域のこと。その分類としては、文化遺産、自然遺産、複合遺産(自然と文化が一体となった価値をもつ地域)、負の遺産(世界遺産に登録されたもので、その後破壊等が進みその価値が失われた地域)がある。→文化遺産、自然遺産、ユネスコ

世界遺産(クラコフ／ポーランド)

世界銀行 [World Bank]「WB」と略す。各国の中央銀行に対し融資を行う、国際連合の専門機関。一般には国際復興開発銀行を指すが、1960年に設立された国際開発協会とあわせて世界銀行と呼ぶこともある。設立当初は第二次世界大戦後の復興と開発促進が目的だったが、現在は特に発展途上国に対する援助機関としての役割が中心で、長期のハードローン(条件の比較的厳しい融資)を行っている。日本は1952年に加盟。本部はワシントンD.C.。加盟国は184カ国。各国の出資によって運営されているが、資金不足が悩みで、組織の改革と効率化が課題となっている。地域開発銀行であるアジア開発銀行等と協力した事業も実施する。→アジア開発銀行

世界農林業センサス 国際連合食糧農業機関(FAO)の提唱により、世界各国で実施されている農林業に関する基本調査。事業体を対象とする調査と地域を対象とする調査に大別され、その中でさらに農業と林業、事業内容などの調査事項に分かれている。

ただ近年の市町村合併にともない、2010年3月までに合併した自治体に限って、人口要件が70万人に緩和される方針が打ち出され、4市が新たに政令市となった。区は特別区であるため、政令市ではない)。→集落調査、農業センサス

世界保健機関 [World Health Organization]「WHO」と略す。健康を基本的人権の一つとして設立された国連の専門機関で、保健衛生向上のための伝染病等の撲滅、適正な医療や医薬品の普及、情報交換など国際協力が目的。1948年設立。本部はジュネーブ。健康都市の契機となった「ヘルスプロモーションに関するオタワ憲章」(1986)を発表している。→健康都市

セカンドハウス [second house] 日常生活では使わない自宅以外の住宅。別荘、別宅。不動産における税制上の扱いでは、別荘とは別として扱われる。税法上は、「週末に居住するため郊外などに取得するもの、遠距離通勤者が平日に居住するために職場の近くに取得するもので、かつ毎月1日以上居住の用に供するもの」と定義され、不動産取得税、固定資産税の軽減措置が受けられる。

堰 (せき) 農業用水、工業用水、水道用水等の取水や水位、流量の調節のために、河川を横断して制御する水路中や流出口に設置された施設。

堰(バース／イギリス)

世帯構造 人々が暮らしている個々の世帯が、どのような人的構成により構成されているかを示す指標のこと。また、その社会全体の状態のこと。世帯を構成する配偶者、親、子、兄弟など、また結婚、離婚、出生、養子、死亡という人口(学的)事象によって決められる。

世田谷まちづくりセンター 住民、行政、企業のパートナーシップ型まちづくりを目指し、三者の中間に立って住民主体のまちづくり活動を支援するという目的で1992年に設立された。第3セクターで、世田谷区が出資して設立した財団法人世田谷区都市整備公社内の一つの課という位置づけ。→公益信託、まちづくり

ゼツェッシオン［Sezession 独］1890年代にドイツとオーストリアで結成された画家, 彫刻家, 建築家などのグループ。「分離派」とも呼ばれ, 古い体制からの分離をめざしモダニズムへと続く改革に影響を与えた。グスタフ・クリムト, オットー・ワーグナー, ヨーゼフ・ホフマンなどが主要なメンバー。→モダニズム

ゼツェッシオン（ゼツェッシオン館／ウィーン）

接触酸化法［contact aeration process］水処理技術の一つで, 水槽内に充てん材を固定し, 充てん材に微生物を増殖させ, ばっ気等により酸素を供給し微生物の働きにより排水を浄化する方式。その原理は, 例えば河川における自浄作用があてはまり, 流下にともない, 砂礫（されき）や植生に接触することで有機汚濁物質が浄化される現象を効率的に機能させるために装置化したものである。おもに浄化槽や小規模な下水処理場, コミュニティプラントなどの生活排水処理施設に導入されている。

拙政園（せっせいえん）中国蘇州市東北街。16世紀初頭, 王献臣によって造園された。水の都蘇州らしく, 池を中心に建物が取り囲む構成で, 景の見せ方, 切り取り方が絶妙。世界遺産「蘇州古典園林」の代表格であり, 中国式庭園の代表的存在でもある。→中国式庭園

拙政園（蘇州／中国）

雪隠（せっちん）便所, トイレ。
接道義務（せつどうぎむ）都市計画区域内にある建築物の敷地は, 幅員4m以上の道路に2m以上接していなくてはならないと建築基準法で定められており, これを接道義務という。接道義務を満たしていない土地には, 住宅などの建物は建てられない。ただし, 周囲に広い空き地があって安全上問題がない場合や2項道路などの例外もある。→2項道路, 位置指定道路

セットバック［setback］①建物の道路に面する側を, 上の階ほど道路から後ろに下げて, 階段状にすること。②建物を道路から少し後退して建てること。また, 都市計画区域内で建築物を建てる場合, 建築基準法上の制限に基づき, 道路の幅員を確保するために, 敷地の一部を道路部分として負担する場合の当該負担部分のことを示す意味もある。→建築基準法, 道路

セットバック（チュービンゲン／ドイツ）

説明責任［accountability］政府, 企業, 団体などの社会に影響力を及ぼす組織で権限を行使する者が, 株主や従業員といった直接的関係をもつものだけでなく, 消費者, 取引業者, 銀行, 地域住民など, 間接的かかわりをもつすべての人や組織（ステークホルダー）に, その活動や権限行使の予定, 内容, 結果等の報告をする必要があるとする考え方。

絶滅危惧種（ぜつめつきぐしゅ）［endangered species］乱獲, 密漁, 密猟, 環境破壊, 生態系の破壊や異常気象などによる急な環境変化のために, 絶滅に瀕している動物や植物の種。国際自然保護連合（IUCN）が世界的に危惧種をリストアップしたのが「レッドリスト」および「レッドデータブック」。日本では環境省がこれに準拠して指定している。→自然保護, ワシントン条約

セミデタッチドハウス［semi-detached house］1棟に2軒入る二戸建住宅。庶民向けとして建てられ, イギリス内に広く普及している。通常, 真ん中で仕切られていて, 別々の家族が暮らす。→長屋

セミパブリックスペース　パブリックスペースに準じる空間概念で，利用者が限定されることや，私有地内で整備されるというプライベートな側面をもつ。集合住宅における共同室，団地内の集会所，ポケットパーク等である。また，景観的に公道上と私有地前面空地（くうち）の植栽を統一し，緑のつながりを確保するために設けられる場合もある。→パブリックスペース

セミラティス　[semilatice] C.アレグザンダーが唱えた，ツリー構造に対する複層的，重層的な構造。計画された都市は人間関係においてツリー構造をとることが多いが，その後長い期間を経るとこの構造になるとされる。→クリストファー・アレグザンダー，ツリー構造

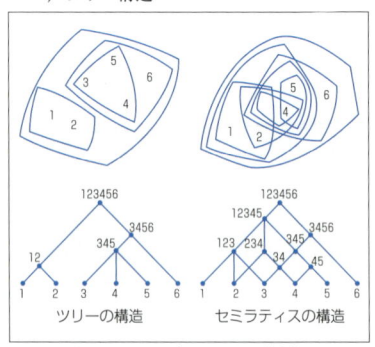

セミラティス（ツリーとの比較）

セルフビルド　[self build] 住まい手が工事を行う建築方法を指す。ログハウスやツーバイフォーといった住宅で行われている。建設費を低費用で抑えられるほか，家族間での家への愛着が高まる等の利点があるとされる。一方で，時間，体力が必要。すべての工事を自分で行う「フル・セルフビルド」と，基礎工事，屋根の構造躯体の工事，水道，電気，設備等は専門家に任せる「セミ・セルフビルド」がある。

ゼロエミッション　[zero emissions] 環境を汚染することのない生産工程を用いたり，企業の連携によって廃棄物の再利用をしたりすることで，社会全体で廃棄物排出ゼロのシステムを構築する，またはそれを構築するように目指すこと。国連大学が1994年にゼロエミッション研究構想（zero emissions research initiative, ZERI）として提唱した概念で，物理的には完全に達成することは難しいが，「廃棄物ゼロ」や「ごみゼロ運動」というように分別の徹底によって廃棄物の焼却や埋立て処分をなくし，リサイクルを促進するという意味で使われている。→循環型社会

遷移（せんい）ある植物群落が時間の経過にともない，不可逆的に変わっていく現象。裸地が草地に，草原が森林に移行するなどの変化。変化の要因としては，植物自身の成長のほか，気候（気温，湿度，降雨量，日照量など），土壌，昆虫や鳥類の存在などがある。最終的に安定状態になった群落の植生は「極相」と呼ばれる。→植生

遷移（縞枯山／長野県）

遷移空間（せんいくうかん）地域，都市内の時間や状況によって異なる使い方がされ，場所の意味性に変化がある空間を指す。路上，広場で開かれる市場はその典型例。その時点では，その空間は本来の機能や意味とは異なる意味性を保有する空間に変容する。→変化

全国総合開発計画　旧国土総合開発法に基づき，1962年に第1次計画が策定され，現在年までに5次にわたる計画が策定されている。国土の利用，開発および保全に関する総合的かつ基本的な計画で，長期的に住宅，都市，道路その他の交通基盤の社会資本の整備を方向づけるもの。五全総は2015年までの期間において「21世紀の国土のグランドデザイン」，「地域の自立の促進と美しい国土の創造」をスローガンに新たな国土軸の形成，地域連携，生活空間の再生等を謳っている。「全総（ぜんそう）」と略称。

全国都市美協会　関東大震災後の植樹活動に端を発する東京の都市美会（1925年設立，1926年改称）をはじめとする，都市の風景計画や景観のコントロールを唱えた運動が全国的に展開した当時の各地方自治体の協会の総称のこと。中央集権的なものとは異なる，地方のイニシアチブによる全国的な景観運動の原点。

全国町並みゼミ　1974年4月に妻籠(つまご)，名古屋市有松，奈良県橿原市今井町の住民組織の活動家が集まって組織した「町並み保存連盟」を前身とする「全国町並み保存連盟」が運営する年1回の全国集会。

全国町並み保存連盟　1974年愛知県名古屋市の3団体によって「郷土の町並み保存とよりよい生活環境づくり」をモットーに結成された住民初の全国組織のこと。組織の町並み保存に関する議論がきっかけとなり，1975年に「伝統的建造物群保存地区制度」が制定され，町並みも文化財として選定されることになった。2003年に特定非営利活動法人となった。

潜在意識　意識している意識(顕在意識)に対して，意識していない，あるいは意識できない意識の部分。

潜在自然植生　[potential natural vegetation] その場所のその時点における土壌，気象などの土地条件のもとで，推定できる最終的な(遷移の極相にあたる)植物群落。潜在自然植生は安定的とされる。地域の潜在自然植生を知ることは，環境保全計画や緑化計画を立てるうえで欠かせない。そのために植生調査を行う。→植生，代償植生

戦災復興　第二次世界大戦の戦災からの復興。1945年12月，政府の戦災復興計画基本方針に基づき東京，大阪，名古屋，広島，仙台などの都市で区画整理事業，道路拡幅，公園整備等による戦災復興都市計画が策定された。大都市においては，戦後の急激な人口増と経済活動，1949年のドッジラインによる緊縮財政と公共事業の圧縮により，区画整理事業が駅前に限定されるなど大幅な規模縮小を余儀なくされた。

戦前の郊外住宅地開発　明治末期から昭和初期にかけて，田園都市思想の影響を受けた民間の鉄道会社が，環境の良い郊外に持ち家を取得し，電車で都心に通勤するというライフスタイルの提案をし，開発を行った住宅地のこと。関東では東急電鉄，関西では阪急電鉄による開発がその先駆け。東急(当事の田園都市株式会社)沿線の洗足や田園調布，阪急電鉄沿線の芦屋などがその典型例。→田園都市，田園調布，郊外住宅地

剪定　(せんてい) 一部の枝葉を切り除き，樹木の健康を保つとともに美しい樹形を維持するための作業。多くの樹木は，放任したままでは樹形を崩すだけでなく，通風や日照が得にくくなるので剪定は欠かせない。→植栽

セントラルパーク・ニューヨーク　[Central Park, New York] アメリカ，ニューヨークの中心部，マンハッタンに1876年開園した大規模で近代的な公園。アメリカのランドスケープデザイナーの草分けといわれるF.L.オルムステッドが20年かけて実現した。南北4km，東西800m，面積約340haという広大な敷地は，ピクチュアレスクなデザインがされ，美術館，劇場，動物園など多くの施設がある。アメリカを代表する都市型公園。→都市公園，ピクチャレスク，ランドスケープデザイン，フレデリック・ロウ・オルムステッド

セントラルパーク・ニューヨーク(配置図)

千利休（せんのりきゅう）(1522-91) 安土桃山時代の茶人。徹底して無駄を省いた「侘茶（わびちゃ）」を完成させる。堺の商家に生まれ，若くして茶の湯に親しみ，武野紹鴎などに師事して茶の湯の改革に取り組む。織田信長，豊臣秀吉に仕え，1587年の北野大茶会を主管したほか，黄金の茶室や聚楽第（じゅらくだい）の築庭にもかかわるなど茶人として大成したが，秀吉の不興を買い切腹。養子の少庵の系譜から三千家（武者小路千家，表千家，裏千家）の流派が生まれた。→茶の湯，茶室

線引き ⇒区域区分

前面道路 建築物の接する主要な道路。道路斜線の基準となる道路。既成市街地内における建物更新等の際に，相互の環境悪化を防ぐために，用途地域と前面道路幅員によって容積率が制限される場合もある。

専門家派遣 住民主体のまちづくりにおいて，その活動を支援するためのまちづくりの専門家を地元自治体が斡旋すること。

占有権 人が物を事実上支配している状態を保護するための権利。土地所有者はもとより，借受人もその土地を使用する権限があるので，占有権を有している。例えばある人が，土地を現実に支配し利用しているが，他の人がその土地の真実の所有者であると主張したような場合には，現実に支配している人をとりあえず保護することが必要となるので，法律では現実に支配している人に「占有権」という権利があるとされる。

専有部分 マンション等で個人の持ち物として法的に認められた，構造上と利用上の独立性を有した部分のこと。区分所有法において専有部分とは，区分所有権の目的たる部分をいい，専有部分以外はすべて共用部分として扱われる。専有部分は自分が自由に使える代わりに，維持管理は区分所有者の自己責任となる。専用庭やバルコニーのように，特定の区分所有者が，区分所有者全員の共有に属する建物の敷地の一部または共用部分の一部を，特定の目的のために排他的に使用できる部分を「専用使用部分」という。→区分所有法

千里ニュータウン 大阪府豊中市，吹田市にまたがる千里丘陵に位置し，近隣住区方式によるわが国最初の大規模ニュータウン。開発主体は大阪府企業局で，開発面積は約1,160ha，計画人口は15万人，まちびらきは1962年。開発手法として，新住宅市街地開発法が初適用され，その後の各ニュータウン開発に大きな影響を与えた。現在，開発当初から約40年がすぎ，住民の高齢化，近隣センターなど地域商業の衰退，センター地区の用途転換，マンション建替えにおける景観問題等，さまざまな課題と直面している。→ニュータウン，新住宅市街地開発事業，近隣住区

千里ニュータウン（緑の住宅地／大阪府）

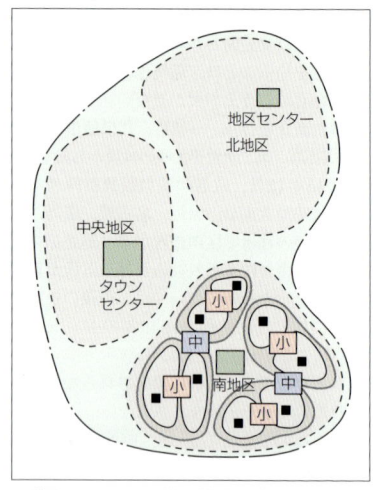

千里ニュータウン（住区構成モデル／大阪府）

草庵（そうあん）千利休らによる侘茶（わびちゃ）の象徴ともいえる，狭い茶席をいう。通常，四畳半以下の小間（こま）の席を意味し，それ以上の広間の席である「書院式茶席」と区別する。→茶室，茶の湯

草庵（桂離宮／京都市）

造園［landscape architecture, gardening］個人の住宅の庭，庭園，公園，テーマパークなどの施設から，集落や都市の環境改善，自然風景地などにいたるさまざまな空間を対象に，計画，デザイン，施工，管理にまたがる技術の体系。造園そのものは古代から多くの文明で行われてきたが，職能の分化が明確になる近代社会では，土木，建築と並んで環境づくりの主要分野の一つとなり，なかでも美的側面を重要視する専門領域とされる。最近では専門領域の区別は曖昧になり，分野間のコラボレーションや役割の入れ代わりなどが起こっている。特に景観の保全・整備に関する研究，計画，デザインなどはどの分野でも行われている。→景観，公園，庭園，修景，植栽，緑，園芸，ランドスケープデザイン

造園学 公園や緑地，個人の庭園など，植物や石材，土砂などを積極的に用いる空間について，土木的な基盤整備，意匠，植物など自然生物の利用環境などを研究する学問。また，街路樹を含む道路設計，都市計画や地域計画，景観，園芸などの分野を含む。

騒音振動公害 事業所・産業活動，交通等によって引き起こされる公害。建築工事においては騒音規制法，振動規制法，住民の生活環境の保全等に関する各種条例により規制がされている場合がある。また，自動車交通による公害問題については，発生源対策として自動車の排出ガスおよび騒音に係る許容限度の段階的強化，振動抑制のための速度規制，交通流対策，道路構造対策，沿道整備等の対策が必要となっている。

相関関係 ⇒相関分析

相関分析［correlation analysis］対等な2つまたはそれ以上の変数（変量）間の関係。変数間の関係が対等ではないと考える回帰分析（特に重回帰）を含む場合もある。2変量を2軸として平面上に表したものを散布図といい，一方の値が増加すると他方も増加（または減少）する傾向が見られる場合，「相関が高い」（相関関係がみられる，因果関係がある）という。2つの変数の場合を特に「単相関分析」，それ以上の変数があるものを「重相関分析」という。主成分分析，正準相関分析なども相関分析の一形態である。

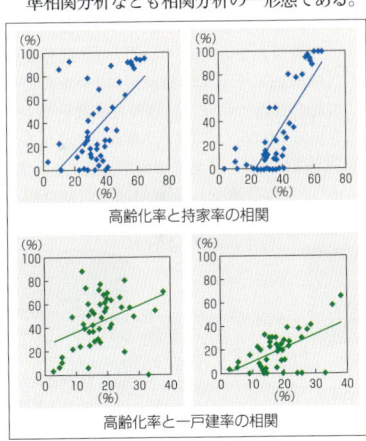

高齢化率と持家率の相関

高齢化率と一戸建率の相関

相関分析（高蔵寺ニュータウンの例）

雑木（ぞうき）スギやヒノキなどの材木用の樹木を除いた，普通は材木として利用できない広葉樹の総称。武蔵野の雑木林は有名だが，コナラ，クヌギ，シデ類，カエデ類などの雑木から構成されている。→二次林，里山

造形芸術 パウル・クレーは「造形芸術とは見えざるものを見えるようにすることである」と述べている。美術館で展示される作品だけを指すのではなく，日常生活に幅広

く存在するデザイン，広告，映像。最も現代的な意味における表現を，社会に流通する商品，情報，作品などとして提示する場合も含まれる。

総合改善地区　［general improvement area］1969年住宅法により定められたイギリスにおける住宅政策の一つ。スラムクリアランスや再開発に依らないインナーシティにおける住宅改良策として総合改善地区が指定され，住宅改良のために手厚い補助金が投資された。ただし，民間セクターの住宅の多くは持ち家であり，より高額所得者への販売が行われ，公共団体の財政にも影響が大きかった。1974年住宅法による再販売禁止により，より低水準の住宅の質向上に転換したが，財政上の問題により終了した。→事業，都市計画，まちづくり，インフラストラクチャー，基盤整備，都市再生

総合計画　自治体のすべての計画の基本となる計画。地域づくりの最上位に位置づけられる行政計画で，長期展望をもつ計画的，効率的な行政運営の指針。地方自治法の第2条において基本構想の必要性が謳われており，基本構想を受けて，おおむね10年間の行政計画を示す基本計画，3年間程度の具体的な施策を示す実施計画の3つを合わせて総合計画という。地域の将来像やなすべき施策や体制，プログラム等が記述される。

総合設計制度　建築基準法第59条の2。500m²以上の敷地で，敷地内に一定割合以上の空地を有する建築物について，計画を総合的に判断して，敷地内に歩行者が日常自由に通行または利用できる空地（公開空地）を設けるなどにより，市街地の環境の整備改善に資すると認められる場合に，特定行政庁の許可により，容積率制限や斜線制限，絶対高さ制限を緩和すること。→公開空地（くうち），斜線制限，特定街区

総合治水　洪水防止，発生時の被害を最小限となるように川を治め，国土や人々の暮らし，財産を守ること。ダムの建設，河川の改修，遊水地整備等と併わせて，市街化された地域の流域の保水能力を高めるために，ため池の保全，防災貯水池や雨水貯留浸透施設の設置，透水性舗装，造成に関する規制，耐水性建物の建設，避難路の確保等によって都市防災を図る平常時からの対策をいう。→河川，防災，防災基本計画

操作論的景観論　景観のとらえ方には，地理学や生態学における人間活動の結果としての景観と，建築や土木，都市計画における計画，デザインの対象としての景観の2つがある。前者を「認知論的景観論」というとすれば，後者は「操作論的景観論」である。→景観論

装飾　対象の機能を損なうことなく，より魅力的な形態，様相となるように要素を付加すること。対象によって装飾のあり方は異なるが，室内装飾を例にとれば，カーペット，壁紙，カーテン，家具等が装飾要素となる。

総合設計制度（梅田スカイビル／大阪市）

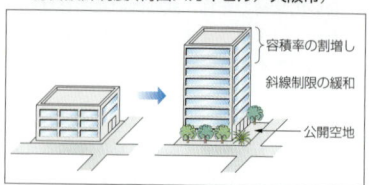

総合設計制度（概念図）

装飾（地下鉄の入口／パリ）

創造　アイデアを出し，そのアイデアを具体化すること。アイデアを出すことは発想で，それを具現化して初めて創造が完成する。→コンセプト

葬送空間（そうそうくうかん）死者を弔い、この世から送り出すための儀式である葬送を行う空間。葬儀の場所である教会、寺社、葬儀ホール、火葬場、墓地等が含まれる。儀式的側面が強いため、空間自体が象徴的である場合も多く、ストックホルム郊外に位置するE.G.アスプルンド設計の霊園は有名。→クレマトリウム、エリック・グンナー・アスプルンド

送電鉄塔 送電電圧、送電容量、地形等に応じて、大きさ、高さ、規模に違いがある。四角鉄塔、矩形（くけい）鉄塔、烏帽子（えぼし）型鉄塔、門型鉄塔（ガントリー鉄塔）、ドナウ型鉄塔、三角鉄塔等の形があり、景観に配慮した環境調和鉄塔も建設されている。電磁波の影響や送電線の振れ幅により、鉄塔および送電線付近は建物が建てられない範囲がある。

左：矩形鉄塔（川崎市）、右：四角鉄塔（八王子）
送電鉄塔

相隣環境（そうりんかんきょう）相互に隣接する建物の関係で発生する日照、通風、騒音、プライバシー、眺望などの居住環境のこと。近年、相隣環境の悪化が都市部のコミュニティでのトラブルとなるケースが少なくない。都市居住者の快適性の確保とトラブル回避のため、配置、密度、高さ等に関して、地域の土地利用状況に応じた基準を設けた「相隣環境のルール化」が進められるようになってきている。

ゾーニング［zoning］①事象や物事、空間をある規則をもって区分すること。②建築物において、用途等によって空間を区分、区画すること。高層建築物や複合用途建物、不特定多数の利用する建物においては、業種、業態で利用階を分けることや混雑を避けるために避難経路やエレベーターの着床階を区分することなどを指す。都市計画においては、用途地域に代表されるように、地域ごとに土地利用、建物利用の規制を行うためのコントロール手法。地域に適さない開発や建設を排除することで、良好な地域環境、都市を創出することを目的とする。大きくは住居系、商業系、工業系、緑地の4つに区分される。実際には住居、商業、業務の区分が曖昧で、混在している都市が多い。混在することで賑わい効果もあるが、必ずしも望まない環境に住宅が建設される場合もある。景観形成と連携していない場合もあり、的確な運用方針が必要であると考えられる。地方分権の影響もあり、近年では自治体全体からなるユークリッドゾーニングを基本とする地域計画、設計等による害悪排除的ゾーニングではなく、地域に適した地域社会創造のための付加価値ゾーニング手法が必要になる。→都市計画、土地利用、まちづくり

ソーホー ⇒SOHO

促進区域 都市計画法第10条の2に定められた区域。土地区画整理促進区域、住宅街区整備促進区域、市街地再開発促進区域、拠点業務市街地整備土地区画整理促進区域の4つ。事業要件を満足し、事業化の可能性もあるが、すぐに事業着手が行われない区域で、助成や建築制限の緩和によって、ある期限内に一定の土地利用目標の実現を義務づける制度。

測量 地球表面における地物の位置を計る技術の総称。さまざまなスケールでの地図作製などに利用される。国土地理院の行う基本測量と国や地方公共団体が費用を負担、補助して実施する公共測量とは、その内容が測量法によって定められている。

底地（そこち）借地権などの地上権が設定されている土地。土地本来の所有権の上に地上権が設定されており、地上権の底にある土地という意味で底地。底地の評価方法は、更地（さらち）価格にある割合を掛けて求める方法や、地代から年間の総収益を計算し、そこから必要経費を除いた純収益を資本還元して求める収益価格がある。底地の価格は、更地の時価から借地権価格を引いた金額となり、底地に見合う価格は底地価格といわれる。

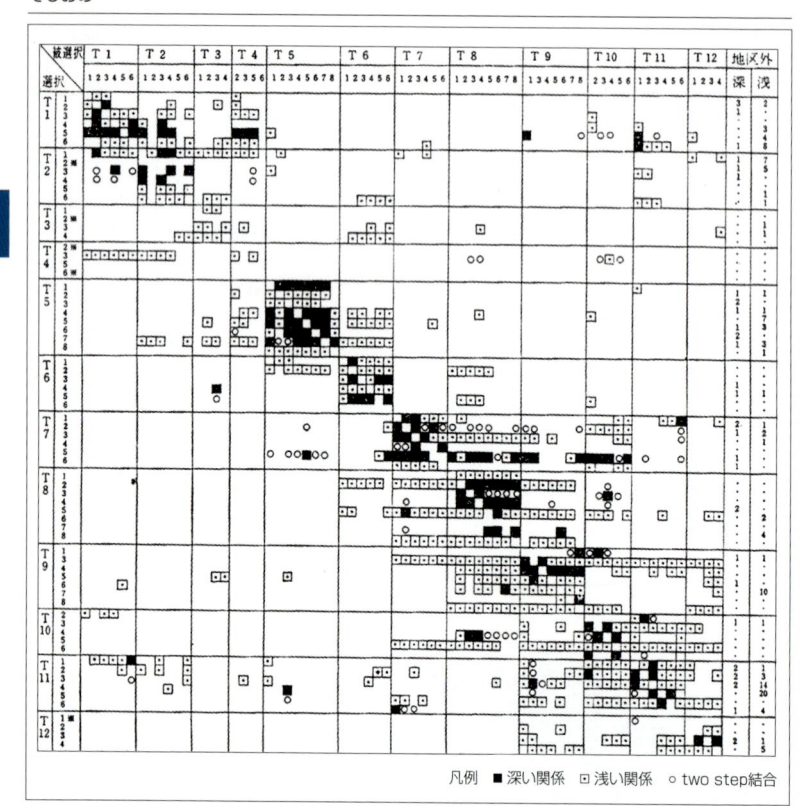

ソシオメトリー（ソシオメトリック・マトリックスの例）

ソシオメトリー［sociometry］さまざまな社会集団の内部の人間関係を，数量的または図示的に明らかにしようとする調査分析方法。集団構造や個人と集団の関係を扱う社会学の手法であり，デザインでは病院や学校の使われ方，コミュニティ施設の設計などに応用される。

組織事務所 2人以上の人々により意識的に調整された諸活動，諸力の体系をもった組織として業務を行う。建築設計を行う事務所の形態としてはアトリエ事務所，個人事務所の対比的概念としてとらえられる。業務内容の多様性，規模は大きくなるものの，個人の個性や一建築家の理念よりも組織の目的，利益が優先される。→アトリエ事務所

外縁（そとえん）⇒濡れ縁（ぬれえん）

村落 村の人家の集まっている所。村里。農林漁業などの第一次産業にその成立基盤をもつ集落。集落地理学では，村落を民家の集まり方により，民家がある場所に集まった状態を「集村」，広い所に分散して村落を形成しているのを「散村」としている。なお集村には，形状や立地により「塊村（かいそん）」「沼沢地村落」「環濠（かんごう）集落」「円村」「輪中（わじゅう）」「列状村」等の形態がある。→集落，集落形態

ダイアグラム［diagram］①抽象的な図形により，システムや概念，数量間の関係などを表現したもの。フローチャート。②特に鉄道や新交通システムの運行計画（ダイヤ）を図示した線図。

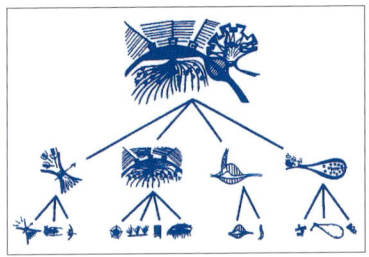

ダイアグラム
（C.アレグサンダーによるダイアグラム）

第一種住居地域 都市計画法に定める用途地域の一つ。住居の環境を保護するため定める地域。3,000m²までの一定条件の店舗，事務所，ホテル等，環境影響の小さいごく小規模な工場が建設可能。→用途地域

第一種中高層住居専用地域 都市計画法に定める用途地域の一つ。中高層住宅に係る良好な環境を保護するため定める地域。500m²までの一定条件の店舗等，中規模な公共施設，病院，大学等が建設できる地域。→用途地域

第一種低層住居専用地域 都市計画法に定める用途地域の一つ。低層住宅に係る良好な住居の環境を保護するため定める地域。50m²までの住居を兼ねた一定条件の店舗や小規模な公共施設，小中学校，診療所等が建設可能。→用途地域

第一種特定有害物質 化学物質の審査及び製造等の規制に関する法律（略称は「化審法（かしんほう）」または「化学物質審査規制法」）によって指定されている化学物質。難分解性，高蓄積性，人への長期毒性または高次捕食動物への毒性のあるものを第一種特定有害物質としてPCB（ポリ塩化ビフェニル），DDT（ジクロロジフェニルトリクロロエタン）など15種類が指定されており，製造・輸入および一部用途以外の使用が規制されている。

ダイオキシン［dioxin］ダイオキシン類は，非意図的に発生する物質であり，おもに一般ごみ，産業廃棄物の焼却過程で発生するほか，山火事や火山活動などの自然現象によっても発生する。燃焼で生成したダイオキシン類は，大気中に放出され，あるいは灰の中に残留するものが問題視されているほか，都市部の河川や内湾の底泥にも相当蓄積されていることも考えられており，食物連鎖による生物濃縮の影響も懸念されている。燃焼時では800℃以上では分解されるが，300℃程度で再合成され，塩素を含む物質の不完全燃焼や薬品類の合成の際，副生成物として発生する。

大街区 ⇒スーパーブロック

大学立地特性 1877年に東京帝国大学（現東京大学）設立以来，首都をはじめとする大都市圏に建設された後，地方都市に建設され，その後再び経済，産業など情報の集積する大都市部に建設されている。産学連携や教育機会整備の拡張等，学術活動以外の機能が期待されることから，都市部における機能拡張，施設増設は高層・高密化が図られる一方で，敷地確保のための郊外への移転，新設の動きも見られる。

耐火構造 建築の主要部分が高熱に対して強く，鎮火後，補修程度で再使用可能な構造を指し，壁，柱，床，梁，屋根，階段などの建築物の主要構造部のうち，耐火性能の基準に適合し，国土交通大臣が定めた構造方法を用いるか，国土交通大臣の認定を受けたものをいう。→準耐火構造

耐火樹（たいかじゅ）森林火災の出火や延焼防止，都市部における飛び火，延焼防止のために植樹される耐火性の高い樹木。枝葉や樹幹が延焼しても，早期に萌芽し回復する樹木。サザンカ，シラカシ，マテバシイ，マサキ，タブノキ等，樹皮が厚く含水率の高い樹木が該当する。

タイガ地帯［taiga］ロシアのシベリア地方に広がる，針葉樹の大森林。その地下は厚い永久凍土の層からなっている。破壊に弱く復元には長期間を要する。地球温暖化によってこの凍土が融け出すことが心配され

ている。タイガ地帯のさらに北には「ツンドラ地帯」がある。→地球温暖化，ツンドラ地帯，針葉樹林

代官山ヒルサイドテラス　東京都渋谷区猿楽町，鉢山町に位置する集合住宅群で，建築家の槇文彦の設計（アネックスは元倉眞琴）。1968〜98年にわたり，土地所有者である㈱朝倉不動産が，一族が昔から所有する土地に段階的に開発を行った。建築の設計を一貫して槇が行ってきたことから，統一したデザインの建築物が建設され，景観的に美しい町並みが構成されている。→景観，マスターアーキテクト方式

代官山ヒルサイドテラス（東京都）

大気汚染　「典型7公害」の一つで，人為的な経済的，社会的活動によって大気が有害物質で汚染され，人の健康や生活環境，動植物に悪影響が生じる状態をいう。大気汚染の原因となるおもな物質は，浮遊粒子状物質（SPM）や二酸化窒素（窒素化合物），亜硫酸ガス（硫黄酸化物），揮発性有機化合物（VOC），ダイオキシンなどのほか，アスベストや煤（すす），黄砂などの粉じんを大気汚染物質に含める考え方もある。

大規模開発　広大な敷地に複数の用途の都市施設（住宅，商業，サービス業，公益施設，公園等）を計画的に配置，開発した事業のこと。このような場合，開発業者も公的・民間を含め複数の事業主が計画に携わる場合がほとんどである。新宿副都心，臨海副都心など。→開発，事業，都市計画

大規模小売店舗立地法　大規模商業施設（1,000m²以上）等の出店調整の新たな枠組を定める法律。1998年成立，2000年6月から施行。運営主体は，都道府県または政令指定都市で，旧大店法の商業調整は廃止され，騒音，廃棄物処理，交通渋滞，交通安全などの生活環境の保全を審査内容としている。また，地域住民への説明会の開催および地域住民からの意見提出が義務づけられている。→スーパーマーケット，小売商店街

大規模災害　災害対策基本法第2条では「暴風，豪雨，豪雪，洪水，高潮，地震，津波，噴火その他の異常な自然現象又は大規模な火事若しくは爆発その他その及ぼす被害の程度においてこれらに類する政令で定める原因により生ずる被害」を災害と定義しており，市街地の状況や火災等の2次災害により，著しく甚大な被害にまで災害規模が広がったもの。災害発生の予測の困難性や地域特性，防災対策の遅れにより引き起こされる場合もある。化学物質による大気汚染，テロ，列車，飛行機事故といった人的災害も含まれる。

体験されている空間　O.H.ボルノウによって定義された空間。人間の居場所を通して与えられている他に優越する原点がある，人間の体と直立の姿勢に関連している，他に優越する軸系があるなど，人間の存在を基にした8つの定義事項に基づいている。その後のデザイン理論に大きな影響を与えた。→オットー・フリードリッヒ・ボルノウ

第三世界　[the third world]　おもにアジア，アフリカ，ラテンアメリカなどの発展途上国の総称。第二次世界大戦後の冷戦期の米ソ対立のもとで，東西両陣営いずれにも属さなかった国々を，フランス革命時の第三身分（貴族，聖職者に対する平民）にならってこう呼ぶようになった。こうした国々への国土開発，都市整備，技術移転等の支援や援助が課題となっている。

第三セクター　国および地方公共団体が経営する公企業を第一セクター，私企業を第二セクターとし，それらとは異なる第三の方式による法人という意味で第三セクターと呼ばれている。実際には地域開発や新しい都市づくり推進のため，第一セクターと第二セクターが共同出資して設立された事業体を指している。採算性に問題がある経営体を救済する目的で第三セクター方式としたケースが多いが，最終的にはずさんな経営手法によって破綻した例が少なくない。総務省は第三セクターに関する指針を改定し，第三セクターを取り巻く情勢は新たな局面を迎えた。

代償植生　ある地域の植生が，外的な要因で破壊された後に出現する植生。要因としては，山火事，土砂崩れ，洪水などの自然

的なものと，伐採，開墾などの人為的なものがある。酸性雨やウイルス，寄生虫，害虫の発生なども要因になりうる。→植生

対象場（たいしょうば）景観をとらえる際に人を視点とし，主対象（施設，建築等）が置かれる場を，篠原修は視点，視点場，主対象，対象場の4要素の関係を操作することで異なる印象を与えるとしている。例えば，対象場と主対象の関係では「同化」と「対比」という関係があり得る。→景観

耐震改修促進法 建築物の耐震改修の促進に関する法律。1995年の阪神・淡路大震災を契機として制定された。1981年の新耐震基準以前の既存不適格建物の積極的な耐震診断，耐震改修を促している。→防災，安全性

耐震改修促進法（倉吉市庁舎／鳥取県）

耐震基準 地震に対して建物をどのようにつくるかの基準で，建築基準法，建築基準法施行令，国土交通省（建設省）告示などで定められたもの。現行の耐震基準は1981年に改正されており，震度6強から震度7程度の大規模地震でも倒壊などの被害が生じないことが前提条件。

対人識別距離（たいじんしきべつきょり）視覚的に識別可能な距離の中でも，人の識別がどの程度の距離で可能かを示す。一般的に10m前後に，表情の識別が可能な限界があるとされている。

耐震診断 1981年の新耐震基準以前に建設された既存建物が，地震に対して安全に使用できるか判断する調査。旧構造基準で設計された既存建物に対して，「耐震補強」「建替え」「継続使用」の判定を下し，補強であれば耐震改修となる。木造，非木造，屋根葺き材等，および建築設備それぞれにおいて指針に基づいた判定を行う。

大深度地下空間 地下室の建設のための利用が通常行われない深さ（地下40m以深），および建築物の基礎の設置のための利用が通常行われない深さ（支持地盤上面から10m以深）を指す。国土交通省は，大深度地下の有効活用により，公共の利益となる事業である都市の形成に不可欠な道路や共同溝等の建設の円滑な実施を図るため，「大深度地下の公共的使用に関する特別措置法」（通称「大深度法」）を2001年より施行。→ジオフロント

代替案（だいたいあん，だいがえあん）他のもので代える案。計画においては，本命案のほかに同程度の効果，機能をもつ案を選択可能な比較候補として整理すること。

大都市圏 都市圏とは，核となる中心市およびその周辺の市町村をひとまとめにした地域の集合体であり，行政区分を越えた広域的な社会，経済的なつながりをもった地域区分のこと。都市圏のなかで，人口・経済力などが際立って大きいものを大都市圏と呼ぶ。日本では，東京，大阪，名古屋の都市圏を「三大都市圏」という。→メトロポリス，都市圏

大都市法「大都市地域における住宅及び住宅地の供給の促進に関する特別措置法」の通称。1975年施行。大都市地域における住宅および住宅地の供給を促進するため，大都市地域における住宅市街地の開発整備の方針等について定め，土地区画整理促進区域，住宅街区整備促進区域内における住宅地の整備，中高層住宅の建設，都心共同住宅供給事業について特別の措置を講ずることで，大量の住宅および住宅地の供給と良好な住宅街区の整備を図り，もって大都市地域の秩序ある発展に寄与することを目的とする法律。

第二種住居地域 都市計画法に定める用途地域の一つ。主として住居の環境を保護するため定める地域。10,000m^2までの一定条件の店舗，事務所，ホテル，パチンコ屋，カラオケボックスや，環境影響の小さいごく小規模な工場が建設できる。→用途地域

第二種中高層住居専用地域 都市計画法に定める用途地域の一つ。主として中高層住宅に係る良好な住居の環境を保護するため定める地域。1,500m^2までの一定条件の店舗や事務所が建設できる。→用途地域

第二種低層住居専用地域 都市計画法に定める用途地域の一つ。主として低層住宅に係る良好な住居の環境を保護するため定める地域。150m^2までの一定条件の店舗等が建設できる。→用途地域

タイプ［type］①型，形式。形を作り出す元になるもの。②類型。多数の個別形式をまとめる一定の種類の形式。③活字。文字のデザインを表すタイプフェイス。④タイプライターの略。またはキーボードで文字を打つこと。

タイポグラフィー［typography］印刷物において，文字の体裁を整えるために，活字を組み合わせて適切に配置する技法。美しく活字を配置する芸術的側面と，効果的な視覚伝達を実現する機能的側面をもつ。15世紀のグーテンベルクの活版印刷とともに始まったといわれ，ゴシック体，ローマン体，イタリック体などの活字が用いられた。最近では電子メディアの普及にともない，視覚伝達手段としての文字のデザイン表現にまで概念が拡大しようとしている。書体のデザインは「タイプフェイス」と呼ばれる。

タイポロジー［typology］類型学は特にこの方法論を研究する学問のことを，類型化とは分類の結果を導くためのプロセスのことを示す。定量的な分類は，用いる指標，尺度上の区切りの位置，定性的な分類は客観的な記述方法が重要である。→建築類型，分析方法，分類，ティポロジア

大名庭園（だいみょうていえん）江戸時代に各地の大名屋敷に付随して盛んに作られた庭園。様式はほとんどが池泉（ちせん）回遊式庭園で，岡山後楽園，金沢兼六園など，現存する著名な庭園の多くがこれに属する。→回遊式庭園，日本庭園

タイムスケール［time scale］紀。期。一定の時間，期間。時間の流れから切り取って分割された時期。

対面性　人間と人間が物理的に向かい合い，表情や声質などがとらえられる位置にあること，またその状況におけるコミュニケーションの性質。これに対応する非対面性は，匿名性や多様性と同様に現代都市の特徴とされ，コンピュータネットワークなど情報分野においても大きなテーマであったが，近年新たな技術によりこれを克服する動きが見られる。

太陽エネルギー　太陽の中心部で行われている，水素原子がヘリウム原子に変わる核融合反応の際に発生する核エネルギーのこと。地球に降り注いでいる太陽エネルギーは，化石燃料や原子力エネルギーと異なり，環境汚染のないクリーンな資源であることから，さまざまな利用形態が開発されている。太陽エネルギーは地球環境の中でいろいろなエネルギーに姿を変えて存在しており，大別すると，太陽光発電，太陽熱利用，人工光合成（水の光分解によって酸素と水素が発生），光触媒直接利用などの直接利用と，風力発電，波浪・海流発電，海洋温度差発電などの間接利用がある。

太陽電池　物質に光を照射することで起電力が発生する現象である光起電力効果を利用し，光エネルギーを直接電力に変換する電力機器。主流のシリコン太陽電池のほか，さまざまな化合物半導体などを素材にしたものが実用化されている。「色素増感型（有機太陽電池）」と呼ばれる太陽電池も研究されている。都市・建築計画分野では街灯，

大名庭園（水戸偕楽園）

タイポグラフィー（タイポグラフィーを用いた割付け例）

サイン，信号，誘導標識等に利用されている。

太陽電池（愛知万博）

滞留行動 人がある場所で歩みを緩めたり，たまる行動のこと。広場や界隈（かいわい）における待合せや休憩など人の自由な意志によるものと，通勤ラッシュなど混雑で移動が困難になる人の意志によらないものがある。滞留は，計画した空間以外で偶発的に発生する場合もある。

滞留行動（立ち話）

大ロンドン計画 [Greater London Plan] 1944年，ロンドンへの過度の人口集中への対応，第二次世界大戦後の戦災復興を目的として，アバークロンビーによって作成された都市計画。既成市街地の周囲にグリーンベルトを設けること，その外側にニュータウンを建設して都市の過密化と郊外への無計画な拡大を防ぐこと，職住近接等が謳われている。1968年に大ロンドン開発計画 (Greater London Development Plan) として改訂されている。→都市計画

タウンウォッチング [town watching] 住民がまちづくりなどのために，地域の実情を学習する手法の一つ。まちの中の土地や建物や景観に見られる自然の営みや人間活動の様子について，設定したさまざまなテーマをもとに観察して歩き回り討論をすること。日常，地域で何気なく見過ごしている面白いことや意外な発見を期待して行う。

タウンウォッチング（まち探索）

タウンスケープ [townscape] ⇒都市景観

タウンセンター [town center] 新都市や新市街地が計画された際に，その中心地区として整備される地区のことを指す。通常，商業，業務等の複合機能を有し，開発地域の中心地として利用される。→都心，ワンセンター方式

タウンセンター（千里ニュータウン／大阪府）

ダウンゾーニング [down zoning] 過度の開発による人口増加，環境悪化を抑制し，適正な都市規模を維持し生活の質を確保するため，容積率を切り下げ新規の開発容量を抑える地区の指定または変更。アメリカで考案された，都市の成長管理政策の一つ。

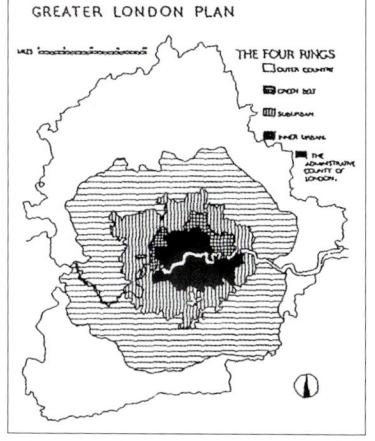

大ロンドン計画（大ロンドンの4つのリング）

町並みをそろえる等の効果が期待できるが，既得権者との調整や既存不適格建物の発生が問題になる。→開発，都市計画

ダウンタウン [downtown] 繁華街，都心部，あるいは商業地区，中央業務地区（オフィス街，ビジネス街）のこと。ダウンタウンを直訳すると下町となるが，アメリカでは住宅地が高台(uptown)にあることが多く，商店などへ行くときには高台を下りて行くことから，このように呼ばれるようになった。→下町，繁華街，都心，中央業務地区

タウンハウス [town house] 接地型住宅団地の一つの形態で，住戸を集約化し，各住戸が専用で使用する土地の面積を最小限にとどめることでオープンスペース，コミュニティ施設用地を確保し，良好な住環境を団地全体で創出する。タウンハウス団地内の住宅は「長屋建て」「連続建て」ともいわれ，各戸が土地に定着し，共用の界壁（かいへき）で順々に連続している住宅であるテラスハウスであることが多い。→テラスハウス

タウンハウス（会神原団地／水戸市）

多核型都市圏 主要都市および中核都市からなる都市圏で，都心と副都心が行政区分を越えて広域的な空間，社会，経済，交通等のつながりをもった地域。

高さ指定道路 ⇒指定道路③

高さ制限 建物高さの最高限度を規制すること。斜線制限のほかに，第一種・第二種低層住居専用地域では絶対高さ制限が設けられている。また地区計画によって，地域景観の保全や良好な市街地形成のために，最高高さが規制される場合と逆に高度利用のために制限が緩和される場合がある。

高潮（たかしお）気象災害の一つで，台風や低気圧によって海面が上昇し，海水が陸上に押し寄せること。

高床式住居（たかゆかしきじゅうきょ）床下を吹抜けにして，階段で出入りをする住まい。防湿に優れ，熱帯多雨気候に対応し，床下からの冷房のほか，洪水や害獣，害虫の侵入防止にも効果を発揮する。東南アジアに多く，原形は杭上家屋と考えられる。日本では弥生時代に住居として建設され，その他の建築としては倉庫，寺社建築に適用された。

高床式住居（インドネシア）

多義図形 ⇒反転図形

多義性（たぎせい）多くの意味や価値をもっているさま。特に空間や空間を構成する要素について，並列的で一元的な意味や価値の解釈だけではなく，異なる視点，立場，または次元からの解釈ができる様子を表す。→両義性

多義的空間 空間に，特に表現手段として，複数の意味をもたせること。また，複数の解釈が同時にできる空間。「空間の多義性」ともいう。

宅地 農地，林地などと並ぶ土地利用種目（地目）の一つで，建築物の敷地として登記された土地。税法上，他の地目（ちもく）に比べて高い課税がされる。→旗竿宅地（はたざおたくち），土地税制，地目（ちもく）

宅地開発事業 住宅等の建物を建設する目的で行う土地の区画形質の変更に関する事業。土地区画整理事業，新住宅市街地開発事業などを含む。→宅地開発指導要綱

宅地開発指導要綱 秩序ある宅地開発と公共公益施設の整った都市環境の整備を図り，住民福祉の増進に寄与するために定めた要綱であり，宅地開発の基本的な考え方を示すもの。各地方公共団体ごとに作成されている。→宅地開発事業

宅地化農地 市街化区域内の農地のうち，生産緑地（保全する農地）を除いたもの。市街化区域内の宅地化農地所有者は届出だけで農地転用ができる仕組みになっている。→生産緑地，緑住まちづくり推進事業

宅地造成（たくちぞうせい）宅地以外の土地を宅地にする，または宅地において行う

土地の形質の変更のこと。→宅地開発事業, 宅地造成等規制法

宅地造成(港北ニュータウン／横浜市)

宅地造成等規制法(たくちぞうせいとうきせいほう) 宅地造成にともなうがけ崩れ, または土砂の流出による災害を防止するため, 宅地造成工事等について必要な規制を定めた法律。災害の生ずるおそれのある市街地または市街地になろうとする区域を「宅地造成工事規制区域」に指定し, この区域内において一定規模以上の造成工事を行う場合には, 知事または市長の許可が必要。→開発, 宅地造成

宅地建物取引業法 1952年制定。宅地建物取引業を営む者について免許制度を実施し, その事業に対し必要な規制を行うことで, 業務の適正な運営と宅地および建物の売買, 交換, 賃貸借等諸取引の公正とを確保し, 宅地建物取引業の健全な発達を促進し, 購入者等の利益の保護と宅地および建物の流通の円滑化とを図ることを目的とした法律。

宅地並み課税 都市計画法による市街化区域内農地について, 近傍宅地との課税上の均衡をはかる土地税制の一つ。1992年の生産緑地法の改正で「宅地化する農地」と「保全する農地」に区分し, 後者を「生産緑地農地」として長期継続農地制度を廃止したことで, 農地の宅地並み課税に2分の1軽減特例が適用されることになった。生産緑地は農地課税とされたが, 30年後または農業をやめたときには自治体に対して買い取り請求ができるとされている。この結果, 市街化区域農地の宅地化が進んだが, その一方で駐車場が乱立するなどの課題も指摘されている。

竹垣 竹で作った垣根。垣としての強固さは劣るが, 作るのは容易であり, また竹垣はいろいろな意匠が可能で, 粋を重視する数寄屋風の屋敷や庭に多用される。建仁寺垣, 光悦垣など。→石垣, 生垣(いけがき)

上：光悦垣, 下：南禅寺垣
竹垣(京都市)

多次元尺度構成法 [multidimensional scaling]「MDS」と略す。調査対象や調査指標を分類し, 構造化して解釈, 理解するための方法。分類しようとする対象について, 計測された多くの観測値から得た多次元のユークリッド空間における位置を示す。量的データ, 質的データおよび両者を扱う方法がある。

多自然型川づくり 治水上の安全性を確保しつつ, 生物の生息, 生育環境を可能な限り改変しない, あるいは最低限の改変にとどめ, 良好な河川環境の保全あるいは復元を目指した川づくり。国土交通省が旧建設省時代から進める政策。→近自然型川づくり

多自然居住地域 多自然地域(自然が豊かな農村漁村など)で, 自然と親しみ, 自然に学び, 自然と共生しながら居住することが可能な地域のこと。→環境共生

多神教 複数の神々を同時に信仰する宗教。古代ギリシャの宗教, 日本の神道, 中国の道教, インドのヒンドゥー教などがあげられる。未開社会, 古代社会の原始宗教やシャーマニズムにも見ることができる。

建物譲渡特約付き借地権 1992年に施行された借地借家法で創立された定期借地権制度の一形式。借地期限終了の際, 地主に建物が譲渡されるという契約付きの30年以上の借地権。地主にその土地の上の建物を

相当の対価で譲渡するという約束付きの借地権といえる。おもな利用目的は賃貸住宅，分譲住宅，賃貸ビル，個人住宅等である。
→借地借家法，定期借地権

建物の不燃化　防災まちづくりの観点から必要な対応。不燃材，難燃材などや耐火性のある材質を使用した建物とすることで，市街地の延焼危険性を低減させる基本的な手法。各自治体による誘導が進められている。

棚田　（たなだ）傾斜地に等高線に沿って作られた水田。田面が水平で棚状に見えることからこう呼ばれる。棚田は，雨水の保水や貯留による洪水防止，水源のかん養，多様な動植物や貴重な植物の生息空間や美しい景観の提供などさまざまな役割を果たしている。農林水産省では，棚田の維持・保全の取り組みを積極的に評価し，国民的な理解を深めることを趣旨として，わが国の代表的な棚田を「日本の棚田百選」として認定している。→谷津田（やつだ）

棚田（桐生市新里地区／群馬県）

タピオラニュータウン　［Tapiola Newtown］フィンランドの首都ヘルシンキ郊外に位置するニュータウン。開発時期は1952～70年。面積約300ha，計画人口約2万人。開発事業者は，民間の非営利機関であるアスントセーティヨ。その計画は，傾斜地である森の中に配する住宅棟と，森と森の間に配された緑のオープンスペースという，常識とは逆の発想によるコントラストによるもので，世界で最も美しいニュータウンと呼ばれる。→ニュータウン，オープンスペース

ダブルスキン　［double skin］窓際の温熱環境を向上させ，省エネを図る建築手法。建築物の外壁の外側の一部または全面をさらにガラスで覆い，外壁とガラスの間に設けた空間を換気する。外側のガラス面の上下に開口部を設け，下部から取り入れた空気を，日射熱により生じる浮力を利用して上

タピオラニュータウン（中央の象徴的な噴水）

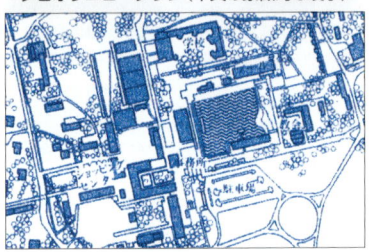

タピオラニュータウン
（中心部配置図／フィンランド）

部から排気する。夏季は日射熱を軽減，冬季は保温効果，省エネに有効。その空間はメンテナンスや機器の設置スペースにも利用可能，改修時にダブルスキン工法を採用すれば，建物の表情を効果的に変えることも可能である。

ダブルスキン（仙台メディアテーク）

多変量解析　［multivariate analysis］複数の変数（変量）を用いた統計解析の方法の総称。計算機の発達と普及にともない実用化された。多数の変数を整理，統合，分類する場合，予測式を設定し予測量を推定する場合，サンプルを分類，グループ分けする場合などに用いられる。質的（定性的）データ，量的（定量的）データを用いるさまざまな方法がある。→因子分析

多摩ニュータウン　東京都西部の多摩丘陵に位置するわが国最大のニュータウン。開発主体は住宅・都市整備公団，東京都およ

び東京都住宅供給公社。開発面積約3,000ha，計画人口約34万人。事業手法は，新住宅市街地開発事業および土地区画整理事業。1971年に第1次入居が開始され，2005年に開発事業を終了したが，最終的に売れ残りの用地が発生，常住人口も20万人程度で，赤字事業となった。現在，初期開発地区では再生計画が進行する一方で，売れ残り用地が点在しているのが実情。→ニュータウン，新住宅市街地開発事業

多摩ニュータウン（東京都）

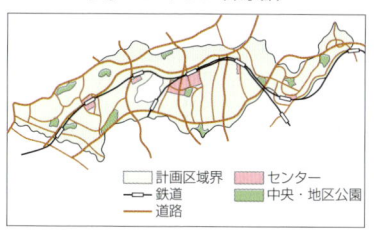

多摩ニュータウン（全体計画図／東京都）

ダム景観 巨大な土木工作物であり，多くの場合，山奥の渓谷地域で行われるダムの建設は，それまでの自然景観を破壊すると同時に，そこに新しい独特な景観を出現させる。ダムの形式（重力ダム，アーチダム，ロックフィルダムなど）によって材質，形状が異なる。残る自然の保護とともに，展望点の確保などが望まれる。→景観，人工景観

田村 明（たむらあきら）(1926-) 法政大学法学部名誉教授。地域政策プランナー。「まちづくり」という言葉を広めた。東京大学卒業後，運輸省，大蔵省，都市計画コンサルタントを経て，横浜市で都市デザインを実践した。

溜め池 灌漑（かんがい）用の水を溜めておく人工の池。溜め池を地域資源としてとらえると，自然資源，地域生産物資源，文化的資源，人的資源に対する人工施設資源となり，近年では子供の体験学習の場として使われることがある。→地域資源

単位空間 複合的な人間の動作空間から構成される。日常生活の基礎的働きをもった空間（便所，浴室等），建築の構成主体となる空間（事務，集会，教室等），主体を補完する空間（出入口，廊下等）が含まれる。→空間構成要素，分節

段階構成 段階的に形態や情報，利用方法，システムなどを構成し，設計，作成，利用，管理すること。住宅地計画において近隣のコミュニティを形成する地区から小学校区，中学校区へと段階的に構成する計画理論，道路ネットワークにおいて主要幹線道路から幹線道路，補助幹線道路，区画道路までを構成する計画理論などがある。また，地理情報システムなどで電子データの整備，分類，関係づけ，複数システムでの利用などの段階で分けるデータ構成を説明する。

丹下健三（たんげけんぞう）(1913-2005) 大阪府堺市生まれの建築家。日本人の建築家として最も早い時期に海外で高い名声を得

ダム景観（黒部ダム／富山県）

丹下健三（広島平和記念資料館）

たうちの一人で，特に高度経済成長期には国家的なプロジェクトを多く手がける。また，東京大学教授として多くの世界的建築家を育成。作品は，広島平和記念資料館および広島平和記念公園，旧東京都庁舎，東京カテドラル聖マリア大聖堂，東京オリンピック国立屋内総合競技場（代々木体育館），1970年日本万国博覧会会場・基幹施設計画，東京都新庁舎，フジテレビ本社ビルなど多数。

炭鉱住宅 炭鉱労働者のための社宅。「炭住（たんじゅう）」と略して呼ぶことが多い。福岡，長崎，北海道といった産炭地に多数の炭住が建設されたが，各地の炭鉱が閉山し解体されるか，残ったものも廃墟と化した。軍艦島が有名。→住宅

炭鉱住宅（軍艦島／長崎県）

短冊型敷地（たんざくがたしきち） 間口が狭く奥行が長い敷地のこと。その形状から「うなぎの寝床」とも呼ばれる。近世時代の町屋が連たんする地域に多く見られる敷地形状。当時は，敷地面積ではなく間口長さが課税の基準となっていた。→町屋，敷地，町割り

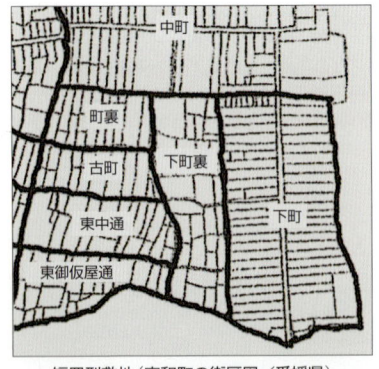

短冊型敷地（宇和町の街区図／愛媛県）

探索行動［way finding］移動もしくは目的物への到達過程において，複数の選択肢があることを前提に経路選択を移動する主体が行う行動を指す。通常は最短経路を探すことになるが，対象の空間構成次第では心理的に与える影響が異なり，快楽とも不快ともなる。→空間認知

炭酸ガス 二酸化炭素（CO_2）。地球大気中での濃度は微量だが，温室効果をもち，地球の平均気温を15℃前後に保つのに寄与してきた。産業革命以降の工業化の促進とこれにともなう化石燃料の燃焼，吸収源である森林の減少等により，地球温暖化の最大の原因物質として問題視されている。

単身世帯 一人で住戸を構えて暮らしている人や賃貸住宅に間借りして一人で暮らしている人，また寮や寄宿舎に住んでいる単身者の世帯のこと。

団村（だんそん）⇒塊村（かいそん）

単体規定 建築基準法に定められている，個々の建築物が備えていなければならない安全確保のための技術的基準を定めたもの。すべての建築物が対象であり，建築物の敷地の衛生と安全性，構造耐力上の安全性，建築物の用途，規模による使用上の安全性，防火性や耐火性，耐久性や対候性などに関する技術的基準。建物が強固で破壊されないということに加えて，建築物を使用する人の健康や財産に損害を与えないことが目的。→建築基準法，集団規定

単断面道路 歩車道が分離されていない，または歩道が設置されていない道路。

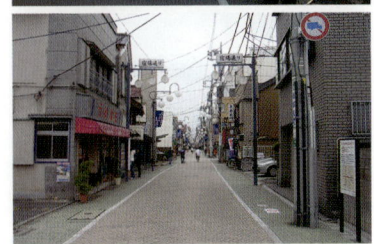

上：祇園地区（京都市），下：北千住（東京都）
単断面道路

ち

地域 土地の区域，区画された土地のこと。都市や農村の一定の区域，または都市的エリアと農村的エリアを包括した区域。→集落，コミュニティ

地域イメージ 地形，気候風土，景観，生態系などの特徴的なことにより想起される地域の全体的な印象のこと。空間的な特徴だけでなく，その地域の活動やそこから想起される地域の印象をあわせたもの。

地域エゴ 広く全体として考えると必要なことではあるが，自分の地域でそれを引き受けることは拒否したいという心理状態のこと。例えば，電気は必要であるが自分の地域では，原子力発電所は造りたくない，水は欲しいけれども，自分の地域ではダム建設ができないというようなもの。

地域開発 特定の地域において，社会生活の向上を目的とし，政府，地方公共団体，民間開発業者等が実施する総合的な開発。

地域環境デザイン 地域環境を構成する自然的，人為的，社会的要素すべてを対象に，それらの関係性を考慮したうえで行うデザインを指す。地域は一定の広がりをもつ範囲に限定することも可能で，地形的，行政的境界を用いることができる。

地域還元 ごみ焼却場などの迷惑施設を建設する代わりに，例えば焼却で発生した余熱を地域冷暖房や温水プールに利用したり，施設周辺の道路整備を行うなど，地域にとって有効な利益を還元すること。

地域計画 国や自治体レベルにおいて「地域」という広がりの中で，良好な生活環境を創造し維持向上していくための政策を展開するのに必要な空間的，時間的，経済的な事業計画。都市計画はこの中で空間計画を担い，土地利用，交通計画，基盤整備，景観や環境等の空間構成やまちづくりの指針を地域計画として扱う。→まちづくり

地域景観 [regional landscape] 都市景観，農村景観などさまざまな特徴をもつ地域の景観の総称であるが，地域景観という場合は，より広い範囲の多様な景観を総合的に表現できるような，多少抽象化した見方が必要とされる。→景観

地域景観計画 ⇒景観計画

地域コミュニティ 自治会や町内会など，本来は自主的な活動をする組織。行政の下部組織として変質していたり，加入率が低下し求心力を失っている組織もあるが，地域社会において一定の信頼感や力を維持する。→地縁組織（ちえんそしき）

地域資源 一般に地域固有の資源のこと。地域資源にはさまざまなものがあるが，生産や生活と緊密な関係にあるものが多い。例えば，里山のような自然資源，町並みといった人工施設資源，農産物に代表される地域生産物資源，民俗芸能に代表される文化的資源，職人などの人的資源などである。→棚田（たなだ），溜め池，町並み

地域資源（旧開明学校／愛媛県）

地域施設 おもに地域居住者もしくは就労者に利用されることを目的に整備される施設。個人の日常的な生活を行ううえでの各面の要求を満たし，生活を支える。これらには教育施設，医療施設，社会福祉施設，行政施設，商業施設がある。地域施設の立地は，誘致圏域からの利便性が考慮される。

地域社会学 都市と農村の接合領域，特に地方の都市と農村を合わせた地方都市圏を研究対象とする社会学。近年，地方や地域における少子高齢化，産業の衰退化，地方自治の振興，環境，防犯，防災，福祉，教育など，まちづくりへの関心の高まりを背景に，地域社会学の果たし得る今日的可能性が広がっている。→住民，コミュニティ

地域社会類型 混住化した地域や集落のコミュニティの実態をとらえるための類型。「農業とのかかわり方」「同一地域での近い親戚の有無」「居住期間」「集落内で旧住民

と同じ自治会であるかどうか」といった指標の組合せにより抽出される。「旧住民型」「各タイプ混合型」「農家・新住民型」「団地新住民型」などがある。

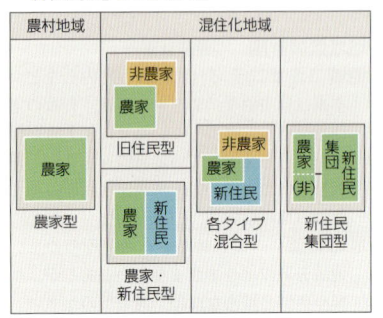

地域社会類型

地域住宅計画 ⇒HOPE計画

地域情報システム 地域に関する土地，建物，道路，交通，施設，環境，消防，防災，生活，安全，統計データ，地図，天気等の情報を総合的一元的に管理し提供するためのシステム。→地理情報システム

地域性 その地域の個性や特徴のこと。いわゆる「地域特性」「都市個性」といわれるもの。その都市や地域の歴史，風土に基づく個性を表現することが重要とされる。

地域制公園 ⇒自然公園

地域団体商標 ⇒地域ブランド

地域地区制度 日本のゾーニング制度で，都市計画法第8条に規定されている。都市における土地利用の全体像を示し，それぞれの地域地区の目的に応じて，建築物や工作物に一定の規制を行うことで，都市機能の維持と良好な都市環境の保持を図るもの。基本的なゾーニングである用途地域（12種類）をはじめとして，防火地域，準防火地域，特別用途地区，高度地区，高度利用地区，特定街区，景観地区，風致地区など20種類が定められている。→都市計画，ゾーニング，用途地域

地域通貨 法定貨幣ではないが，特定のコミュニティ内において，法定貨幣と同等の価値あるいはまったく異なる価値があるものとして使用される貨幣のこと。社会的に地域通貨がコミュニティ内で流通している例や，割引券のような役割を果たす地域通貨制度など，地域通貨の経済的効力は，地域通貨運動を行っているコミュニティごとに異なる。

地域福祉計画 地域において，住民，行政，事業者，ボランティアなどが協力して，助けを必要とする人が自立した生活を送り，さまざまな社会活動に参加できる仕組みを用意し，推進していくための計画のこと。→福祉のまちづくり条例，ハートビル法，バリアフリー新法

地域ブランド 2006年の改正商標法によって認められた特定の地域名を冠した登録商標のこと。正式には「地域団体商標」という。これまでは全国的な知名度がなければ登録は不可能であったが，出願団体がそのブランドを地元や隣接都道府県に広めたことが確認できれば，登録が認められるように要件が緩和された。

地域ブランド
（三番瀬ロールペーパー／千葉県船橋市）

地域別ガイドライン ①地域の実情を踏まえた行政施策や環境保護，各種技術開発等の展開プログラム。②景観条例に見る用途地域別景観ガイドライン。景観誘導と建築指導行政が一体となった内容となっており，市街地の景観形成をマトリクスで整理できることも特徴である。柏市「地域別景観形成ガイドライン」など。

地域防災拠点施設整備モデル事業 地域防災拠点施設を整備することによって，施設が整備される地域の防災性の向上を図るとともに，地域防災拠点施設整備のモデル事例を提供することを目指す事業。→防災，防災拠点，防災まちづくり事業

地域防災計画 災害対策基本法に基づき，都道府県および市町村が国の防災基本計画に準じて策定。市民の生命，財産を災害から守るための対策を実施することを目的とし，災害関連業務に関して，関係機関等の協力を得て，総合的かつ計画的な対策を定めた防災計画。→防災

地域マネジメント 地域における計画や実行は中央から地方に移行し，その主体も行

政中心から行政と住民，企業との協働に移行しつつあり，地域資源の再評価や空間整備，生活サポートソフトの充実を図ることなど，地域に見合った内容も必要である。さらには地域活性のために，空間整備のみではなく地域産業育成，コミュニティの活性等，総合的に地域を管理運営する，多様な主体の役割と関係性を明確にした連携による地域事情に即した地域運営体制の確立が必要であり，これら組織による計画策定と施策および事業の実施，実施施策評価など地域運営のPDCAサイクルを構築すること。→地域計画

地域冷暖房 一定地域内の建物群に熱供給設備（地域冷暖房プラント）から，冷水，温水，蒸気などの熱媒を地域導管を通して供給し，冷房，暖房，給湯などを行うシステム。地域冷暖房の導入により，省エネルギー性に加えて，環境保全や利便性，安全性の向上などさまざまな効果が期待できる。

チームテン [Team X，Team 10] 1953年，第9回CIAM（近代建築国際会議）にて結成され，1981年に解散したヨーロッパ建築家のグループ。それまでの近代建築に対し，新しい建築と都市の国際運動を展開し，現代建築に大きな影響を与えた。メンバーはジャンカルロ・デ・カルロ，アルド・ヴァン・アイク，ピーター・スミッソンなど。→CIAM

地役権 （ちえきけん）自分の何らかの目的のために他人の土地を利用する権利のこと。民法第280条〜第294条に規定されている。他人の土地を通行する権利として地役権を設定する場合が多く，その他にも他人の土地から水を引く権利，他人の土地に高い建物を建てさせない権利などがあげられる。地役権の目的は原則として自由に定められているが，所有者間の契約によって設定されるのが一般的で，登記することもできる。

チェスター [Chester] イギリス中西部に位置する，イギリス屈指の観光都市。ローマ帝国が帝国の国境を護るためにつくった要塞都市で，現在も古い城壁は2000年前そのままの形を残している。また，チェスターの中心部は，白壁と黒い材木からなるビクトリア朝のハーフティンバーの建物が連続した町並みで構成されており，そのファサードの美しさと2階部分に設けられた「ロウズ」と呼ばれるテラス状のプロムナードが魅力的な空間を演出している。→観光，町並み保存

チェスター（旧市街地／イギリス）

地縁組織 （ちえんそしき）地理的な近接を縁として，地域を共同で管理・運営し，生活上のさまざまな利害をともにすることを基本原理として構成された組織のこと。部落会や町内会はその典型である。現代社会ではその力は弱まり，機能的な組織が優勢となっている。→地域コミュニティ

知覚 物理的な空間に対して人間の心理を表す語。知覚までたどり着かないと定義される感覚と，知覚以上の記憶や深層心理的な作用を含むと定義される認知の中間に位置する。現前する事物や出来事，状況を知ること，およびその過程を示し知ることに重点をおく用語。感覚としてとらえられる事物の刺激そのものではなく，周囲からその感覚を分けたり逆にまとめたりする過程，さらにいくつかの感覚の相互関係，瞬間的に働く記憶や判断，想像や推理などが重要となる。感覚受容器に基づいた視知覚をはじめとする知覚，時間や空間，運動などの知覚が含まれる。→感覚，認知，距離知覚

地下空間 採光，眺望，通気，音，振動等の外部刺激の影響が及ばない遮断空間。閉鎖的，高湿度，不健康というイメージもあるが，外部との遮断による作業効率の向上，心理的安定感，シェルター機能があるとされる。鉄道，ガス，電気通信，上下水道による利用のほか，地下街は気候に左右されずに移動，飲食店，商業施設に立ち寄れるといった利便性をもつ。2001年に大深度地下法が施行されたことから，都市の再生に向けた社会資本整備に利用する機運が高まっている。→大深度地下空間

地下権 空中権のうち，地下を対象として設定したものをいう。→空中権①

地価公示法 1969年施行。地価の公示に関連した事項を規定した法律。都市およびその周辺の地域等において、標準地を選定し、その正常な価格を公示することで一般の土地の取引価格に対して指標を与えること、および公共の利益となる事業の用に供する土地に対する適正な補償金の額の算定等に資し、もって適正な地価の形成に寄与することを目的としている。都市およびその周辺の地域等において、土地の取引を行う者は、取引の対象土地に類似する利用価値を有すると認められる標準地について公示された価格を指標として取引を行うよう努めなければならない。→路線価

地下室マンション 斜面を利用して、表側は5階建だが斜面側から見ると10階建になっている、といったような変形マンションのこと。1994年の建築基準法改正により「地階で住宅の用途に供する部分については、その建築物の床面積の合計の3分の1以下に限り、容積率に算入しない」と規定が変更された規制緩和がもたらす、景観および住環境の悪化をともなう建築行為。地方自治体では独自の条例を策定し、規制に乗りだしている。→規制緩和、マンション条例

地下商店街 主要ターミナル駅や地下鉄の駅などを連絡し、地下街に形成された商店街のこと。自然採光、通風、避難などの計画上の配慮が求められる。→地下空間、商店街

地下商店街（大阪駅周辺）

地下水汚染 地下水の水質が汚染されている状態で、農場やゴルフ場からの農薬、汚染土壌等からの重金属や化学物質、またハイテク部品やドライクリーニングから漏出する揮発性有機化合物（VOC）などがその原因となることが多い。環境基本法（1993）に基づく地下水環境基準では、重金属や揮発性有機化合物、農薬など26項目についての基準が定められているほか、土壌汚染対策法（2002）に基づく特定有害物質には、鉛、砒素、トリクロロエチレン等の25物質が定められている。

地下道 地下に建設された通路および道路のこと。通路としておもなものは、地下鉄駅の乗換え用通路や最寄り建物等を地下で連絡する通路。道路としては、立体交差になった道路で、地下空間に道路が建設されているものを指す。→地下空間

地中埋設物（ちかまいせつぶつ） ①建物敷地における従前建物の基礎や遺跡、配管設備、戦時中の地下構造物等。②ライフラインの管きょ等、道路法第32条第1項2号にある水管、下水道管、ガス管その他これらに類する物件。地下空間の混乱を避け、適切にメンテナンスを行うために共同溝として整備されることもある。電線等の架線も埋設することで、地上の景観整備や災害時の事故防止につながると考えられる。→共同溝

地球温暖化〔global warming〕人間活動によって温室効果ガスが大量に大気中に排出されるようになり、その結果、大気中の温室効果ガス濃度が高まり、地表面付近の気温が徐々に上昇しはじめている現象のこと。過去約100年間で全地球の平均地上気温が0.3～0.6℃上昇し、温室効果ガスがこのまま増え続けると2100年には平均気温が約2℃上昇、海面が50cm上昇すると予測されている。→温室効果ガス

地球環境 大気、地殻、海洋、生命など、地球と地球を取り巻くすべてのものと、その相互作用に起因する現象。

地球環境問題 環境問題の発生源や被害が地球規模に及ぶなど、特に広域的な環境問題をいう。地球温暖化、オゾン層破壊、酸性雨のように、発生源や被害地が必ずしも一定地域に限定できないものが該当する。これらは環境への影響が国境を越えて波及する点が対処を難しくさせており、国内で環境保護のための法整備を進めても、他国での環境破壊行為によって環境被害を受けることもあり、国際的な枠組での対策が必要とされている。→地球温暖化、排出権取引

地区計画 都市計画法第12条の4。一定地域における環境維持のために定める画地規模、形状、都市施設、建築物のデザイン等、

地区レベルのまちづくりルールを定めた都市計画。建築基準法が個々の建築物の規制を行うのに対し，面的に開発行為や建築行為を規制・誘導して，景観や環境など地区特性に配慮した，良好な市街地の整備を図るもので，市町村が地区住民の意向を一定程度反映しながら策定する都市計画。地区環境維持・保全や街並み誘導を図る一方で，開発が必要とされる都心部等では，高度利用が可能となる緩和型地区計画もある。地区計画，防災街区整備地区計画，沿道地区計画，集落地区計画の4種類があり，定めようとする地区特性に応じて活用する。→都市計画，まちづくり

地区計画の種類（都市計画法第12条の4）

種類	タイプ	関連法
地区計画	基本型	都計法第12条の5
	誘導容積型	都計法第12条の6
	容積適正配分型	都計法第12条の7
	高度利用地区型	都計法第12条の8
	用途別容積型	都計法第12条の9
	街並み誘導型	都計法第12条の10
	再開発等促進型	都計法第12条の5
防災街区整備地区計画	基本型	密集法第32条
	誘導容積型	密集法第32条の2
	用途別容積型	密集法第32条の3
	街並み誘導型	密集法第32条の4
沿道地区計画	基本型	沿道法第9条
	誘導容積型	沿道法第9条の2
	容積適正配分型	沿道法第9条の3
	高度利用地区型	沿道法第9条の4
	用途別容積型	沿道法第9条の5
	街並み誘導型	沿道法第9条の6
	沿道再開発等促進型	沿道法第9条
集落地区計画	基本型	集落法第5条

都計法：都市計画法
密集法：密集市街地における防災街区の整備の促進に関する法律
沿道法：幹線道路の沿道の整備に関する法律
集落法：集落地域整備法

地区計画制度 ドイツのベープラン（Bebauungsplan）を参考に1980年に制度が創設された。個々の地域特性に応じた良好な都市環境の整備，保全に必要な事項を定め，地区レベルの詳細なまちづくりに有効な都市計画制度として，用途地域等の一般的規制を補完する制度。地区施設の配置と規模，建築物等の制限，緑地の保全等を定めることができる。2002年の都市計画法改正により，土地所有者やNPO，民間事業者からの提案型地区計画制度も確立しており，より実態に即したまちづくりの実施が期待される。→ベープラン

地区公園 都市公園法に定める住区基幹公園（住宅地に不可欠な公園で，街区公園，近隣公園および地区公園の3種類から成る）の中の最大なもので，徒歩圏内の居住者の利用を想定し，誘致距離1km，面積4haが標準とされている。しかし，こうした画一的な公園づくりは魅力に欠けることから，それぞれ個性をもたせた公園を配置する方向に変わってきている。→公園，近隣公園，街区公園

地区再開発事業 都市計画決定された公共施設を含む地区で行われる任意再開発補助制度。計画公共施設用地を任意再開発の中で空地（くうち）として確保する必要がある。都市再開発方針1号市街地，2項地区，都市活力再生拠点整備事業整備地区における街区整備地区，緊急再開発事業促進地区，都市再生総合整備事業の特定地区等の位置づけが必要。→事業，都市計画，まちづくり，基盤整備，都市再生

地区詳細計画 ⇒ベープラン

地形 [landform, geographical features]
山，川，丘陵，台地，平野，扇状地，段丘などに現れる地表の形態。地形は把握される範囲や規模によって内容は異なり，一般に大・中・小地形と微地形に分けられる。環境デザインにおいて操作の対象となるのは，ほとんど小地形や微地形であり，景観構成上影響が大きいのは大・中地形である。景観を構成する多くの要素の中で，地形は景観を構造化するうえで最も影響力の大きい要素で，景観の最高地をつくる山並みと最低地を表す渓谷や河川，その間を形づくる尾根筋や斜面は，その場所の景観の骨格を決定づける。地域のデザインを行うためには，尾根筋図，谷密度，勾配分布，流域構成などの地形の分析が欠かせない。

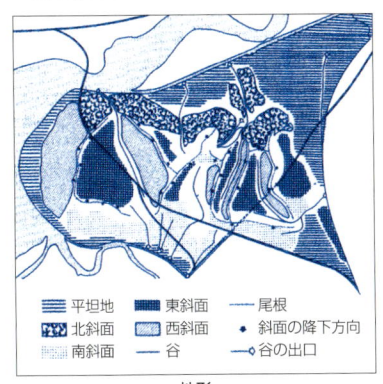

地形
（ランコーンニュータウンの地形分析／イギリス）

→景観構造，景観構成要素，微地形（びちけい）

地形景観タイプ　地形上の特徴を指標として，地域の景観を類型化したもの。地形は地域景観における主要な構造的要素であり，分類指標としての価値が高い。例えば山地型，丘陵地型，台地型，低地型景観など。→地形，タイポロジー

知見　（ちけん）新たに発見され，知ることになった，また知ることになる事実，事象，事柄。

地上権　人の所有する土地を使用する権利のこと。民法第265条では，地上権を「他人の土地に於て工作物または竹木を所有するためその土地を使用する権利」と規定しており，所有権と同じ「物権」に分類している。借地人の力が強く，所有権に近い。地代を支払う義務はあるが，地主に断ることなく自由に売買したり，また貸しや建替えが可能である。地上権を設定すると，地主に登記を請求することができるので，抵当権を設定して地上権を担保に融資を受けることもできる。

地上写真測量　空中写真測量のステレオ計測の考え方を地上での近接写真測量に応用したもの。デジタルカメラの普及や解析のためのフリーウェアの開発・公開が進み，さまざまな分野での3次元情報の取得に利用されている。→空中写真測量

地図　地表の地理的事象を一定の約束にしたがって図形などで表示したものと定義され，点，線による図形，記号，文字の集まりで表される。対象とする空間の規模や範囲により縮尺や表現は異なる。一般的に用いられる都道府県地図，道路地図，観光地図等は実測に基づき作成された国土地理院の5万分の1あるいは2万5千分の1の基本図をもとに作成される。このほか，呼称として認知地図のように，人が空間をどのようにとらえているかを表現したものもある。→時間地図，認知地図，白地図（はくちず）

地勢　（ちせい）⇒地形

地籍　（ちせき）法務局に保管された土地の戸籍のことを指し，各筆ごとの地番，所有者，地目，面積，境界等の記録が記載されている。→地番，地目（ちもく）

池泉回遊式庭園　（ちせんかいゆうしきていえん）⇒回遊式庭園

地相　（ちそう）土地がもっている姿（地形）やさまざまな力（地力）。後者は風水思想における環境評価（土地力の把握）の重要な概念であり，風水師が測定する（吉凶を占う）手法である。→地形，風水

地番　個々の土地に付けられる番号で，地番区域ごとに起番して土地一筆ごとに定められている。住居表示（住所）とは異なる。

地方開発事業団　2つ以上の都道府県と市町村（普通地方公共団体）が，公共事業や土地区画整理事業等を行うために設置する行政組織。→地方自治体

地方空港　空港整備法第2条第3項に定める第二種および第三種空港。離島を除いて新設を抑制し，ハード，ソフトの施策の組合せや既存空港の十分な活用に重点を移し，滑走路の延長も継続事業のみを着実に進め，投資効果の早期発現を図ることとしている。→ハブ空港

地方空港（神戸空港／兵庫県）

地方産業　⇒地場産業

地方自治体　[local government]　国の領土の一定の地域を基礎とし，その地域内における住民を人的構成要素として，その地域内の行政を行うために，国から付与された自治権を行使することを目的とする法人のこと。地方自治法によって，普通地方公共団体と特別地方公共団体に区分される。前者は都道府県および市町村，後者は特別区，地方公共団体の組合，財産区および地方開発事業団である。

地方自治法　1947年制定。地方自治に関する法律。憲法に規定された「地方自治の本旨」に基づいて，地方公共団体の区分ならびに地方公共団体の組織および運営に関する事項の大綱を定め，あわせて国と地方公共団体との間の基本的関係を確立することにより，地方公共団体における民主的にして能率的な行政の確保を図るとともに，地方公共団体の健全な発達を保障することを目的としている。行政主要機関の設置や住

民自治による直接請求権などが規定されている。2000年には地方分権改革を目的として大幅に改正され、地方公共団体の裁量範囲が広がり、事務実施のための条例策定も可能としている。

地方小都市 地方圏に位置する小規模な都市のこと。小都市の定義は明確でないが、これまでの類型では、人口規模で20万人以下の地方自治体は小都市として扱われることが多い。→地方都市，地方中心都市，中核都市

地方小都市（富山市八尾町）

地方単独事業 地方公共団体が国の補助を用いずに単独で実施する公共事業のこと。→国庫補助事業

地方中心都市 地方圏における中心に位置する都市のことを指す。人口30万人以上の地方自治体は、これに当たる場合がほとんどであるが、それ以下でも通勤、通学によって周辺部から人口が流入している都市（定義によっては5〜10％以上）もこれに該当する。→中核都市，地方小都市

地方中心都市（鹿児島市）

地方定住圏 1970年代末から80年にかけて台頭した国の政策。田園都市構想に基づき、地方でのそこそこの暮らしで人生の味わいを深めることを推進するもの。二度の石油ショックを通じて高度成長が行き詰まり、安定成長に切り替わろうとした時代背景が生み出した政策であった。→広域圏計画，広域市町村圏

地方都市 ①各地方の都市圏の中核をなす都市のこと。日本国内においては、東京を中心とした首都圏および政令指定都市の都市圏以外の都市で、県庁所在地およびそれに準じた規模集積のある都市を指す。②三大都市圏以外の都市のこと。→大都市圏，中核都市

地方都市（秋田県横手市）

地方の時代 わが国の中央集権的な政治、行財政の仕組みについて根本的な転換が必要なことを訴えるのに用いられてきた言葉。1978年に開催された首都圏地方自治研究会（東京都，埼玉県，神奈川県，横浜市，川崎市）主催の「『地方の時代』シンポジウム」において、長洲一二神奈川県知事（当時）が「当面する巨大都市問題、環境・資源・エネルギー・食糧問題、管理社会と人間疎外の問題など、現代先進工業社会に共通する難問は、自治体を抜きにしては解決できない」として、「地方の時代」の創造を提唱したことが由来とされる。

地方分権 中央集権による政治や行財政の国家権力を地方自治体に移して分散させる体制のこと。2000年に施行された「地方分権一括推進法」（地方分権の推進を図るための関係法律の整備等に関する法律）により、知事や市町村長が国の事務を処理する機関委任事務制度が廃止となり、事実上国と地方公共団体は対等、協力の新しい関係に立つこととなった。地方税の税源が企業や人口が集中する大都市に偏ったため、構造改革の波に乗れないような過疎化した自治体などでは「地方切り捨て」の影響をまともに受ける格好となり、「地域格差」を助長させたともいわれている（図・200頁）。

地名 ①土地の名称のこと。②国土、地方、都市、町村、地形などを表す名称であり、固有名詞のこと。成り立ちは、自然の地形や自然現象、記念すべき出来事やその土地ゆかりの人名、産物や旧国名などさまざま

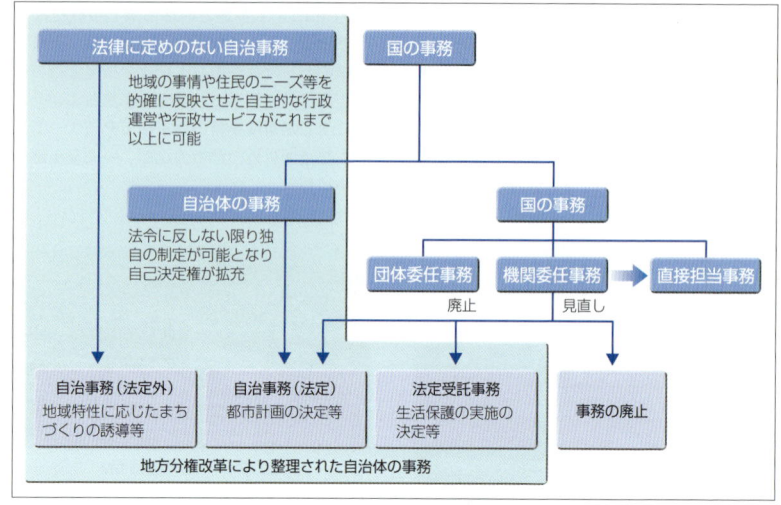

地方分権(地方分権前後での国と自治体における事務の違い)

な事象から命名される。地域性を生かしたまちづくりのために、こうした伝承的な地名を復活させる動きがある。

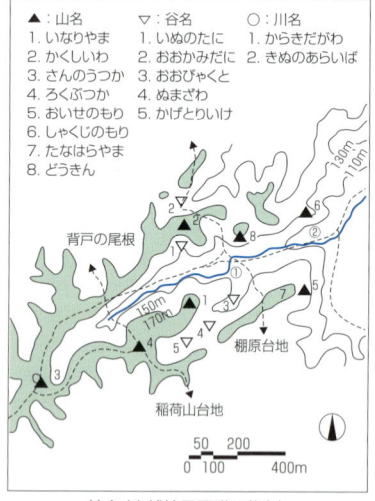

地名(自然地景語群の分布)

地目(ちもく) 不動産登記法に基づく田、畑、宅地、塩田、鉱泉地、池沼、山林、牧場、原野、墓地など21種に分けられた土地の種類。実際にどのような土地として使用されているかは、登記簿上の地目と同じとは限らない。一般に地目の変更は難しく、農地を宅地に変える場合には、農業委員会から農地転用の許可が必要。→土地利用

チャイルドケア[childcare] 子供の心と体の発達段階に合わせて、子供の個性を尊重し、学習姿勢を伸ばす子育てのこと、またはその政策。子育て期の家庭の保育支援のためのプログラム、地域サービス全般を指す場合もある。

茶室 茶事(ちゃじ)を行うための室の呼称で、それにともなうあらゆる建築的施設をも含めて「茶室建築」または単に「茶室」と

茶室(西扇院・澱看の席/京都市)

呼ぶ。茶室は作者それぞれの茶風や意図で構成されるためさまざまであるが，四畳半を基準に，それ以上広い茶室を「広間」，それ以下の狭い茶室を「小間(こま)」と区別して呼ぶ。茶室には大きく草庵式茶室と，書院式茶室の2つがある。→茶の湯

茶庭（ちゃにわ）日本庭園の様式の一つで，原則として草庵風の茶室と一体になっている。「露地」または「露地庭」ともいう。入口の門から入ると外露地で，中門をくぐれば内露地，それぞれに待合(腰掛)がある。灯籠(とうろう)，蹲(つくばい)は必需品で，躙口(にじりぐち)から茶室に入る。茶の席は「市中の山居」とされ，茶庭はそこに至るアプローチ空間で，俗心を洗い清めるための装置である。→茶の湯，茶室，露地

茶庭(光悦寺／京都市)

茶の湯（ちゃのゆ）本来，抹茶を飲み楽しむこと。この行為に付随して，さまざまな技術や生活文化が発達した。茶室や庭の建築，造園等の技術と文化，茶道具等の工芸文化，茶事(ちゃじ)に出てくる懐石や和菓子の食文化，客をもてなす点前(てまえ)作法の文化等である。茶の湯の精神の修養性や審美性を高めたものが，茶道である。→茶室

茶屋町（ちゃやまち）茶屋とは，客に遊興，飲食をさせる店のことを指し，その茶屋が軒を連ねているところを茶屋町という。「花柳街」「色町」ともいう。現在は，遊郭としての機能は消滅していることから，当事の風情を残す建物が継承されている地区や，地区の町名として使用されている場合もある。→祇園新橋地区，東茶屋町

茶屋町(小浜市三之丁地区／福井県)

チャンディガール［Chandigahr］インド，パンジャブ州の州都。ル・コルビュジエが計画し，実現した唯一の新都市として有名。全体計画は1942～63年。市内には彼が設計した合同庁舎，議事堂などがある。→ル・コルビュジエ，新都市

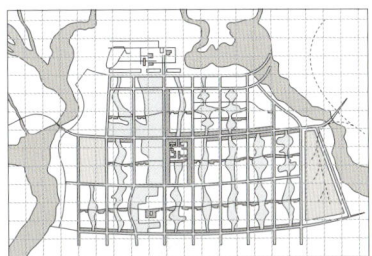

チャンディガール(マスタープラン／インド)

中央業務地区 人口が多く集中する都市における官公庁，会社，銀行など，都市における経済，政治などの中枢機能活動を担うエリアのこと。東京の大手町，丸の内，ロンドンのシティ等。英語のcentral business districtの頭文字をとって「CBD」ともいう。→都心

中央業務地区(ポツダム地区／ベルリン)

中央構造線 日本列島の中央部を東西に貫く大断層線。諏訪湖の南から天竜川，豊川，紀ノ川，四国の吉野川を経て九州中部に及ぶ。この線の北側を「内帯」，南を「外帯」と呼ぶ。→地形，フォッサマグナ

中央分離帯 道路の中央部に存在し，車線を往復の方向別に，構造物によって分離するための道路施設。一般にガードレールや植込みなどの構造物である分離帯を指す場合と，右側車線の白線より中央側の路面部分である側帯も含めた中央帯を指す場合がある。中央帯は道路構造令第2条10項で道路規格により，幅員が定められている。

中央分離帯（筑波研究学園都市／茨城県）

中核都市 ①地域圏における一定規模以上の人口，業務機能等を備える都市のこと。「中核市」ともいう。②日本の地方公共団体のうち，地方自治法に定める政令による指定を受けた市のこと。指定要件は，人口30万人以上の地方自治体であること。以前は，面積要件（100km²以上）や人口が30万以上50万未満の場合，昼間人口が夜間人口より多いことが要件であったが，市町村合併の推進等により廃止された。→地方中心都市，政令指定都市

昼間人口 （ちゅうかんじんこう）国勢調査における従業地，通学地集計結果から，以下のように算出される人口。「市町村の常住人口（夜間人口）−他市町村へ通勤・通学により流出する人口＋他市町村から通勤・通学のため流入する人口」。地域の経済活動を示す指標して用いられる。→夜間人口

中間法人 中間法人法に基づいて設立された法人で，社員に共通する利益を図ることを目的とし，かつ剰余金を社員に分配することを目的としない社団である。2タイプがあり，設立に際し最低300万円以上の基金を必要とするが，基金の拠出者は法人の債務に関して対外的な責任を負わない「有限責任中間法人」と，設立に際し最低基金総額の制限はなく，設立の際に社員として登記されたものは債務に対して法人と連帯して債権者に責任を負う「無限責任中間法人」がある。

中間領域 定義され，広く認知されている2つ以上の事象に接し，どちらかに完全に属することができないものを指す。その範囲の設定やとらえ方に基準はなく，例えば，景観形成における中間領域として，公的空間と私的空間が接する空間を位置づけることも可能である。また，建物のエントランス部分や沿道に近い飲食，商業施設と，公開空地（くうち），道路までをすべて含めた歩行者の活動領域を中間領域と見なすこともできる。→境界領域

中景 （ちゅうけい）近景と遠景の中間にある要素が中心となる景観。距離的にはおよそ500mから2kmの間といわれる。遠景となる山並みを背景に，山麓に建つ寺院建築群など。→近景，遠景

中国式庭園 ［chinese garden］中国式庭園の特徴としては，自然風景を模倣するために山や湖を人工的に作ること，山水を中心としながら添景として奇石（多くは海中から引き上げられ奇形をもつ）を用いること，建築を多用して視点場を作ると同時に，視対象としても働かせることなどがあげられる。→庭園，拙政園（せっせいえん）

中山間地域 （ちゅうさんかんちいき）農業地域類型区分による，中間農業地域と山間農業地域の総称。農林統計において，全市町村を耕地や林野の割合で，都市的地域，平地農業地域，中間農業地域，山間農業地域の4区分に分類し，そのうち中間農業地域と山間農業地域の総称として定めている。

中山間地域（みなかみ町／群馬県）

注視野 （ちゅうしや）頭部を固定し，眼球を運動させて直視することができる範囲。おおむね90°〜100°の範囲。→視野，動視野，静視野

中国式庭園（麗江の玉泉公園／中国）

駐車場案内システム　駐車場を探すために徘徊（はいかい）している車両や，空車待ちで駐車場入口に停車している車両による道路混雑を避けるために，地区内の各駐車場の空車情報と駐車場入口までの経路を電光標識等で随時表示し案内するシステム。

駐車場案内システム（横浜市）

駐車場整備地区　駐車場法第3条に定められた，おもに商業地域，近隣商業地域において自動車交通が輻そうする地区，または周辺地域内において自動車交通が輻そうする地区で，道路の効用を保持し，円滑な道路交通を確保することを目的に市町村が指定する地区。指定された地区内の建築物は制限を受け，地区内の公営駐車場設置，民間駐車場設置促進を図るとともに，地区の商業活性化を補助する。一定規模以上の劇場，映画館，店舗等を新設する場合，延べ床面積に応じた駐車場を設置することが必要となる。

駐車場法　1957年制定。都市における自動車の駐車のための施設の整備に関し必要な事項を定めることにより，道路交通の円滑化を図り，もって公衆の利便に資するとともに，都市の機能の維持および増進に寄与することを目的としている。駐車場におけ

る構造および設備の基準，付置義務，都市計画駐車場について定義し，駐車場設置に関して都市計画法，建築基準法，道路法，道路交通法と連携している。

中心市街地　地域の中心となる市街地のことで，人口が集中し，商業，行政機能が充実している地域を指す。ただし，モータリゼーションの普及から地方都市の中心市街地は衰退傾向が強い。しかし，少子高齢化の時代背景からコンパクトシティを目指す自治体では近年，中心市街地の活性化（まちなか居住，歩いて暮らせるまちづくり等）に向けた取り組みが行われている。→中心市街地活性化法

中心市街地（日田市豆田地区／大分県）

中心市街地活性化法　正式名称は「中心市街地における市街地の整備改善及び商業等の活性化の一体的推進に関する法律」。空洞化の進行している中心市街地の活性化を図るため1998年に制定されたが，その後も中心市街地の空洞化に歯止めがかからないことから，2006年に法律の改正が行われた。都市計画法，大規模小売店舗立地法とセットで「まちづくり三法」と呼ばれる。→中心市街地，まちづくり三法

中心・周縁　空間の知覚または認知において用いられる一対の概念。さまざまな事象の中央部、真ん中、核、または最も重要な部分と、その影響が及ぶ範囲、または外側で影響が及ばない部分、まわり、境界。空間や環境、景観を理解し記述しようとする際に用いられる概念。

中心地区　[central area, urban core] ⇒ 都心

中水　（ちゅうすい）雨水や排水を再生処理して利用するシステム。上水と下水の中間に位置することから中水といわれる。おもにトイレ洗浄水、冷却用水、河川や用水路、淡水湖補給水、植栽散水用水、庭への散水などに再利用される。→上下水道

中世都市　古代の後、近世・近代より前の中世に建設された都市。ヨーロッパでは封建制社会の成立が見られる6世紀から16世紀末の絶対王政確立までの間としてみることができ、ロマネスク様式やゴシック様式の教会や建築物、防御のための城砦などが建設された。日本では平安時代後期から戦国時代までの間で、鎌倉など防御に工夫された特徴が見られる。→古代都市、近世都市、近代都市

中部圏開発整備法　1966年制定。中部圏の開発および整備に関する総合的な計画策定、実施の推進により、首都圏と近畿圏の中間に位置する地域としての機能を高めることを目的としている。対象圏域は富山県、石川県、福井県、長野県、岐阜県、静岡県、愛知県、三重県、滋賀県。

聴覚　人間が空間の状態を知覚するための感覚の一つ。空気の振動である音を耳によってとらえる。→感覚、視覚、嗅覚、触覚

長期的変化　1年以上、長期にわたって空間が変化する様子。空間の時間的な性質である時間性の表現の一つ。→時間性、周期的変化、経年変化

超高層建築　建築基準法では、高さ60m以上の建築物を指す。1963年7月および1970年6月の改正で、容積地区制が採用され、また高さの制限が解除されたために、それ以降、続々と高層ビル、超高層ビルが出現した。不動産物件では、超高層マンションの登場は1976年完成の与野ハウス（埼玉県）に始まり、バブル経済期には、年間10棟以上のペースで超高層マンションが建てられた。古くは「摩天楼（まてんろう）」と呼ばれた。

超高層建築（台北101／台湾）

中世都市（クエンカ旧市街／スペイン）

調査・分析方法　survey and analysis methods

環境デザインの根拠となる事柄を明確にするための方法。さまざまな事柄を合わせて創り出すデザイン行為とは逆に，細かく精確に事象を限定する行為が基本となる。調査方法は，特に事物や状況，様態，感覚や知覚の状態，歴史や口承などのさまざまな情報を得るための方法，手段，道具およびその過程を指す。さまざまな方法が考案され用いられているが，大きくは事象を記述的に得る方法と，数量化，抽象化する方法，また，調査者の直接観察によるもの，間接的に情報を得るものがある。さらに，対象として物理的，行動的および心理的な事象の3種類の対象がある。研究の初期段階で行われる研究動機と問題意識や課題発見の有効性を確認するための調査と，具体的で明確な目的のために行われる調査があり，その方法は研究の根幹を成す重要な部分であるが，これ自体は道具であり分析と考察を経て研究成果につながる。しかし，近年では調査方法自体が目的化しているとされる研究も多数見られ，批判の対象となっている場合もある。ただし，道具の開発そのものを具体的な目的としている研究もある。一方の分析方法とは，特に得られたデータを基に空間の性質をさまざまに明らかにする方法，手段を指す。環境を分析する際に扱う対象としては大きく，空間の物理的な性質，人や人々の動きやしぐさ，および実験やアンケートによって得た人間の心理という3種類がある。また，方法論としては大きく2種類があり，一つは記述によるもの，一方は数量によるものである。分析方法はさまざまなものが常に考案されており，新たな事実を明らかにするための手段となっている。分析を行うためにはその後の考察が重要であり，分析結果を解釈し新たな事実を見つけることが新たな分析方法を見つけるために必要な手続きといえる。さらに，分析を行うために調査方法が考案されることも多く，研究において重要な位置にあるといえる。なお，この語は特に空間の物理的な性質と心理の関係を明らかにする統計的な方法，特に多変量解析による方法を限定的に呼ぶ場合もある。→行動観察調査，アンケート調査，KJ法，ソシオメトリー，SD法，イメージマップ法，エレメント想起法，サインマップ法，分析指標，物理量分析，心理量分析，調査方法，多変量解析，相関分析，クロス分析，回帰分析，数量化理論，因子分析，主成分分析

主要な調査方法

物的な状況を調べる	物的な状況をさまざまな器具を用いて計測，またはその結果を収集
測量	高度な機器を用いた現実空間の計測
家具・しつらい調査	住居内の物品の種類や配置を観察記録
デザイン・サーベイ	集落空間，都市空間等の現況を測量，観察，図化
人体計測（静的）	人間の各部分の寸法を計測
図面資料	過去の図面を含む資料の収集
統計資料調査	温度や風量などを含む物的環境にかかわる統計資料
歴史	歴史的な建造物，建築物の物理的な調査

人間の行動を調べる	人間の心理をブラックボックスとして扱い，物理的に現出する動きの調査
行動観察調査	人間の行動の観察，または群集の動きの観察
動線	人間等が移動する軌跡の調査
アンケート調査	行動に関する事項を聞き取る調査
精神物理学	感覚器による環境認知状況を計測
動作計測	人間の各部分の動作，動きの速度などの計測
統計資料調査	交通量や旅行者数など人間の動作にかかわる統計資料
運動量	一定時間の動きとその運動量，運動量の認知の状況を計測

心理を調べる	人間の内的，心理的な部分を統計的に抽出する調査
アンケート調査	考えや意識に関する調査
KJ法・デルファイ法	集団や個人の考えを整理したり収れんを図る方法
ソシオメトリー	社会集団における人間関係を探る調査
SD法	心理量をアンケートや実験によって抽出する方法
エレメント想起法	認知される空間の情報を心理量として簡便に抽出する方法
認知マップ	認知される空間の情報を心理量として詳細に抽出する方法
心理実験	さまざまな状況に対する心理の状態を計測する方法
統計資料調査	好き嫌いや関心度など心理にかかわる統計資料

主要な分析方法

記述的分析方法
さまざまな事実と考察を論理的に組み立て分析を行う

統計的分析方法

単純統計
- 代表値の比較を行う（平均値の差の検定など）
- 相関関係の分析（相関分析，回帰分析など）

多変量解析
- 現象に関係すると考えられる多変量の関係を探る（重回帰分析，数量化Ⅰ類など）
- 多くの変量に基づいた分類を行う（判別分析，数量化Ⅱ類など）
- 新たな軸や構造を見つける（主成分分析，因子分析，数量化Ⅲ類など）
- 因果関係を探る（パス解析など）
- 多くの変量に基づいて類型化する（クラスター分析など）

モデル分析
- モデルを用いて予測する

重畳景観（ちょうじょうけいかん）同一の景観構成要素が幾重にも重なり、奥行感や連続感を感じさせるような景観。山間地帯でいくつもの山並みが重なり合って見えたり、斜面地で住宅の瓦屋根が重なり合うように見える景観。多くの場合、安定感や安心感をもたらす。→景観、自然景観

重畳景観（松讃林寺／中国）

手水鉢（ちょうずばち）社寺に参拝する際などに、身を正し清めるために手や口を洗い清める水が手水（ちょうず）であり、それを入れておく鉢。茶庭（ちゃにわ）で使う蹲（つくばい）も手水鉢の一種。また手水には厠（かわや、便所）の意味もある。

手水鉢（当麻寺千仏院／奈良県）

調整池（ちょうせいち）集中豪雨によって発生する局地的な出水を一時的に溜める池のことで、新規に大規模な宅地開発等が行われる際には必ず設けられている。→溜め池、配水池

町人地（ちょうにんち）城下町において、城郭、武家町の外側に配置された町人（職人、商人）が居住した地区。武家町よりも面積が狭く、呉服町、鍛冶（かじ）町、大工町など、業種によって分割され、街道に面して狭い間口の建築（町屋）で構成された。

町人町（ちょうにんまち）江戸時代の城下町で、主として商人や職人が居住していた地域のこと。当時は、商人や職人はその職種によって居住区域が定められていた。→城下町、職人町、寺町、武家町

眺望［view, prospect, outlook］遠くまでの視界が確保され、眺めを見渡すことができること。人間にとって広く遠い世界を眺められることは大きな魅力であり、大切にされてきた。一般に視点を高くすることによって、良い眺望を得ることができる。→可視領域、眺望景観、パノラマ景

眺望景観　大きな眺望が得られる景観。開放的で気分が高揚するような景観。「囲繞（いにょう）景観」の対語。→景観、眺望、パノラマ景、俯瞰景（ふかんけい）

眺望点　特定の景観対象に対する良好な眺望が得られる地点。富士山のような独立峰は多くの眺望点をもつのに対して、山奥にあって手前に多くの山や森林がある場合、また池や湖などの低地にある対象については眺望点は限定されるが、それだけに効果も大きい。→景観、眺望

直接浄化［direct purification process］水処理技術の一つで、下水道や浄化槽など効率的に工学的手法を用いて処理するのではなく、河川、湖沼、海域などの水域の汚濁物質を、その場のある限られたエリアの中で浄化機能を高め、自然の摂理の中で物質循環作用を高め水質改善を図る手法。「エコテクノロジー」（ecotechnology：環境生

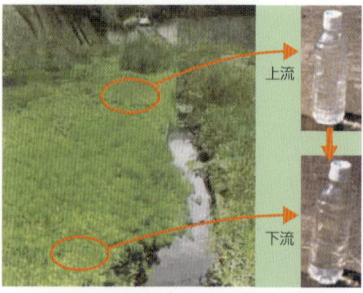

水性植物を植栽した河川水の直接浄化の様子
直接浄化（海老川上流域／千葉県）

眺望景観（アルプス山脈／ドイツ）

態工学）とも呼ばれ，おもに自然エネルギーを用いて生物の潜在能力を高めることで機能が発揮されるもので，自然再生（ビオトープの創出）の効果や資源循環効果などをあわせて期待することができる。

直下型地震 震源がその地域の真下にあるような地震。地球の表層を覆っている十数枚のプレート（板状の固い岩盤の層）は，その境界部分で，海側のプレートが陸地側のプレートの下に沈み込む動きをしており，その際に陸地側のプレートを圧迫して内陸部の岩盤にも歪みを生じさせるとされる。その歪みが大きくなると，岩盤の弱い部分で破壊が生じ，地震を発生させる。したがって，人間が生活する陸地部分に震源があり，地震の影響を直接受けることになる。一般に小規模で局地的な地震とされるが，岩盤の弱い部分として注目されるのが活断層の存在であり，それがある都市部の直下型地震の場合には，阪神・淡路大震災のように大規模な被害を与えることにつながる。
→阪神・淡路大震災

地理学的空間 地理学用語としての空間は，地表面の一部を指し，3次元空間を地理的要素が分布する2次元的広がりに転用して用いる。一般的に「地帯」「地方」「地域」「地区」「領域」などと呼ばれる。地域計画の分野では，地理学的空間を立体空間としてとらえており，土地利用，土地所有，家屋の分布，道路網，景観等の基礎的調査で3次元空間を2次元に置き換えることがなされ，地理学的手法を踏襲している。→空間

地理情報システム [geographic information system]「GIS」と略す。地形データをデジタル処理した図形データと空間属性データの2つから構成されるデータベース管理システム。地理的特徴を表現する図形データと人口，世帯，土地・建物利用状況，道路，建物構造，植生など空間属性情報を関連づけ，コンピュータ上での加工，修正，集計，解析の演算処理ができるシステム。景観シミュレートにも応用される。

地霊 （ちれい）万物を育み，地震などの災害をもたらしたりする大地に宿る霊的な存在。→ゲニウス・ロキ

鎮守の杜 （ちんじゅのもり）⇒社叢林（しゃそうりん）

沈床園 （ちんしょうえん）⇒サンクンガーデン

つ

築地塀（ついじべい）「築地」と同じ。柱を立て、板を芯として泥で塗り固めた塀の上に瓦屋根を葺いたもの。築地塀をまわすのは貴人（きにん）の屋敷の表現である。別に埋立て地を「築地（つきじ）」という。→土塀

築地塀（長町地区／金沢市）

築地松（ついじまつ）島根県簸川平野に見られる黒松を刈り込んでつくる高生垣（たかいけがき）。散居集落のそれぞれの農家の西側に防風のために作られたもので、その育成も手入れも大変な労力を要するが、ある種のステイタスとして維持されてきた。→生垣（いけがき）

築地松（簸川平野／島根県）

ツーリズム［Tourism］⇒観光

通路　一般的には自由に通行することができる道路のこと。通路自体の定義は存在せず、場所・利用形態によって認識が異なる場合が多い。通常、道路とされる場所は道路法に基づく道路としての歩車道のほか、道路法の適用を受けない農道（「里道」または「赤道」と呼ばれる）も対象となるが、通路の場合はこれら以外の通行を目的に設置存在する歩道状の場所ということになる。

築地（つきじ）①「埋立て地」の意味で、埋め立てた土地に付けられる地名。②東京都中央区に位置する町名。築地市場が立地し、築地＝同市場を指すことが多い。市場は1935年に日本橋にあった魚河岸が、海軍用地跡地の築地へ移転してきたもの。場内市場のほかに場外市場も形成されており、特に場外市場は狭い路地の両側に多くの魚棚が軒を連ね、非常に活気があるエリアである。ただし、市場は老朽化を理由に、豊洲への移転が決定している。→埋立て地

築地（築地地区／尼崎市）

築山（つきやま）庭園や公園などに、山に見立てて土を盛り上げたもの。庭園設計の手法として欠かせない。庭園以外でも人工的に山のような盛土をつくることがあり、東京新宿の箱根山、大阪南港の天保山は有名。→日本庭園

蹲（つくばい）茶庭（ちゃにわ）に置かれる手水鉢（ちょうずばち）。低く据えることで、客がかがむ姿勢になることからこう呼ぶ。身を清め謙遜の気持ちを重視する侘茶（わびちゃ）の思想からくるもので、茶室への入口の躙口（にじりぐち）と同じ設え。→茶庭（ちゃにわ）

蹲（大徳寺大仙院／京都市）

筑波研究学園都市（つくばけんきゅうがくえんとし）茨城県つくば市（現在）に，1960年代後半から建設された国策としての新都市。東京からの機能分散政策の一つとして都内にあった国の試験研究機関，高等教育機関合わせて46，総職員数13,000人を中心に，面積約28,000ha（うち研究学園地区約2,700ha），計画人口約22万人（同じく10万人）の建設。機関はすべて移転を完了，人口も20万人に近づいている。2005年8月，東京とつくばを結ぶ鉄道，つくばエキスプレスが開通した。→新都市，首都機能移転

筑波研究学園都市（茨城県）

つくば万博　正式名称は「国際科学技術博覧会」。1985年3月17日から184日間，筑波研究学園都市で，「人間・居住・環境と科学技術」をテーマに総額6,500億円を投じて開催。国内機関の28のパビリオン，海外から47カ国，38国際機関が出展した。会期中の入場者数は延べ2,000万人を超え，筑波研究学園都市を国の内外に広くPRしたという点でも大きな成果があったと同時に，筑波研究学園都市内の社会資本整備が進んだ。→万国博覧会

つくば方式　「スケルトン定借（定地借地権）方式」と呼ばれ，スケルトンインフィル法（住宅の構造，躯体と内装，設備を分離した工法）と建物譲渡特約付き借地権，家賃相殺契約を組み合わせた共同住宅建設の仕組み。

辻（つじ）①道路が十字に交差しているところのこと。または，周辺から伸びた道路が行き交う交通の要所地点。四つ辻等。②人が多く集まる場所としての意味もあり，これから辻説法，辻芸等の表現が生まれた。

辻（チャイナタウン／シンガポール）

つなぎ空間　都市空間における建築物と建築物の間，住宅地における敷地と建物の間等の空間的な間を指す。都市空間では道，広場，庭，アプローチ，コモン，公開空地

つくば万博（茨城県）

(くうち)がこれにあたり，住宅地では庭，生垣(いけがき)，駐車スペースなどが含まれる。つなぎ空間をデザインすることは，接する空間同士の関係を示すことになり，より連続，協調させるか，相互の行き来を拒む空間を創出するかなどが決まる。→緩衝空間

坪庭（つぼにわ）間口が狭く奥行の深い町屋で，母屋(おもや)と離れの間などに作られた採光や通風を得るための小規模な庭。現在では町屋でなくても，狭い敷地で住宅内部に自然を取り入れる方法として使われる。→町屋，通り庭，中庭

妻入り（つまいり）町並みにおいて道路と建物の関係を示すもの，あるいは建物への入り方を指す。建物の棟を道路に直交させ，妻側(多くの場合短辺)に入口がくる形式。一方，建物の入口が長い辺(平)にあるものを「平入り」という。妻入りの建物が建ち並ぶ町並みは，道路に対しボリューム感を与え，存在感を感じさせるものが多い。→平入り，町並み景観

妻入り(川原町通り／兵庫県篠山市)

妻籠宿（つまごじゅく）長野県木曽郡南木曽町に位置する中山道の宿場町。全国に先駆けて町並み保存運動の始まった地域。町並みを守るために，家や土地を「売らない，貸さない，壊さない」という三原則をつくり，生活しながら江戸時代の旅籠(はたご)の風情を現在に伝えている。1976年に重要伝統的建造物群保存地区に選定。→宿場町，町並み保存，重要伝統的建造物群保存地区

ツリー構造　①樹形図で表現される階層構造をもつ，グラフ理論のデータ構造。要素から要素への経路は1つしかなく，単純な関係性を示している。②プログラムやデータを整理保存する際，ディレクトリやファイルを階層的に管理するため，ディレクトリを「枝」，ファイルを「葉」にたとえる。③C.アレグザンダーは，自由度が高く，多様な都市構造をセミラティスととらえ，都市の構造はツリー構造のように単純なものではなく，都市が発展していくためには接点と接点，隣り合うブランチ同士が互いに関係性をもつことが，計画のあり方に必要であるとしている。→セミラティス，クリストファー・アレグザンダー

津和野（つわの）島根県の西部に位置する津和野藩の城下町。「小京都」として有名で，隣接する山口県萩市とセットで観光に訪れる人が多い。特に津和野城址からは町を一望でき，山あいに広がる町並みは，小規模ながらも計画的に作られた近世城下町の姿をつぶさに眺めることができる。→城下町

津和野(島根県)

ツンドラ地帯［tundra］シベリア北部，アラスカ，カナダ北部等に広がる，一年中ほとんど堅い氷に閉ざされ，夏にわずかにコケや地衣類が生育する地帯。タイガ地帯のさらに北に位置する。→自然，タイガ地帯

妻籠宿(長野県木曽郡)

庭園　garden

生産，集会，交流，貯槽，留置などを目的とした庭ではなく，観賞，逍遥，思索などを目的にした庭。また一部には，特定の世界観や宗教観を投影したものもある。庭園は自然にできることはなく，池の形，石の配置，樹木の選択と組合せ，通路の作り方，建物の見せ方など，すべて計画し，デザインされている。庭園を作る目的や方法は，時代や民族，宗教などによって異なり，さまざまな様式を生み出した。しかし，いずれも人々が理想とする環境を映し出そうとする点では共通している。楽園，浄土，パラダイスなどの現世的空間が庭園なのである。庭園は，作られたときには私的なものがほとんどだが，近代になって多くが，市民が楽しめる公園的な扱いをされるようになった。→公園，造園，日本庭園

上段左：アランフェス（スペイン），上段右上：メスキータ（スペイン），上段右下：フォンテンブロー（フランス）
中段左：昆明の石林（中国），中段右：北京頤和園（中国），下段左：大理の胡蝶泉（中国），下段右：マカオガーデン（中国）
庭園（ヨーロッパと中国）

定位（ていい）各種の刺激に対して，体の位置や姿勢を能動的に定めること。また特定の場所や空間に定められた場所性，固有性。ある性質の空間の中における位置，場所を決めること，定めること，仮定すること。

ティーセン分割［thiessen tessellation］⇒ボロノイ分割

庭園 ⇒211頁

定期借地権 借地借家法に基づき，供給側の地主が安心して貸地できる環境を整備し，あわせて住宅宅地の供給を図ることを目的に盛り込まれた制度。従前では土地を貸すと半永久的に返ってこないことがほとんどであったが，新法では期間は50年以上で，契約で定め，公正証書等にするので明確な根拠をもって確実に土地が地主に返ってくることになる。一方，借手側には契約完了時に更地（さらち）にして返還しなければならないため，解体費用がそのとき必要になる。一般定期借地権のほかに，建物譲渡特約付き借地権，事業用借地権がある。

デイサービスセンター［day service center］寝たきりや虚弱な高齢者，障害者で，身体が虚弱なために日常生活を営むのに支障がある人に，リフトバスなどで施設まで送迎し，食事や入浴，さまざまなプログラムを通じて，利用者の心身機能の維持向上，社会的孤立感の解消を図るとともに，家族の身体的，精神的負担の軽減を図り，本人と家族との福祉の向上を目指す施設。

低水敷（ていすいじき）複断面型河川において，平常時に水の流れるところ。低水路。

ディストリクト［district］地区，区域，区画。また，K.リンチのイメージアビリティの理論で，都市を構成する5つの要素の一つ。これは，平面的な広がりをもつ範囲として認知され，外部からその区域に入ること，あるいはその区域に住んでいることなどが人々のイメージとして形成されている。→イメージアビリティ，イメージ，ケヴィン・リンチ

定性評価 事象の性質を評価する方法。数量に基づいて分析する方法と区別して用いる。ただし，性質を数量化理論により数値化する場合の評価を含む場合もある。→定量評価

抵当権 債権者が物を取り上げないでこれを債権の担保とし，債務者が弁済（べんさい）しないなど債務不履行となったときは，その物から優先的に弁済を受ける権利。約定担保権（やくじょうたんぽけん）で，金融を得る場合に手段として用いられる。

帝都復興計画 1923年の関東大震災後，後藤新平を総裁とする帝都復興院が設立され，震災復興計画として作成された計画。計画縮小を余儀なくされたものの，幹線道路・街路整備，土地区画整理事業の実施，公園の設置，その他公共施設の建設が進められ，現在の東京の道路網の基盤を形成した。江戸時代から続く町割りを継承しなかったものの，日本の都市計画の礎を築いた計画。

ディベロッパー［developer］公共，民間を含めて，土地および都市開発事業者，住宅開発事業者，不動産関連会社等のこと。「デベロッパー」ともいい，民間ディベロッパーのことを略して「民デベ」ともいう。→都市開発，都市再開発，民間ディベロッパー

堤防 河川の氾濫や海水の浸入を防ぐために設けられた構造物。河川の場合，計画高水位以下の水位の流水を安全に流下させることを目的として左右岸に築造される。多くは盛土（もりど）による築造であるが，都心部や水害の起きやすい地形といった理由がある場合は，コンクリートや鋼矢板で築造されるものもある。

堤防（荒川／東京都）

低木（ていぼく）おおむね人の背よりも低い樹木。「灌木（かんぼく）」ともいう。植栽材料として使う場合は集団で植えることも多い。人の視線に近いため，花や実のなる樹種もよく使われる。より高い樹木は「高木」または「喬木（きょうぼく）」という。→植栽，高木（こうぼく）

ティポロジア［tipologia 伊］イタリアで開発され発展した都市分析の手法。この語は類型学（タイポロジー）のイタリア語であるが，環境デザインで用いる場合はティポロジア・エディリッツィア（tipologia edilizia）

のことで，直訳は「建築類型」となる。通常のタイポロジーのように，あちこちからサンプリングしたものの類型ではなく，一定の連続した地区全体を扱うところに特徴がある。

ティポロジア（ヴェネツィア）

ディマンドバス［demand bus］路線バス利用者の減少，バス利用のニーズの多様化，採算性の改善等に対応するため，利用者の需要に応じ，経路，停留所，ダイヤなどにとらわれず柔軟に運行するバス。利用者の要望に応じて停留所に呼び寄せたり，停留所以外でも乗り降りができる。近年では高齢化，過疎化，環境対策などの観点からも注目を浴びている。→コミュニティバス

定量評価 事象を数量的に評価する方法。性質を記述分析する方法と区別して用いる。→定性評価

ディンクス ⇒DINKs

データベース［data base］さまざまなデジタルデータを格納する情報処理技術。リレーショナルデータベースなどが一般的なものに該当する。データベースをコンピュータ上の倉庫としたうえで，それらを管理，運用するシステムをデータベース・マネジメントシステムと呼ぶこともある。

テーマパーク［theme park］遊園地の一種で，何らかの主題を決めて，それを柱に全体環境を構成したもの。主題としては，歴史上の人物（仙台伊達村）や物語や映画のキャラクター（東京ディズニーランド），外国の都市（ハウステンボス）や昔の町（日光江戸村）など。いずれも有料なのでリピーターを確保するための展示やイベントの組み換えが欠かせない。→東京ディズニーランド

テクスチャー［texture］材料の表面の視覚的な色や明るさの不均質さ，触覚的な圧力の強弱を感じる凹凸といった部分的変化を，全体的にとらえた特徴，材質感覚，効果を指す。建築設計の立場からは，内外の空間の表面をどのような素材で仕上げるかにかかわり，形態や色彩と同様に重要な造形要素である。また，テクスチャーは均質な空間に変化を与え，人がその空間を把握する際の手がかりになるという機能をもつ。

テクスト［text］文芸批評，人文科学，社会科学の文脈では，分析や解釈の対象となる文芸作品，文書などを指す。記号論，構造主義，ポスト構造主義などの隆盛とともに，言語や文章の特性についてさまざまな知見が提出され，テクスト分析，テクスト理論，間テクスト性（テクスト間相互関連性）などの用語が普及することにもなった。

デザイン［design］「形態」や「意匠」と訳されてきたが，広義では日本語の「設計」にあたり，多くの場合目的をもつ人間の行為をより良いかたちで具現化する「計画」を意味する。それらをつくる人を「デザイナー」と呼ぶ。狭義では，設計を行う際の形態，特に図案や模様を計画，レイアウトすることで，芸術，美術的な意味を含む。デザインの対象は工業，建築，商業，情報，サービスなど多岐にわたる。また，形態に現れないものを対象にその計画，行動指針を探ることも含まれ，就職に関するキャリアデザイン，生涯デザイン等がこれにあたる。

デザインガイドライン［design guideline］対象と目的に応じ，そのデザインを実施する際の一定の基準として機能し，全体として統一感，整合性のある計画実施を目指す規範。地域，都市，建築計画の分野では，ユニバーサルデザインガイドライン，景観形成ガイドライン，住宅地内の建築ガイドライン等がある。対象の規模や範囲により規範内容は異なるが，建築規模，高さ制限，空地（くうち）の扱い，色彩，形態等について明記することが多い（図・214頁）。→デザイン，デザインコントロール

テーマパーク（日光江戸村／栃木県）

てさいん

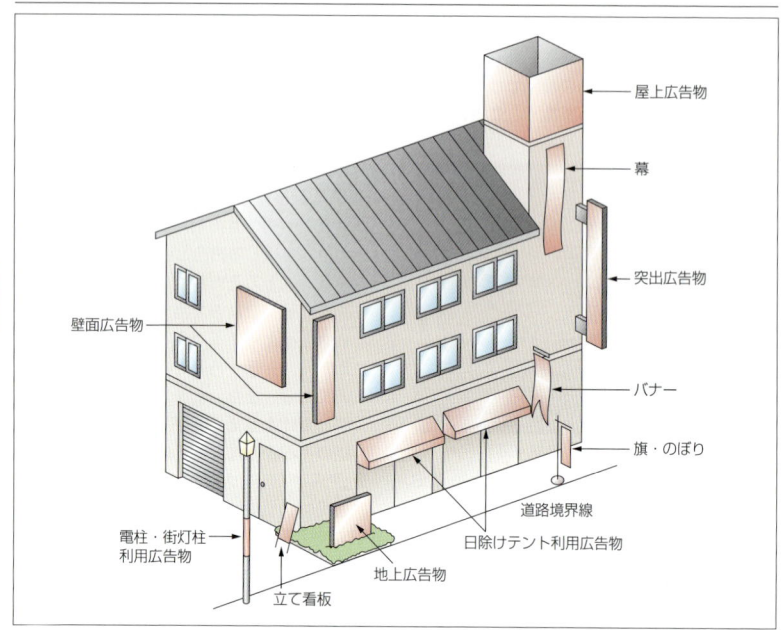

デザインガイドライン（例）

屋上広告物
幕
突出広告物
バナー
旗・のぼり
道路境界線
日除けテント利用広告物
地上広告物
立て看板
電柱・街灯柱利用広告物
壁面広告物

デザインゲーム［design game］具体的な空間計画等を行う際に，空間イメージをシミュレーションし，目標のイメージを関係者で共有するための手法。ワークショップのような集会において，参加者が意見やアイデアを出し合い，実際に設計やデザインに参加する。新しい公園を計画する際などに用いられる。また将来の町の姿をシミュレーションする「ライフデザインゲーム」や，町の更新をシミュレートする「建替えデザインゲーム」などもある。→デザイン，シミュレーション

デザインコード［design code］⇒デザインガイドライン

デザインコントロール［design control］デザインを行う対象についてある目的を設定し，その目的達成に向けた統一性，整合性を確保するために行う諸規則や方法。デザインコード，デザインガイドラインはデザインコントロールを行うための道具である。→デザイン，デザインガイドライン

デザインサーベイ［design servey］1970年〜80年代に行われた古い町並みや集落を対象にした詳細な調査。ある地域を観測し，実測またはそれに近い方法で調査し，図面等で視覚化，客観化し，建築等の構成要素，

デザインコントロール（ウィスラーの街灯／カナダ）

生活や慣習，意識や歴史的要素を分析することによって，その地域がもっているシステムの分析と整理を行うという方法。

デザインプロデュース　現代のデザインは専門特化した領域ではなく，社会の中のあらゆる場面に関係するととらえ，デザインされた事象は社会に向けて発信され，働きかけ，その評価を得るといったサイクル全体を統括して計画することを指す。初期

段階から社会に発信し、フィードバックまでを含む視点である。→デザイン

デザインボキャブラリー［design vocabulary］ある特定の対象物（地域，地区，都市，建築等）のデザインを説明する際の要素や特徴を指す。尺度，密度，規模，形態，素材，色彩等が含まれる。→デザイン，デザインガイドライン

デザインモチーフ［design motif］デザイン想起の元となる言葉，文字，事象，情報等を指す。計画，設計等のコンセプトづくりに用いられる。例えば建築設計の際に，その立地が漁港や海に特色がある場合，船をモチーフとし，その要素（錨（いかり），船の形態，網，大漁旗等）を部分的に取り入れたデザインを行うことなどがあげられる。→デザイン，コンセプト

デジタル地形モデル［digital terrain model］⇒デジタル標高モデル

デジタル標高モデル［digital elevation model］「DEM」と略す。航空レーザー測量などにより取得したデータで，建物や樹木などを除いた地表面，地面だけのデータ。語源は異なるが，デジタル地形モデル（DTM）も同義。

デッキプレート［deck plate］鉄骨造の床を構成する波状のプレートで，この上にコンクリートを打って床の下地にする。建物の床板，陸（ろく）屋根，鉄骨造の床版下地，コンクリートスラブの型枠などに用いられる。厚さは，1.6〜2.3mmで，断面の形状によって，U型，V型，M型，レンチ型などの種類がある。「床鋼板」とも呼ばれる。

鉄道工学 鉄道施設の建設，鉄道車両の技術開発，人やものの運搬にかかる運用方法，運営体制，通信制御，軌道，車両等が円滑に連携して機能するシステムの総合的，計画的維持管理を扱う学問。

デベロッパー［developer］⇒ディベロッパー

デュアルユース［dual-use］産業技術開発の分野において，軍事技術と民間技術のどちらにも利用可能な内容のこと。

デュアルリビング［dual living］①2つのリビングルームを持つ住宅。通常は家族用，来客用に分ける。②2つの住宅を持つ生活様式。郊外での家族と暮らす住宅，都心の職場近くの住宅などのように機能，目的で住み分ける。

テラス［terrace］多くは建物に付属して，その外部に庭に面してつくられる壇状の床面。タイル，石張り，木板などで仕上げる。休息，団らんなどの場になる。→ベランダ

テラス（ウィーン市立公園）

テラスハウス［terrace house］住宅の建て方の一つで，「長屋建て」「連続建て」ともいわれ，各戸が土地に定着し，共用の界壁（かいへき）で順々に連続している住宅。タウンハウス団地内に建設されることが多い。→集合住宅，タウンハウス

テラスハウス（香里団地／大阪府）

寺町（てらまち）城下町において，寺院が集中して配置された地域のこと。寺町は敵からの攻撃の盾としての役割が強く，城下町の外縁部にまとめて配置される場合が多かった。→城下町，武家町，町人町

寺町（寺町地区／盛岡市）

テリトリー［territory］①土地などの境界を定め，自他を区別したり特定の区域を明確化することで土地や地域を占有することや，占有する区域そのもののこと。自分だ

けの独占的な場所，他者との共有的な場所，公共性の高い場所の3つに分類できるが，独占的な場所という意味合いが強い。「縄張り」ともいう。②テリトリーには，フィジカルな側面をともなわない心理的な意味もあり，その範囲が意識的に拡大したり，時間により縄張り意識が強化されるような場合がある。

田園　①田と畑。耕作地。②通称的には，田畑や林・森などの緑の多い郊外。いなか。→田園居住，田園都市

田園居住　都会を離れて田畑や林，森などの緑の多い郊外で暮らすこと。いわゆる「田舎暮らし」を田園居住と通称的にいうことがある。定年後田園居住にあこがれ，農村へ移り住む世代が顕在化してきており，農業，農村の新たな担い手として期待がかかる。→都市・農村共生，ラーバンデザイン

田園景観　田園景観の特色は，自然的条件と人間活動の展開のバランスがある程度とれていること。農業の形態によって，放牧型畜産の場合はのびのびとした牧場風景が，露地型蔬菜園芸の場合は見事な畝（うね）がつくる景観が，平地の水田稲作の場合は潤いのある広がりが，丘陵地の稲作では見事な棚田が，というように田園景観は特徴づけられる。→景観，棚田（たなだ）

田園調布　（でんえんちょうふ）東京都大田区，世田谷区にまたがる高級住宅地。当時盛んだった私鉄沿線開発の一例で，1924年，渋沢栄一らによる田園都市会社が，イギリスの田園都市の影響を受けて開発した。→田園都市，レッチワース田園都市

田園調布（東京都）

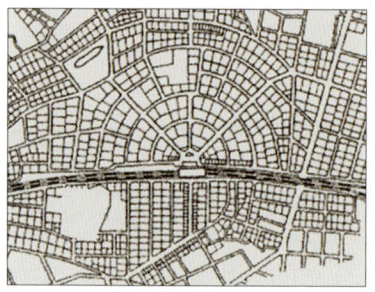

田園調布（計画図）

上段左：富良野パッチワーク（北海道），上段右：キャベツ畑（群馬県嬬恋村）
下段左：白米千枚田（石川県輪島市），下段右：カルパチア地方（ルーマニア）
田園景観

田園都市［garden city］1898年にイギリスのE.ハワードが提唱した新しい都市のあり方で，自然との共生，高水準の居住環境，都市の自律性を提示したもの。その理想に基づき，ハワードは実際に「レッチワース（1902-）」と「ウェルウィン（1920-）」の2つの田園都市を建設した。この理念と実例は広く世界の住宅地計画に影響を与えた。→ウェルウィン田園都市，田園都市運動，レッチワース田園都市，エベネザー・ハワード

田園都市（ウェルウィン田園都市／ロンドン郊外）

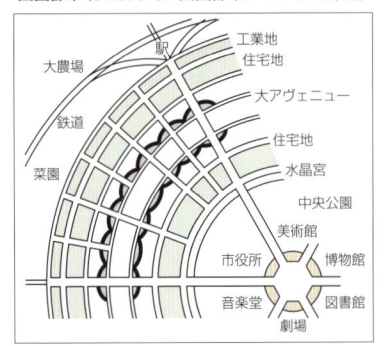

田園都市（E.ハワードによるダイアグラム）

田園都市運動 E.ハワードが自らの著書『明日の田園都市』（1898，原著名は『明日－真の改革にいたる平和な道』）において提唱した運動。当時のイギリスにおける都市の弊害を説き，工業と都市の分散を図る思想。→田園都市，ウェルウィン田園都市，レッチワース田園都市，エベネザー・ハワード

天空率（てんくうりつ）確保される採光，通風等の指標として用いられる。2002年に建築基準法の一部が改正されたときに導入された。該当する建物を天空図中に投影し，全面積に占める建物以外の空の割合を求めることによって得られる。天空率が基準値より大きく確保されれば，各種の高さ制限が適用されない。

典型7公害 大気汚染，水質汚濁，土壌汚染，騒音，振動，地盤沈下，悪臭の7つの公害のこと。一般に「公害」といえば，日照阻害や通風阻害なども含むもっと広いイメージでとらえられる場合があるが，環境基本法で「公害」という場合は，この7種類を指す。→公害

伝建（でんけん）⇒重要伝統的建造物群保存地区

電子基準点 全国約1,200箇所に設置されたGPS（全地球測位システム）連続観測点。高さ5mのステンレス製ピラーで設置されており，上部にGPS衛星からの電波を受信するアンテナ，内部には受信機と通信用機器等が格納されている。GPS測量のスタティック測量やネットワーク型RTK（干渉測位方式）測量などに補正情報を提供する役割も担う。

電子入札 国や地方自治体が発注する工事等，従来紙により行われてきた入札手続きおよびこれに関連する情報公開をインターネット上で行うシステム。高度なセキュリティレベルが必要で，事前に電子証明書をICカード形式で発行するなどの対処によって入札手続きの透明性の確保がなされている。

点字ブロック 視覚障害者がより安全に外を歩行できるように日本で考案されたもの。誘導を目的とした線状ブロックと，一時停止，注意を促す点状ブロックの2種類がある。

電線類地中化 ⇒電柱埋設

天壇（てんだん）中国，北京市崇文区天壇路。1420年創建，現在の姿になったのは1751年。明・清代の皇帝が五穀豊穣を祈って天と交信した場所。現在は「天壇公園」として一般に公開されている。徹底した中心軸（南北軸）とシンメトリーの配置で構成される空間で，すべての重要な建築や門は厳密に軸線上に直列に置かれている。1998年,世界文化遺産に登録。

天壇（北京）

天・地・人（てん・ち・じん）天と地と人を表し，宇宙の万物，森羅万象（しんらばんしょう）を示す。「三才（さんさい）」はこの総称。また3つに区分してその順位，区別を表す。天を最上として，次に地，人の順に区別する。

電柱埋設 「電線類地中化」とも呼ばれ，電線や通信線等および関連施設を地中に埋設することをいう。防災と景観の改善，路上スペースの確保を目的に行われる。

伝統芸能 日本に古くからあった芸術と技能の総称。特定階級または大衆の教養や娯楽，儀式や祭事などを催す際に付随して行動化されたもの，または行事化したものを特定の形式に系統化して伝承または廃絶された有形無形のものをいう。詩歌，音楽，舞踊，絵画，工芸，芸道などがある。

伝統産業都市モデル地区整備事業 旧国土庁による補助事業（1981-84）。窯業町である佐賀県有田町においては，この補助事業によって，トンバイを利用した裏道整備を行っている。→有田

伝統産業都市モデル地区整備事業
（兵庫県朝来市生野町）

伝統的空間 ある地域，集団，社会において，過去に形成され，世代を超えて受け継がれていく空間。対象となる領域は，都市的地域から，部屋の中のしつらえまでさまざまなスケールに及ぶ。→伝統的建造物，歴史的景観

伝統的建造物 地域や社会において，過去に建設され，世代を超えて受け継がれ，維持されている建造物のこと。「歴史的建造物」ともいう。→重要伝統的建造物群保存地区

天然記念物 動物，植物，地質・鉱物などのうち，学術上の価値が高いと判断されて文化財保護法により指定されたもの。特に重要なものは「特別天然記念物」に指定される。オオサンショウウオ，オオタカ，秋吉台など。→文化財保護法，史跡，名勝

電波伝搬障害防止区域（でんぱでんぱ

天然記念物（サキシマスオウノキ／西表島）

しょうがいぼうしくいき）電波法の規定に基づき重要無線通信を行う無線回線が，高層建築物等の建築によって遮断されるのを未然に防ぐことを目的として，必要な範囲内において当該回線の電波伝搬路を防止区域として指定したもの。防止区域の指定は，890MHz（メガヘルツ）以上の周波数の電波による，特定の固定地点間の無線通信を行う公共性が高いものを対象としている。

店舗併用住宅 住居用と店舗用が一緒になっている家屋を指す。1階部分を店舗として利用し，2階以上が居室となっている場合が多い。既成市街地の商店街等でよく見られる。→住宅

転用 異なった用途として使用し直すこと，本来の目的とは違った用途にあてることが原意。建築・都市分野では，ある建物や土地利用が当初計画されたものとは異なった用途で，新たに使用される施設や土地のことを指す。例えば，高度経済成長期に開発された多くの工場が，海外移転にともない閉鎖されたが，現在，その跡地を用途転用し，商業地や住宅地として整備が行われている。→コンバージョン，再生

転用（サンシティ／東京都）

天領（てんりょう）江戸幕府の直轄領を指す通称。明治初期に旧幕府直轄領が天皇の直轄領になったときに「天領」と呼ばれるようになったことから，遡って幕府時代のものも天領と呼ぶようになった。なお，江戸時代には「御領」「御料所」などと呼ばれた。

と

ドイツ工作連盟〔Deutscher Werkbund 独〕1907年にドイツで結成された新しいデザインを求めようとするデザイナー，実業家等による団体。20世紀初頭のデザイン活動に大きな影響を与えた。→ウォルター・グロピウス

投影座標 楕円体として定義されている地球の表面での位置を，平面での位置として表す際の座標。曲面を平面に近似するため，生じる誤差が少なくなるようさまざまな投影座標系が考案されている。平面直角座標系，UTM座標系などがある。

等価交換方式 地主が所有している土地を出資し，その土地にディベロッパーが建物を建設，建物の完成後に，地主とディベロッパーがそれぞれの出資比率に応じた割合で土地建物を取得する方式のこと。土地と建物を等価値で交換する形になるため「等価交換」という。→都市再開発

透過式防波堤 港内の静穏域を確保しつつ，海水の交換機能を有する透過性の防波堤。本来，防波堤は港内の静穏域の確保を目的とした構造物であるが，同時に海水の循環に支障をきたすこともあり，船舶の漏出油やごみ投棄により滞留しがちな港内の水質の悪化が問題となるが，これを改善すべく取り入れられた防波堤。

東京計画1960 東京への一極集中が決定的になった1960年当時，遷都論が盛んになるなか，丹下健三が提案した解決案。東京湾上に新東京を建設し，東京集中のエネルギーを積極的に受け入れるもので，多方面から注目された。→首都機能移転，丹下健三（たんげけんぞう）

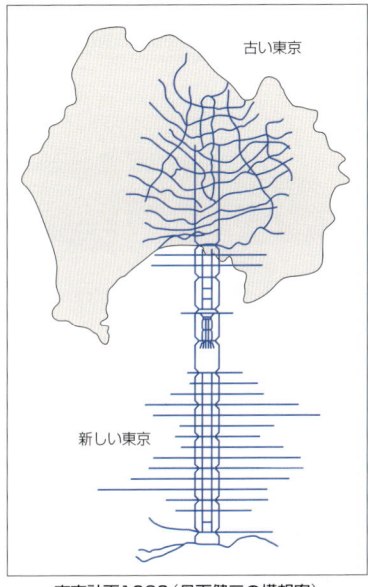

東京計画1960（丹下健三の構想案）

東京ディズニーランド 千葉県浦安市舞浜の埋立て地に，1983年に開園した日本を代表するテーマパーク。ウォルト・ディズニーの映画のキャラクターやストーリーが展示やアトラクションに散りばめられ，非日常的世界を演出している。その後，隣接地にディズニーシーを開園している。→テーマパーク

統計的検定 母集団について実験や調査によって得た標本のデータから統計的性質を

東京ディズニーランド（千葉県浦安市）

推測する方法（推測統計学）の一つで，確率論的にその性質を判断しようとする方法，およびその考え方。

桃源郷（とうげんきょう）中国における理想郷を表す言葉。俗世間から離れ，山中で仙境に遊んだり農耕したりする世界。古代の詩人，陶淵明の『桃花源記』による。仏教の西国浄土，西洋のパラダイスなどと通じる。→楽園

道交法 ⇒道路交通法

とうしす

透視図 ［perspective drawing］近くのものが大きく見え，遠くのものが小さく見えるという，人が見たままの様子を表した図。消失点の数によって，一点透視図，二点透視図，三点透視図の3種類の図がある。都市・建築計画分野では，計画の完成予想図として描かれる。英語のperspectiveの略で「パース」ともいう。

2点透視図の例（ル・コルビュジエ設計によるマテの家）
透視図

投資調査 ⇒フィジビリティスタディ

湯治場 （とうじば）以前の日本では，農閑期に温泉に入って体を直すために，一定期間自炊しながら旅館で暮らす「湯治」が行われていた。そこには同じ時期に同じ人たちが同じ目的で集まるため，季節的なコミュニティが成立していた。→温泉，コミュニティ

動視野 （どうしや）頭部を固定し，眼球を運動させて見ることができる（周辺視）範囲。→視野，静視野，注視野

同潤会 （どうじゅんかい）関東大震災直後の1924年に内務省によって設立された財団法人。おもに都市中間層向けの良質な住宅供給とスラム対策としての住宅建設を行った。1925年から1934年にかけて，東京や横浜で鉄筋コンクリート造の同潤会アパートを建設した。1941年に住宅営団に業務を引き継いで解散。

唐招提寺 （とうしょうだいじ）奈良市五条町。唐僧鑑真（688-763）が759年に開基し，晩年を過ごした。奈良時代に建立された金堂，講堂などの建造物，鑑真和上坐像ほか多くの文化財を有する。

島嶼景観 （とうしょけいかん）島々がつくり出す独特な景観。海上から眺める場合と陸地上の高地から眺める場合があるが，後者はより多くの人が体験できることから名勝になることが多い。松島など。→景観，景観構造，海洋景観

同心円状都市構造モデル ①都心部を中心とした単純な同心円状の都市構造。多機

島嶼景観（西伊豆海岸／静岡県）

能が集積した魅力ある中心地域，機能更新の遅れの見られる中間地域，居住機能に特化した郊外地域等。②E.W.バージェスの提唱する都市構造モデル。都市は同心円構造をなし，中央業務地区（オフィス街，繁華街等の都心空間），土地投機がなされ居住環境の整わない遷移地区，定職をもち働く労働者階級の住宅街，中産階級の居住する住宅街，郊外通勤を行う高級住宅街の5つに分類され，各都市空間にそれぞれの生活様式があると同時に，同種の生活様式をもつものが集まるようになるとしている。

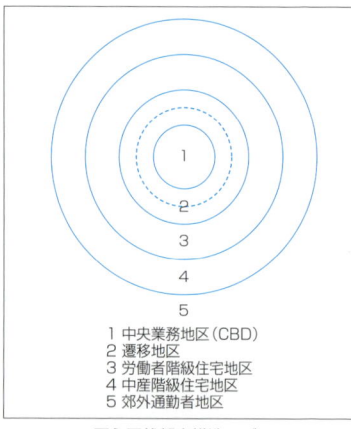

1 中央業務地区（CBD）
2 遷移地区
3 労働者階級住宅地区
4 中産階級住宅地区
5 郊外通勤者地区

同心円状都市構造モデル

透水性舗装 雨水を地下に浸透させ，地表への流出を防ぐため，水を通すことを目的とした舗装で，多孔性の透水性アスファルト，貯水機能のある礫（れき）層，砂層によって構成される。アスファルトは多孔性であるため，ごみ等の目詰まりへの対処や耐久性が求められる。また，在来地盤の地質によって透水効果が左右されるために，砂層の下に排水管を設置する場合もある。

動線 人間の動きを一本の線で表したもの。都市，地区，建物，住宅内で人間が繰り返

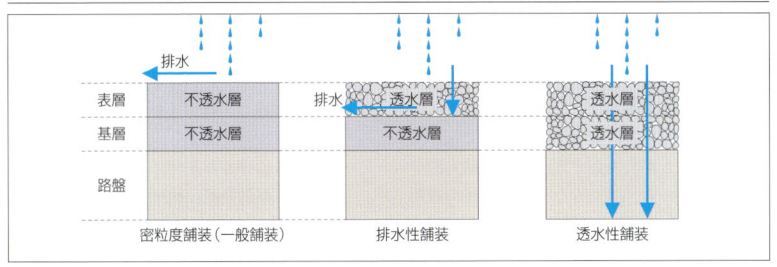

表層	不透水層	排水 透水層	透水層
基層	不透水層	不透水層	透水層
路盤			
	密粒度舗装(一般舗装)	排水性舗装	透水性舗装

透水性舗装

す行動の軌跡を流れる線としてとらえ，そこから空間の構造を考えていくという考え方。その線の流れ方から人間の行動を把握し，自然な流れを妨げない，意図的に流れを変化させる，合理的，経済的な流れを構築するなどのコンセプトを設定し，空間の計画，設計等に反映させる材料とする。→デザイン

東大寺（とうだいじ）奈良市雑司町。仏教によって国家の安定を図ろうとした聖武天皇により，742年に総国分寺とされた。高さ14.7mの本尊盧舎那仏（るしゃなぶつ）坐像は「奈良の大仏」として知られる。金堂（大仏殿）は2度の戦火により焼失したが，1709年に再建され，現在に至る。建築様式は大仏様（だいぶつよう）。

動態保存 機械類が動作，運用可能な状態で保存されていることで，静態保存の対語。代表例として，蒸気機関車や電車等があげられる。→保存

動物園［zoo］生きた動物を収集，飼育，研究し，一般に公開，展示する施設で，博物館の一種。なかには繁殖を行うものもある。通常は陸上動物を対象とする施設で，水棲動物を扱うのは水族館。動物園の特殊なものとしてサファリパークなどがある。→水族館，植物園

動物園（王子動物園／神戸市）

道路 ①道路法による道路は高速自動車道，一般国道，都道府県道，市町村道に区分され，「公道」という。②道路交通法では，公道，私道にかかわらず，一般の交通に供されている道をいう。③建築基準法上の道路はさらに広く，特定行政庁が指定することで道路とみなされる土地を含む。→公道，私道，位置指定道路

灯籠（とうろう）庭園に置かれる灯火装置。神仏への献灯のための装置から始まり，茶庭（露地）や書院の庭に置かれるようになった。その過程で照明装置としての機能よりも，独特の姿かたちの風情を楽しむために日本庭園には欠かせない要素になった。→日本庭園，茶庭（ちゃにわ）

灯籠（当麻寺中之坊庭園／奈良県）

道路管理者 道路法第12〜28条に規定された道路の新設や改築等，維持管理する主体。国土交通大臣は指定区間の国道，都道府県知事は指定区間外の国道および都道府県道，市町村長は市町村道，特別区長は特別区道，政令市にある指定区間外の国道と都道府県道を政令市長が管理する。実質的には国を含めた行政がその所管といえる。私道の所有者等も含める場合がある。

道路境界 道路（公道および私道）と民有地との境のこと。敷地が接する前面道路幅員によって道路斜線制限が適用される。また商店街，市場等では，公道へ商品等があふれ出すことは違法行為であるが，ヒューマンスケールがもたらす賑わい感は魅力的であることから，緩やかな法律の運用の適用が検討されている。→隣地境界，官民境界，斜線制限

登録建造物 正式名称は「登録有形文化財建造物」。1996年の文化財保護法改正により創設された文化財登録制度に基づいて登録された有形文化財のうち，建造物のものを指す。登録対象は，当初は建造物に限られていたが，2004年の文化財保護法改正により，建造物以外の有形文化財も登録対象となった。→文化財保護法，文化財登録制度

登録有形文化財 文化財登録制度に基づいて登録された物件を登録有形文化財という。これは，国土の開発および生活環境の変化により急激に消滅しつつある近代の建造物の保護において，重要文化財を指定するという従来の制度のみでは不十分であることから，より緩やかな規制のもとで，幅広く保護の網をかけることを目的とし，重要文化財指定制度を補うものとして創設された。→文化財保護法，有形文化財

登録有形文化財（山形県長井市）

道路景観 大型土木工作物としての道路は，ダムや橋梁と同様，それ自体が目立つ景観対象となりやすいため，周囲との関係を考慮したデザインが必要である。一方道路は，そこを高速で走行する車が視点場となるから，線形設計等により，より良好な景観体験ができるようなデザインが求められる。→景観，移動景観，橋梁景観

道路構造令 1970年制定。道路法第30条第1項，第2項の規定に基づいて制定された政令。高速道路から市町村道までの道路法上の道路の新設や改築する場合における道路構造の一般的技術的設計基準について，道路の種類ごとに幅員，建築限界，線形，勾配等を定めたもの。路面，排水施設，交差または接続，待避所および横断歩道，柵，その他，安全な交通を確保するための施設についての規定も定めている。2001年の法改正で，自動車から独立した歩行者・自転車通行空間の確保，路面電車の通行空間の確保，緑空間の増大など，2003年の法改正で乗用車専用道路の導入などが図られている。→道路法

道路管理者

道路の別	管理者
高速自動車国道	国土交通大臣
一般国道	指定区間内は国土交通大臣
	指定区間外は都道府県
都道府県道	道路が属する都道府県
市町村道	道路が属する市町村

道路の種別

道路の存する地域		地方部	都市部
高速自動車国道および自動車専用道路またはその他の道路の別	高速自動車国道および自動車専用道路	第一種	第二種
	その他の道路	第三種	第四種

＊道路の種類および交通量によって各種等級に再分類される。

道路交通法 1960年施行。「道交法」と略して呼ばれることが多い。道路における危険を防止し，その他交通の安全と円滑を図り，また道路の交通に起因する障害の防止に資することを目的している。車両の種類，規制内容，車両および人の通行区分，道路の使用などが定義されている。

道路斜線制限 建築物の形態規制の一つ。前面道路の反対側の境界線から建築基準法別表第3に規定される適用距離の範囲内において，建築敷地側の高さ方向に住居系地域では勾配1.25，その他の地域では勾配1.5を引き，これにより建築物の高さを制限するもの。→建築基準法，斜線制限

道路景観（東大通り／つくば市）

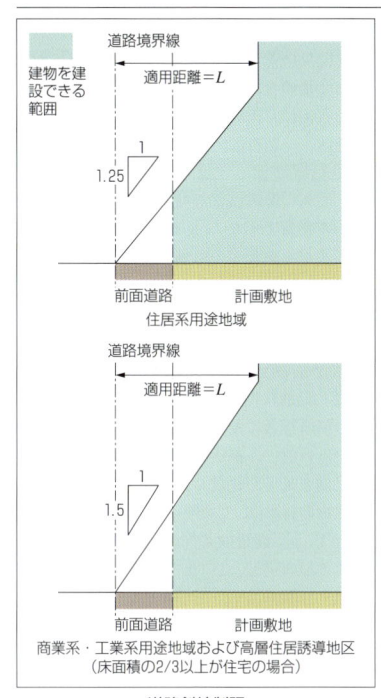

道路斜線制限

（上図）住居系用途地域
（下図）商業系・工業系用途地域および高層住居誘導地区
（床面積の2/3以上が住宅の場合）

道路線形 路線の形状のこと。道路の中心線が立体的に描く形状であり，直線，円弧，緩和曲線（クロソイド曲線），縦断曲線等の線形要素によって構成され，中心線の平面線形と縦断線形から成る。車両の安全な走行を図り，交通流を円滑に通すために重要な役割を果たす。

道路内の建築制限 建築基準法第44条において，建築物や敷地を造成するために設ける擁壁（ようへき）は，道路内または道路に突き出して建築，築造することはできないと定めている。軒や庇（ひさし）の出，窓や玄関扉の開閉による一時的な道路への干渉，建築物に附属する門や塀も建築制限の対象となる。地下部分の基礎，公益上必要で通行上支障のないアーケードや空中歩廊は，道路内でも建設が認められる。看板や工作物，仮囲い等の一時設置物は道路法，道路交通法，都市計画法など建築基準法以外の規制を受ける。

道路法 1919年に制定，1952年に全面改定。道路行政の根本となる法律。道路網の整備を図るため，道路に関して，路線の指定および認定，管理，構造，保全，費用の負担区分等に関する事項を定め，もって交通の発達に寄与し，公共の福祉を増進することを目的としている。道路法の扱う道路は高速自動車国道，一般国道，都道府県道，市区町村道の4種類であり，道路を構成する敷地等において，私権の行使は原則許されないことが規定されている。→都市計画，道路構造令

道路網 一定地区内の街区を囲む細街路から都市中心部へのアクセスに至る円滑な交通処理を行うためのネットワーク。また，都市間連絡を果たす通過機能や物流機能を満足するための高速自動車道路や国道の都市間連絡ネットワーク全般を指す。→ネットワーク，交通計画

トータルデザイン［total design］周辺環境や立地条件に配慮し，一定の範囲を対象に，それを構成する空間や施設全体をデザインするという考え方。従来の施設や空間のデザインを個別に行う方法から，より良い空間づくり，統一感，整合性のとれたデザイン等を目指す新たな試みである。さまざまな制度上の障害，設計者の意識未成熟といった課題はあるが，複数の施設，空間の関係をつくること，各専門分野間のコラボレーションを図ることなどが目標となる。また，デザインの体制づくりも含まれる。

ドーナツ化現象 大都市の成長にともない，中心部の商業，業務機能が拡大することによって，中心市街地の夜間人口が減少し，郊外の夜間人口が増加する人口移動現象のこと。人口分布図の中心部が空洞化し，その形状がドーナツに似ていることが命名の由来。アメリカの諸都市で始まり，多くの大都市で起こったが，その後コンパクトシティの考え方が生まれ，中心部への人口の呼び戻しが広がった。→コンパクトシティ，郊外住宅地

ドーム［dome］半円球状の形態をした屋根

ドーム（東京ドーム）

が架けられた建築空間内部を指す。中世の教会建築等で多く用いられている。構造上内部に広い空間を確保できること，天候に左右されないことから，大規模なドーム屋根をもつ球場，運動場が世界中で建設されている。固定型，開閉型がある。日本では1988年の東京ドームが最初の事例。

通り庭　間口が狭く奥行が深い短冊（たんざく）型の敷地に建つ町屋において，表口から裏口まで通り抜けられる土間空間。これは一列に並ぶ各部屋をつなぐ主動線となる。→町屋，動線

ドクシアディス［Constantinos A. Doxiadis］⇒コンスタンティノス・ドクシアディス

特定街区　都市計画に定められる地域地区の一つ。街区の整備または造成が行われる地区について，その街区内における建築物の容積率ならびに建築物の高さの最高限度および壁面の位置の制限を都市計画によって定める街区とされており，良好な街区レベルでの建築計画について一般的な形態制限を緩和する一方で，一定以上の市街地環境基準をもち，公的融資の融資対象や開発権移転（TDR）の対象となるなど，個々のプロジェクトごとに土地の有効利用を誘導する都市開発手法。→総合設計制度，容積率，開発権移転

特定街区（新宿副都心）

特定行政庁　確認申請，違反建築物に対する是正命令等の建築行政全般を司る行政機関。建築主事を置く市町村および特別区の長，その他の市町村および特別区では，都道府県知事を指す。人口25万人以上の市では建築主事を置くため，市長が特定行政庁となる。25万人未満の場合，都道府県と市町村の協議によって，知事か市長が特定行政庁になるが，人口10万人以上の都市の多くで市長が特定行政庁となっている。

特定非営利活動法人　⇒NPO

特定防災街区整備地区　密集市街地の区域およびその周辺の密集市街地における特定防災機能の確保ならびに当該区域における土地の合理的かつ健全な利用を図ることを目的に，市町村が都市計画として定める地区。→都市計画，防災

特定有害物質　土壌に含まれることに起因して人の健康に係る被害を生ずるおそれがある物質として，土壌汚染対策法（2002）に基づく調査等の対象となる物質。鉛，砒素（ひそ），トリクロロエチレン等の25物質が特定有害物質として定められている。→第一種特定有害物質

特定優良賃貸住宅　特定優良賃貸住宅の供給・促進に関する法律（1993）に基づき，中堅所得者に優良な賃貸住宅の供給を促進する目的で，都道府県知事等の認定を受け民間事業者が建設し，管理する賃貸住宅。建物の特徴は，敷地面積が原則として1,000m²以上，構造は共同住宅で耐火構造または準耐火構造，1戸当たりの床面積は50m²以上125m²以下，住宅の戸数は10戸以上。

特別区　東京23区のこと。地方自治法第281条に規定。

特別特定建築物　不特定かつ多数の者が利用し，または主として高齢者，障害者等が利用する特定建築物で，移動等円滑化が特に必要なものとして政令で定めるもの。具体的には，盲学校，聾（ろう）学校，養護学校，病院，劇場，ホテル，老人ホーム，体育館，博物館，公衆浴場，飲食店，郵便局，公共用歩廊など。→福祉のまちづくり条例

特別養護老人ホーム　65歳以上で，常時の介護を必要（いわゆる寝たきり）とし，かつ居宅ではこれを行うことが困難で，やむを得ない事由により介護保険法に規定する介護老人福祉施設に入所することが著しく困難である者，または，介護福祉施設サービスに係る施設介護サービス費の支給に係る者などを入所させ，養護することを目的とする施設。設置主体は地方公共団体，社会福祉法人で，入所基準は都道府県，市または福祉事務所を設置する町村による。「特養（とくよう）」と略称する。

特別用途制限地域　都市計画法第9条。市街化調整区域を除く用途地域ではない区域内で，良好な環境の形成または保持のため地域特性に応じた合理的な土地利用が行われるよう，制限すべき特定の建築物等の用途の概要を定める地域。→都市計画

特別用途地区 都市計画法上の地域地区の一つ。用途地域内の一定の地区における当該地区の特性にふさわしい土地利用の増進、環境の保護等の特別の目的の実現を図る地区。規制内容については、地方公共団体の条例で地域特性に見合った内容を定めることができる。→都市計画

特別緑地保全地区 都市緑地法を根拠に、都市計画区域内の風致または景観の優れた緑地を開発から守り、保全すべき地区として指定するもの。→緑地、緑地保全地域、都市緑地法

独法（どくほう、どっぽう）⇒独立行政法人

匿名性（とくめいせい）あえて名を明らかにしないこと。デザインの分野では、作者を明らかにしないこと、無名の作者によってデザインされたもの、自然生成的にできたものを指す。

特養（とくよう）⇒特別養護老人ホーム

独立行政法人 独立行政法人通則法第2条第1項に規定される法人。橋本内閣の行政改革の一環として、中央官庁から現業、サービス部門を分離する目的で導入された制度であるが、近年は特殊法人を改組する事例が多い。特定独立行政法人とそれ以外の独立行政法人に分類され、前者の役職員は国家公務員。「独法（どくほう、どっぽう）」と略称する。

特例容積率適用地区 建築基準法第57条の2。市街地の防災機能確保等のため、特例容積率の限度の指定の申請に基づき、要件に該当する場合は、特例敷地のそれぞれに適用される特例容積率の限度を指定する地区。大手町・丸の内・有楽町地区が代表的な例である。→都市計画、規制緩和

床の間（とこのま）座敷の上座に取り付けられた、一段高い床。和室の広さや用途によりしつらえが異なるが、東または南向きが基本。床の間は、和室空間の象徴的要素として認識されており、和室の構成上、伝統的な法則があり、格式が重要視される。また床柱、床板、落し掛けの3つには、色や材料の伝統的な組合せがある。

床の間（修学院離宮／京都市）

特別用途地区

用途地域		用途制限
1. 特別工業地区	1-1	工業・工業専用・準工業地域内の業種を制限し、公害防止を目的とする地区。
	1-2	準工業・商業・住居系の用途地域内の制限を緩和し、地場産業の保護・育成を図ることを目的とする地区。
2. 文教地区		教育、研究、文化活動の環境の維持向上を図るため、学校や研究機関、文化施設などが集中する地域に指定。風俗営業や映画館、ホテル等の建設を禁止する地区。
3. 小売店舗地区		近隣住民に日用品を供給する店舗が集まっている地区。特に専門店舗の保護または育成を図るため、風俗営業やホテル、デパート等を規制。
4. 事務所地区		官公庁、企業の事務所等の集中立地を保護育成する地区。
5. 厚生地区		病院、診療所等の医療機関、保育所等の社会福祉施設等の環境を保護する地区。
6. 娯楽・レクリエーション地区	6-1	商業地域のうち、劇場、映画館、バー・キャバレー等が集中する歓楽街を指定し、目的に沿った「用途地域」の規制が緩和または強化される地区。
	6-2	おもに住宅地周辺のボーリング場、スケート場等の遊技場を対象とするレクリエーション施設を指定し、目的に沿った「用途地域」の規制が緩和または強化される地区。
7. 観光地区		温泉地、景勝地等、観光地の観光施設の維持・整備を図る地区。
8. 特別業務地区	8-1	商業地で、特に卸売店舗を中心とした卸売業務機能の高い地区。
	8-2	おもに準工業地域のトラックターミナル、倉庫などの流通関連施設地区。
	8-3	幹線道路沿いの自動車修理工場、ガソリンスタンド等のための沿道サービス施設立地を図る地区。
9. 中高層住居専用地区		都心部において、一定地域のビルの中高層階の用途を住宅に限定し、住民の増加・定住化を図る地区。
10. 商業専用地区		店舗、事務所等を主とする市街地でその他の用途を規制し、大規模ショッピングセンターや業務ビルの集約的な立地を保護・育成する地区。
11. 研究専用地区		製品開発研究を主たる目的とする工場、研究所その他の研究開発施設の集積、これらの施設に係る環境の保護および利便の増進を図る地区。

都市　city, town

人口を集中させる機能や施設が集まる場所のこと。人口が集中し、第二次産業や三次産業に従事する人々が多い地域のこと。「村落」の対語。都市は人類の歴史上、都市国家が成立した古代から政治、経済の中心としての営みが行われると同時に、多くの人々が、居住し、働き、余暇を楽しむ場として維持されてきている。また、都市の形態は各々の都市が建設された場所と時代の要請により多種多様であるが、近代以前の都市の多くは、外敵から市民を守るための防御機能を兼ね備えたものがほとんどであった。また、都市としての歴史が古く、天災が少ない地域においては、数千年にもわたる都市としての営みを、遺構としてだけでなく、生活を営む装置（住宅や公共建築物）としても享受してきている。紀元前に由来をもつローマはその典型的な都市であろう。ただ、現在のような都市化の進行と巨大化が見られるようになったのは、産業革命以後のことで、都市における人口と産業の集中から、さまざまな都市問題が顕在化し、これに対する都市の理念や都市計画が生み出されたのもこの時期である。オスマンによるパリ大改造計画（1853-70）、E.ハワードによる田園都市理論の構築（1898）、ル・コルビュジエによる『輝く都市』（1922）等は、それ以降の都市づくりに多大な影響を与えた理念や計画である。また、空間としての都市の魅力の条件をK.リンチは『都市のイメージ』（1960）で論じている。→ジョルジュ＝ウジェーヌ・オスマン、ケヴィン・リンチ、ル・コルビュジエ、メガロポリス、都市化、都市計画、エネベザー・ハワード

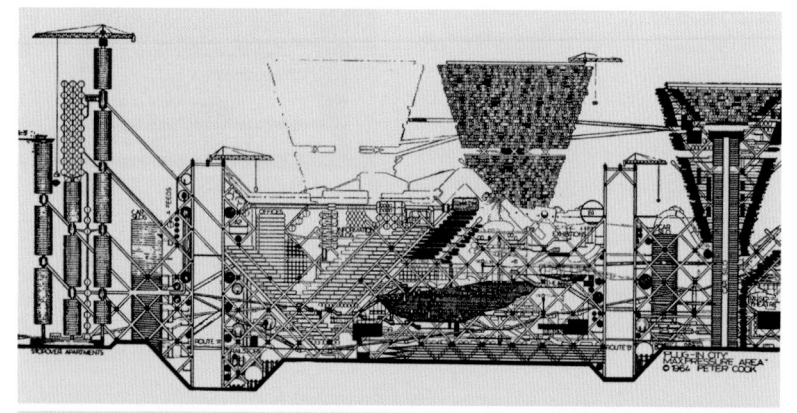

上：ピータークックのプラグインシティ、下：ルイス・カーンのリビングシティ（フィラデルフィア）
都市（都市像）

都市化　［urbanization］①近代産業の進展，交通網の発達，情報化などにともない人口が都市へ集中すること。②都市的な生活様式の形成とその様式が農村部へ浸透していく過程を指す。①の発展過程は，おもに3つの段階に区切られる。前期では，石炭，鉄等の産業を主軸に，資源立地型の工業都市を中心に進み，交通網が発達する。中期では，電力，軽金属等の産業を主軸に，複合的な工業地帯をもつ大都市を中心に進み，郊外が発展，自動車交通も発達する。後期では，電子工学，情報工学等の産業を主軸に，巨大都市を中心に都市化が進行し，また交通通信網の発達と生活様式の多様化から都市の拡散が始まり，世界がひとつの都市であるような状況が生まれる。なお，現代における先進国の状況は後期過程に属するといえるが，開発途上国と呼ばれる地域では，前期および中期の段階にある都市も多数存在する。→工業都市，都市，メガロポリス

都市開発　①新たに都市を開発する行為を指し，農地，林地，荒地である地域において，新都市を形成することを目的に土地を切り開き，都市としての整備を行うこと。②すでに成立している都市において開発行為を行うこと。既成の都市において，いまだ都市的機能を有していないエリア（未利用地）に都市的機能を与えるべく開発する行為。→開発，新都市，都市再開発

都市開発区域　首都圏整備法第25条，近畿圏整備法第12条，中部圏開発整備法第14条に規定された区域で，国土交通大臣が指定するもの。各圏域において，既成市街地への産業および人口の集中傾向を緩和し，首都圏の地域内の産業および人口の適正な配置を図るため必要があると認めるときは，既成市街地および近郊整備地帯以外の圏域のうち，工業都市，住居都市その他の都市として発展させることを適当とする区域。各法によって，定義に若干の違いがある。→首都圏整備法　近畿圏整備法　中部圏開発整備法

都市開発資金貸付制度　都市の計画的な整備を促進するために，国が地方公共団体や土地開発公社に対して用地の先行的取得に必要な資金を貸し付ける制度（「都市開発資金の貸付に関する法律」に基づく）。また，市街地再開発事業および土地区画整理事業の促進のために，その実施に必要な資金をそれぞれの組合等に貸し付けることもできる。さらに，都市開発資金特別貸付金とは，公園，下水道などの社会資本整備推進のために，民間都市開発推進機構および都市再生機構等に国が無利子で貸し付けるものをいう。→都市開発，社会資本

都市型災害　都市への人口と機能の集中が進み，技術革新による新しい設備や施設が開発されてきた結果，それまでの地震や水害，火災などによる被害とは様相を異にした，現代都市特有の被害を発生させる災害をいう。それらは，電気，ガス，水道，電話といったライフラインの破壊の問題，コンピュータのストックデータの喪失問題，過密による避難路確保の困難，耐震性不足による建築物の崩壊や落下物の増加の問題，高層，超高層ビルの消火活動と避難の安全性確保の問題，同じく地下街でのリスク問題，災害時犯罪防止の問題，障害者，高齢者，外国人など災害弱者への対応問題など，きわめて多岐にわたるものである。また，災害発生後の被災者救助やスムースな復旧支援などに対する平常時の準備が求められる。

都市型住宅　都市部ならではの敷地条件に対応している住宅。例えば，町屋は「うなぎの寝床」と呼ばれる短冊（たんざく）型敷

都市型住宅（スペースブロック上新庄／大阪市）

地に採光や通風を考慮して建てられた住宅，現在都市部において大量に建設されているミニ戸建もこの一例である。→町屋

都市観光 都市がもつさまざまな魅力が観光資源として活用され，観光の対象となること。都市の有する歴史的，文化的遺産を活かした都市観光の創出，現代都市としての機能，娯楽，商業，サービス，人の集積等を観光資源と位置づけることができる。→観光

都市観光（ビッグアイ／ロンドン）

都市気候 都市部に人口が集中することや建造物が増加し緑地が減少することなどにより，気候に局所的な変化が生じ，都市部で見られる特有の気候のことをいう。特に顕著な現象は，都市部における高温。この現象は，都市とその郊外を含めた地域における気温の等値線を描くと，洋上に浮かぶ島の形のような高温部が都市部に現れることから，「ヒートアイランド現象」とも呼ばれる。→ヒートアイランド現象，ビル風

都市基盤施設 一般的に道路・街路，鉄道，河川，上下水道，エネルギー供給施設，通信施設などの公共，公益施設をいう。英語のインフラストラクチャーを省略して「インフラ」ともいう。また，学校，病院，公園などの生活基盤施設を含むこともある。→インフラストラクチャー

都市基盤整備公団 住宅・都市整備公団が，1999年に住宅供給より都市整備に重点を置くこととして組織替えを行った際の名称。この際に，分譲住宅の供給は停止し，都市基盤整備および賃貸住宅の供給のみを行う組織となった。現在は都市再生機構。→住宅公団，都市再生機構

都市近郊 都市および都市生活者の居住地域周辺。「里山」と呼ばれる森林，農地等として良好な集落景観や環境を保持していたが，経済成長を契機に住宅地等として蚕食的に開発が進んだ経緯をもつ地域も少なくない。

都市空間 都市における立体的，空間的広がりを指す。都市を構成する立体的要素（道路，建物，構造物，広告物など）が重なり合うことで，都市空間は形成される。都市計画は，土地利用などの平面的計画から，景観やデザインを重視する空間的計画に比重が移っている。→都市景観，都市デザイン

都市空間（リスボン／ポルトガル）

都市経営 地方公共団体が財政破綻しないように，一定の利益を上げ，自立し，経営をしていくという考え方。地方公共団体においては，地方分権が進む中，地方交付税が切り下げられると同時に，少子高齢化が進行し，税収という資金調達が難しくなっており，財政破綻する例も出ていることから，都市を維持するための首長の経営方針が問われる時代になってきている。

都市計画　city planning, town planning

健康で文化的な都市空間と機能的な都市活動を確保し、都市の健全な発展と秩序ある整備を図るための都市に関する総合的な計画をいう。道路、軌道、公園、各種施設、土地利用等、都市を構成する要素を相互に関連性をもたせながら調和させ、良好な生活環境を形成するものであり、まちの姿をコントロールし、立地する建築物に関してもルールを定めて良好な都市空間の創出を図るための計画であるため、都市や地域のイメージを形成する基盤といえる。都市計画は公共の福祉の増進を目的とし、その実現のために多額の投資と私権の制限をともなうことから、法律に基づき計画、決定、実施される。また、物理的な空間整備のための計画や規制のみならず、交通、景観、防災、防犯、環境等の社会システムや生活支援機能に至るさまざまなソフト対策や都市活動の計画までを担う。法的制度の都市計画だけではなく、学術的な調査、研究分野である都市工学、開発や町割りのデザイン、都市空間を構成する土地や建物からなる景観デザイン等、都市空間の意匠やデザインを担うアーバンデザインも都市計画の範疇である。さらには、「まちづくり」という言葉に代表される地域活性を促進するために、各種都市空間整備や推進体制構築を行うのに市民団体が主体となるもの、または官民協働で都市空間や都市社会を改善、形成しようとする活動も都市計画の一つであり、関係する専門家をはじめとする人づくりまで及ぶと考えられる。また、社会経済活動と連動しており、適切な空間整備、規制、用途、活動が投資や生産、消費活動を促進し、都市の活性化、人、もの、情報等の交流が活発になることで、経済活動や各種市場が円滑に機能する。→開発、環境、交通計画、土地利用、防災、まちづくり

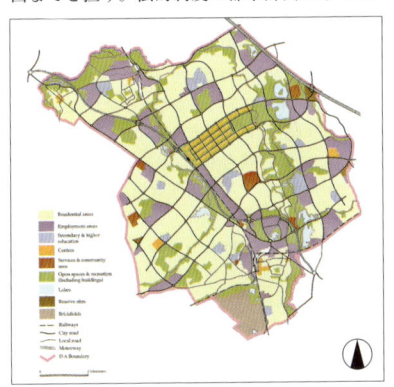

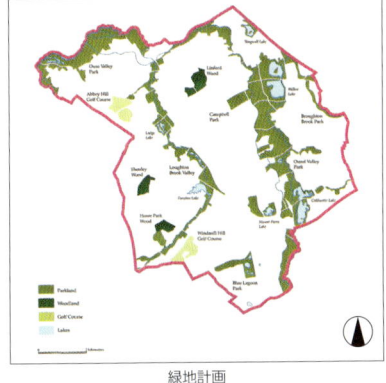

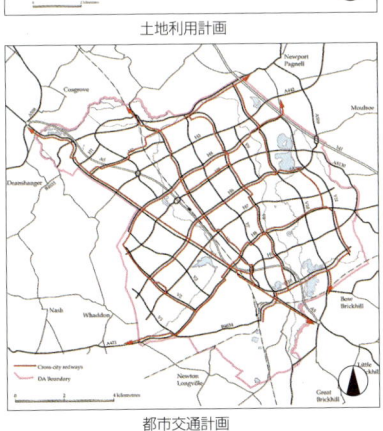

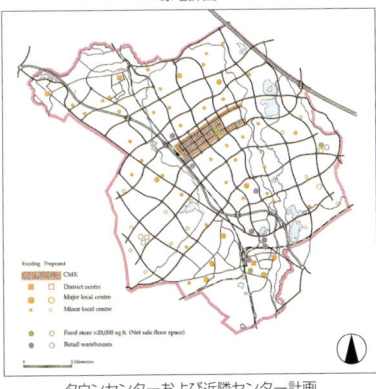

土地利用計画

緑地計画

都市交通計画

タウンセンターおよび近隣センター計画

都市計画（ミルトンキーンズ／イギリス）

都市計画学
都市の健全な発展と秩序ある整備を図るために，地域社会像を図化して提示すること，実現を図ること等を総称して都市計画と呼ぶが，これを実現するための理論，方法論等を研究する学問。また，都市計画の役割そのもの，都市計画に関する法規や国による違い，都市計画と都市計画論の歴史を調べ，分析し，考察する学問。さらに，都市計画の詳細部分，例えば交通，防災，景観，住宅供給，公園緑地，廃棄物処理，環境汚染などを対象とした研究や，これらの成果を具現化するための手段，設計に関する事柄（都市設計）を扱う。都市の整備に関する工学的な部分は「都市工学」，総合的でスケールの大きな部分を「アーバンプランニング」，都市空間のディテールを「都市設計」または「アーバンデザイン」と呼ぶ。→都市計画，アーバンデザイン

都市計画規制
都市計画法第3章第1節に定める内容。都市計画法が定める開発許可制度や地域地区，地区計画を活用して，適切な土地利用，個別建築物の用途，形態，構造等を規制し，「整・開・保」や市町村マスタープランに定める良好な都市像を誘導，実現するためのコントロール手法。

都市計画基礎調査
都市計画法第6条に定める都道府県が，おおむね5年ごとに都市計画区域に対して行う調査。国土交通省令で定めるところにより，人口規模，産業分類別の就業人口の規模，市街地の面積，土地利用，交通量その他事項に関する現況および将来の見通しについての調査を行う。

都市計画基礎調査の種類

1. 都市計画区域、都市指標のための基礎調査
2. 土地利用計画基礎調査（市街化区域指定、地域地区）
3. 都市施設計画基礎調査（交通施設、その他施設）
4. 市街地開発事業計画基礎調査（各種事業計画）

都市計画区域
都市計画法第5条。原則人口1万人以上，商業など都市的な仕事に従事している人が全就労者の50%以上，中心市街地に居住人口が3,000人以上といった要件を満たしている市町村で，中心の市街地を含み，一体の都市として総合的に整備し，開発し，および保全する必要がある区域を都市計画区域として指定する。市町村区域を超えて区域を指定することもできる。無秩序な市街化を防止し，計画的な市街化を図るため，市街化区域と市街化調整区域，非線引き区域の3つに分けられる。→都市計画，土地利用

都市計画決定
都市計画法第2章第2節。都市計画案の作成，公聴会の開催，縦覧，都市計画審議会の審議等，一定の法的手続きにより法定都市計画に位置づけること。規模，内容，性格等によって，都道府県知事が定めるものと市町村が定めるものがある。

都市計画公園
都市計画法に基づいて国，都道府県，市町村によって設置および管理される都市施設としての公園（都市計画法第11条）。良好な都市環境の形成，防災など都市の安全性向上，レクリエーション活動の場の確保，都市景観の向上を図ることを目的としている。→公園，都市公園，都市計画

都市計画コンサルタント
都市計画，地域計画，まちづくり等のための地域調査，分析，住民参加の場の開催，さまざまな計画策定支援と提案，情報収集，分析，整理，設計，事業計画策定等の業務を専門的に行う者。職域としては都市地域計画，建築計画・設計，土木工学，居住，環境，景観，道路，公園等の諸デザイン，福祉，法律，経営，事業，各種調査など多分野に広がる。

都市計画事業
都市計画における事業そのものを指す場合もあるが，通常，地方公共団体が施行する都市基盤施設関連の整備事業を指す場合が多い。この際，各事業は法令等に定められた一定の手続きを経て，都市計画決定がなされている。→都市計画，都市計画法

都市計画審議会
都市計画法第77条および第77条の2。都道府県および市町村において，都市計画法に定める事項を調査，審議し，知事および市町村長の諮問に応じて調査，審議，答申するための組織。

都市計画図
地方公共団体が行政区域内における都市計画決定の内容を示した地図のこと。通常，国土基本図をベースに作成される。一般的に，市街化区域，市街化調整区域，地域地区（用途地域，特別用途地区，高度利用地区，特定街区等），建ぺい率，容積率などを記した地域地区図と，都市計画道路などの都市施設を記した都市施設図を別々に作成している地方公共団体が多い。→国土基本図

都市計画税
都市計画事業または土地区画整理事業を行う市町村において，その事業に要する費用に充てるために目的税として

課税されるもの。土地にかかる公租公課で、市街化区域内にある土地および家屋が課税対象。

都市計画調査 都市計画に関係する諸調査。市街地開発事業や市街地再開発事業に係る土地利用や施設建設および事業に関する調査，政策策定のための調査，不動産に係る調査，環境保全等に係る調査など全般を指す。

都市計画提案制度 2002年の都市計画法改正および都市再生特別措置法制定により創設された都市計画制度。土地所有者やNPO，民間事業者が，敷地面積，同意割合等一定の条件を満たした場合，都市計画の決定，変更の素案を添付して提案をすることができる。都市再生特別措置法では，都市再生特別地区で都市再生事業者が提案するのに対し，都市計画法改正による同制度は提案できる地区や主体に多様性がある。提案を受けた自治体は，6カ月以内に都市計画決定の判断を行う必要がある。→まちづくり，地区計画

都市計画道路 都市計画法第11条に定められた都市計画施設の一つ。自動車専用道路，幹線道路，区画道路，特殊道路の4種類がある。都市の健全な発展と機能的な都市活動を確保するための都市基盤施設。都市計画決定されているものの整備がままならない状況も抱えている。→都市計画

都市計画法 現行法制定は1968年。都市計画の内容およびその決定手続き，都市計画制限，都市計画事業その他，都市計画に関し必要な事項を定めることにより，都市の健全な発展と秩序ある整備を図り，これにより国土の均衡ある発展と公共の福祉の増進に寄与することを目的とし，農林漁業との健全な調和を図りつつ，健康で文化的な都市生活および機能的な都市活動を確保すべきこと，ならびにこのためには適正な制限のもとに土地の合理的な利用が図られるべきことを基本理念としている。この理念に基づいて，「整・開・保」や市町村マスタープランによって主要な土地利用や都市施設整備方針が策定され，建築基準法など他の法規制と連動しながら良好な都市形成を促進するための法制度。→開発，都市計画，土地利用，市町村マスタープラン

都市計画マスタープラン ⇒市町村マスタープラン

都市景観 [townscape] 都市は多くの機能や施設が集中した複雑な空間であり，個々の建造物は個別的な必要性と判断に基づいて建設されるため，景観上の混乱を起こしやすい。したがって，景観法や景観条例などはいずれも都市部における景観の改善とそのためのコントロールの方法に主眼を置いている。→景観，景観法，景観条例，景観コントロール

都市計画道路（国道246号／東京都）

都市景観（ハン・ミュンデン／ドイツ）

としけい

都市景観基本計画 ⇒景観基本計画
都市景観形成地区 ⇒景観形成地区
都市景観条例 ⇒景観条例
都市景観形成モデル事業 旧建設省によって1983年に制定された補助事業。モデル地区では基本計画を策定し、これに基づき都市計画事業(公園、街路)、道路事業、河川事業等、景観形成にかかわる各事業の事業計画の策定と事業の調整および重点的な実施を行うもの。→都市景観
都市経済学 ミクロ経済学の基盤に立って、都市という単位からその経済現象を研究、考察する学問分野。交通に関する経済的分析のほか、土地、住宅市場に関する問題、都市部と郊外との関連と地域経済成長のパターンに関する分析など、空間を考慮した経済分析(空間経済学)の多くが対象範囲。
都市形態 都市が形成されている地形的条件に加え、建設されている建築物の大きさや形、敷地形状、街路のパターン等、物理的にとらえたときの都市の形。円形都市、方形都市、帯状都市など。

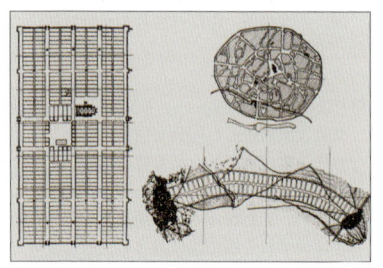

左:方形都市、右上:円形都市、右下:帯状都市
都市形態

都市圏 現代の都市活動は広域化しており、行政単位としての市、区、町、村の範囲を超えている。中心となる都市の影響が及ぶ範囲を含めてその都市の都市圏と呼び、各種の計画、事業、管理を考える際の枠組となっている。→大都市圏、広域市町村圏
都市公園 都市部に市民が自由に利用できるレクリエーション空間として整備される公園。日本では都市公園法において、各自治体(都道府県、市区町村)は一定の基準に基づいて都市公園(緑地を含む)をつくることが義務づけられている。少数だが国が設置する国営公園もある。都市公園は道路と並ぶ公共施設の一種。→公園、自然公園
都市公園法 自然的空間や要素が少ない都市において、市民の健康増進とレクリエーション要望にこたえる空間として、公園または緑地の必要性に基づき、これらをつくる際の種類、基準、管理者等を定めたもの。一方、現存する優れた自然環境を維持、保全する目的で定められた自然公園法がある。→都市公園、自然公園、公園
都市工学 都市をつくるための技術を扱う学問。都市環境、交通などのインフラストラクチャー、人口と居住、防災、都市計画に関連した法規などを扱う。
都市更新 [urban renewal] 市民の生活の場であり経済活動の空間でもある都市は、時代の新しい要請に応えて常に変化する有機体である。したがって、絶えざるリニューアルが求められるが、その際保存すべきものと更新するべきものの適切な判断が重要である。更新には、再開発、修復、保存の3タイプがある。以前はスクラップアンドビルドの考え方に基づく全面的な建替えを主とした再開発が主流であったが、省資源、省エネルギー、環境共生などに関心が移るにつれ、既存のものをできるだけ活用する修復、再生、保存に比重が移るようになった。→都市再開発、都市再生
都市交通計画 都市空間の基盤となる軌道、道路や駅の結節点で構成される交通ネットワークは、交通、物流、通信の要であり、適正な処理能力をもつ空間構成、円滑な移動、安全性、地域需要への対応が求められる。交通量等における環境面への配慮、公共交通を優先させた基幹交通手段の構築、これらに適合した道路空間の整備と物理的ネットワークの構築、規制等ソフト対策の実施や関係所管との連携も交通計画に含まれる。→交通計画、道路
都市国家 神殿、公共施設などの都市的機能を保有した都市が、その周辺の農地を含めて政治的に独立し、国家を形成したもの。古代ギリシャの小国家群をポリスと呼ぶ(代表事例はアテナイ)。→アクロポリス、都市
都市災害 暴風、洪水、高潮、地震、火山活動、その他異常な自然現象およびこれらの災害から派生する火災等の2次的災害、大規模な地下鉄や自動車事故により、都市において下水道、公園、街路、都市排水施設などの都市施設や水道、ガスのライフライン、人家や工場の集落地が土砂の流入、崩壊等によって著しい被害を受けること。→防災、安全性

都市再開発 すでに形成された都市市街地において、必要とされる都市更新地区のうち、保存するべき要素が少なく大部分を建て直すことが適切と判断される地区について行う事業。都市を再活性化させることがおもな目的。→都市更新，再開発事業，地区再開発事業

都市再開発（基町団地／広島市）

都市再開発法 1969年に施行された法律で、市街地の計画的な再開発について必要な事項を定め、都市における土地の合理的かつ健全な高度利用と都市機能の更新とを図ることを目的としたもの。「都再法」と略す。→都市再開発，再開発事業

都市再生 21世紀に迎える国際化，情報化，高齢化，少子化等の傾向に適用できるように都市を再生させること。多くの地方都市，大都市の中の取り残された地区を対象に、民間の資金や知識を集中できるように支援するため、都市再生本部が設置（2001）され、さらに都市再生特別措置法が制定（2002）された。都市更新の新しいタイプといえる。→都市再生事業，都市再生総合整備事業，都市再生特別措置法，都市再生ファンド，都市再生プロジェクト

都市再生機構 2004年に、旧都市基盤整備公団と旧地域振興整備公団の地方都市開発整備部門が統合され，独立行政法人都市再生機構に組織変更された際の名称。「UR都市機構」が略称。おもな業務は，市街地の整備改善と賃貸住宅の供給の支援。そのため，新規の賃貸住宅建設からは撤退，開発用地において民間事業者による賃貸住宅建設を誘導し，これを行う民間事業者が現れなかった場合のみ，UR都市機構自らが賃貸住宅を建設することとなった。→住宅公団，住宅・都市整備公団，都市基盤整備公団

都市再生事業 都市における再生事業全般を指すこともあるが、都市再生特別措置法に基づき、政令で都市再生緊急整備地域に指定された地域における都市再生に関する事業を指すことが多い。都市再生特別地区，都市再生総合整備事業等が具体的な事業名である。→都市再生，都市再生総合整備事業，都市再生特別措置法

都市再生総合整備事業 国土交通省住宅局による、都市における面的整備に対する補助事業で、旧工場跡地や衰退している既成市街地の再生に際して先行的投資を行い、地域再生の引き金となる事業に対し補助が行われる。総合整備型と拠点整備型の2タイプが用意されている。→都市再生，都市再生事業

都市再生特別措置法 近年における経済社会の構造的な変化、国際化の進展などに対応し、都市の再生を図るために制定された法律。2002年6月施行。都市再生に関する基本方針の策定を行うと同時に、「都市再生緊急整備地域」を指定し、同地域内の都市計画の特例、金融支援等の処置を行うことで、地域における新たな計画や事業の立上げを支援する制度。→都市再生，都市再生事業

都市再生特別地区 都市再生特別措置法第36条に規定される地域地区で、都市再生緊急整備地域内において、土地の合理的かつ健全な特別の高度利用と都市機能の更新とを図り、当該地区の特性に応じた用途、高さ、配列、形態を備えた建築物の建築を誘導するために定められ、用途地域における規制を受けない。→都市計画，規制緩和

都市再生ファンド 全国で都市再生プロジェクトが進行する中で、国土交通省が中心となり、都市再生事業へ滞留する民間資金を注入し、動かせるプロジェクトをスタートさせようという視点で設立されたファンドのこと。→都市再生事業，都市再生プロジェクト

都市再生プロジェクト さまざまな都市の課題ついて、関係省庁、地方公共団体、関係民間主体が参加・連携し、総力を挙げて取り組むプロジェクト。都市再生本部が都市における重要な政策課題、全国都市モデル調査で明らかになった課題、都市再生取り組みの展開等の中から、重要かつ緊急に取り組むべきものを選定し、その事業を推進する。→都市再生，都市再生事業

都市施設 ①一般用法としては、都市的性格をもつ商業施設などを含む公的サービス

機能をもつ施設。②都市計画法で決められた以下の施設。道路等の交通施設，公園等の公共空地（くうち），上下水道等の供給処理施設，河川等の水路，学校等の教育文化施設，病院等の医療福祉施設，火葬場等，一団地の住宅施設，一団地の官公庁施設，流通業務団地。→都市計画法

都市施設（広島ビッグウェーブ）

都市社会学 社会学の一領域として，都市内部の社会構造や機能，役割，これらの変遷などを明らかにしようとする。20世紀初頭のシカゴ大学での研究活動がはじまりとされ（シカゴ学派），その後マルクス主義の影響を受けた新都市社会学が階級問題やジェンダー，権力の構造を論点とした。

都市集積度 ①ある地域において，規模の異なる都市が集まることで都市圏を形成するが，その都市が集積している程度。例えば，近畿圏には100万人を超える3都市（大阪，京都，神戸）を中心に，さらに中小規模の都市が付随的に集積しており，地域における都市集積度が高いといえる。②都市における都市機能（商業，業務，行政，余暇）の集積度合いを指し，拡散型の都市では，これらの集積度が低く，集約型の都市ではこれらの集積度が高いといえる。→大都市圏，コンパクトシティ

都市設計 ⇒都市デザイン

都市像 ①都市の姿，形。②人々が都市についてイメージする様。③望ましくあるべき都市の将来像。→都市

都市地理学 地理学の一分野で，都市を対象とする。都市を平面的にかつ数量的に扱うことが多く，都市計画学，建築学，土木工学，都市経済学，都市社会学などと関係が深い。

都市デザイナー 都市のデザインに携わり，都市を空間的環境としてとらえ，設計する人々のことを指す。→都市デザイン

都市デザイン〔urban design, town design〕都市を構成する建築などの要素の形態を重要視して，都市空間を計画，設計すること。それまでの都市計画が平面的な土地の形状などの計画にとどまっていたのに対し，都市を空間的環境としてとらえる立場として1960年代に登場した。→デザイン，都市計画，環境デザイン，アーバンデザイン

都市のイメージ K.リンチが1960年に出版した書籍名。原書名は『The image of the city』。ここでは，都市のイメージを構成する要素として，パス（道路，鉄道などの交通路），ノード（結節点），ディストリクト（地域），エッジ（河川，海岸などの縁），ランドマーク（目印）の5つが重要な要素としてあげられ，魅力的な都市は，これら個々の要素および相互関係に対する印象が良く，全体構造をイメージしやすいことが述べられた。→ケヴィン・リンチ，イメージ，イメージアビリティ

都市・農村共生 都市と農山漁村を行き交う新たなライフスタイルを広め，都市と農山漁村それぞれに住む人々がお互いの地域の魅力を分かちあい，「人，もの，情報」の行き来を活発にする取り組み。国民運動への展開を目指し企業，NPO，市町村，各種民間団体および個人からなる「都市と農山漁村の共生・対流推進会議」（通称：オーライ！ニッポン会議）が2003年6月に発足した。→田園居住，ラーバンデザイン

都市農村計画 都市と農村が共生する土地建物利用計画，空間構成のあり方。都市と農村の共生に係る課題を顕在化させ，両者の関係を調整する計画手法や技術提案，人，情報，技術交流の方針等の計画。イギリスでは，都市計画と農村計画は都市農村計画として一体的に計画策定され，開発・土地利用の総合的なコントロールがなされている。→農村計画

都市・農村交流 「食料・農業・農村基本法」においても重要な政策分野として位置づけられている。事業としては都市と農村が交流を図り，農業，農村の理解を深め，活力ある地域社会の形成に資することを目的とした「都市と農村の交流促進事業」がある。交流を日常化，活発化することを示す用語として「都市・農村対流」が使われる。

都市美 都市景観が論じられるようになった1960年代よりはるか以前，20世紀の初頭に「都市を美しく」という都市美化運動

が行われていた。産業革命がもたらした人口の都市集中による混乱と非衛生的環境の改善を目指し、とりあえず目に映る外観だけでも美しく快適に、という思想の登場といえる。→都市景観、景観論争

都市風景　「都市景観」とほぼ同義であるが、風景といったときのほうがより情緒的であり温もりを感じる。「絵画のある風景」「文学の風景」などと使われる。→風景、都市景観

都市マスタープラン　都市計画法第16条に定義される市町村の都市計画に関する基本的な方針。市町村マスタープラン。都市計画マスタープラン。→市町村マスタープラン

都市モデル　都市計画を考える際に、都市における活動、機能、構造などを単純化してその本質をとらえようとするが、このときに抽象化、モデル化を行ったものをいう。都市モデルはあくまでも都市の一面を表すものであり、現実の都市そのものと考えることはできない。→ダイアグラム、空間図式

都市問題　ごみ処理、騒音、振動、悪臭、事故、交通ラッシュ、大気汚染、地価の上昇等、都市生活にともない発生するさまざまな問題のこと。

土砂災害防止法　土砂災害警戒区域等における土砂災害防止対策の推進に関する法律。2000年施行。土砂災害から国民の生命および身体を保護するため、急傾斜地、土石流、地滑り等の土砂災害が発生する可能性がある区域を明らかにして、警戒避難体制の整備を図り、一定の開発行為の制限、建築物の構造の規制を定めることなどで土砂災害防止対策の推進を図り、安全性の確保を目的とする法律。区域は都道府県知事が指定。→防災

土壌　「土」と同じ。地球の表層を覆っている微細な物質からなるものの総称。植物生育の基盤となるもので、土壌の性質によって生育できる種や量が規定される。生育の不適切な土壌に植栽が必要な場合は、土壌改良が行われる。→植栽

土壌汚染　土壌中に重金属、有機溶剤、農薬、油などの物質が、人為、自然を問わず自然環境や人の健康、生活へ影響がある程度に含まれている状態をいう。「典型7公害」の一つ。わが国の場合、行政上での「土壌汚染」は、土壌環境基準や土壌汚染対策法において地盤を構成する物質のみが汚染されている現象を指し、地下水や地下空気が汚染されている現象を含まない。土壌汚染の程度が、土地そのものの資源的価値としても大きく影響するようになってきている。

土壌汚染対策法　土壌汚染の状況の把握、土壌汚染による人の健康被害の防止を目的とした法律。2002年5月制定。使用が廃止された有害物質使用特定施設に係る工場または事業場、特定有害物質を製造し使用しまたは処理する施設等に適用される。→土壌汚染、土壌環境基準、特定有害物質

土壌環境基準　環境基本法に基づき、人の健康保護と生活環境保全のために維持することが望ましい基準（環境基準）として定めたもの。正式には「土壌の汚染に係る環境基準」という。→土壌汚染、土壌汚染対策法、環境基本法

都市緑化フェア　正式には「全国都市緑化

都市緑化フェア（グリーンフェア'93 いばらき／水戸市）

フェア」。緑化意識の向上と知識や技術の普及を目的に，1983年大阪で第1回が開かれ，以降毎年開催地を変えて実施。同じ趣旨で行う国際的で大規模なものが花博。→花博(花の万博)，緑化

都市緑地 ①⇒オープンスペース ②都市の自然環境の保全や景観の向上を目的として，都市計画で定められる緑地。→緑地，都市緑地法

都市緑地法 良好な都市環境の形成を図るため，緑地の保全および緑化の推進のため緑の基本計画を定め，緑地保全地域，特別緑地保全地区，緑化地域を都市計画に定めることができる法律。以前の「都市緑地保全法」が2004年改称。→緑化，緑地，環境保全

都心 [central area, urban core] 都市の中枢機能が集中している中心部を指し，「中心地区」ともいう。都心の規模や活動状態は，その都市の力や特色を最もよく表し，首都の都心はその国の国際的な地位を表す。→副都心，中央業務地区

都心回帰 地価の下落などにより，都心部の居住人口等が回復する現象。わが国においては，1992年のバブル崩壊以降，政令指定都市等の主要都市圏で生起している現象。→ドーナツ化現象

都心業務地区 ⇒中央業務地区

都心居住 都市部の地価高騰にともない都心の人口減少や夜間人口の減少，人口のドーナツ化，郊外化が進む問題と，その対策として人の呼び戻しや定住化を進めることを総称したもの。都心居住の理由として，(1)都市に古くから形成される伝統的コミュニティの維持と社会的安定性の確保。(2)自治体の存在基盤としての住民を確保し，議員定数による政治的発言力の維持。(3)保育所，小中学校などをはじめとする既存の都市施設の有効活用。(4)職住近接による通勤ラッシュ等の交通網への負担の軽減，などがある。

土地基本法 1989年制定。土地の基本理念と所有者全体の責務を明らかにし，土地施策の基本事項を定め，適正な土地利用の確保，正常な需給関係と適正な地価の形成を図るための土地対策の総合的推進，生活の安定向上と経済の健全な発展に寄与することが目的。

土地区画整理 道路，公園等が未整備の密集市街地や荒地や農地である土地について，公共施設を整備し，区画を整え，宅地として利用できる土地にすること。→土地区画整理事業，アディケス法

土地区画整理事業 土地区画整理法に基づき，都市計画区域内で土地利用の増進と公共施設の整備を目的に行う事業。事業の仕組みは，土地所有者が一定の割合で土地を提供し(これを「減歩」という)，それを増大する公共用地と事業費にあてて良好な環境の市街地を造成するというもの。→換地計画，減歩(げんぶ)，土地区画整理，市街地開発事業

土地区画整理法 1954年制定。土地区画整理事業に関して，施行者，施行方法，費用の負担等必要な事項を規定することで，健全な市街地の造成を図り，もって公共の福祉の増進に資することを目的とした法律。→土地区画整理事業

土地収用法 1951年制定。公共の利益となる事業に必要な土地等の収用または使用に関し，要件，手続きおよび効果，損失の補償等について規定し，公共の利益増進と私有財産との調整を図ることで，国土の適正かつ合理的な利用に寄与することを目的とした法律。道路整備，治水整備，都市防災など，公共の利益に関する事業を行う場合に，自治体が必要とされる土地を収用することができ，都市計画と密接な関係にある。→都市計画

土地信託方式 土地所有者から土地の有効活用のために信託を受けた信託銀行が，所

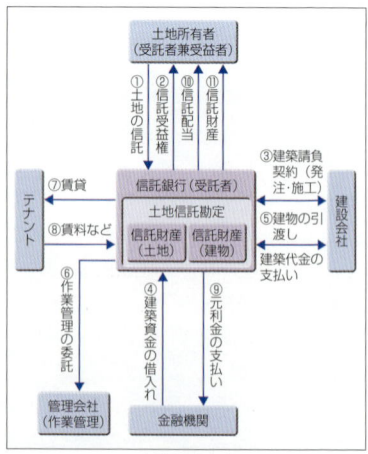

土地信託方式

有者に代わって不動産管理，運営をするもので，土地利用に係る企画，資金調達，建物発注，テナント募集，建設後の建物の管理，運営を行い，土地所有者は利益から相当分の信託配当を受け取る方式。建設後の建物を賃貸する方式と売却，処分する方式がある。→開発

土地政策　均衡のとれた適正な土地利用，取引，市場の活性化実現のための目標像設定，関係者の応分の負担による土地税制等を包括的に定めた政策。経済成長期にみられた投機目的による展開ではなく，所有から利用へ転換がなされ，関連して都市計画規制緩和，税制緩和等が展開されている。

土地税制　土地に関する税制で，保有に係る地価税，固定資産税，都市計画税，特別土地保有税。譲渡に係る所得税，法人税，住民税。取得に係る不動産取得税，特別土地保有税，登録免許税，相続税がこれに当たる。土地のさらなる有効利用の促進や土地不動産市場の活性化のために，譲渡益課税を中心に土地税制の緩和が進んでいる。そのため，不動産の流動化が確認できる一方で，不適切な開発が進むこともあり，景観形成など適切な開発，維持保全の動きと土地税制にバランスが取られていないとする指摘も多い。→開発，土地利用

土地評価法　公示価格，地価調査基準地価格，相続税路線価倍率価格，固定資産税評価価格が評価に係る価格の基本となるもので，財産評価基準となる。不動産鑑定のしかたについては，価格時点における対象不動産の再調達原価を求め，減価修正を行って資産価格を求める原価法，同類型の不動産の取引事例価格と比較して対象不動産の価格を求める取引事例比較法，不動産が現在から将来にわたって獲得する純収益に着目して，当該純収益を生み出す不動産の資本価値を求める収益還元法がある。多くは収益還元法によって求められる。

土地分級　土地利用状況，地形，土壌条件，生産性，生態系等による土地分類。農業や林業，農村計画において比較的よく使われる言葉で，永久耕作地としての農業用地，放牧地，森林用地，保護区等の区分を行うことがある。

土地保有税　不動産を保有していることで，保有者に課税される税金。固定資産税，都市計画税が該当する。

土地利用　[land use]　①宅地，商業地，工業地，緑地等を表す土地の使われ方や性格を表すもの。都市計画的観点では，都市計画区域内の土地について適正かつ合理的な利用を推進するため，区域区分や地域地区等により建築物の制限や規制を図ることで無秩序な都市整備を抑制し，都市機能の維持増進と適切な都市環境の保持を達成する都市の将来像となる利用構想という意味合いをもつ。②住宅地計画や市街地再開発等の，一定規模の敷地内での利用区分。③社会経済活動が地表面に反映されたもの。各行政の政策的な指針や立地条件，社会基盤整備の状況などを要因として規定され，適切な利用がされている場合は評価が高く，価値の向上をともなうことになるため，土地資源と経済社会資源を最適に配置することが求められる。→環境，景観，都市計画，まちづくり

土地利用（日本の土地利用形態別面積）

地　目	面　積	内　容
農用地	482万ha	農地、採草放牧地
森林	2,509万ha	
原野	26万ha	
水面・河川・水路	134万ha	水面は湖沼および溜め池
道路	131万ha	一般道路、農道、林道住
宅地	182万ha	宅地、工業用地、商業用地、他
その他	316万ha	耕作放棄地、公共施設、北方領土等
合計	3,779万ha	

＊国土交通省「土地利用現況把握調査」（2003年）による。

土地利用意向　土地の所有者の今後における当該土地の利用，活用の意向のこと。都市マスタープラン，土地区画整理，圃場整備等において調査される。実際に土地の権利移動等がともなうような場合は，土地の評価と合わせて土地利用意向が調査さる。→土地利用計画

土地利用管理　都市計画，都市開発等において，都市の成長を管理する土地利用計画，または計画に示された土地利用計画の適正な運用。地球環境問題や発展途上国における都市化に対する無秩序，不適正な開発を抑制し，持続可能な都市開発，環境開発を促進するために必要なコントロール。

土地利用計画　一定の区域における土地利用の将来像と整備方針や手法，都市開発や環境保全等の管理指針，防災上の配慮や市街地の活性化など，人々が生活する場としての情報の整備と伝達を示したもの。

土地利用現況調査　都市計画法第6条の規

定に基づく都市計画に関する基礎調査の一つとして，土地利用の現況と変化の動向を把握するために，おおむね5年ごとに実施される調査。調査を実施する行政庁は，都道府県および政令指定都市である場合が多い。現地踏査により，土地利用状況を農用地，林地，宅地，道路等に細分して調査し，結果を土地利用現況図として作成するとともに，現在では調査結果を電子データ化し，数値情報として把握している公共団体が増えてきている。→都市計画基礎調査

土地利用分級　用途地域や建物利用状況，土地利用の状況からカテゴライズされた土地分級。地域の都市開発行為において，土地利用計画を策定する際の基礎的情報として扱われる。

届出制度　一定面積以上の土地の取引をしたときは，国土利用計画法に基づき，都道府県知事（政令指定都市は市長）に届出をしなければいけない。これを届出制度という。土地の投機的取引や地価の高騰を抑制するとともに，適正かつ合理的な土地利用の確保を図ることが目的。→国土利用計画法，土地政策

トピアリー　[topiary work] 樹木の枝葉を刈り込んで，人為的にさまざまな形に仕立てる技術。ヨーロッパの庭園で多く使われ発達した。刈り込みの一種。→刈り込み

トピアリー（コッツウォルズ地方／イギリス）

土塀　（どべい）土を盛り上げてつくった塀。比較的容易に建造できるが，耐久性は劣る。木造の建築や門とはデザインの相性が良く，伝統的な地区には多い。雨水による崩壊を防ぐために，上に屋根を乗せることが一般的。→板塀，生垣（いけがき），石垣

土木学会　[Japan Society of Civil Engineers]「JSCE」と略す。1914年に社団法人として設立された学会で，「土木工学の進歩および土木事業の発達ならびに土木技術者の資質向上を図り，もって学術文化の進展と社会の発展に寄与する」（土木学会定款）ことを目指している。会員数約38,000人（2005年度）であり，建設業と建設コンサルタントで会員所属の約半数を占めている。

土木工学　[civil engineering] 社会秩序，国民生活の安定化を目指した技術を中心とした学問。もともとは国を治めるための治山治水技術といった総合工学に源流をなしており，軍事面からの要請で派生した工兵学（military engineering）とたもとを分かったのが土木工学と位置づけられている。

土木工作物　道路，鉄道，橋，トンネル，堤防，溜め池，貯水池，電柱，電線，ダム，公園等，地上または地中に築造したもので，土地に定着する建築物以外のもの。都市計画，まちづくりにおいては，建築物以外のこれらの施設も重要な要素であり，住宅市街地の開発・再開発においては，周辺環境条件として位置づけを明確にしておく必要がある。

上段：道路，中段：橋梁，下段：擁壁
土木工作物

トポス　[topos ギ] 位相，場所，場。位相幾何学（トポロジー）において圏。

トポフィリア　[topophiria] 場所への愛。地理学者イーフー・トゥアンが，著書『トポフィリア』（1979）で紹介した用語。人間と場所，あるいは環境との間には情緒的な結びつきがあることを，トポフィリアとして示した。→イーフー・トゥアン，場所愛

トポロジー　[topology] もともと幾何学の分野の一つであり，図形を面積や長さなどの絶対的な位置や数量ではなく，点や線，面などのつながり方によって解釈するもの。「位相幾何学」と訳され，ユークリッド幾何学と対立させて分析方法に用いられることが多い。なお，広義に解釈される場合には，距離や方向が抽象化された鉄道駅の料金表示板なども，トポロジー的な図示表現の一つである。→トポス

3次元トポロジーで同じ形態の例
トポロジー

トラスト　[trust] 委託者が自己の財産を信頼できる他者に譲渡するとともに，当該財産を運用，管理することで得られる利益を第三者に与える旨の取り決めを受託者と行うこと，およびそのための法的枠組。信託法によって定められている。→公益信託

トランジットモール　[transit mall] 都市交通網の一つ。路面電車やバスなど公共交通機関を専用に通行させる道路空間。都心部における交通混雑や都市環境問題の解消，中心市街地活性化を図る一つの手段として，一般車両や通過交通の進入を抑制し，歩行者が都市空間の往来を安全に行うためのシステム。公共交通による円滑な市街地内の移動とあわせて，町に人がいることによる賑わいの創出など欧米諸国で多くの事例が確認できる。→交通計画，都市交通計画

鳥居　神社の参道の入口に立ち，ここから神域であることを示す象徴的な構築物。大きな神社では一の鳥居，二の鳥居のように複数立てることがある。また，鳥居自体が奉納の対象になり，それを並べた連続鳥居が生まれる。伏見稲荷神社の「千本鳥居」は有名。→シンボル，領域

鳥居（沼島山ノ大神社／淡路島）

トレッキング　[trekking] 本来はヒマラヤ山麓の山々を眺めながら歩き巡ること。高山に登ることのできない多くの一般人のヒマラヤの楽しみ方。しかし今では「ハイキング（低山逍遥）」とほとんど同じように使われる。

トランジットモール（マンチェスター／イギリス）

な

内部空間 建築における壁や屋根で遮へいされ、天候、騒音、喧騒等の外部の影響が排除された空間を指す。心理的に囲まれた内側の空間、「私的空間」ともいう。→外部空間

内部景観 景観は通常ものの外観をいうが、内部空間を景観としてとらえる立場も登場している。アトリウムをはじめとして大型の複合施設や美術館などが増えてきた現在、その景観計画の必要性は高まっている。→景観、景観計画

内部景観（サッポロファクトリー／札幌市）

内分泌攪乱化学物質（ないぶんぴつかくらんかがくぶっしつ）⇒環境ホルモン

中庭（なかにわ）壁や塀で囲まれた私的な空間。古くから各国で見られ、古代ローマの都市住宅には、アトリウムとペリスティリウムという公私2つの中庭があった。中国の民家には「院子（ユアンツ）」「天井（ティエンチン）」と呼ばれる中庭があり、日本でも町屋には坪庭があった。宗教空間でも教会、モスク、仏教寺院に中庭がある。中庭は外界から守られていながら、完璧な内部空間ではないという特徴を有し、穏やかな外部空間としてさまざまな活動の場に利用される。→アトリウム、坪庭（つぼにわ）

中庭（広州の張家住宅／中国）

中村良夫（なかむらよしお）(1938-) 東京工業大学名誉教授。現在の日本における景観研究の第一人者。主著『風景学入門』(1982、サントリー学芸賞)、『風景学・実践篇』(2001)など。

長屋（住宅） 集合住宅の一形態であり、複数の住戸が水平方向に連なり、壁を共有して各戸が隣り合って住む一棟の家のこと。各住戸の玄関は独立している。長屋は建築要件がマンションよりも緩いため、外見はマンションでも定義上、長屋としている物もある。→テラスハウス、セミデタッチドハウス、棟割長屋（むねわりながや）

長屋建て ⇒タウンハウス、テラスハウス

ナショナルトラスト［national trust］1895年にイギリスで自然環境や歴史的環境の保護を目的として設立されたボランティア団体であり、まちづくりに関する代表的なトラストの一つ。人々から寄付を募ることにより、自然環境や歴史的な価値のある土地を買い取る活動をしている。正式名称は「歴史的名勝と自然的景勝地のためのナショナルトラスト」。→公益信託、シビックトラスト、グラウンドワーク

ナショナルトラスト（イギリス）

ナショナルミニマム［national minimum］イギリスの社会学者であるウェッブ夫妻によって提唱されたもので、国家によって保障される、国民すべてが享受できる公共サービスの最低水準。都市計画やまちづくりにおいては、都市計画法、建築基準法、景観法、土地基本法等の各種法制度がガイドラインともいえる。

ナショナルモニュメント［national monument］各国において，国を象徴する事象として指定されたもの。地域，場所，物，動植物等がある。日本語訳は国定記念物。アメリカでは自由の女神像，イエローストーン国立公園などがある。観光資源となる場合が多い。→ランドマーク

ナショナルモニュメント（自由の女神像／アメリカ）

ナビゲーションシステム［navigation system］自動車の運転を支援するカーナビゲーションシステムや，航空機の航行システムを指す。コンピュータに記録した地図情報，衛星電波を利用したGPS（全地球測位システム）を組み合わせ，車や飛行機の現在地の表示や自動操縦を行う。車載用ではCD-ROMに地図や道路情報を収録したものがある。また携帯用の製品やノートパソコンに搭載するGPSもあり，登山やクルージングで利用。建築空間内でのナビゲーションシステムでは，施設の配置，構成，順路案内などを行うことに利用され，美術館，博物館での自動ガイド装置等もある。

海鼠壁（なまこかべ）蔵の外壁や土塀（築地塀）の仕上げ工法の一つで，平瓦を隙間をあけて張り，隙間の目地に漆喰（しっくい）をかまぼこ型に盛り上げて塗るもの。瓦の張り方には縦，斜め，亀甲などがある。白と黒の鮮やかな表情をもつ。→テクスチャー

海鼠壁（旧勝山町／岡山県）

並木 道の両側に一列に植えた樹木。市街地における街路樹と同じだが，並木は都市以外でも街道に沿って植えられ，旅する人たちの助けになってきた。東海道松並木，日光杉並木など。また，施設地や別荘などで主建築への誘導路などに植えられる。北海道大学のポプラ並木など。→街路樹，道路景観

縄張り（なわばり）生命体の防御範囲や人間の物理的，心理的支配範囲を意味する。「テリトリー」と同義。空間認知の観点では，行動圏ともいえるよく知っている場所，範囲となる。→パーソナルスペース

左：ケンブリッジ大学（イギリス）、右：那須高原・青木別荘（栃木県）
並木

に

二元論 事物を二つの側面に分け論じる方法。多くは二つの背反する要素であるが,歴史的に,あるいは地域的にさまざまな意味をもつ。研究の分野では,物事を主体と客体,観察者と非観察者に分けて論じる場合が多く,また心身二元論もその一つである。

2項道路 建築基準法第42条第2項に規定。市街地内にある幅員4m未満で,特定行政庁が建築基準法上道路と認めたもの。建物の敷地は幅員4m以上の道路に接する必要があるが,既成市街地では4m未満の道が多く,建物すべてが既存不適格となり,建替え困難な敷地が多い。そのため,原則,中心線から2m後退することで建築可能となるとした緩和規定で,個別更新の繰返しで将来的に4m道路整備を促す。→建築基準法

2次元CAD〔computer aided design〕もともと手書きで実施されていた設計業務を,コンピュータ処理によって効率的に実施しようとしたもの。初期ではdrawingをサポートする技術であったが,設計者の意志決定を支援する機能も開発されている。特に2次元平面図を対象としたものを2次元CADと呼ぶ。→3次元CAD

二者比較法 ⇒一対比較法

西山夘三(にしやまうぞう)(1911-94) 京都大学名誉教授。「食寝分離論」をはじめとする,世界にも例のない日本独自の住居計画学の創始者。終戦直後の1947年,『これからのすまい』によって生活を通した住居のあり方を示した。西山夘三記念文庫がある。

二条城(にじょうじょう)京都市中京区二条城町にある江戸時代の平城。1603年に徳川家康が築城を行った。天守,本丸,櫓(やぐら)等は焼失し,現在の本丸は1893〜94年にかけて旧桂宮御殿を移築したもの。敷地は国の史跡で,二条城二の丸庭園は特別名勝。多くの重要文化財の建造物を残す。二の丸御殿は「遠侍(とおさむらい)」「式台」「大広間」「黒書院」「白書院」からなり,二の丸庭園は小堀遠州(こぼりえんしゅう)(1579-1647)の作とされ,桃山様式の池泉(ちせん)回遊式庭園の様式である。1994年に世界文化遺産「古都京都の文化財」の建造物の一つとして登録された。→名勝,文化財

二条城(二の丸御殿・大広間/京都市)

躙口（にじりぐち）草庵式茶室への出入口。幅6〜70cm，高さ7〜80cm程度の狭い潜り戸で，佗（わ）びの世界への入口を象徴する。→茶室，茶庭（ちゃにわ）

躙口（当麻寺中の坊／奈良県）

二次林 山火事や伐採などにより，それまでの森林（一次林）が破壊され，その跡に形成される森林。植生でいえば代償植生。→林地，自然林，原生林

日影規制（にちえいきせい）近隣の敷地における日照確保のために設けられた建築物の高さ制限規制。日照は住環境において重要であることから，建築基準法において，中高層建築物が落とす日影の時間を一定時間内に抑えて，近隣の日照を確保するための規制を行っている。→日照権

日常生活圏 日常の生活上において，消費などを行うために活動をする範囲。その範囲は，個人の生活スタイルや年齢，性別により異なる。→一次生活圏，基礎生活圏

日変化（にちへんか）1日のうちで，空間が変化する様子。「時刻変化」ともいう。心理的に活動性を感じる部分との関係が明らかになっている。空間の時間的な性質である時間性の表現の一つ。→時間性

日照権 住民の日照を守る切実な要求と運動の中からつくられてきたもので，憲法第25条が保障する健康で文化的な生活を営むために太陽の光を享受する権利のこと。しかし，日照権を明文化した法律や規定は存在しない。建築主（事業主）側は日影・天空率制限など建築基準法を順守していれば，行政庁も建築確認書を交付することになるが，近隣住民が日照を脅かしかねないと判断すれば，設計変更や工事の差し止めなどを行政庁に申し立て，双方の歩み寄りがない場合には訴訟へと発展する場合が多い。→環境権，景観権

上から順に早朝，午前，午後，夕方，夜の変化を示す
日変化（つくば市）

日照時間 1日のうちで，直射日光が地表を照射する時間。日照を考慮した住棟間隔は建物群の設計において重要な事項といえる。建築基準法第56条の2において，建築物が隣地に及ぼす日影の影響を規制しており，日影(にちえい)曲線などを用いて冬至日の日照時間の検討を行う。→日影規制

日本建築学会 [Architectual Institute of Japan]「AIJ」と略す。会員相互の協力によって，建築に関する学術，技術，芸術の進歩発展を図ることを目的とする公益法人。1886年に設立(当初は造家学会)。日本の建築界において主導的な役割を果たしてきた。1905年より社団法人。会員数は約36,000人(2006年度)。

日本三景 日本の景勝地を代表するものとして歴史的に評価が定まってきた，松島(宮城県)，宮島(広島県)，天橋立(京都府)の三景観をいう。これらは多くの歌に詠まれ，絵に描かれ，庭園に引用されて，日本人に広く親しまれている。→天橋立，安芸宮島，松島

日本造園学会 [Japanese Institute of Landscape Architecture]「JILA」と略す。造園という伝統的な機能が蓄積してきた技術と文化のうえに，近代的な理論と科学的体系を構築することを目的として，1925年に設立された学術団体。会員数は約3,200人(2006年度)。

日本庭園 [japanese garden] 西洋庭園(フランス式庭園，イタリア式庭園など)，中国式庭園などに対する日本独自の様式をもつ庭園の総称。時代と対応して寝殿造り，浄土式，枯山水(かれさんすい)，回遊式，茶庭(ちゃにわ)，数寄屋風など，それぞれ特徴をもつ様式が生まれた。また，社寺庭園，大名庭園，離宮庭園など作庭者(所有者)による区分もある。→庭園，造園，回遊式

上段左：盛美園(青森県黒石市)、上段右：本間家庭園(山形県酒田市)
中段左：春風万里荘(茨城県笠間市)、中段右：醍醐寺庭園(京都市)
下段左：日比谷公園(東京都)、下段右：玉泉苑(金沢市)
日本庭園

庭園，枯山水庭園，借景庭園

日本都市計画学会　[City Planning Institute of Japan]「CPIJ」と略す。都市計画および地方計画に関する科学技術の研究発展を図るため，1951年に設立された公益法人。都市計画界において，戦後約半世紀にわたって先導的な役割を果たしてきた。会員数は約5,300人（2006年度）。

日本の道百選　1986年に「道の日」が決められたのを記念して，当時の建設省（現国土交通省）が全国の道路の中から特色ある優れたものを選定した。北は「札幌大通り」から南は「沖縄竹富町黒島」まで104本。→道路景観

日本の道百選（札幌大通り）

ニューアーバニズム　[new urbanism]　1980年代後半からおもに北米やヨーロッパで唱えられた都市計画の理論，考え方。自動車社会に対して，公共交通を基本としたコンパクトな都市形態で，都心回帰，職住近接など伝統的，回帰的な都市計画とも解釈される。→アーバンビレッジ，コンパクトシティ

ニュータウン　[newtown]　新規に開発，建設される都市のこと。イギリスの大ロンドン計画において，ロンドンを囲むグリーンベルトの外側につくられた人口5～8万人の自立性の高い都市を「ニュータウン」と呼んだのが始まり。わが国では，郊外部に位置する新興住宅地のことを指す場合が多

ニュータウン（西神ニュータウン／神戸市）

く，地方公共団体および都市再生機構（旧都市基盤整備公団）などの公的機関によるものと，鉄道会社，不動産会社などの民間企業によるものとがある。また，「研究都市」「学園都市」と呼ばれるものもニュータウンに含まれる。事業手法は土地区画整理事業，新住宅市街地開発事業が多い。→千里ニュータウン，多摩ニュータウン，筑波研究学園都市

庭木（にわき）　庭に植える樹木の総称。庭木は植えるときもさることながら，水やり，草抜き，剪定，移植など，住んでいる人との日常のかかわりが見て取れる貴重な緑である。また住宅地などでは，地域の緑の存在形態として重要である。→造園，移植，ガーデニング

人間開発指標　[human development index]「HDI」と略す。国における生活の質や発達状況，先進性を表す指標。パキスタンの経済学者マブーブル・ハクによって1990年に作られた。1993年以降，国連年次報告の中で各国の値が公表されている。

人間工学　[ergonomics]　人間の物理的な形状や動作，動き，群集の動き，動きにともなう心理量や医学的な人体の変化や特徴を研究して，実際のデザインに活かす学問。「エルゴノミックス」ともいう。

人間定住社会　C.A.ドクシアディスが『新しい都市の未来像』（1969）において，最適な対数スケールによって表した地表の物理的空間のこと。→コンスタンティノス・ドクシアディス

認知　感覚，知覚とならび最も深層の心理を表現する用語。外界にある対象を知覚し，経験や知識，記憶，形成された概念に基づいた思考，考察，推理などに基づいてそれを解釈する，知る，理解する，または知識を得る心理過程，情報処理のプロセス。認知科学では，人間の知的な働きをその応用側から，つまり工学，医学，哲学，心理学，芸術学などの分野または学際分野から総合的に明らかにしようとする。→感覚，知覚，イメージマップ法，認知距離，認知心理学，認知スタイル

認知距離　人間が対象となる空間や人間などを認知することができる距離。人間が自分自身を起点として認知している空間や事象の地理的，心理的な広がりである認知領域内部の事物に対する距離。

認知圏 支配や行動がともなわなくとも，人が知っていることによって説明される領域。類似の概念に「テリトリー」があるが，防衛や闘争の意味が含まれない点が異なる。→認知構造，認知領域

認知構造 人が事象や空間の認知を行う際に何らかの法則があると考え，それを示したもの。例えば，一定の空間（公園，駅，建築）を対象に，そこが人に認知される場合，どのような空間要素が認知に影響しているかを構造的に分析することができる。→認知地図，認知圏

認知心理学［cognive psychology］人間がさまざまな事象を認知する際の心の様態を研究する学問。記憶の仕組み，情報処理による意志決定の過程等が研究されている。

認知スタイル 認知様式。一般的な認知の過程に基づく心理的な状態だけでなく，人格過程における個人的な差異にも影響される心理を指す。さらに環境デザインの分野では，特定集団の環境に対する認知の型を示し，来訪者から居住者へと認知の方法が異なることが明らかとなっている。

認知地図 人は日常生活の中で繰り返し体験する空間について，自分の位置，目的地の方向，経路を知識として正確に把握している。この知識を図に表現したものが認知地図である。K.リンチは『都市のイメージ』（1960）において，人の行動の場である建築，都市空間のわかりやすさ，想起のしやすさを分析し，これ以降この分野の研究は被験者にルートマップ，イメージマップ，メンタルマップを描かせるという手法で発展した。認知地図は人にとってわかりやすく，イメージしやすい建築，空間はどのようなものであるかを示唆する。→認知構造，ケヴィン・リンチ，イメージマップ法

認知領域 人の生活で認知されている場所や事物の地理的，物理的広がりを指す。領域には支配や縄張りの意味が含まれることから，必ずしも体験したことのある場所でなくとも，知っている，支配，管理の範囲と考えている場合も含まれる。認知領域の形成は，人々の発達過程で移動をともなうことで学習される。→認知構造，認知圏

認定建造物 ⇒認定建物

認定建物 法律や条例に即した建物であると証明するために，それら法令等の認定を受けた建物のこと。「認定建造物」ともいう。例えば，バリアフリー新法認定建造物や歴史のまちづくり条例認定建物といった形で認定を受ける。

認定道路 道路法上の道路として認定され，自治体が管理する道路。1919年の旧道路法で認定された国有地で，幅員が4m未満の狭小な道路もあり，建築基準法第42条に定められる道路となっていないため，開発等において自治体との協議が必要なものもある。

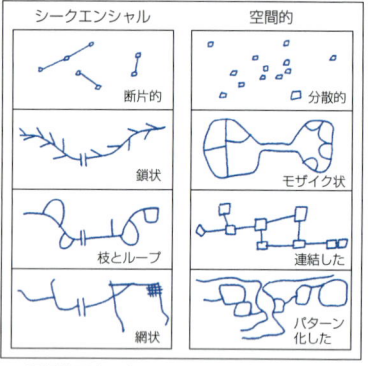

認知地図（アプルヤードによる個人的差異）

シークエンシャル：断片的／鎖状／枝とループ／網状
空間的：分散的／モザイク状／連結した／パターン化した

ぬ

濡れ縁（ぬれえん）日本建築の外部と内部をつなぐ「縁側」の外周を囲む建具の外側にあるものを指す。「外縁（そとえん）」とも呼ぶ。建具の内側にあるものは「内縁」。外縁は，古くは高床式住居に見られ，現代の農家にも継承されている。外部とより近い関係にあることから，野菜を干す，来訪者とお茶を飲むといった行為が行われ，完全な外部空間よりは守られ，清潔な場所，かつ靴を脱がずに利用可能な場所としての役割を果たす。→縁側（えんがわ）

ね

ネイチャートレイル〔nature trail〕自然保護や環境保全の考え方が進む中で，人々が本当の自然の価値を知るには，それに触れることの重要性を考えて作られた，自然観察のための遊歩道。日本語では「自然探索路」という。脆弱な自然である湿地などでは，空中に木道をつくっている。→自然，自然保護

ネイチャートレイル（姫沼／利尻島）

ネーミング〔naming〕事物，商品，サービスを説明するために用いる名前（ネーム）を案出すること。命名された事物，商品，サービス，商号を「商標」と呼ぶ。名前から対象の中身が想起でき，印象が強いことが望ましい。これは名前のみが用いられた際に，それが示す対象が的確に伝わるかということである。都市，建築計画においても，空間のネーミングを行うことで，そこの機能，特色が人々に想起される役割をもつため，慎重に付けられるべきである。

熱線吸収ガラス 太陽光線の中の赤外線を吸収して，熱の透過を防止する性能をもつガラス。自動車の窓や病院の病室の窓などに使われる。熱は遮断するものの，ガラス自体の温度は上昇し，その輻射熱を感じることもある。ほかに紫外線を遮断する「紫外線吸収ガラス」もある。

熱帯雨林 気温が高く降雨量が多い熱帯地方に発達する森林。常緑広葉樹の高木（こうぼく）を中心とし，ツタ類や着生植物が絡み合って鬱蒼とした密林を形成する。多くの熱帯雨林は原生林である。「ジャングル」とも呼ばれる。マレー半島，アマゾン川流域など。→自然，原生林，亜熱帯林

ネットワーク〔network〕①コンピュータネットワーク。コンピュータの分散処理方式を支える情報通信インフラ。②道路や鉄道からなる交通網。③複数の放送局などが連携し，広域に展開する番組提供網。ここでは，おもに①について詳細を述べる。コンピュータ初期の時代には集中処理方式が利用されていたが，コンピュータそのものが低廉化することによって分散処理方式がとられ始めたことがネットワークの始まりといわれている。分散処理方式では個別の処理が基本となることから，個々のコンピュータをつないで情報を共有することが必要となり，そのために考えられた。ネットワークはその規模によってLAN（ローカルエリアネットワーク），WAN（ワイドエリアネットワーク）などに区分される。また，情報通信の範囲ごとにイントラネット（内部），インターネット（外部）などに分けることができる。インターネットでは，本来の情報通信機能を応用することによって，新たなネットワークが構築されてきている。ソーシャルネットワーキングサービスは，メンバーの紹介や登録のみによって掲示板などに参加できる環境を提供しており，ネットワーク上で新しい形での人脈というネットワークが構築されている。また，ユビキタスネットワークは，「どこでもコンピュータ」を実現するものであり，これまでパソコンなどを中心としていた分散型のネットワークに家電などの組込みコンピュータを接続しようというものである。これによって人間の活動形態が大きく変化し，物流の効率化や地域格差の是正が実現するといわれている。→ローカルエリアネットワーク，ネットワーク解析

ネットワーク解析〔network analysis〕①

年間行事（住民関係が良好な混在化集落の事例）

集落名	出不足金の有無 有▲ 無○	規約の有無 有▲ 無○	年中行事の種類と回数				
			行政	伝統	共同作業	レクリエーション	計
MS	▲	▲	3	4	7	5	19
SY	▲	▲	14	13	9	4	40
MM	▲	○	5	2	1	5	13
KK	▲	○	11	2	7	2	22
AM	▲	○	3	3	13	2	21
KW	○	▲	10	10	4	27	51
EE	○	○	15	4	3	3	25
OS	○	○	10	6	14	4	34
KK	○	○	6	16	7	6	35
SU	○	○	9	4	13	7	33
SM	○	○	10	0	8	14	32
SO	○	○	9	2	1	4	16
SS	○	○	6	12	1	4	23
OT	○	○	5	4	5	2	16

ネットワークに接続するコンピュータの稼働状態，負荷率やネットワークそのもののトラフィックを解析すること。②GISにおける空間解析の一つ。道路や鉄道などの線状オブジェクトを通じた事象を対象に，その近隣関係や分布状態を解析する。経路探索はその一例である。→経路探索

熱ポンプ 低い温度の熱源から熱を吸収して，それより高い温度のところでその熱を放散する装置。低温側の熱吸収を目的とすれば冷却装置であり，高温側の熱放散が目的なら暖房装置になる。揚水ポンプが水を低所から高所に汲み上げるのに準えたネーミング。「ヒートポンプ」ともいう。

根抵当権（ねていとうけん）民法第398条に規定する一定の範囲に属する不特定の債権を極度額の枠内で担保する抵当権。被担保債権である通常の抵当権は，債権が消滅すると同時に抵当権も消滅する。事業用資金融資など，継続的な取引がある場合に，その都度抵当権設定と解除を繰り返すことになり手続きが煩雑になるため，継続的取引で債権額が増減する場合に，あらかじめ極度額を設定し，一括して担保することで借入れと返済を繰り返すようにしたもの。

根回し ①大木や老木を移植する際に，移植先での活着率を高めるために，あらかじめ発根を促すための方法。すなわち，現在地において一定の範囲で樹根を切り，その部分から細い根を出させた後に移植を行う。その適期は春の芽吹き前，期間は1～2年とされる。なお，移動の際に根鉢が崩れないように，また根が乾燥しないように菰（こも）や縄で巻き絞めることを「根巻き」という。②①から転じて，事を行う前に関係者に十分説明して準備しておくことを指すようになった。→移植

年間行事 家庭における家族同士の行事から，まちづくりや地域コミュニティにおける行事など，個人や組織において一年間に行われる行事のこと。まちづくりでは，さまざまなイベントや伝統行事を組み込んで年間行事が決められる。「年中行事」ともいう。

年中行事 ⇒年間行事

燃料電池 [fuel cells] 水素と酸素などによる電気化学反応によって電力を取り出す装置。水の電気分解の逆反応によって電力を取り出す場合が多い。発電時は二酸化炭素を排出しない。ノートパソコンや携帯電話などの携帯機器，自動車，発電所まで，多様な用途，規模をカバーするエネルギー源として期待される。→クリーンエネルギー

農園付き住宅　住宅に農園が付随しているものを指す。住まいと個人の趣味、自給自足程度の農業を両立させようとする1980年代以降に導入された住まい方の概念を踏襲する。ヨーロッパに普及している「クラインガルテン」と同様。住宅の種類は戸建、集合住宅を問わず、住民が専有して利用可能な農園を持つものを指す。立地は農園設置が可能な都市郊外、農山村、別荘地に多く見られる。農園の利用、管理方法も住民がすべてを行う場合、一部を委託して行う場合、農業指導が受けられる仕組みが存在するなど多様である。→クラインガルテン

農協　農業協同組合法により設立された農業協同組合。「農協」の略称で親しまれてきたが、1992年に「JA」と名称を変更した。農業生産力の拡大と農民の経済的、社会的地位の向上を目的とする農民の自主的組織である。

農業集落　地域生活上、第一次産業に基盤をおいた生産活動上の基礎単位。世界農林業センサスによると、「自然発生的な地域社会であって、家と家とが地縁的、血縁的に結びつき、各種の集団や社会関係を形成して来た農村の地域社会の基礎的単位」のこと。→集落

農業振興地域　農業振興地域の整備に関する法律(農振法)により、自然的、経済的、社会的諸条件を考慮して一体として農業の振興を図ることが相当であると認められた地域。「都市計画法」による市街化区域、「自然公園法」による国立公園および国定公園内の特別保護地区等は除外される。→農用地、農振法

農業センサス　農林水産省所管の調査で、日本の農林業の基本構造を明らかにするとともに、農政の推進に必要な基礎資料を整備することを目的として実施している調査。世界農林業センサスの中間年に行う日本独自の調査のこと。→集落調査、世界農林業センサス

農山村空間　農村、山村、漁村等の総称。近年、都市的な空間に対して農山村空間においては、農業や林業の生産活動を通じて農用地および森林の有する公益的な機能に加えて、教育機能や保健機能などへの期待が高まっている。

農住構想　都市近郊農村や市街化区域内農地において、農業経営と都市生活者のための住宅供給などを両立させようとする都市開発の構想。「農住都市構想」と同義。

農振法　「農業振興地域の整備に関する法律」の通称。1969年公布。総合的に農業の振興を図ることが必要と認められる地域について、計画的に整備を推進することにより、農業の健全な発展を図り、国土資源の合理的な利用への寄与を目的とする(農振法第1条)。→農地法

農山村空間(三和地区／茨城県)

農村計画　rural planning

農村計画，あるいは農村空間計画，農村整備などの用語が多用されているが，必ずしも法的な定義や明確な概念が確立されているとはいえない。さらに近年は農村居住者を対象とするだけが農村計画ではなく，その受益者として都市住民を含めることがあり，農的環境の多面性に着目した広領域の概念として，農村計画が取りあげられることが多くなってきている。こうした状況を鑑みて農村計画を広義に定義するならば，「農村地域の経済と社会と空間，あるいは農村居住者の生産と生活，都市居住者を受益者とする多面的な農的環境の提供，都市と農村の交流や対流等を計画の対象とする地域計画」ということができる。また，狭義に定義するならば，農村計画は国土計画（国土形成計画）の体系に属する地域計画の一つであり，都市計画に対比されるものとして位置づけられる。この場合，都市と農村の定義が必要となるが，両者は相対的に比較される面もあり，厳密な定義は難しい。法的な枠組から見れば，わが国では，イギリスの「都市・農村計画法」のように農村計画が都市計画と一体的に体系化されてはいない。1968年，当時の「都市計画法」の成立にともなって，1969年に「農業振興地域の整備に関する法律（農振法）」が成立し，農用地の用途規制を含む農村整備の枠組が示されたが，農村計画の法的根拠は必ずしも十分であるとはいえない。農村計画の対象地域は，国土形成における地方計画や地域計画として位置づけられる場合もあるが，一般には市町村レベルが中心となる。市町村レベルでは，中心市街地を除いた農村地域を農村計画の対象とするが，近年は農村地域を都市計画の一部として，都市マスタープランに含めて検討したり，市町村が独自に中心市街地から周辺の農村地域までをまちづくり条例等で規定するような事例も増えている。また，市町村の一定の農村コミュニティや農村的地区等の小エリアを対象とする農村計画もあるが，市街化調整区域での地区計画策定や集落地域整備法に基づく集落地区計画など，都市計画とのからみで農村計画が策定される場面も増えている。農村計画は，農村で多様化した人間活動の社会，経済，文化を対象とするとともに，豊かな自然や景観，土地利用，道路や水路，生活施設等のフィジカルな領域（物象計画）も対象とする総合計画である。行政の所轄でいえば，農村計画を担当する官庁は農林水産部門（おもに農業や農村に関連）や建設部門（おもに国土形成や地方計画，地域計画に関連）であるが，農林水産省の各種の事業や施策メニューをみても，従来から続く農村の土地利用・生産環境整備，集落居住環境整備，農村の資源保全，中山間地域対策等に加え，市民農園・グリーンツーリズム，棚田オーナー制度，優良田園住宅など，都市住民の参加・参画・居住を前提としたもの，食育，環境教育，社会教育等の教育部門に関するもの，田園空間（田園空間博物館事業等）整備，水土里（みどり）ウォーキング等の農的アメニティや観光に関するものなど，その内容は多様化している。いずれもこれらを単発の事業や施策としてとらえるのではなく，地域の特徴と中長期的展望を踏まえた農村計画として有機的に検討する必要がある。→集落，田園居住，農村の都市化，ラーバンデザイン

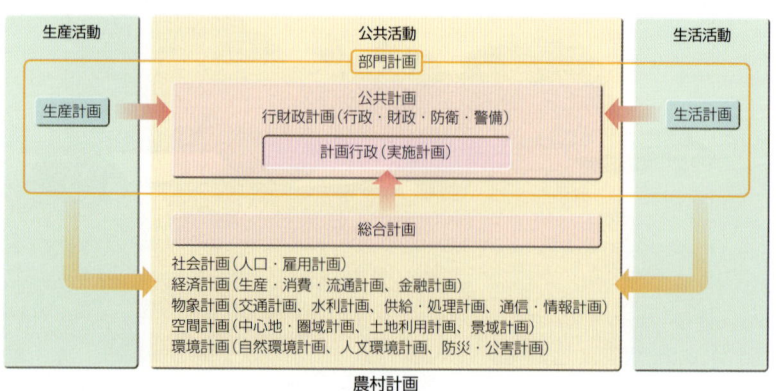

農村景観 農村景観の特色は，主要な構成要素である生産域としての農耕地と居住域としての集落との関係が基本になり，塊村（かいそん），列村，散居村など，それぞれ独自の景観を見せる。耕作物によっても，水田，畑，ハウス園芸，果樹などのつくる景観の違いは顕著である。→景観，集落景観，漁村景観

農村総合整備モデル事業 1973年度から農林水産省が農村の生活環境と農業生産基盤の整備を同時に行う目的で発足させたモデル事業。事業内容は，(1)農業生産基盤整備事業，(2)農村環境基盤整備事業，(3)農村環境施設整備の3種に大別される。事業実施に際しては，市町村が総合整備計画を作成したうえで，総合的な事業が農業振興地域を対象に推進される。

農村の都市化〔urbanization〕都市固有の景観や文化形態が農村地域に広がること。人口や人口密度の増加，都市的土地利用・都市的景観の増加だけでなく，農村的ライフスタイルから都市的ライフスタイルへの変化も含む。近年，急速に都市が拡大する「都市化社会」から，安定，成熟した「都市型社会」の時代へと大きく変化したといわれる。クラーセンが提唱している都市のライフサイクル仮説では，都市は都市化，郊外化，逆都市化，再都市化という成長，衰退，再生の段階をたどるとされている。→近郊農業地帯，スプロール現象，都市化

農地転用 農地を農地以外のものにすること。農地確保のため，農地転用を規制するものとして，例えば市街化区域では，生産緑地法で農地区分を定め，市街化調整区域では「市街化調整区域内の農地転用基準」，無指定地域では「農地転用許可基準」によって農地区分を定めている。

農地法 農地および採草放牧地の権利移動の制限，農地転用の制限，小作地等の所有の制限その他について定めた法律。1952年公布。農地はその耕作者自らが所有することを最も適当と認めて，耕作者の農地の取得を促進し，およびその権利を保護し，ならびに土地の農業上の効率的な利用を図るためにその利用関係を調整し，もって耕作者の地位の安定と農業生産力の増進とを図ることを目的としている。→農振法

能舞台 能楽を演じるための専用舞台。能楽堂自体を指すこともある。現存最古の能舞台は，西本願寺能舞台・北舞台。おもな特徴は，京間3間（約6m）四方の板張り。屋内でも屋根があり，四隅に柱が立っていて屋根を支える。前，右，左の三方は開放。奥には松を描いた鏡板（かがみいた）を備える。正面前方には階段（きざはし）がある。能舞台の周りには，白洲（しらす）と呼ばれ

能舞台（中尊寺境内／岩手県）

る白い小石が敷かれ，右奥に切戸口という出入口がある。右側面の柱の外側に地謡座(じうたいざ)，左手から舞台に通じる橋掛りがある。

農用地 「農業振興地域の整備に関する法律」(通称「農振法」)で定める，耕作の目的に供される土地，養畜事業のための採草または家畜の放牧の目的に供される土地，耕作の事業のため採草の目的に供される土地等をいう。

ノーカーデイ 地域内の自動車の利用を自粛する特定の日にちや曜日に，ある地域内の自動車交通量の総量を規制して，渋滞の緩和や大気汚染による地球温暖化の防止を行うための運動。通勤者などが積極的に公共交通機関を利用して通勤するなど，環境への負荷を低減するためのライフスタイルの見直しを目的としている。

ノーテーション [notation] ⇒空間譜・ノーテーション

ノード [nodes] K.リンチによって導入されたイメージアビリティという概念は，人が心に描くイメージのアイデンティティとストラクチャーの性質にかかわる物理的特質をとらえたもので，5タイプに分類されている。その一つがノードで，都市内部にある主要な地点であり，観察者がその中に入ることが可能な点。ノードとなるのは接合点で，交通が変化する地点，道路の交差点，集合点などである。→ケヴィン・リンチ

ノーマライゼーション [normalization] 高齢者や知的障害者などハンディキャップを持っていても，ごく普通の生活を営むことができ，かつ差別されない社会をつくるという福祉や教育のあり方を示す基本的理念。ノーマライゼーションは国連の「障害者の権利宣言」にも取り込まれ，障害者福祉・教育の基本理念として世界的に認知され，その実現が目指されている。都市，建築分野のノーマライゼーションは，空間や施設を誰にでも利用可能な状態にすることで，ユニバーサルデザイン，バリアフリーの実践がその例である。→ユニバーサルデザイン，バリアフリー

軒下線引き (のきしたせんびき) 農業生産性が高い農地を保護することを目的として，集落居住域(集落の宅地)ぎりぎりまでを農振法の規制を受ける農用地区域(青地農用地)とし，白地農用地を設けないこと。農振法と都市計画法のゾーニングにより白地農地を排除することで，スプロール防止に役立つ。→農振法，区域区分

野立広告物 (のだてこうこくぶつ) 広告の種類で，広告板，広告塔などの土地に定着した広告物および掲出物件を指す。おもに道路上に掲出される物で，市町村の制定する屋外広告物条例では，道路上から突出しないこと，表示面積の上限，地上からの高さ等の規制がある。景観コントロールを行ううえで景観阻害要素としてとらえられることが多い。→屋外広告物，屋外広告物法

野立広告物(神戸市)

延べ面積 ⇒延べ床面積

延べ床面積 建築物における各階床面積の合計のこと。「延べ面積」ともいう。→建築面積，容積率

法勾配 (のりこうばい) 護岸や堤防，宅地造成等における斜面部分の傾き。直角三角形の鉛直高さ1に対する水平距離nを1：nと表し，nの数値から「1割5分勾配(1：1.5)」や「3分5厘勾配(1：0.35)」等と呼ぶ。nが大きいほど勾配が緩やかになる。地質，護岸や宅地造成等の目的，切土(きりど)，盛土(もりど)の別を考慮して，安全性を担保する基準が定められている。法面(のりめん)勾配。

法面 (のりめん) 造成地や道路，山林，ダム，河川の築堤工事の際に，切土(きりど)や盛土(もりど)により生じる土の傾斜面。山の斜面などを切り取って，その後にできた新たな斜面を「切土法面」，土を盛ってできた新たな斜面を「盛土法面」と呼ぶ。人工的な工事で生じる斜面で，自然に存在する斜面は法面とは呼ばない。不動産用語では「法地(のりち)」ともいう。この場合は，自然にできたもの，人工的なものに関係なく，宅地として使用できない斜面部分を示す。道路工事で行われる法面の崩落防止を「法面保護」と呼ぶ。

1割5分勾配
切土の目安
地覆類、芝等の植栽が主
1.5

1割8分勾配
地覆類、低木等の植栽が主
1.8

2割勾配
盛土の目安
地覆類、低木等の植栽が主
2.0

3割勾配
地覆類、低木、中木の植栽が可
3.0

4割勾配
地覆類、低木、中木、高木の植栽が可
4.0

法勾配

法面

法肩
法面
法足
勾配角度
法尻

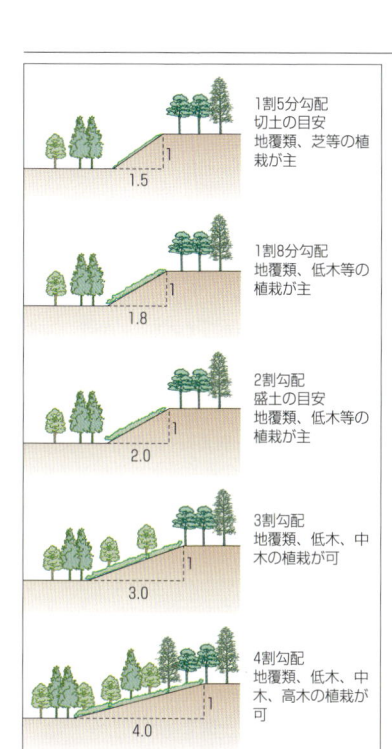

法面

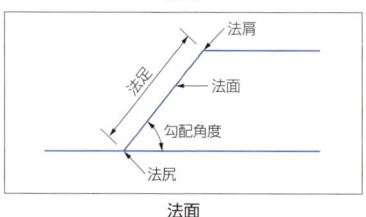

ノルベルグ=シュルツ［Cristian Norberg-Schulz］⇒クリスチャン・ノルベルグ=シュルツ

ノンステップバス［non-step bus］出入口の段差をなくし乗降を容易にしたバス。床面はおおむね35cm以下の物を指す。中ドアに車いすスロープを設けることにより、車いすでの乗車が容易となる（前ドアに車いすスロープを取り付けた例もある）。現在市販されているノンステップバスは、エアサスペンションを採用することにより、乗降時に車高を下げて歩道との段差を少なくするニーリング機能が装備されている。
→バリアフリー

ノンステップバス（筑波研究学園都市／茨城県）

パークアンドライド［park and ride］

「P&R」と略す。アメリカで普及したシステム。自宅から自家用車で最寄りの駅またはバス停まで行き、車を駐車させた後、バスや汽車等の公共交通機関を利用して都心部の目的地に向かうシステム。このことで都心部の交通環境の悪化を防いでいる。今では、各国で多くの取り組みが見られ、日本でも神戸市、鎌倉市、さいたま市等が積極的に取り組んでいる。→交通計画，交通需要マネジメント，都市交通計画

パークウェイ［park way］

①山間部や景勝地に設置された眺望の良い有料道路。②アメリカにおける高速道路の一つ。通過交通車両用の高速道路で、一般車両のみが利用できる。バスや大型車は利用することができない。1900年代初頭のニューヨーク市周辺で建設が始まり、1930年代には政策的に位置づけられ、全米に建設が拡大していった。速度制限が設けられるとともに、道路周辺は公園として整備され、景観保全に役立っている。

パーゴラ［pergola］

庭に設置される簡素な工作物で、柱と棚からなり、棚にはフジ、バラ、ツタなどのつる性植物をからませ緑陰をつくる。棚下にはベンチなどを置く。→東屋（あずまや），テラス

パーゴラ（広島市）

パース　⇒透視図

パーソナルスペース［personal space］

人間が社会生活を営むうえで、他人に対する空間のとり方には意味があると考え、他人の侵入を拒む心理的な領域を指す。「縄張り」とは異なり、持ち運び（移動）可能な空間で、身体の周辺に他人が近づいた場合に「気づまりな感じ」、近すぎて「離れたくなる感じ」を受ける領域として実測されている。前方に比べ側面の方向に寛容であること、行為，性別，親しさ，場面の状況にも影響されることがわかっている。E.T.ホールやR.ソマーによる空間との関係を考察した研究がある。→縄張り

パーソントリップ［person trip］

パーソントリップ調査。個人の1日当たりの交通調査。目的および交通手段をヒアリングやアンケートによって聞き出し、一つの目的地に着くたびに1トリップと換算して、家を出てから帰宅するまで1日当たりでどの程度トリップしていたか、どのような交通手段を用いたか、どの時間帯に動いたかを集計し、人々の行動範囲を明確にするとともに、交通サービスや集中する路線、時間を把握すること。交通計画の基礎調査等として実施される。→調査方法

バードサンクチュアリ［bird sanctuary］

①野鳥の保護区。②公園や緑地の一角を野鳥の聖域としてデザインすること。ここには野鳥の好む実をつける樹木を植え、巣箱を置き、水浴び用の池を設けたりする。→共生，自然保護

バードサンクチュアリ（大井野鳥公園／東京都）

パートナーシップ［partnership］

共同・協力の意味であるが、まちづくりにおいては、市民，行政，企業それぞれが、他者の主体性を尊重し、かつ相互作用による創造的な効果を発揮していく関係のこと。→グラウンドワーク，コラボレーション

ハートビル法

正式には「高齢者，身体障

害者等が円滑に利用できる特定建築物の建築の促進に関する法律」という。不特定多数の者が利用する建築物を建築する者に対し，障害者等が円滑に建築物を利用できる措置を講ずることを努力義務として課す。2006年にハートビル法と交通バリアフリー法が統合拡充され，「バリアフリー新法」が施行された。→身体障害者，バリアフリー新法，福祉のまちづくり条例

ハーバーマス［Jürgen Habermas］⇒ユルゲン・ハーバーマス

バービカン地区［Barbican District］ロンドンの中心，ザ・シティ（ザ・シティ・オブ・ロンドン）に位置し，1965年から再開発が行われた，面積約25ha，高層棟を含む住戸約2,100，商業施設，アートセンターなどの文化施設，学校などからなる大型複合再開発地区。→都市再開発

バービカン地区（ロンドン）

ハーフカット［half cut］道路整備の一形態。現状の地表面より車道面を掘り下げ，道路内に斜面緑地を設けることで，歩行者の安全性を向上させるとともに，住宅地など周辺環境へ配慮した構造をもつ道路。斜面緑地を設ける関係上，広幅員道路となり十分な用地確保が必要になる。筑波研究学園都市の幹線にて整備がされている。

ハーフティンバー［half timber］中近世のフランス，イギリス，ドイツなどで多く見られた建築形式。柱，梁，斜材など木造骨組をそのまま外部に出し，木造骨組の間を石やレンガで埋めた壁に特徴があり，民家に用いられている。「木骨様式」とも呼ばれる。チューダー様式を代表する建築形式とされる。

バイオテクノロジー［biotechnology］「生物工学」とも呼ばれ，生物学の知見をもとに生物の作用を集約的かつ最大限発揮させることにより有用な利用法をもたらす技術。生物を起源とするが，エコテクノロジーと

ハーフカット（つくば市）

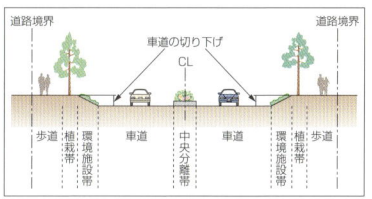

ハーフカット（断面構成）

ハーフティンバー（チェスター／イギリス）

比較すると，効率性や人工的な関与性からみれば対象的な技術といえる。特に遺伝子操作をする場合には「遺伝子工学」と呼ばれる場合もある。

バイオマス〔biomass〕再生可能な生物由来の有機性資源を意味する。本来は生態学で，特定の時点においてある空間に存在する生物(bio)の量(mass)を，物質の量として表現したものである。廃棄物系バイオマスとしては，廃棄される紙，家畜排せつ物，食品廃棄物，建設発生木材，黒液，下水汚泥などがある。おもな活用方法としては，農業分野における飼肥料としての利用があるほか，燃焼して発電を行ったり，アルコール発酵やメタン発酵による燃料化などのエネルギー利用もある。→クリーンエネルギー，クリーンテクノロジー

廃棄物処理「廃棄物の処理及び清掃に関する法律」(廃棄物処理法，廃掃法)において，廃棄物とは，ごみ，粗大ごみ，燃え殻，汚泥，ふん尿，廃油，廃酸，廃アルカリ，動物の死体その他の汚物または不要物であって，固形状または液状のものとされ，これらの廃棄物を処理することをいう。

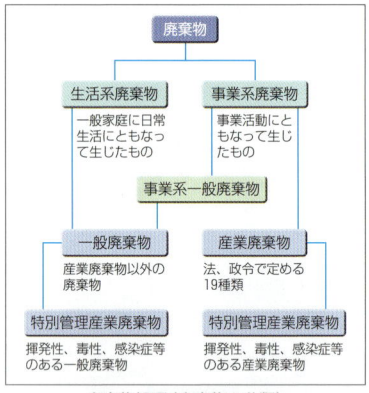

廃棄物処理（廃棄物の分類）

廃棄物処理法 廃棄物の定義や処理責任の所在，処理方法，処理施設，処理業の基準などを定めた法律。正式の法律名は「廃棄物の処理及び清掃に関する法律」で，「廃掃法」とも略す。廃棄物処理については，産業廃棄物は排出事業者，一般廃棄物は市町村が処理の責任をもつとしている。

廃墟（はいきょ）建物，城，壁などが崩れ落ち，荒れ果てた姿。ただの残骸とみる見方もあるが，廃墟から失われた時間や富，文明や情緒を感じて，そこに美を見出す立場もある。イギリス式庭園では，風景に欠かせない要素として廃墟が意図的につくられた。→風景，イギリス式庭園

廃墟（ホフマン輪窯／京都府舞鶴市）

背景保全 歴史的，文化的に優れた町並み，建造物，庭園などのエリアの景観を守るために，対象地区の背景および借景も含めて保全していくという考え方。多くの場合，背景は山や森林など，自然景観である。

排出権取引 環境汚染物質の排出量低減のための経済的手法の一つ。全体の排出量を抑制するために，あらかじめ国や自治体，企業などの排出主体間で排出する権利を決めて割り振っておき（排出権制度），権利を超過して排出する主体と権利を下回る主体との間で，その権利の売買をすることで全体の排出量をコントロールする仕組みをいう。→地球温暖化，京都議定書

配水池（はいすいち）配水のため，水道水を一時的に貯留する池。浄水場から送水を受け，給水区域の需要量に応じた給水を行うための浄水貯留・調節機能をもつとともに，浄水場や浄水ポンプに異常が起きても，直ちに断水しないための補完機能をもつ。

廃掃法（はいそうほう）⇒廃棄物処理法

配置計画 敷地内に施設，建築の建設計画を行う際に，全体を構成する要素である施設，建築物，動線，空地（くうち）等をどのように配置するかを示すもの。周辺を含む敷地環境，敷地の物理的，社会的特長等を考慮し，配置される要素の効果が最大限に生じることが望まれる。配置計画を示した図面を「配置図」と呼ぶ。

ハイデガー〔Martin Heidegger〕⇒マルティン・ハイデガー

ハイパーリンク〔hyperlink〕ハイパーテキストによって複数の文章を結び付ける役割をもつ参照機能。ワールド・ワイド・ウェブ（WWW）のURLなど。単に「リンク」ともいう。

バイパス道路 交通量が多く混雑する市街地，急峻な山間部を避けて回する道路。通過

交通が市街地を通ることによる渋滞，事故，騒音等を防ぎ，都市間連絡を用意することが可能となる。また，山間部の屈折した狭隘（きょうあい）区間でのボトルネック現象や視界の悪さによる事故防止にもつながる。

ハイブリッド　［hybrid］2種類の異なるものや技術，概念，言葉，音などが組み合わさること。混合，混成。ハイブリッドカーは2種類のエネルギーを用いて動く自動車。生物学では異なる2種類の生物を人工的に組み合わせてできた新種。

パイロットファーム　［pilot farm］①薬用植物や現地に自生する植物などを試験的に栽培，採取するための実験農場のこと。②1955～66年度にかけて，北海道の根釧台地，別海町で行われた大規模酪農の実験農場のこと。正式名称は，「国営根釧パイロット事業」。短期に酪農経営を確立することを目的として，世界銀行から融資を受けて行われたが，経営の厳しさから事業が破綻し離農する人が相次いだ。→八郎潟開発

ハウステンボス　［Huis Tenbosch 蘭］長崎県佐世保市にある，オランダの町並みを再現して作られた開発面積152haのテーマパーク。1992年開園。「人と自然が共存する新しい街」をコンセプトに，オランダの都市づくりを学び，その町並み，運河等を忠実に再現，大人を対象としたリゾートライフを提案した。しかし，入場者数は伸び悩み，2003年に会社更生法を適用，再生計画案を提出し，リニューアルオープンしている。→テーマパーク

ハウステンボス（長崎県）

ハウスメーカー　家を建てる際の依頼先の一つで，大手住宅ハウスメーカーを指す場合が多い。住宅展示場に自社製品を展示し，でき上がった実物を依頼主は見ることが可能。その他，品質が安定している，工期が比較的短い，各種関連手続きに関するノウハウの蓄積があるなどの利点をもつ。一方，規格外の注文には対応しにくい，多くの場合，広告掲載の建築費よりも費用増となる，担当者が変わりやすく建築後のアフターケアに不安があるなどの指摘もある。

バウハウス　［Bauhaus 独］1919年，W.グロピウスによってドイツのワイマールに創設された美術と建築に関する総合造形芸術学校。デッサウ，ベルリンへ移転し，1933年に閉鎖されたが，合理主義，機能主義の理念を世界に広め，モダニズム建築に大きな影響を与えた。→ウォルター・グロピウス

バウハウス（バウハウス美術館／ドイツ）

白地図　（はくちず）彩色の地図に対して，等高線，地形地物，道路，建造物，行政界などを無彩色の輪郭のみで表現した図面をいう。「はくず」「しろちず」「しろず」ともいう。

パサージュ　［passage 仏］フランス語で小径の意味。ヨーロッパにはパサージュが数多くあり，通り抜け路地に店舗が建ち並び，市民が気軽に散策やショッピングを楽しむ，憩いと出会いの場として親しまれている。鉄骨とガラス屋根に覆われた空間であることが多く，日本ではこのイメージを模した小径を整備し，パサージュという名前を冠する場合がある。→街路，街路空間

パサージュ（ロンドン）

ハザードマップ［hazard map］危険予測図。災害時における被害を最小限にくい止めることを目的として，予想される地震や洪水，火山性災害，雪害等の自然災害の程度予測と被害範囲や対応方針を図面に表示するとともに，予測される被害範囲から避難経路，避難場所をわかりやすく図面等に表示し，2次的な災害を抑止するもの。各市町村が国や県の検討結果をもとに作成する。→防災，防災地図

ハザードマップ（例）

橋詰め 橋のたもとを指す。都心に立地する橋では，橋詰めに生じる空間に広場を整備し，景観的に好立地である橋の特色を活用した空間整備の試みが積極的に行われている。東京の日本橋は，1980年の修繕時に景観整備として4箇所の橋詰めに広場が新設された。橋詰めの地盤を掘り下げて広い大理石のテラスにし，側面からも橋が眺められるようになり，また水を滝のように流す壁泉（へきせん）を造り，樹木を配置し，夜間はライトアップされて，演奏会や観光客のための人力車による橋巡りなどのイベントも行われている。

橋詰め（カレル橋／プラハ）

場所 中心をもち，内部として体験される面的な広がりをもつ要素。境界をもつ時空間であり，有限の広がりと中心性が特性で，基本形態は円形である。場所は外界から守られていることが重要で，人が環境の中に場所を獲得する過程は，生物が縄張りをつくるのと同様に動的とされる。また，場所は単独で存在するものではなく，他の場所との関係で構造化されたヒエラルキーとネットワークをもつ。

場所愛（ばしょあい）地理学者イーフー・トゥアンが提示した概念で，場所を表すトポス（topos）と愛を表すフィリア（philia）との造語であるトポフィリア（topophilia）の日本語訳。意味は空間に対する情緒的な関係，愛着。トゥアンのいう「場所（place）」とは空間（space）から切り取られ，囲い込まれたところであり，人間は空間に「場所」をつくり出すことで，空間，環境を秩序づけている。「場所」とは，人間が濃密な価値を賦与しているところであり，そのなかで最も審美的な価値を賦与されている場所を表現するとき，トゥアンはトポフィリア（場所愛）という言葉を用いている。→場所，場所性，トポフィリア，イーフー・トゥアン

場所性 「場所」の概念を物理的属性のみではなく，人の行動や意識と結びついた社会的属性を含むイメージ概念としてとらえた場合の特性を示す。さまざまなイメージが重複する物理的空間としての「場所」であり，その「場所」でしかない何らかの特徴を有していると考えられる。そのため，「場所」に計画される施設や建築は，場所性を十分に考慮したうえで提案されることが望ましい。→場所，場所愛

パス［path］①一般的には小道を指す。②K.リンチによって導入されたイメージアビリティという概念は，人が心に描くイメージのアイデンティティとストラクチャーの性質にかかわる物理的特質をとらえたもので，5タイプに分類されている。その一つがパス。観察者が日常的に通る道筋のこと。人々は移動しながらその都市を観察している。そして，こうしたパスに沿って，その他のエレメントが配置され，関連づけられている。→ケヴィン・リンチ

パズルマップ法［puzzle-map method］認知マップ実験法の一つであり，建物の内部空間での分析に対応したもの。内部空間を見学した被験者に対して，その平面図を20パーツ程度に分割したものをパズルのように組み立てさせる。その完成度やパーツの構成種別などから，内部空間の特徴を数量的に分析する手法。

パターン［pattern］①原型。型。様式。多数のさまざまな事象や事物について，同じ

部分により類型化したもの。②模様。柄。壁紙や床材などの貼り方，塗り方による形。一般には，平面的に繰り返しているものを呼ぶ。

パターンランゲージ［pattern language］ C.アレグザンダーが提唱した，環境を構成する要素をパターン（原型）として取り出し，その集合として建築や環境をつくろうとする方法論。共通言語となるパターンは，住み手や使い手が参加するデザインプロセスの構築に影響を与えている。→クリストファー・アレグザンダー

旗竿宅地（はたざおたくち）敷地形状の名称。敷地の一部が前面道路まで細長く路地状に延びており，その形状が旗竿に似ていることがこの名の由来。「敷地延長宅地」ともいい，略して「敷延（しきえん）」や「路地状敷地」と呼ばれることもある。→ミニ開発

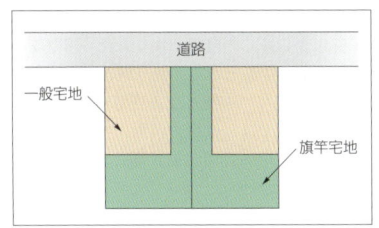

旗竿宅地

八郎潟開発（はちろうがたかいはつ）戦後の農地創出の先駆けとなった国家的プロジェクト。1956年農林省（現農林水産省）が1957年「国営八郎潟干拓事業計画」を完成させ，同年に着手。1964年秋田県で八郎潟を埋め立てた大潟村が発足した。米の増産を目指していた国策だが，国の減反政策によって失敗した計画だったという見解もあるが，近年，新たな展開が期待されている。

八景式鑑賞法（はっけいしきかんしょうほう）中国から移入された「八景」とは，ある広がりの地域の景観を季節や時間の感覚を合わせて八箇所に集約して表現する，優れた景観の認識方法である。江戸時代には日本中に広まったが，最初といわれる近江八景は，今でもたどることができる。→風景鑑賞，近江八景（おうみはっけい），金沢八景

発光ダイオード［light emitting diode］順方向に電圧を加えた際に発光する半導体素子のこと。「LED」とも呼ばれ，発光原理はエレクトロルミネセンス（EL）効果を利用している。また，寿命も白熱電球に比べてかなり長い。発光色は用いる材料によって異なり，紫外線領域から可視光域，赤外線領域で発光するものまで製造可能。イリノイ大学のニック・ホロニアックによって1962年に最初に開発された。今日ではさまざまな用途に使用され，今後蛍光灯や電球に置き換わる光源として期待されている。

発光ダイオード（箱根ガラスの森美術館）

パッシブソーラーシステム［passive solar system］太陽熱を利用するのに特別な装置を用いず，間取りなどの工夫により室内換気や蓄熱を行う方式。屋根で受けた太陽の熱で，床から室内を温めたり，お湯を採ったり，換気したりすることができる空気集熱手法である。→アクティブソーラーシステム

発達心理学［developmental psychology］人間の成長，変化の過程を明らかにする心理学の分野の一つ。現代では，年齢による発達ではなく，環境の影響が着目されており，生涯発達という考え方が一般化している。「生涯発達心理学」という呼び方もある。→ジャン・ピアジェ

パティオ［patio 西］①スペイン，ラテンア

パティオ（イタリア）

メリカの住宅にある中庭のこと。床にタイルを張ったスペイン風住宅の中庭を指すことが多い。②住宅の内部空間と一体的に使用することを意図して計画された中庭。食堂や応接室，居間などに連続した屋外空間。床がテラコッタタイルや多彩なタイル張りであったり，噴水や植木が備えられていたりするが，南欧風の住宅で単に中庭の意味で使われることもある。→中庭

花博（花の万博）（はなはく）1990年，大阪の鶴見緑地を会場に始められた正式名称「国際花と緑の博覧会」。国際博覧会条約に基づく特別博の一種。大規模な緑化フェアで，跡地は公園として利用することが多い。→公園，造園，都市緑化フェア

花街（はなまち）もともとは，遊女屋や芸妓（げいぎ）屋が集まっている区域を指す名称。「色町」「茶屋町」ともいう。現在は，遊郭が存在しないことから，飲食店や割ぼうが集まっている区域を指す場合が多い。京都の嶋原，金沢の東茶屋町等が代表的なもの。→茶屋町（ちゃやまち），東茶屋町

場の景観　景観のとらえ方の一つで，視点や移動ルートを問わず，ある場所（地点でも地区でも町でも）の景観の特徴を総体的に現すもの。「六本木の景観は…」「京都の景観の…」のように使う。→景観

パノラマ景［panorama］本来は見るものを取り巻く全景を意味し，そこから一望のもとに見渡すことができる広範囲の景観をいう。パノラマ景が得られる場所は，優れた視点場であることが多い。→景観，俯瞰景（ふかんけい），眺望景観

パノラマ景（カナディアンロッキー）

ハビタット［habitat］国連人間居住計画のこと。急速に都市化する世界の中で，その重要性を増しつつある居住の問題に取り組む国連機関。政策提言，能力開発，国際・地域・国家・地方といったレベルでのパートナーシップ構築を通して，持続可能な開発と管理を促進する。→ヒューマンセツルメント

パビリオン［pavilion］古くは「大テント」を指す。テントの形が羽を広げた蝶の形に似ていることに由来。病院や家などの「東屋（あずまや）」や「別棟」を表す言葉でもあるが，博覧会や展示場に設置される仮設の建物を指す場合もある。→万国博覧会

パビリオン（愛知万博）

ハブ空港［hub airport］拠点空港。周辺諸都市から多くの路線が乗り入れ，国際線や国内線の中心となり，乗り継ぎや貨物積み替えの拠点，中核となる空港。第8次空港整備計画では，成田，関西，中部の3国際空港が国際拠点空港を目指している。「基幹空港」ともいう。

パブリックアート［public art］美術館やギャラリー以外の都市の公共的な空間（パブリックスペース）に設置される芸術作品（アート）を指す。設置される空間の環境的特性や周辺との関係性において，空間の魅力を高める役割を担う公共空間を構成する一つの要素と位置づけされる。記念碑的，芸術作品的なものより，象徴的，コンセプチュアル，建築の壁面，道路，河川等と一体化したもの，音，風，光などを利用したものが含まれる。→パブリックスペース，環境アート

パブリックアート（ラ・デファンス／パリ）

パブリックイメージ［public image］広く一般的に認識されているイメージを指す。対象は事象，人を含む。都市，建築等の空間にもあてはまり，例として都市名から想起される一般的なイメージでパリ，ミラノはお洒落な町，ニューヨーク，東京は近代的な町など。→空間認知

パブリックインボルブメント［public involvement］おもに道路行政における計画策定に際して，市民に広く意見を求め，市民の意志を確認するための調査を行い，かつ計画策定のプロセスを市民と共有する仕組み。最近では，まちづくりの各分野で使われるようになってきている。→市民参加，住民参加

パブリックコメント［public comment］国民，市民など，公衆の意見。おもに「パブリックコメント手続（行政が政策，制度等を決定する際に公衆の意見を聞いて，それを考慮しながら最終決定を行う仕組み）」における公募に寄せられた意見を指す。日本では，意見公募の手続きそのものを指す言葉としても用いられる。「パブコメ」と略されることが多い。

パブリックスペース［public space］公共の空間，個人に属さない公（おおやけ）の空間。日本語で「公の」という言葉からは「官製」ということが連想されるが，パブリックという英語には「公衆の，一般に開放された，公開の」という意味がある。このため，必ずしも公的に整備された空間でなくとも，一般に開放されている公共性の高い空間も含まれる。公園，広場，学校，駅，病院，図書館，劇場，街路等である。→公共空間，パブリックデザイン

パブリックスペース（エッフェル塔前広場／パリ）

パブリックデザイン［public design］パブリックスペースを構成する人，もの，情報など相互の最適な関係をデザインすること。都市のパブリックスペースには，さまざまな構成要素（パブリックエレメント）があり，多様な生活の場をつくり出している。パブリックエレメントには，施設や橋梁（きょうりょう），地下道（構造物）などの都市基盤を構成する対象と，街路灯，ベンチ，案内誘導するサインなど，都市活動を支援する装置がある。これらがパブリックスペースの機能面と景観面に果たす役割に着目したトータルデザインを指す。→パブリックスペース

パブリックヒアリング［public hearing］行政が事業および施策等を遂行する際に，住民から行政に対する要望や苦情などを聞きながら（ヒアリングしながら）業務を遂行する仕組みのこと。

ハムレット［hamlet］村落のこと。地縁性，血縁性，民族性の強い小集落を意味することが多いが，散居・散在型の混住集落において，集落（旧住民の居住区域）の中に新住民の小集団を計画的に配置する場合，その新住民小集団をハムレットと呼ぶ。→集落，新住民，混住地域

パラダイス　⇒楽園

バリアフリー［barrier free］障害者を含む高齢者等の生活弱者が，社会生活に参加するうえで活動の支障となる物理的な障碍（障害）や精神的な障壁を取り除くための施策，もしくは具体的に障碍を取り除いた状態のこと。一般的には障害者が利用するうえでの障壁が取り除かれた状態として広く使われている。→バリアフリー新法

バリアフリー新法　正式には「高齢者，障害者等の移動等の円滑化の促進に関する法律」という。同法は，ハートビル法と交通バリアフリー法が統合拡充されたものである。道路や交通施設から，福祉施設や商業施設，公園にいたるまで，連続的なバリアフリー化を促進することを目的としている。また，高齢者や障害者などが生活上利用する施設を含む一定の地区について，市町村が基本構想を作成し重点整備が可能となった。→ハートビル法，交通バリアフリー法

バルコニー［balcony］建物の外壁から張り出し，室内の延長として人が出入りできるスペース。一般的に，2階以上の住戸の外壁から，外にせり出す屋根のない手すり付きの露台。屋外空間だが，マンションなどでは，上階のバルコニーが屋根代わりになる場合がある。出幅を広げたバルコニーの

ことを「ワイドバルコニー」，階下の屋根を利用してつくられた通常より広いバルコニーのことを「ルーフバルコニー」という。
→ベランダ

バルコニー
（サンティリアーノ・デル・マル／スペイン）

バロック［baroque］語源はポルトガル語のbarocco（歪んだ真珠）といわれ，グロテスクなまでに装飾過剰で大仰な建築に対する蔑称であったが，16世紀以降の美術，建築に見られる傾向を指す様式概念として用いられるようになった。バロック建築は彫刻や絵画を含む空間構成で，複雑さや多様性が特徴である。ローマのサン・ピエトロ大聖堂などが有名。

バロック（スペイン階段／ローマ）

バロック都市［baroque］静的で理念的なルネサンス芸術に対して，その後登場したバロックは，動的で感性的な表現を特徴とする。この時期に都市全体がバロック的手法でデザインされた都市はないが，部分的にはサン・ピエトロ広場をはじめとして多くの事例があり，その影響は後のオスマンのパリ改造やキャンベラの計画に現れている。→ジョルジュ＝ウジェーヌ・オスマン，キャンベラ，ルネサンス都市

ハワード［Ebenezer Howard］⇒エベネザー・ハワード

繁華街（はんかがい）商店や飲食店が多く立ち並び，人が多く集まり，賑やかな地域のこと。「盛り場」ともいう。→銀座，目抜き通り

バロック都市（サン・ピエトロ広場／ローマ）

万国博覧会 正式名称は「国際博覧会」で,国際博覧会条約(BIE条約)に基づく,複数の国が参加する博覧会。「二以上の国が参加した,公衆の教育を主たる目的とする催しであって,文明の必要とするものに応ずるために人類が利用することのできる手段又は人類の活動の一若しくは二以上の部門において達成された進歩若しくはそれらの部門における将来の展望を示すものをいう」とされる。開催に当たっては,博覧会国際事務局に登録または認定される必要があり,申請と運営は政府が中心になって実施する。→大阪万博,つくば万博,愛知万博

万国博覧会(愛知万博)

阪神・淡路大震災(はんしんあわじだいしんさい)1995年1月17日に発生した兵庫県南部地震による大規模災害で,阪神間および淡路島において大きな被害が見られ,その中でも神戸市街地が最も被害が大きかった。死者6,434名,行方不明者3名,負傷者43,792名。倒壊建物約25万棟,火災被害が約7,500棟に及んだ。大都市を直撃した地震災害としては関東大震災以来であり,ライフラインが広範囲で寸断されてまったく機能しなくなったことなどから,これ以降,都市型地震への対策が強化されるようになった。→関東大震災,災害予防,地震防災対策特別措置法

阪神・淡路大震災(神戸市)

反転図形 知覚的な錯覚をもたらす図形表現で,同一画面上に異なる図形を見ることができる。「多義図形」「両義図形」「曖昧図形」ともいう。反転図形には,単純反転図形,図地反転図形,運動反転図形などが区別できる。人の顔と杯の両方が見られる「ルビンの壺」や,老女と若い女性が反転する「妻と義母」は有名。→ルビンの壺

ハンプ[hump]道路整備手法の一つで,通過する自動車のスピードを抑えるために,街路の車道部分を盛り上げて舗装した部分。英語のhumpは「こぶ,起伏,土地の隆起」の意味。路上の横断方向に幅3~5m,高さ10~15cm程度の出っ張りを設けることで,運転者にスピードの低下を促す。路面に物理的な凹凸をつけず,舗装の色や素材を変えて,運転者の注意を引いて心理的な効果を狙うタイプを「イメージハンプ」という。→コミュニティ道路

判別分析 判別関数を用いて,対象者が属する集団,グループを予測,判別するための分析方法。すでに得られている複数のグループに関する情報をもとにして判別式を作成し,対象の特質を説明変数として代入して予測を行う。一変量により行う場合,多変量による場合がある。また,名義尺度や序数尺度を用いて行う場合は数量化理論II類を用いる。→多変量解析

氾濫原(はんらんげん)[floodplains]洪水時に河川の水が河道から氾濫する範囲にある平野で,河川の下流部や河口付近に形成される,河川によって運ばれてきた砂礫(されき)等が堆積してできた土地。谷底平野,扇状地,沖積平野,三角州等のうちで,洪水に浸水する範囲すべてを指す。→水系

ひ

ピアジェ［Jean Piaget］⇒ジャン・ピアジェ

ピーター・ウォーカー［Peter Walker］（1932-）アメリカのランドスケープデザイナー，元ハーバード大学教授。日本IBM幕張ビル，豊田市美術館，播磨科学公園都市センターサークルなどの作品は，アーティスティックな幾何学的表現に特徴をもつ。

ピーター・カルソープ［Peter Calthorpe］（1934-）ニューアーバニズム会議の設立者の一人で，持続可能な町づくりのための「アワニー原則」の提唱者の一人でもある。代表的著書として『サステイナブルコミュニティー』（1986）や『次世代のアメリカの都市づくり』（1993）があり，ニューアーバニズム運動の指導者的役割を担っている。代表作品にラグナウエスト，ザ・クロッシングがある。

ヒートアイランド現象［heat island］都市気候の一つ。都市部の気温が郊外部の気温より高くなる現象。高密度のエネルギー消費，コンクリート建物やアスファルトによる太陽光の蓄熱，業務ビルの空調設備からの排熱，自動車の廃熱，樹木の減少による土中の保水力低下等が気温を異常上昇させている。また，気温の上昇により生じた上昇気流による突然の豪雨や，高気温など気象現象にも影響を与えている。→環境

ヒエラルキー［hierarchy］階層，階層（的な）構造，階層制，階級（クラス）を形成している状態。コミュニティや組織などの社会の状態や物理的な事象，ネットワークの構造，分類の方法などを表現する。

ビオトープ［biotope］生物の生息環境を意味する生物学の用語。生態系（ecosystem）やハビタット（habitat）とほぼ同義的に解されるが，ビオトープの場合，人工的に形作られた河川などの流路形態をより自然に近い形に戻し，それによって多様な自然の生物を復活させるというような「生息環境基盤の修復によって形成された生態系」を意味する。わが国では1990年代から環境共生の理念のもとで行われるようになり，多自然型川づくり，ミティゲーション（開発事業による環境に対する影響を軽減するための保全行為），里山保全活動などの取り組みが全国各地で繰り広げられている。→環境共生

ビオトープ（小学校の校庭／静岡県三島市）

被害想定 ①市街地における自然災害等の規模による被害の広がりまたはその状況を把握し，都市のリスクマネジメントに活用する。②地震被害想定。国および地方自治体が策定する，既往被害想定手法の研究成果を活用した地盤被害，建物被害，人的被害，死者数，負傷者数，距離減衰による被害範囲等を計算し算出したもの。→防災，ハザードマップ

東茶屋町（ひがしちゃやまち）江戸期の加賀藩時代，金沢に3箇所あった遊郭の一つで1820年に成立。その後も歓楽街として持続し，明治初期までにつくられた建物が多くを占め，紅柄（べにがら）格子や総2階の建物に茶屋町独特の風情を残している。2000年，重要伝統的建造物群保存地区に選定。→茶屋町（ちゃやまち），花街（はなまち）

東茶屋町（金沢市）

干潟（ひがた）［tideland］遠浅の海で満潮時には海中に没し，干潮のときにだけ現れる土地。栄養が豊富なことからさまざまな

生物が生息し，それらを餌とする鳥類の渡りの基地としても重要。谷津（やつ）干潟，藤前（ふじまえ）干潟などはラムサール条約に登録。→自然，ラムサール条約

干潟（西表島）

美観 見栄えが良く美しいこと。対象物が美しく見えるように整備したり修復すること。「景観」が環境保全や創造の大きなテーマになる以前は，見た目を問題とする「美観」という概念が主流であった。→景観

美観条例 ⇒景観条例

美観地区 2004年，景観法の規定に基づいて都市計画に地域地区の一種として「景観地区」が指定できるようになる前は，都市計画法で「美観地区」が決められるようになっていた。現在は「景観地区」に一本化されている。→景観地区

美観地区制度 市街地建築物法で定められた，市街地の美観を維持する制度。都市計画法に定める，都市近郊の自然環境を保全するための風致地区と対になっている。市街地建築物法では，地区の具体的な運用に際して美観審査会を設置することとしていた。→景観，市街地建築物法

美観論争 ⇒景観論争

微気象（びきしょう）気象現象には，地球全体にかかわるものから特定の場所に関するものまで，対象のスケールによってさまざまなとらえ方がある。微気象はその中で限定された狭い地域についての気象を扱うもので，地形や開発状況に左右される傾向が強い。場所のデザインにとって重要な要件となる。→地形，微地形（びちけい），ビル風

ピクセル［pixel］「画素」。電子情報として画像を扱う際に，色情報をもつ最小の単位。正方形。点として扱われる「ドット」と同義で用いられることも多い。

ピクトグラム［pictogram］⇒絵文字②

樋口忠彦（ひぐちただひこ）(1944-) 山梨大学教授。1979年『景観の構造－ランドスケープとしての日本の空間』において，景観研究の枠組を提示しその隆盛をもたらした。

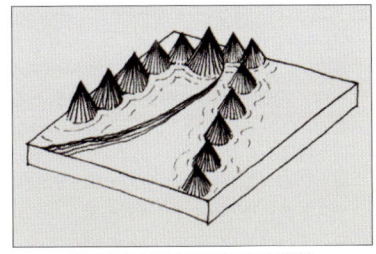

樋口忠彦（水分神社型空間の構造）

ピクチャレスク［picturesque］18世紀のイギリスで生まれた美学上の概念。特に庭園のデザインにおいて，絵画のような美的構成を重視する。→ランドスケープデザイン

彦根城（ひこねじょう）滋賀県彦根市金亀町。中山道と北国街道が交わって京に入る要衝にあり，徳川四天王の一人である井伊直政が，関ヶ原の合戦の軍功により家康から石田三成の領土を与えられた。1622年，その子直継の築城により，譜代大名の名門彦根35万石の井伊家14代の居城となる。国宝の天守のほか，多くの櫓（やぐら）などが現存する。城郭形式は連郭式平山城。

飛砂防備保安林（ひさぼうびほあんりん） ⇒砂防林

ビジット・ジャパンキャンペーン［visit Japan campaign］日本人の海外旅行者が約1,600万人であるのに対して，訪日外国人旅行者が約500万人に過ぎないことから，その格差をできる限り是正するための「外国人旅行者訪日促進戦略」の一環として2003年より実施中。目標は2010年までに1,000万人誘致で，関係府省および自治体，民間企業等が官民一体で推進。在外外国人に観光旅行先としての日本に関心をもたせ，観光意欲を沸かせるためのPRや情報提供，インターネット販促の環境整備などが主眼。→観光

ビジブルエリア［visible area］⇒可視領域

非政府組織 ⇒NGO

非線引き区域 都市計画区域内で市街化区域および市街化調整区域に属さない区域。

微地形（びちけい）普通の地図では表現できないような細かい地形。局地的な気候や植生にも影響を与え，具体的な場所の計画・

設計の際には調査・分析が必要。河川低地などに散在する集落は、微高地に立地していることが多い。→地形

ヒドコット・マナー・ガーデン〔Hidcote Manor Garden〕イギリス、コッツウォルド地方。いわゆるイングリッシュガーデンの一つ。20世紀初頭の築造で、25の異なる庭園を生垣（いけがき）で区分しながらつないだ構成をもち、コテージガーデンの集大成といわれる。1948年からナショナルトラストが管理。→イギリス式庭園、ガーデニング

ヒドコット・マナー・ガーデン（イギリス）

人にやさしいまちづくり事業　都市部において、高齢者や身体障害者に配慮したまちづくりの推進を図るため、快適かつ安全な移動を確保するための施設の整備等を行うことを目的とした国土交通省の所轄事業。市街地における道路空間等と一体となった移動ネットワーク整備に対して、地方公共団体が行う整備計画の策定と、動く通路、スロープ、エレベーターその他の高齢者や身体障害者の快適かつ安全な移動を確保するための施設の整備等に一定の補助が適用される。→バリアフリー、バリアフリー新法

避難地　災害時に備えて指定された避難先。防災まちづくりの予防措置の一つで、オープンスペースや不燃建築が集積したおおむね10ha以上の区域。避難者1人当たり2m²以上確保。災害が起きた場合、近隣の公園など一時避難場所に避難し、火災による2次災害が広がる前に避難経路をたどって広域避難場所に移動する。→防災、ハザードマップ

避難路　災害時に備えて指定された、避難地までの経路。広域避難路の場合、落下物や緊急車両の通行を考慮して、道路幅員15m以上、緑道は10m以上の幅員が必要となる。被災者支援のために市役所や病院、収容避難場所を連絡する道路を緊急啓開道路として指定し、人や物資、情報流通の確保に努める。→防災、ハザードマップ

非日常性　日常的でない要素を有していることを指し、日常性と対比する概念である。非日常と日常は互いの存在抜きには成立しない。一般的に日々の生活の中で頻繁に行うこと、出会う人、訪れる場所などは日常性が高く、稀なことは非日常性が高いと判断される。しかし、その境界は人によって変化し、曖昧で、明確ではない。日常もしくは非日常と判断する基準は個々に委ねられており、その人の生活環境が著しく影響を及ぼす。非日常性を体験することで人は生活の変化、刺激を受け、日常を改めて認識する。

非日常の空間　非日常性の高い空間を指す。大きく2種類あり、既存の空間が利用、活動状況によって日常と非日常に反転する場合と、恒久的に非日常空間として存在する場合である。前者は、住宅のようにきわめて日常的な空間であっても、冠婚葬祭等の非日常的行事によってその空間の意味が非日常化することを指し、道路、町中で行われる祭り、イベントも同様である。後者は、テーマパークのように日常の生活空間とはまったく隔離された非日常空間で、そこには常に非日常が存在している。それぞれに日常と非日常を区分する視覚的、心理的装置が必要で、しめ縄、幕などがその役割を果たす。→テーマパーク

非日常の空間
（ユニバーサル・スタジオ・ジャパン／大阪市）

美の基準　神奈川県足柄下郡真鶴町のまちづくり条例。バブル期の急激なマンション開発に対し、農村、漁村としての真鶴（まなづる）の穏やかな町並みを守る新たな方策として、1994年施行された条例。場所、格づけ、尺度、調和、材料、装飾と芸術、コミュニティ、眺めの8つの基準をもちデ

ザインコードとしている。個々にその質を保つとともに，相互に連携して「つながり」をもつことが大切であり，全体イメージをキーワードとして整理している。→開発，景観，都市計画，まちづくり，環境デザイン，景観条例，景観保全，地域計画，保全・保存

日比谷公園（ひびやこうえん）東京都千代田区日比谷公園。洋風文化の移入に熱心だった明治政府が，日本で始めての「ドイツ式洋風近代公園」として1903年に開園した公園。園内に公会堂，野外音楽堂などの施設がある。計画・設計は本多静六。面積約16ha。→公園

日比谷公園（東京都）

美の基準（真鶴町の例）

基準	美の基準Ⅰ			美の基準Ⅱ	美の基準Ⅲ
	手がかり		基本的精神	つながり	キーワード
1. 場所	（場所の尊重）地勢，輪郭，地味，雰囲気		建築は場所を尊重し，風景を支配しないようにしなければならない。	私たちは**場所**を尊重することにより，その歴史，文化，風土を町や建築の各部に**格づけ**し，その各部の**尺度**のつながりをもって青い海，輝く森といった自然，美しい建物の部分，の共演による**調和**の創造を図る。それらは真鶴町も大地，生活が生み出す**材料**に育まれ**装飾と芸術**という，人々に深い慈愛や楽しみをもたらす真鶴町独自の質に支えられ，町共通の誇りとして**コミュニティ**を守り育てるための権利，義務，自由を生きづかせる。これらの全体は真鶴町の人々，町並，自然の**美しい眺め**に抱擁されるであろう	聖なる所，斜面地，豊かな植生，敷地の修復，眺める場所，生きている屋外，静かな瀬戸，海と触れる場所
2. 格づけ	（格づけのすすめ）歴史，文化，風土，領域		建築は私たちの場所の記憶を再現し，私たちの町を表現するものである。		海の仕事山の仕事，転換場所，見通し，建物の緑，大きな門口，壁の感触，母屋，柱の雰囲気，門・玄関，柱と窓の大きさ
3. 尺度	（尺度の考慮）手のひら，人間，木，森，丘，海		すべての物の基準は人間でる。建築はまず，人間の大きさと調和した比率をもち，次に周囲の建物を尊重しなければならない。		斜面に沿う形，部材の接点，見つけの高さ，終わりの所，窓の組み子，跡地とのつながり，段階的な外部の大きさ，重なる細部
4. 調和	（調和していること）自然，生態，建物各部，建物どうし		建築は青い海と輝く緑の自然に調和し，かつ建物全体で調和しなければならない。		舞い降りる屋根，日の恵，木々の印象，覆う緑，守りの屋根，北側，地場植物，大きなバルコニー，実のなる木，ふさわしい色，少し見える庭，青空階段，格子棚の植物，ほどよい駐車場，歩行路の生態
5. 材料	（材料の選択）地場産，自然，非工業生産品		建築は町の材料を活かしてつくらなければならない。		自然な材料，地の生む材料，活きている材料
6. 装飾と芸術	（豊かな細部）真鶴独自の装飾，芸術		建築には装飾が必要であり，私たちは町に独自な装飾をつくり出す。芸術は人の心を豊かにする。建築は芸術と一体化しなければならない。		装飾，森・海・大地・生活の印象，軒先・軒裏，屋根飾り，ほぼ中心の焦点，歩く目標
7. コミュニティ	（コミュニティの保全）生活共域，生活環境，生涯学習		建築は人々のコミュニティを守り育てるためにある。人々は建築に参加するべきであり，コミュニティを守り育てる権利と義務を有する。		世帯の混合，ふだんの緑，人の気配，店先，学校，街路を見下ろすテラス，さわれる花，お年寄り，外廊，小さな人だまり，子どもの家，街路に向かう窓
8. 眺め	（眺めの創造）真鶴町の眺め，人々が生きづく眺め		建築は人々の眺めの中にあり，美しい眺めを育てるためにあらゆる努力をしなければならない。		祭り，夜光虫，できごと，眺め，賑わい，いぶき，懐かしい町並

姫路城（ひめじじょう）兵庫県姫路市本町。白漆喰の城壁から「白鷺城（しらさぎじょう）」とも呼ばれる。最初の築城は1346年、赤松貞範とされ、以後黒田重隆、羽柴（豊臣）秀吉が築城に携わった。現存の城郭は1609年、池田輝政による。城郭形式は梯郭（ていかく）式平山城で、戦禍を免れてきたため、国宝の大天守、小天守など多くの文化財が現存する。1993年に世界遺産（文化遺産）として登録。

ビューイングコリドー［viewing corridor］大聖堂や展望塔などの景観上突出した存在の視対象に対する遠距離からの眺望を確保するために、眺望線上に建つ建物や工作物に高さ制限を課すための範囲。→可視領域、ストラテジックビュー、眺望景観

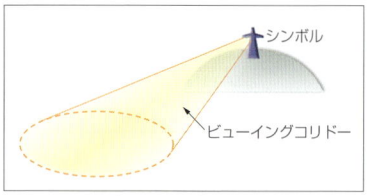

ビューイングコリドー

ヒューマンスケール［human scale］人体、人間の感覚、行動に適合した適切な空間の規模やものの大きさ、それを実現するための尺度のこと。この尺度は長年の感覚、行動の経験から得られたものである。空間を測る尺度には、古くから人体の各部寸法が基準となったが、現代は合理的な機能と人間工学に基づく数値が空間の単位を決める尺度となっている。さらに心理、行動、文化等にかかわる人間同士の距離やイメージ等もヒューマンスケールの要素であり、これらを考慮してはじめてヒューマンスケールに基づいた空間が成立する。→空間認知、空間単位

ヒューマンセツルメント［human settlement］先進国と開発途上国を問わず、健康で文化的な居住を追求することこそが、すべての人々にとっての基本的人権であることを認め、その権利を具現化するための土地、住宅、資材、技術、共同施設などの人間住居のこと。ギリシャの都市計画家C.A.ドクシアディスが、住宅から大都市までの14段階の空間単位で秩序づけようと提唱したエキスティックス（人間居住科学）の考え方がベースとなっている。1970年代以降、国際連合の人間居住計画（ハビタット）等において採択され、広く用いられるようになった。→コンスタンティノス・ドクシアディス

評価 事物・事象について、その性質や能力を客観的な尺度に基づいて測り価値を定めること。あるいは、人間の認知（心理側）をもとにして良し悪し、優劣、高低、美醜、好き嫌い、価値などを測ること。また、これらの測った結果。一般的には、客観的に価値や値段を定めること、またはその価値

姫路城

や値段。評価する行為は，一般的にはいくつかの項目や観点に分けてなされることが多い。これは，1つの尺度によって評価することが難しいためであり，特に心理側を扱った評価では，実験や調査結果を統計的に処理して確率等で表現する。この場合，評価の信用度，信ぴょう性についてその危険率を示すことが必要となる。評価では，その信用性が最も重要であるとされる。これは評価者や評価基準，評価方法や手法，評価技術に対する信用性などに基づいている。すでに確立された評価する行為は多数あるが，デザイン研究では新たな評価の仕組みを見つけることも重要な研究のテーマとなる。→評価構造，評価項目，評価軸，評価実験，評価尺度，評価主体，評価対象

評価（パリの町並みとポンピドーセンター）

評価構造 環境，景観について，人間が評価する際の仕組みや解釈のしかた，過程，プロセス。または，これらを解明すること。基礎的で重要な研究分野の一つ。狭義には，SD法などの心理実験データに対し，因子分析を行い抽出された因子の構成，同様に抽出された主成分分析の主成分の構成を示す。

評価項目 評価を行うための目盛り，尺度，スケール，分類などの名称。空間について評価を行う際にさまざまなものが使われており，これらの相互関係や評価対象側を記述する尺度との関係が研究されている。→評価軸

評価軸 評価を行う際に，評価の値を数量的に記述するための目盛り。評価項目。狭義には，SD法などの心理実験データに対し，因子分析を行い抽出された因子，同様に抽出された主成分分析の主成分を示す。

評価実験 評価を行う際に用いる方法の一つ。特に，心理側の評価を抽出するために行う実験を示す。

評価尺度 評価を行う際の目盛り。評価を数量的に記述するために用いる。特に，SD法の形容詞対の3段階から9段階の目盛り。なお，このような場合は順序尺度であり，名義尺度とともにその数量の解釈には注意が必要。一般的には量的データである間隔尺度，比率尺度を指す。→尺度

評価主体 人間の心理量に基づいて空間の評価を行う際，その評価を行う人間，またその属性。

評価対象 評価を行う際の対象となる事物，行動または心理を示す。特に，人間，人間側の心理量によって測られる物理側を示すことが多い。これらは同時に大きさや色などの空間的な特徴によって測られ，心理量との関係から評価される。

表記法 表記のしかた，方法に関する一定の基準，規定を指す。都市，建築空間には交通，鉄道，非常施設，点字の標記など，基準順守が求められるものから，誘導サイン，施設案内等のデザインといった自由度の高いものまでさまざまある。標記は文字および図柄が用いられるが，いずれの場合も誰にでも平易に理解可能な標記が望ましく，単純なピクトグラム，平仮名標記，ローマ字併記などがある。→サイン

標高 ある地点の標準とする基準面からの高さ。日本では東京湾の中等潮位を基準とする。→GL

標識体系 標識の構成とその全体的な関係を指す。道路，鉄道，航路など対象ごとに体系は異なる。また，都市や施設空間のレベルで標識を体系化することも可能である。体系化するには何らかの法則が必要である。例えば，道路標識の場合は，道路種別（国道，県道等）による番号づけ，交差点名など。

表出 （ひょうしゅつ）①精神的な活動の動きが外部に現れること。例えば，顔の表情や呼吸運動，また筋肉運動や腺分泌の変化など。②住宅地や団地の住宅の外部に見られる植樹や表札など戸外を飾る行為としての性格や，住宅に関する各個別の表情を示し，他者との接触や近隣関係の媒介となる要素のこと。テリトリーとは異なり，融和的な意味をもち，親しみのある空間を生み出す等の機能をもつ。

標準世帯 夫婦と子供2人で構成され，夫婦のうちどちらかが収入を得ることで生計が成り立っている4人家族の世帯のこと。→勤労者世帯

標準設計 設計施工の合理化，能率化ならびに経費の低減を目的として，国土交通省が土木構造物を対象に作成し，出版している標準設計に記載されている設計仕様を指す。詳細設計段階の図面としての活用はもちろんのこと，概略設計時の資料作成や概算予算の算定のための計画段階で用いられることが目的で，施設別に作成されている。ほかにも各事業者，企業内部で定める標準設計もある。

表彰制度 善行，功労，成果などを公にするとともに，被表彰者の功績および実績を賞賛し，広く模範として知らしめること。特に景観計画において新規建築等における質の高いデザインを誘導する場合や，コンペティションによって先駆的なデザインを積極的に取り入れる場合などに用いると有効とされる。

表色系（ひょうしょくけい）さまざまな色を記号や数字などで分類整理した色彩の評価形式を指す。PCCS（日本色研配色体系），マンセル，オストワルド，NCS，DIN，OSA均等色尺度などの表色系がある。→マンセル表色系，オストワルド表色系

費用便益 公共事業などの効果測定において，その事業の結果得られる便益と事業に要した費用との比で表す指標。またその測定手法。

火除地（ひよけち）民家の密集から類焼が広がるのを避けるために作られた空地（くうち）。火除地として設けられた広い道路を「広小路（ひろこうじ）」という。→会所地

平入り（ひらいり）町並みにおいて道路と建物の関係を示すもので，建物の棟（むね）を道路と平行につくり，道路からは屋根の軒側から入る形式。道路に対して圧迫感がなく，なじみやすい町並みをつくる。→妻入り（つまいり），町並み

平入り（関宿／三重県）

ビル風 高層ビル周辺で発生する局所的な強風。建築物に風が当たると，風上側の壁面に分岐点を生じ，風の流れる方向が上下，左右に分かれると考えられている。そのため，建物付近での突風乱流により，歩行困難，破損等の実害が発生する。高層建築物の建設においては，風洞実験などによって十分にシミュレートした後に，近隣説明による理解を求めるとともに，ビル風が発生しにくい形状や植栽帯の設置など影響を低減することが必要になる。

ビルディングタイプ［building type］学校，病院，劇場といった機能に応じた建築をつくるうえの種別。近年は，ビルディングタイプからの脱却として機能にとらわれない建築空間づくりの提案があり，固定概念となった機能に対応した「〜らしさ」の事柄を整理し，新しい価値観で空間を再構成していくことを意味する。機能の複合性や重複性のみを考慮するのではなく，空間と機能の意味を問う。

ビルマネジメント 建築物のハード部分に関する建設工事からメンテナンス，改修工事，およびソフト部分に関する運営や管理など，すべてを含めて総合的にマネジメントを行う業務。

広小路（ひろこうじ）⇒火除地（ひよけち）

広島平和記念公園 広島市中区中島町。恒久平和の象徴の地にすることを目的として1954年に整備された公園。設計はコンペで入選した丹下健三を代表とするグループ。大田川の支流に囲まれた島状の園内には，原爆ドーム（1996，世界遺産），平和記念資料館（ピースセンター），原爆死没者慰霊碑など多くの記念碑がある。→公園，記念公園，丹下健三（たんげけんぞう）

ピロティ［pilotis 仏］1階部分の，柱だけで構成された空間。マンションなどの建物の1階に，住居をつくらず，エントランスホールや駐車場，駐輪場などとして活用する場合の，1階部分をピロティと呼ぶ。柱だけで構成されている壁のない階をもった建物の形式のことで，フランス語で建物を支える杭を指す。ル・コルビュジエがこの手法を用いて，世界的に応用されるようになった。もともとは，実用面よりも，見た目の軽快感や新しさを出すというデザイン上の効果を求めたものだが，実用面での効果も小さくない。地震多発地域では，耐震性への配慮が必要。→ル・コルビュジエ

ひんころ

広島平和記念公園

ピロティ（ガララテーゼの集合住宅／ミラノ）

広場（ポンピドーセンター前／パリ）

広場 人，もの，情報等の活動，集積がみられ,公共に開かれている場所を指す。元来は都市の中にある教会前広場，駅前広場等の物理的な空間と認識されていたが，近年はネットワークにも仮想広場が存在し，ここで情報集積，交換，商品売買等が行われる。→プラザ

広場空間 広場機能を有した空間を指すが，文化，時代，国，気候風土，立地，地形条件により果たす役割が異なり，形態，物理的構成もさまざまである。周囲を建物等に囲まれている，軸線上でランドマークが配置されている，中核に中心性のあるモニュメントがある，複数広場が連続している等の特徴を有する。古くは古代ギリシャのアゴラ，教会，寺院等前面の広場がある。また，現代では美術館等の施設前，道路ロータリー部分の広場，ショッピングモール内の広場等がある。→広場

ピンコロ 「小舗石」の通称。道路舗装用の石材で，花崗岩や安山岩を9cmの立方体に割ったもので，舗装面は美しい表情をもつ。→ペーブメントデザイン

ファサード［façade 仏］建築物のおもに道路側から見た正面の外観のこと。建物の「顔」ともいえる部分で、建築デザイン面で重要な要素である。建築物と道路の関係、植栽等の外構、周囲の町並みとの調和を図りデザインされることが望ましい。

ファサード（レオン修道院／スペイン）

ファサード保存　景観的に価値があると判断される、街路に面した建築物の顔となる外壁のみを残すことを指す。外壁以外の内部空間は、改築を行い機能を一新することが技術的に可能。日本では京都中京郵便局のファサード保存が最初の事例。→ファサード

ファジィ［fuzzy］あいまいさ。ファジィ理論は1965年、L.A.ザデーの研究に基づくもので、理論値が0または1だけでなく、その間も可能である演算を用いる。パターン認識や制御理論などによりさまざまな方面で利用されている。

ファシリティマネジメント［facility management］「FM」と略す。業務用不動産（土地、建築、構築物、設備等）すべてを経営にとって最適な状態（コスト最小、効果最大）で保有し、運営し、維持するための総合的な管理手法（社団法人日本ファシリティマネジメント推進協会による定義）。

ファシリテーター　住民参加型のまちづくり会議やシンポジウム、ワークショップなどにおいて、議論に対して中立な立場を保ちながら話し合いに参加し、議論をスムーズに調整しながら合意形成に向けて深い議論がなされるよう調整する役割、これを行う人。→ワークショップ

フィジカルプラン［physical plan］物理的な計画を意味し、都市計画における空間の骨格、構成、施設配置、施設デザイン等を行うことが含まれる。また、都市計画にはこの「物理的な計画」のほかに「社会的な計画」が含まれると考えられる。

フィジビリティスタディ［feasibility study］プロジェクトの実現可能性を事前に調査・検討することで、「実行可能性調査」「企業化調査」「投資調査」「採算性調査」とも呼ばれ、「F/S」と略記される。プロジェクトは、案件発掘～概略計画～F/S～資金調達～実施設計～入札（コンストラクター選定）～建設～運営管理の手順で実施され、F/Sでは一般に概略計画を基にプロジェクトの実行可能性を検討し、その報告書は開発主体の意思決定判断や融資機関の妥当性審査の資料として用いられる。

フィトンチット［фитонциды 露］細菌など微生物の活動を抑制する作用をもつ、樹木などが発散する化学物質。森林浴はこれに接して健康を維持する方法だが、健康だけでなく癒しや安らぎを与える効果もある。→癒（いや）し

風営法（ふうえいほう）1948年施行。風俗営業等の規制及び業務の適正化等に関する法律。用途地域によって、建設できる風俗営業店が異なる。また、地区計画によって、商業地域においても建設、営業ができない場合もある。キャバレーやバー、喫茶店、パチンコ店等8業種は許可制、性風俗、接客等6業種は届出制となっている。→都市計画、まちづくり

風景　scenery

現在では「景観」と「風景」はほとんど同じ意味で使われる。しかし近代合理主義的理解が支配的だった頃は，「景観」は客観的に対象を記述するもので価値を含まないとされ，「風景」は逆に主観的な情動で客観性に欠けるとされていた。今でも若干その傾向は残っており，風景は「原風景」「風景美」のように，景観は「歴史的景観」「景観評価」のように使われる。→景観，景観論，風景論，日本三景，近景，中景，遠景

上段左：美幌峠(北海道)、上段右：摩周湖(北海道)、中段左：富良野花園(北海道)、中段右：鳥海山(山形県)
下段左：宍道湖(島根県)、下段右上：立山・室堂(富山県)、下段右下：蓼科山(長野県)

風景の諸相

ふうけい

風景イメージ ⇒景観イメージ

風景画 静物画，人物画などと並ぶ絵画の一形式。東洋の山水画もその一種。初期には，風景は人物の背景として描かれたが，後に独立した画題とされるようになる。→山水画

風景画（安藤広重の浮世絵）

風景鑑賞 自然や人造物の一部を風景ととらえ，主として美的感性によって観察，評価する文化的態度。日本では山水画，浮世絵，和歌や俳句，茶道や庭園などが風景鑑賞の文化を背景に発展した。具体的な風景の影響を受けて生まれた作品も多い。→風景，八景式鑑賞法

風景計画 ⇒景観計画

風景式庭園 ⇒イギリス式庭園

風景思想 風景とは自然と人間との間につくられる関係で，時代，地域，民族，宗教などによって人々は風景に独特の意味を与えて，その思想を表現する。そこには自然に神を見る思想や死後の楽園を望む考え，自然との関係に先人の知恵を感じる思想や，将来の可能性を見る立場などがある。→風景，風景論

風景地 優れた自然景観をもつ地域。近代以前の地上には，風光明媚（めいび）な地域や場所は無数に存在したと思われるが，その中で多くの人に愛され，詩にうたわれ，絵に描かれたようなところが著名な風景地として定着し，文化の存在になった。→風景，風景論，景勝地，名勝

風景論 風景についての理解や認識，鑑賞法や評価法，改造論や操作論など，さまざまな角度からの論考。日本で最初の近代的風景論は志賀重昂の『日本風景論』（1894）といわれる。→景観論，風景思想，志賀重昂（しがしげたか），オギュスタン・ベルク

風水 （ふうすい）中国古来からの思想で，空間のしつらえを気の流れでとらえようとする。台地における気の流れを地形等の形態的に理解する方法と，方位の吉凶に基づく方法，さらに地磁気と人との関係でとらえようとする方法などがある。

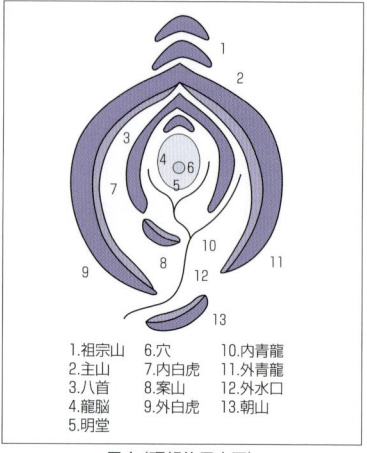

1. 祖宗山
2. 主山
3. 八首
4. 龍脳
5. 明堂
6. 穴
7. 内白虎
8. 案山
9. 外白虎
10. 内青龍
11. 外青龍
12. 外水口
13. 朝山

風水（理想的風水図）

風水思想 （ふうすいしそう）⇒風水

風致地区 （ふうちちく）都市計画法第8条に定められた地域地区の一つで，都市の風致を維持する地域をいい，自然的要素に富んだ良好な景観を形成しており，都市の土地利用計画上，また都市環境，緑地の保全を図る地域。建築行為に関する規制は各自治体条例に任されている。→環境，都市計画

風土 ①地域，地方，または地区独自の気候や地形などに基づく生活習慣。土地柄。②和辻哲郎の著作（1931）の一つ。ハイデガーの存在と時間に影響を受け，風土と文化・思想の関連を論じて，その後の景観デザインに大きな影響を与えた。→和辻哲郎（わつじてつろう），マルティン・ハイデガー

風土性 風土に基づいた生活の質。その土地独自の生活感。また，建築形態や社会システムなどが，そのような性質を積極的に表現している様子。

フードテーマパーク 統一された食をテーマに，複数の飲食店舗を集合させた新しい形態の飲食施設のこと。比較的低コストで展開でき，商業施設や地域の集客装置としても注目を浴びている。1994年に「新横浜ラーメン博物館」，1999年に「清水すしミュージアム」，2001年に「横濱カレーミュージアム」「小樽運河食堂」が続き，各地でも開業されている。フードコートとの違いは，食の種類が限定されていること，施設

によっては入館料を徴収したり，土産物店，雑貨店も併設し，博物館の要素を兼ねる場合もある。→テーマパーク

風流（ふうりゅう）美しく飾ること。意匠を凝らすこと。雅（みやび）やか，俗でないこと。伝統的であること。伝統に則った形態や意匠であること。または，祭事の際の花などの装飾を指す。「ふりゅう」ともいう。

風力エネルギー　自然エネルギーの一つで，数千年前から帆船等に利用されているほか，最近まで揚水や製粉に利用されてきた。風向，風速の変動により安定したエネルギー供給の難しさはあるものの，近年になって風車や風力発電システム等の普及が進んでいる。

富栄養化（ふえいようか）水域が，貧栄養状態から富栄養状態へと移行する現象。水中の肥料分（窒素化合物やリンなど）の濃度上昇を意味する場合が多い。要因は生活排水，農牧業，工業廃水など多岐にわたる。

フォーラム［forum］古代ローマの公共広場の呼称。現代は公開討論会，あるいはそれを行う場所を指す。テーマや趣味など，共通の話題について情報を交換し合う会合，集団，電子会議を指し，電子会議では話題とするテーマなどにより，電子掲示板をグループ分けして階層構造にしたり，会員が相互に利用できるデータライブラリーなどを設けていることが多い。英語圏では，日本語における「掲示板」とほぼ同じ意味で「forum」という言葉が使われる。

フォーリー［foiiy］公園内の自由な建物（あずまや）というような意味をもつ言葉。ビジターセンターから少し離れて，観察会などのプログラム活動やグループごとの自主研究などの拠点となる施設。→東屋（あずまや）

フォーリー（ラ・ヴィレット公園／パリ）

フォッサマグナ［fossa magna ラ］地質構造上，日本を東北日本と西南日本に二分する大きな裂け目の地帯。中に多くの断層があるが，糸魚川・静岡構造線はこの地帯の西縁を限る断層。→中央構造線

フォトモンタージュ［photomontage］数種類の写真を組み合わせて1枚の写真を作る技術。現在では，デジタル写真画像を対象としてCAD，CGの技術とともに利用されている。大型構造物などの景観シミュレーションなどに活用される。

不可視深度（ふかししんど）視点から見ることができない（不可視）領域について，不可視の度合いを可視部分からの深さ（垂直方向の物理的距離）により表す数量。不可視地点の高さとその上空の可視線との差，比率。

不可視領域　①ある視点から見ることができない場所。多くは，手前にあるものによって隠される範囲。②ある特定の視対象を見ることができない範囲。→可視領域，可視化

俯瞰景（ふかんけい）高い視点から低いところの対象を見下ろす景観。通常広く大きな景観が得られ，開放感，優越感などを感じる。山頂からの景観，高層建築の上部からの景観，多くの展望台の景観など。→景観，仰瞰景（ぎょうかんけい）

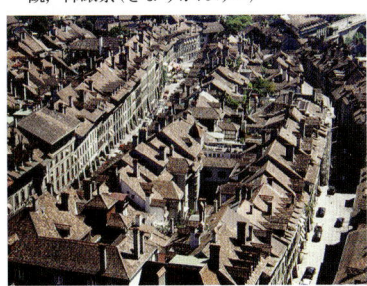

俯瞰景（ベルンの時計塔より／スイス）

ブキャナン・レポート［Traffic in Towns, HMSO, London, 1963］1963年，ロンドンにおけるC.ブキャナンを委員長とする委員会が提出した交通計画調査報告書。自動車社会が進展する中で，利便性の向上と居住環境保全の2つの目標を達成するために道路の段階的序列構成，その構成から生み出される居住環境地域の設定，幹線と地区内道路に囲まれた「都市の部屋」における歩行者交通の優先を実現する歩車交通の分離を提唱したもの。地区交通計画の先駆け。→交通計画，都市交通計画

復原 「復元」とも書く。破損したり、改造されたり、消滅してしまったりした建物や町並みを以前の姿に作り直すこと。問題は以前をいつとするかであり、創建時への復元、最盛期への復元などがある。→保全・保存、修復、復旧・復興

復原（八千代座／熊本県）

複合建築 1つの建物の中にいろいろな機能を有し、便利さ、楽しさ、賑わいが付加された建物。駅、業務施設、商業施設が含まれる駅ビル、ショッピングモール、コンビニエンスストアや店舗が1階にある集合住宅等も含まれる。

複合建築（京都駅）

複合用途 ⇒用途複合

福祉インフラ 高次のノーマライゼーションの実現に向けた住宅、社会資本の構築を目的として、国土交通省が推進している施策。高齢者や障害者を含むすべての人々が、自立し尊厳をもって社会の重要な一員として参画し、世代を超えて交流することが可能な社会を目指すものである。→ノーマライゼーション

福祉のまちづくり条例 2003年のハートビル法改正にともない、地方公共団体がその地域の自然的、社会的条件の特殊性により条例で拡充、強化できるようになった。このことから各地でこの条例の制定が進み、特別特定建築物に学校、共同住宅、保育所等の社会福祉施設等を追加する措置や、車いすのすれ違い幅の基準を広くする等が規定されている。→ハートビル法、バリアフリー新法

複断面道路 ①歩行者路と車道が分離されている道路、自転車道の設置や植栽帯の施設帯が設けられた道路。②一般道の上部に高架高速道路など断面構成が複層化した道路。

副都心 大都市において、都心とは別に周辺地域（多くは交通結節点）に都心機能の一部を分担する形で形成される副次的な中心地区。→都心、臨海副都心

覆面建築 （ふくめんけんちく）「看板建築」とも呼ばれ、東京および関東近県で関東大震災以降に建てられた装飾付きの商店建築。実際に屋号、広告等の看板が付いているわけではなく、のっぺりとした板状の外見に、モルタルや銅板製の装飾が施されている様子が、まるで看板のように見えることから付いた名称。

袋小路 （ふくろこうじ）行き止まりになった幅員の狭い路地を指し、京都などの古い町に現存する。建築基準法では、私道としての認定には最低6mの幅が必要とされている。→クルドサック

武家町 （ぶけまち）江戸時代における武士（家臣）の屋敷である侍屋敷が建ち並ぶ町のこと。「侍町」ともいう。家臣のうち、身分の高いものほど城に近い位置に屋敷を持ち地形的には高台に位置している場合が多い。→城下町、町人町、寺町

武家町（堀内地区／萩市）

武家屋敷 （ぶけやしき）近世以前（主として江戸期）の身分制度に対応した武士階級が住む屋敷。町人の町屋、農民の農家に対するもの。ただし、下級武士は長屋や足軽屋敷といった集合住宅にも住んだ。中級、上級の武士の住居。→町屋

武家屋敷（城見地区／島見市）

複合遺産 広くは優れた自然と建造物や市街地などの歴史文化遺産が切り離せない関係で存在する場合，それらすべてを含めてその地域を人類の遺産と見ること。ユネスコの世界遺産では，自然遺産，文化遺産と並んで，両者を含む複合遺産の登録がある。→世界遺産

複合遺産（金峰山寺蔵王堂／奈良県）

節（ふし，せつ）質の異なる空間がつながる部分。空間を演出するための仕掛けを用いて変化を表現する場となる。あるいは，建築物における直線的な形態上にあるこれを分ける要素。節をつけることを「分節」という。→ノード，分節

復旧・復興 地震，津波，火災などの災害や戦争などで破壊された町や建築を再生させること。復原とは異なり，以前の姿に戻すことにはこだわらず，生活や経済活動が行えるようにすることが目的となる。→復原，修復，都市災害

物権法定主義 物権は法律で定めるという意味。民法では「物権は，法律で定めるもの以外，当事者が自由に創設できない」と表現している。物権法定主義が採用されている理由は，登記簿を明確にするためで，当事者が勝手に物権をつくり出すことが許されないようにしている。したがって，所有権以下の物権は，みな法律で定められている。

復興都市計画 ①自然災害や戦災により甚大な被害を受けた都市における生活環境，社会体制，政治等の復興計画。②防災まちづくりの観点から，大地震等の大規模自然災害を想定して，復旧プログラムをたて，行政，住民，企業など関係者の役割と行動計画を定め，まち，生活，住宅の復興を計画したもの。

物的計画 都市の構築や既存都市の改善を図るために，都市の構成要素である道路，ライフライン，土地利用，建築形態やその配置等を計画・コントロールするもの。これに行政の運用や計画支援，意思決定プロセス等のソフト面での計画が連動する。

フットパス ［foot path］①イギリスで発祥した「歩くことを楽しむための道」のことで，農村部を中心に，イギリス国内を網の目のように走っている公共の散歩道。長いものは160kmも続く。川や丘，農場や自宅の敷地内を通る道もあり，イギリス国民にはこれを大切にする文化が醸成されている。②日本では住宅地内の小道を指すことがある。

フットパス（並木地区／つくば市）

物流輸送 交通計画における物流対策。自動車，鉄道，航空機等すべてにおける輸送経路や能力。地区内流通や都市間連絡など広域に関係するものであり，効率的なネットワークや適切な輸送機関を利用することにより環境負荷の低減等が必要である。

物理量分析 空間の物理的な量を分析する方法。長さ，面積や体積などを客観的な量として考え，これらを単独または複合させて行う分析方法。→分析指標，分析方法

筆（ふで）「ひつ」ともいう。土地登記簿に記載されている，土地の所有権や利用権が及ぶ区域の範囲。一つの敷地や宅地が必ずしも一つの筆になっているとは限らない。一つの筆を複数の筆に分割することを「分筆」，複数の筆を一つに合わせることを「合筆」という。→合筆（がっぴつ），分筆

埠頭（ふとう）港湾における乗客の乗降や貨物の荷役が行われる場所。岸壁や物揚場，物流倉庫，荷役・荷さばき施設，コンテナ置き場，旅客ターミナル等，海上輸送にかかる施設が立地する範囲全体を指す。取り扱う内容によって，同じ港湾内でも場所が別に設置される場合がある。場所の性格上，広幅員道路，大街区で構成される。臨海地域を形成する構成要素の一つ。

上：大桟橋（横浜湾）、下：有明埠頭（東京湾）
埠頭

不動産［real estate］土地およびその定着物のこと。容易にその所在を変え難く，かつ財産として高価であるため，動産とは別個の規制に服する。日本の民法においては，土地上の建物は土地と別個の不動産として扱われる。このため，土地を売買契約によって譲り受けても，買主は土地の上にある建物の所有権を当然には取得できないし，土地に抵当権を設定しても抵当権者は建物に対する抵当権を当然には取得しない。民法は不動産に公示の原則の考え方を採っており，所有権を取得しても登記がなければ，第三者に対し所有権を対抗できないとしている。

不動産鑑定評価　不動産はその特性から，合理的な市場の形成が困難であり，価格は売主と買主の交渉によって個別に形成されるが，売買の参考や公的な評価としては，不動産鑑定士による鑑定評価が客観的な指標として利用される。地価の鑑定評価には，取引事例比較法，収益還元法，原価法の3つの手法がある。

不動産投機　将来の利益を期待して不動産に資金を投下すること。投資は将来の長期的な視野に立って，計画性や目標をもって資金を証券・事業などに投下することに対して，投機は将来の価格変動を予想して，価格差から生ずる利益を得ることを目的として行う売買取引と考えられている。

不動産投資ファンド［real estate investment trust］略称「REIT」。資金をもとに不動産への投資により，賃貸料などによる収益や，不動産価値を向上させたうえで売却益による利益獲得を目的とする。ビルマネジメント，プロパティーマネジメントなどの事業により不動産収益の確保を図る。

不動産の証券化　不動産資産を有価証券化すること。また，有価証券化後に処分することにより対価を得る一連の取引。

船溜り（ふなだまり）①船舶が風波を避けるための碇泊所。船瀬。②船を係留しておく場所のこと。

舟屋（ふなや）①池に張り出して建てた建物。②湾にせり出して建てられている2階建の建物。海面すれすれに建ち並び，1階が船の格納庫や物置，作業場として使用し，2階は住居などの居間や客室，民宿として使用される。京都府丹後伊根地方の海沿いに建ち並ぶ漁民の住居が有名。

部分保存　歴史的建造物などの保存方法の一つ。建物全体を保存することが困難な場合，その一部を保存するもので，多くは建物の正面に当たるファサードの保存が行わ

部分保存（新風館／京都市）

踏み跡 登山用語で，人が通った跡がついている場所。登山道よりは道が不明瞭な場所。「登山道というよりは踏み跡といったほうが」のように使う。雪の上についた踏み跡は「トレール」といい，踏み跡とはいわない。

プライバシー［privacy］①私生活や個人の秘密。②私生活を第三者の目から守るための法的権利，また社会に対する自我の確立や最小限の自己主張。

プライベートスペース［private space］私的な空間を指す。建築内部における私的な空間を指す場合が多く，集合住宅の場合は住戸や専用庭，住宅内部では個室，寝室がこれにあたる。→パブリックスペース

フラグ［flag］コンピュータ処理やプログラムにおいて，条件式での分岐判定で条件にあった場合の状態を指す。条件式で条件に合う場合は「true」，合わない場合は「false」と表現され，「true」のときに「フラグが立つ」と呼ぶ。

フラクタル［fractal］数学者マンデルブロによって提唱された幾何学。さまざまなスケールで対象を見たときに，類似した構造が繰り返し表れるような自己相似性を表す。自然界には多くフラクタルの例が見受けられる。リアス式海岸線や樹木の枝ぶり，葉脈などに近似的なフラクタル曲線が表れることがわかっている。

プラザ［plaza］①広場と同義で，物理的空間を指す。場所名称として「市民交流プラザ」のように使用される。②会議，集会，インターネット上の会議等も含む人や事象の集まりを指す。→広場

ブラジリア［Brasilia］標高1,100mの高地にある人口約200万人のブラジルの新首都。沿海部と内陸部の格差解消のために，1956年から5年間で建設。飛行機の形を模した都市計画は，ブラジル人建築家ルシオ・コスタ，議事堂や裁判所などの公共建築のデザインは，同じくオスカー・ニーマイヤー。→新都市，首都

フラット［flat］集合住宅において，1つの階にすべての部屋がある住戸を指す。2つの階にまたがっている住戸は「メゾネット」と呼ぶ。ここから転じて，集合住宅の住戸全体を指しても使われる。→メゾネット

フランク・ロイド・ライト［Frank Lloyd Wright］(1867-1959) 20世紀を代表するアメリカの建築家。アメリカのウィスコンシン州生まれ。「近代建築の巨匠」と呼ばれている。シカゴで機能主義を実践していたルイス・サリバンに師事し，プレーリースタイル(草原様式)を生み出した。後に有機的建築の理論を提唱し，20世紀前半の建築界に影響を与えた。代表作品として，シカゴのロビー邸，落水荘と呼ばれるペンシルバニア州のカウフマン邸，ニューヨークのグッゲンハイム美術館があげられる。日本には博物館明治村に保存されている帝国ホテル，旧山邑邸(現ヨドコウ迎賓館，国指定重要文化財)，自由学園(国指定重要文化財)がある。

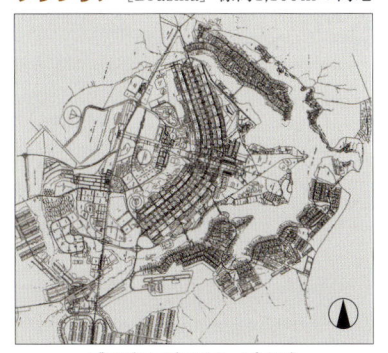

ブラジリア（マスタープラン）

フランク・ロイド・ライト
（グッゲンハイム美術館／ニューヨーク）

フランス式庭園［french garden］18世紀を中心に，ヨーロッパの王族や貴族がこぞってつくった庭園で，その多くは宮殿に付属している。一般に規模が大きく，平面的でシンメトリー，幾何学的設計を多用した。自然的変化を嫌い，樹木も造形した。→ヴェルサイユ宮殿

プランター［planter］植物を植えるための角型のボックス。木製，コンクリート製，プラスチック製など。→花壇

不良住宅地区改良法 1927年に施行された法律で，近代化にともなう大都市への人口流入による質の低い住宅密集，衛生問題，関東大震災後に広がった大都市のスラム化に対応すべく，衛生，風紀，保安等に関し有害または危険があると判断した場合，公共団体が改良事業を行うことができると定めたもの。現在の住宅地区改良法（1960）に引き継がれている。→開発，都市計画，防災，防犯，都市再生，密集市街地

ふるさと創生一億円事業 1988～89年実施の事業で，竹下登首相（当時）が発案した事業。事業内容は地方公布税から全市町村一律に1億円を公布し，その使い道について国は関与しないというもの。地方が自ら行う地域づくり事業ということで，創意工夫し地域の振興を図りつつ，ふるさとづくりを推進する動きが各地で試みられた。

プレイロット［play lot］⇒子供の遊び場

フレキシビリティ［flexibility］柔軟性，融通性，適応性，屈折率，耐屈曲性。柔らかくしなやかな状態。ある問題に対して柔軟に対応できること。

プレゼン ⇒プレゼンテーション

プレゼンテーション［presentation］作品，計画提案，研究成果，開発商品などの情報を，聴衆に対して発表し伝達すること。都市・建築分野では，計画の提案内容に関するプレゼンテーションをクライアントや関係者（計画によって影響を受ける人たち）に対して行う場合が多い。プレゼンテーションの際は，情報を的確に伝える，資料（視聴覚資料，配布資料等）の準備，情報を適量，平易に提供することが求められる。略して「プレゼン」ともいう。

フレデリック・ロウ・オルムステッド［Frederick Law Olmsted］（1822-1903）近代アメリカにおける代表的な造園家，地域計画家。アメリカのコネティカット州生まれ。社会改良運動に影響を受け，市民のための公園を主眼にニューヨークのセントラルパークの設計を行った。代表作にブルックリンのプロスペクトパーク，シカゴの郊外住宅地リバーサイド，シカゴ博覧会敷地計画などがある。

プレハブ住宅 ⇒工業化住宅

フランス式庭園（シェーンブルン宮殿／ウィーン）

プログラミング［programming］コンピュータ（パソコン，電子ゲーム機）に各種情報処理を行うための動作手順を命令形式で指定，作成すること。OS，各種アプリケーション，ゲームなどコンピュータ上で動作するありとあらゆる物にプログラムは使用されている。コンピュータは，直接日本語を認識することができず，0と1からなる「機械語」しか理解できないため，プログラミングは，英語と記号からなる専門の「プログラム言語」を用いて行う。プログラム言語にはたくさんの種類があり，それぞれ独自の文法をもち，異なる点は多数あるため，好み，使用目的により使用する。

プロジェクト［project］一定の期間内に，何か新しいものを創り出すことを目的として実施される一連の活動を指す。創り出す成果物は，「新しい建造物」「新しい製品の試作」「ITを利用した新しいシステム」等々。

プロジェクトサイクルマネジメント　プロジェクトはその規模にかかわらず，計画立案，実施，評価という一連のサイクルを有するととらえ，それぞれの段階における実施管理を行うことを指す。「プロジェクトデザインマトリックス（PDM）」と呼ばれるプロジェクト概要表を用いて運営管理する手法がある。PDMはプロジェクト計画を構成する目標，活動，投入等を含み，それらの論理的な相関関係を示す。→プロジェクト

プロセス［process］処理，加工，過程，進行，経過などの意味だが，都市・建築分野では「過程」「進行」の意味で使用されることが多く，ある計画がどのような過程で実施に至ったか，どのような進捗状況であるか，進行予定であるか等を示す。→プロセスデザイン

プロセスデザイン［process design］ある計画をスタートさせるとき，その計画の「進め方」を事前に決めておこうとするプロジェクトマネジメントの手法。問題解決，目標達成のために計画内容の実施される順序，段階，それによって生ずると考えられる成果，可能性のある障害等をマトリックスを用いて整理し，最良の手順を選択する。複数の方法についてのプロセスデザインを行い，最良の方法を選択することも可能。→プロセス，トータルデザイン

プロデューサー［producer］「作る人」の意味で，映画，テレビ，ラジオ，音楽，ゲームソフト，舞台などの企画・製作に携わる役職を指すことが多い。都市・建築分野でも計画，企画，制作，実施，運用等，プロジェクトを計画し，進行していく仕事を行う立場の人，組織を指す。→プロセス，プロセスデザイン，トータルデザイン

プロデュース［produce］計画，企画，制作，実施，運用等，プロジェクトを計画し，進行していく仕事を指す。これらの仕事を行う人や組織を「プロデューサー」と呼ぶ。→プロセス，プロセスデザイン，トータルデザイン

プロデュース（活動の構造）

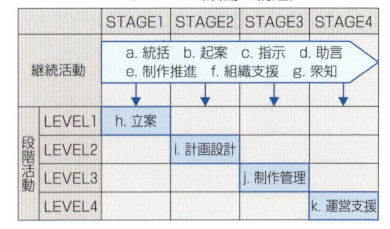

		STAGE1	STAGE2	STAGE3	STAGE4
継続活動		a. 統括　b. 起案　c. 指示　d. 助言 e. 制作推進　f. 組織支援　g. 衆知			
段階活動	LEVEL1	h. 立案			
	LEVEL2		i. 計画設計		
	LEVEL3			j. 制作管理	
	LEVEL4				k. 運営支援

プロトコル［protocol］一般的に，公式なルールや慣習，手順，規約，規定，議定書。「プロトコール」ともいう。通信プロトコル（ネットワーク・プロトコル）は，ネットワーク上での通信に関する規約を記述したもの。

プロトタイプ［prototype］①量産前の段階で確認やデモンストレーションなどのためにつくられる試作機，試作システム，電子回路，コンピュータプログラムなど。②情報分野では，プログラムにおける関数などサブルーチン宣言や，新しいオブジェクトを作るオブジェクトのこと。

プロパティ［property］本来は事物の特性，特質。情報分野においてオブジェクト指向プログラミングで用いられるオブジェクトの性質を表すデータ。オブジェクトの設定にもよるが，例えばある図形のオブジェクトは，大きさや色をプロパティとしてもつ。

プロパティーマネジメント［property management］投資家，所有者，アセットマネジャーから委託された不動産の経営を基にして，売上げ（キャッシュフロー）の拡大と経費削減，適正化，また効率的な投資を行い商品としての付加価値を高めること。

プロポーザル方式　発注者が設計者を選定する方式の一つ。当該業務に対して複数の

設計者から技術提案書を提出させ、案の内容および業務に対する考え方、業務推進体制、実績等を考慮し、最も適切な提案者を選定する。あらかじめ参加者の決まっている「指名型」と、誰もが参加できる「公募型」とがある。

プロポーション　[proportion] 調和、釣り合いを指すが、都市・建築分野では「比例」「比率」の意味で使われることが多い。プロポーションが建築の美しさや安定感と密接に関係していると考えられており、古代ギリシャ建築、中世ゴシック建築にみられる「整数比」、ヨーロッパの「黄金比」などがその例である。これらのプロポーションを踏襲した建築は美しく、機能的であるといわれる。→黄金分割

プロムナード　[promenade] 散歩や回遊ができる歩行者用の道。「遊歩廊」ともいう。ギャラリーなどの展示空間が設けられた建物内部の廊下を指すこともある。→モール、歩行者専用道

文化遺産　さまざまな時代や民族が創り出した独特の芸能や建築、庭園、都市などで、現在まで残っているもの。その保存についてはさまざまな取り組みが行われている。ユネスコの世界文化遺産はその一つ。→ヘリテージ、世界遺産、自然遺産

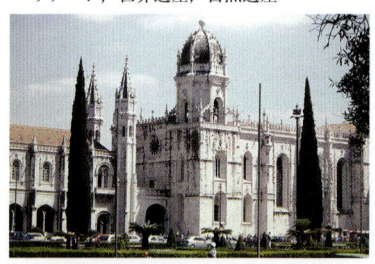

文化遺産（ジェロニモス修道院／リスボン）

文化財　①人間の精神的な営みによって生み出され、歴史的、文化的に保存の価値を有する有形、無形の文化遺産。芸術作品、建造物、構造物、学問等。②国や地方公共団体によって、保護対象として指定されている文化遺産のこと。③文化財保護法において、保護の対象に指定されているもの。有形文化財、無形文化財、民俗文化財、記念物、文化的景観、伝統的建造物群の6種類がある。→国宝、重要文化財、伝統的建造物群保存地区

文化財登録制度　文化財保護法に定められた制度で、国が指定する文化財（国宝、重要文化財など）以外の文化財で、保存、活用の措置が必要なものを、国に文化財として登録する。これによって幅の広い文化財保護を実現しようとするもの。→文化財保護法、登録建造物

文化財保護法　日本の文化財の保護に関する総合的かつ統括的な法律で、1950年に制定され、その後多くの修正を経て現行に至る。内容は文化財の定義、種類（重要文化財（国宝を含む）、重要無形文化財、登録文化財、民俗文化財、埋蔵文化財、史跡名勝天然記念物、重要文化的景観、重要伝統的建造物群保存地区）、それぞれの指定や選定の手続き、罰則など多岐にわたる。→文化遺産、文化財、国宝、重要文化財

文化的景観　景観は単にそこに現前する自然や人工の要素の集合体ではなく、自然と人為が関係しあっている様子、すなわち文化をも表現するという見方。歴史的景観と表裏一体となっている。→景観、歴史的景観

文教地区　学問や教育に関する施設が集積している地区。都市計画区域内に指定できる特別用途地区の一つで、教育施設の周囲や通学路において、教育上好ましくないと判断されるパチンコ店や風俗店等の業種の進出を規制する地区。2002年の都市計画法改正により、自治体裁量によって特別用途地区の内容が決められる。

文献調査　多量の情報を含む過去の筆録、印刷物または出版物を調べる研究方法。対象として、広義には言い伝え、口碑を含む。特に歴史的に埋もれていた文献資料等をあたることで、新たな事実が明らかになることも多く、その結果を用いて現代に新たな提案をすることが可能である。なお、文献そのものを調べ、成立史や出展研究、背景となる文化を明らかにする調査分析方法を含む。

噴水　[fountain] 自然の水位差を利用したり、ポンプの圧力によって水を噴き上げる装置。通常、低位置に水平に集まる水を垂直の存在に変えるもので、高位置から落下する滝と並ぶ水のダイナミックな活用方法。庭園や広場のデザインに欠かせない。近年、噴水と色彩、噴水と音楽を連動させる高度な技法が使われるようになった。→水、親水（しんすい）

噴水（コペンハーゲン）

分水界（ぶんすいかい）⇒分水嶺（ぶんすいれい）

分水嶺（ぶんすいれい）そこを境に雨水が異なる水系に流れる境界で「分水界」ともいう。すなわち水系と水系を分ける境界線。なかでも大きな水系を分ける分水界は、山の稜線になるため「分水嶺」と呼ぶ。異なる海域に流れる水系を分ける場合、「大分水嶺」という。→水系、流域

分析指標 空間の数量や性質を測るための目盛り、しるし、目印。環境、景観研究では、分析に用いる一般的なものを指すが、研究によって新たなものを考案し、新しい指標として利用することも多い。

分析方法 ⇒調査・分析方法

分節（ぶんせつ）連続する空間において、全体としては関連をもつ構成を維持しつつ、単位空間と単位空間を分ける構成部分を分節と呼ぶ。参道空間では物理的構成要素（建築物、階段、緑、道の折れ曲り等）の変化が雰囲気の変化をともない、それぞれが異なる単位空間を成立させている。これらの単位空間は分節である。→単位空間、節

分節点（ぶんせつてん）全体としての関連をもちながら空間を分節、区切る点を指す。空間の雰囲気を不連続に変化させるような区切りであるが、単に前後の空間の質を変化させることが目的ではなく、区切る効果を維持しながら空間の連続性、変化を感じるようにし、次の空間に誘う役割をもつとされる。→分節、単位空間

分筆（ぶんぴつ）土地登記簿上の用語で、一つの筆を数個の筆に分割することを指す。→筆（ふで）、合筆（がっぴつ）

分別収集 家庭や事業所などから出るごみを、燃えるごみ、燃えないごみ、資源ごみ、粗大ごみなどに分けて排出すること。最終処分場のひっ迫と、資源の有効利用促進を目指して、近年ごみの分別の種類も細分化される傾向にある。

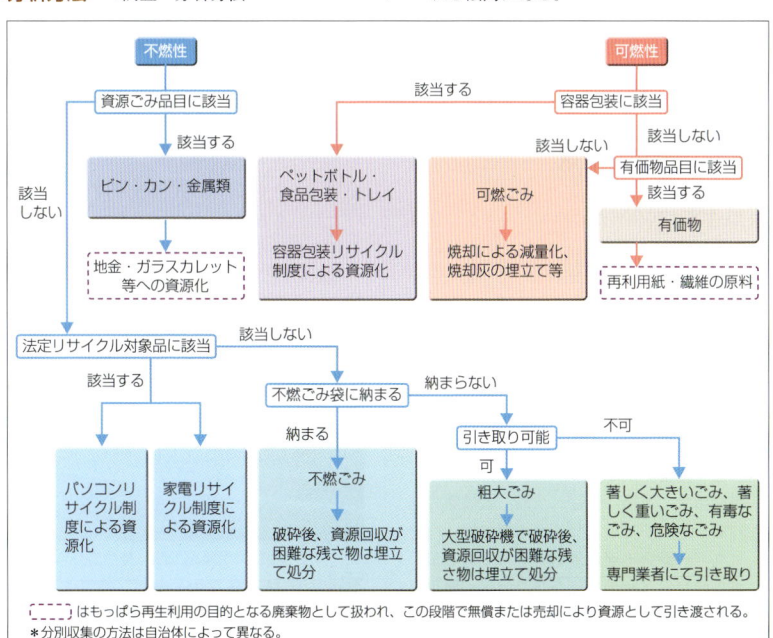

［ ］はもっぱら再生利用の目的となる廃棄物として扱われ、この段階で無償または売却により資源として引き渡される。
＊分別収集の方法は自治体によって異なる。

分別収集（家庭ごみの資源化の例）

へいえり

ベイエリア［bay area］①湾岸地域のこと。大都市部の湾岸部では、物流倉庫の空きや工場撤退等で空地が増えてきたこと、都心部に近い立地特性から、新たな都市域として住宅、産業、研究、娯楽施設等が建設されている。②サンフランシスコ湾を囲むアラメダ、コントラコスタ、マリン、ナパ、サンマテオ、サンタクララ、ソラノ、ソノマ、サンフランシスコの9つのカウンティ（準地方自治体）の総称。

ベイエリア（みなとみらい21地区／横浜市）

平均海面　測量における標高の基準となる高さを表す。実際の海面は潮の満ち引きや波などで一定ではないが、その平均を取ることによって基準としている。日本では、東京湾平均海面が標高の基準となっている。最近では、「ジオイド面」と呼ばれることも多い。

併用住宅　居住のためのスペースと、収益をあげるためのスペースが、1つの建物の中に並存している住宅のこと。「収益をあげるためのスペース」には店舗や事務所が含まれ、2階が自宅で、1階が店舗といった建物が併用住宅の典型。建物の一部に賃貸スペースを取り込んで、他人に貸し出す形式もある。→店舗併用住宅

ペーヴメントデザイン［pavement design］都市・建築デザインでは舗装面、地面の装飾を指す。道路、街路、公園、広場等の舗装面、地面が対象になるが、機能性、バリアフリー概念の適用は基本事項であるが、さらに快適に利用可能な空間創造、周辺環境との調和を目指したデザインとして、その素材、色彩、装飾等が考慮される。→歩行者専用道

ペーヴメントデザイン（百道地区／福岡市）

ベープラン［Bebauungsplan 独］Bプラン。1960年の連邦建設法（現建設法典）により確立されたドイツの都市計画。「Fプラン（Flaechennutzungsplan）」と呼ばれる土地利用計画と連動した建築規制、道路計画、開発許可等の内容が市町村条例によって定められる。建物に関しては幅や高さ、奥行、屋根形状・勾配、窓の形、建物用途など建築協定的な内容まで定めることができる。また、Fプランは風景計画である「Lプラン（Landschaftsplan）」を包含し、Bプランは緑地整備計画である「Gプラン（Gruenordnungsplan）」を包含することから、都市環境、地域環境の保全と景観創造を同時に図る。「地区詳細計画」と訳されている。→都市計画、地区計画

壁泉（へきせん）落し口を水平にして水を落とし、水の幕をつくるような滝の一種で、イタリア式庭園やフランス式庭園における技法の一つ。→カスケード

壁泉（須磨離宮公園／神戸市）

壁面広告物　建築物の壁面に設置される広告物や懸垂幕（けんすいまく）などのことを指す。各自治体の屋外広告物条例の対象で、取付け壁面面積に対する面積率（例：1/3）

もしくはその面積（例：30m²）によって規制が行われている場合が多い。→屋外広告物

壁面後退距離 建物の外壁または柱の面から敷地境界線（道路境界線含む）までの距離。第一種低層住居専用地域や第二種低層住居専用地域では，良好な住宅市街地形成のために指定されている場合がある。その他の用途地域においても，良好な町並みづくりや空地（くうち）の確保などを目的として地区計画で定められている場合もある。

壁面線 敷地境界から外壁面の位置を後退させるラインのこと。通りに面する建物の位置をそろえ，町並みとしての景観を向上させる目的で決められる。地区計画，特定街区，建築協定などで定めるのが一般的。→建築協定，地区計画，特定街区，町並み景観

壁面線（大久保地区／兵庫県）

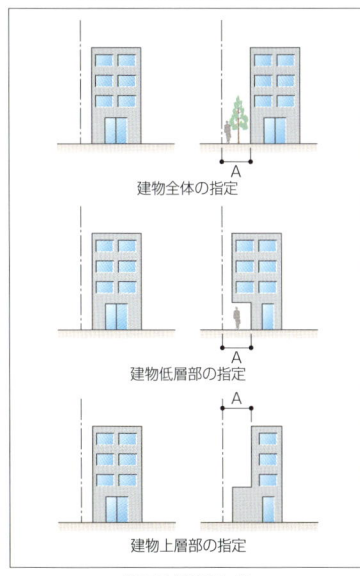

建物全体の指定
建物低層部の指定
建物上層部の指定

壁面線（指定方式）

壁面緑化 建築物や構造物を緑化する方法の一つ。伝統的には石やレンガの壁面にツタ類をはわせること。近年ツタ類以外の植物による緑化の試みが行われているが，垂直面であるため屋上緑化ほど容易ではない。→緑化，屋上緑化

壁面緑化（ダブリン／アイルランド）

ベクタ［vector］画像（図形）を点の座標とそれらを結ぶ線や面の方程式，および色彩の効果などの描画情報で表すデータ。「ベクター」「ベクタデータ」「ベクタグラフィックス」ともいう。→ラスタ

ベッドタウン［bed town］文字通り寝るためだけの町という意味。職場と住居を備えた新都市として考えられたニュータウンが，実際には住宅だけの町になっていることを批判的にこう表現した。→ニュータウン

ペデストリアンウェイ［pedestrian way］⇒歩行者専用道

ヘドニックアプローチ［hedonic approach, hedonic price method］「HPM」と略す。開発や再開発にともなう空間，社会構造の変化にともなうコスト，および社会的効用をその前後で経済的に評価する方法。地価を目的変数として，これに影響するさまざまな要因を説明変数とする分析を行う。都市計画における土地評価や地価の予測，公共サービスの評価以外にも，製品開発などに用いられる。

紅柄（べにがら）⇒弁柄（べんがら）

ヘネラリッフェ［El Generalife 西］スペイン，グラナダの中心部。アルハンブラ宮殿の近くにある。15世紀末まで約800年にわたってイベリア半島を支配していたイスラム王朝が13〜14世紀に建設した離宮である。イスラム庭園の代表作といえるこの庭園は，水と緑，特に列状の噴水とそれを囲む色とりどりの花々によって，砂漠の民アラブ人たちにとっての理想郷を表したものといえる（写真・286頁）。→イスラム庭園，アルハンブラ宮殿

ヘネラリッフェ（スペイン）

ベランダ　[veranda]　建築の一部分を外部に出して，内外の接点とした場所。一般には屋根のあるものを「ベランダ」，ないものを「バルコニー」と呼ぶが，例外も多い。→バルコニー

ヘリテージ　[heritage]　原義は相続財産，遺産。デザインの分野では，自然や文化財などで後世に残す価値がある資産を指し，保護，保全の対象とする。ユネスコの世界遺産は「the world heritage」。→世界遺産，保全・保存

ヘリテージ
（ストラトフォード・アポン・エイヴォン／イギリス）

ヘリテージセンター　[heritage centre]　保存対象に選ばれた建築や庭園などの文化財を維持管理し，市民の利用に供するために設置される組織。センターの活動は広報，教育，啓蒙，利用活動，維持管理，資金確保など多岐にわたる。→保全・保存

変化　事物の形，事象，状況などが変わること。環境デザインの分野では，移動によって周辺の景観が変わるシークエンスをはじめ，季節や時刻，天候などによる温度や見え方，長期的な材料や構造の劣化，土地の所有者が変わることなどによって空間が変わるさまを表す。対象となる空間は，都市や地域から建築や造園のディテールまでさまざまなものがある。また，一点において短い時間から長い時間までさまざまな時間によって空間が変わるさまは，その空間がもつ重要な性質の一つである。→時間性，シークエンス，長期的変化，周期的変化，日変化，季節変化，経年変化

弁柄　（べんがら）独特の色合いをもつ赤い顔料。二酸化鉄を主成分とし，さび止め効果が大きいことから塗装の下塗りとしても使われる。「紅柄（べにがら）」ともいう。

辺境　一般的には，国境付近や中央から遠く離れた地帯のことであるが，都市計画やまちづくりの分野では，都市部（特に都市の中心部）に対しての周辺地方部を意味する。また最近では，都市内部における自然的要素を再評価する考え方として「都市の辺境」が注目されている。

弁証法　（べんしょうほう）他人と議論するための技術，事物の対立を意味する哲学用語。アリストテレスは「ソクラテスの対話」の中で，主張に対する疑問を投げかけて真理に近づく方法を示し，ヘーゲルは自己における対立，矛盾を通して，より高い段階に進む（止揚（しよう），アウフヘーベン）思考として弁証法を展開した。またマルクス，エンゲルスは自然，社会，歴史の運動としてとらえ，唯物弁証法を考え出した。

偏西風　（へんせいふう）地球上の中緯度帯の上層を一年中吹いている西からの風で，地球の自転に起因する。偏西風の中を幅が狭く速度が速いジェットストリームが吹いている。偏西風は季節風の動きと相まって，大きな気象の周期的な変化をもたらす。→風土

変遷景観　時間の推移にしたがって変化していく景観。樹木の生長，建物の劣化，人間活動の変化などによって，多くの景観は変遷景観であるが，景観を操作する場合は将来の変遷をどう読み込むかが問題。→景観

ベンチマーク　[bench mark]　⇒BM

ベンチャービジネス　新たに開発した技術や高度な知識を資源として，大企業にはできない創造的，機動的な商品開発や経営を展開する中小企業。

変容過程　変わっていく状況。変わり方。ある状態から別の状態へ変わる際のプロセス。計画された土地の上物などが，その後に変化していく過程。

ほ

保安林 森林法に基づき、水源涵養、土砂崩壊などの災害防止、生活環境の保全などの目的で指定される森林。ここでは伐採、放牧、土石採掘などが制限される。保安林にはその目的に応じて13種類があり、なかには魚つき、航行目標、風致保安林もある。
→防災、水資源、森林法

防音壁 （ぼうおんへき）騒音を遮断することを目的に設置される壁を指す。道路、鉄道沿いに設置されることが多いが、一時的な防音壁として工事現場等でも利用されている。形態、素材は多様で、低層、可視性、吸音素材、緑化、イラスト入り等がある。
→遮音壁

防音壁（透過性遮音壁／東京都）

防火地域 都市計画法第8条。地域地区の一つで、市街地における火災の危険を防除するため定める地域。建築基準法第61～67条により、規模や構造および部位の仕様が定められている。また、防火地域は市町村によって、建築物が密集する市街地の中心部や幹線道路沿いに指定される場合が多い。建物の不燃化を促進することで、出火時の延焼防止、避難経路の確保を可能とするための誘導策。→都市計画

方向性 一定の向きや方向、方針をもつと考えられる性質。デザインされる形が、目指すものが同一と解釈できる場合や、将来的にたどり着くところを同じくしているように見える状態を説明する語。

防災 ［disaster prevention］災害を未然に防ぐための活動、施策、取り組み。自然災害や火災といった人為的な災害から、生命、財産を守るためのリスク低減。災害対策基本法により防災に当たるのは市町村であり、これを総務省や国土交通省、警察等の関係省庁が支援する。国は、被災状況や避難状況のリアルタイムでの把握、各所管への情報伝達、被災規模の縮小や2次災害発生阻止に活用できる防災GISを各自治体に配布しており、防災シミュレーション訓練を促している。自治体の長は、これを活用して火災や水害の被災情報を把握し、地域の実情に即した指示を即座に出すための訓練を行い、適切な判断、被害拡大防止を図ることが期待されている。また、ハザードマップの配布や定期的な防災訓練の実施、市民団体との連携により意識啓発を行うほか、道路や河川の改修、木造密集市街地の改善、建築物の不燃化や耐震性能向上の推進、防災街区公園など避難場所や経路の確保、わかりやすいサイン計画、防災拠点となる施設整備の促進と消防水利の充実等の実施を、関係省庁の各種補助制度の効率的な活用により、災害に強いまちづくりを進めていくことが必要である。阪神・淡路大震災以来、地震に対する備えに市民が敏感になっているほか、普段からの近隣コミュニティの育成が災害時の復旧活動を推進することから、日常生活におけるコミュニティネットワークの構築が都市、地域防災につながり、市民意識レベルでのリスクマネージメントが実行されることになる。→都市計画、まちづくり、ハザードマップ、防災基本計画

防災安全街区 道路、公園等の都市基盤施設が整備されるとともに、医療、福祉、行政、避難、備蓄等の機能を有する公共・公益施設が集中立地し、相互の連携により被災時における最低限の都市機能を維持できる街区で、普段からの安心まちづくり、非常時の危機管理に対応したまちづくりを実現することを目的としている。次世代の都市として環境、エネルギー、情報通信等と連動したエコシティの一部として整備されることが望まれている。→都市計画、防災

防災街区整備事業 建築物の権利変換による土地、建物の共同化によって老朽化した建築物を除却し、防災性能を備えた建築物および公共施設の整備を行う事業。防災街

区整備地区計画として，地区の防災性の向上を目的とする地区計画を適用し，密集市街地における耐火建築物の整備，不燃化促進，敷地広さに関する制限等を定め，道路，公園等の防災公共施設整備とともに災害に強い街区の形成を図る。→密集市街地整備法，市街地開発事業

防災基本計画 災害対策基本法第34条，第35条に基づいて，中央防災会議が作成する国の基本指針を示す防災計画。防災に関する総合的かつ長期的な計画，中央防災会議が必要とする防災業務計画および地域防災計画作成基準を示し，対象とする災害は震災，風水害，火山災害，雪害，林野火災で，防災予防，発生時の対応，復旧等を記してある。行政のみではなく，住民の自主防災についても記述されている。→防災

防災教育 地域防災とは建物などハード面での抑止方策だけでなく，自分の身を自分で守るために，地域社会の対応力の向上も必要である。避難場所や避難経路の確認，災害時の地域コミュニティによる復旧，救援活動等，地元消防との連携による意識啓発が行われている。

防災拠点 地震等の大規模な災害が発生した場合に，被災地において救援，救護などの災害応急活動の拠点となる施設。的確な情報提供，災害対策の体制構築，計画，実施，救援救助活動，応急復旧活動，負傷者等の安全な受け入れ，医療支援等，復旧活動の中心となる施設。県庁や市役所，消防署，警察署，学校，病院，大規模な公園等が指定されている。

防災訓練 防災教育の一環で，災害等に備えた自治体，住民が行う訓練。火災の消火，消火器具の扱い，避難，倒壊建物からの救出，土のう作成など内容は多岐にわたる。地震と火災についての訓練が一般的に行われる。関東大震災のあった9月を防災月間として，全国的に避難訓練や地震体験，各種システムシミュレート等がなされる。

防災公園 都市の防災機能向上により安全，安心な都市づくりを図るため，地震災害時の復旧・復興拠点や生活物資の中継基地となる防災拠点，周辺地区からの避難者を収容し，市街地火災から避難者の生命を保護する避難地として機能する地域防災計画に位置づけられる都市公園等。広域避難基地機能，備蓄倉庫，耐震性貯水槽，放送・情報通信施設，ヘリポート，延焼防止用散水施設が整備される。→防災

防災生活圏 既往コミュニティの活用など日常的な生活圏を基本として，道路や公園，不燃化建物による延焼遮断帯で囲まれた小，中学校区程度の区域。防災生活圏内に避難場所となる公園整備を図り，防災拠点となる公共施設に隣接させるなど，防災まちづくりの基本単位となる。→まちづくり

防災地図 避難場所や避難経路，防災施設，防災拠点等が示された地図で，災害発生後の行動の拠り所となる地図。危険予測図的な内容が含まれる場合もあり，災害時のがけ地の崩壊や水害による洪水等の危険箇所を示したもの。また，こうした地図作成には，地元まちづくり団体や地域住民自身が協働で作成したものもある。→ハザードマップ

防災まちづくり事業 地域の地理的，気候的条件や都市構造，地域の実情に応じた災害に強い安全なまちづくりを促進するために，1986〜2001年に行われた事業。現在は防災基盤整備事業および公共施設等耐震化事業に継承され，防災拠点施設整備や建物の不燃化を推進している。→防災

放水路 河川における洪水防止対策。大雨等の影響により，現河道の大幅な拡幅を避ける，または改修延長を短縮するため，河川の途中から直接，海や湖，他の河川に放流するために，川から分岐して新たに開削された人工の水路。分水路。→防災，総合治水

防雪林 雪崩，吹雪対策の一つ。吹雪による吹きだまり防止機能，風速を弱めることによる道路の視程障害緩和効果，地域景観の形成等に寄与する。整備コストと植樹のための用地確保が課題となっており，幅10m程度の狭帯防雪林整備が図られている。→水防林，防風林

防雪林（国道236号線／北海道）

法定計画 法令によって策定が定められ，行政指針となる計画。総合基本計画，地域福祉計画，公害防止計画，観光振興計画，職業安定計画，市町村マスタープラン，住生活基本計画，景観計画などが該当する。

法定再開発 ⇒再開発計画②

法定縦覧（ほうていじゅうらん）法律の規定により，一般に申出により台帳，名簿，その他の公文書について，異議の申出等の機会を与える目的で，広く一般に見せること。公告縦覧。例えば都市計画法では，都市計画決定を行う際に，あらかじめ計画案を縦覧し，意見があった場合にはそれを踏まえて審議会に諮問して審議するなどの手続きが定められている。

法定縦覧（例）

法定都市計画 都市計画法の手続きにしたがって策定される都市計画。都市の健全な発展と秩序ある整備を図るための土地利用，都市施設の整備および市街地開発事業に関する計画で，区域区分，用途地域，地区計画，都市施設（道路，下水道など），市街地開発事業（土地区画整理など）が該当する。→都市計画

法的調査 土地，建物の詳細調査であるデューデリジェンス（due diligence）業務の一つ。土地建物の状況を把握する不動産状況調査，権利関係を把握する法的調査，マーケティングを把握する経済的調査があり，対象敷地の鑑定評価の前提条件となる。

防犯［crime prevention］犯罪を未然に防ぐこと。オートロックや施錠の多重化など建物への侵入を防ぐ方法や防犯ベルの所持，地域での市民による巡回等の手法がある。→コミュニティ，まちづくり

防犯環境設計 ⇒CPTED

防犯まちづくり 街区の視認性や建物のセキュリティを高めるなど，都市環境を制御することにより犯罪が発生しにくく，未然に防ぐこと。地域コミュニティの醸成から人の目による監視性を高めて犯罪の抑制を図り，「自分たちのまち」である領域性を高めることで，安全で快適，安心して暮らせるまちを実現すること。→コミュニティ，まちづくり

防風林 風害による家屋や耕地への被害を軽減するために設けられた森林。一定の地域を対象とした基幹防風林，一定の区画を対象とした耕地防風林，家屋単位を対象とした屋敷林等がある。基幹防風林など公益性の高いものは，保安林として自治体が管理する。→防災，砂防林，防雪林，水防林，屋敷林

上：屋敷防風林（簸川平野／島根県）
中：屋敷林（つくば市），下：耕地防風林（中札内／北海道）
防風林

法隆寺（ほうりゅうじ）奈良県生駒（いこま）郡斑鳩（いかるが）町。推古天皇と聖徳太子によって607年に創建されたとされる。金堂、五重塔などを回廊が囲む西院伽藍（がらん）は現存する世界最古の木造建築物群であり、夢殿（ゆめどの）などの東院伽藍と合わせて、1993年に「法隆寺地域の仏教建造物」として世界遺産（文化遺産）に登録された。建築様式は飛鳥様式。建造物のほか、釈迦三尊像（国宝）など多くの文化財を有する。

法隆寺（奈良県）

ボーダーレス化　国籍、人種、性別、世代、属する組織などの属性による境界、区分がなくなること。また、その境界を超えようとすること。

ホープ計画　⇒HOPE計画

ホームレス　⇒路上生活者

ポケットパーク〔pocket park〕1967年、ニューヨークに作られた「Paley Park」が始まりで、世界中に広がった。それまでの公園の基準にとらわれない小規模で、中心市街地の中につくられ、住民利用というより職場で働く人たちや観光客の利用を目的とする。→公園

ポケットパーク（お台場／東京都）

歩行支援システム　視覚または聴覚障害者あるいは高齢者が歩道などを歩行するうえで、その助けをするためのシステム。例えば、横断歩道の音声案内や歩道の点字ブロックなど。

歩行者　歩いている人のことを指す。日本の道路交通法上では、道路の上を車両等に頼らない方法で移動している人のこと。

歩行者専用道　歩行者による移動の安全性確保や、スポーツ（ジョギングなど）、レクリエーション（散歩など）として、全体を歩行者だけで利用することを目的とした道路のこと。「ペデストリアンウェイ」ともいう。

歩行者天国　通常車道とされている部分を、車両通行止の規制を曜日や期間を限定的に指定して行い、歩行者が車道部分を歩けるように歩行者専用の道路とすること。警察署が行う措置の俗称であり、その管理は各所管警察署によって分割されている。→歩行者、コミュニティ道路

歩行者天国（横浜元町）

歩車共存道路　⇒コミュニティ道路

歩車分離　都市計画、住宅団地の計画等において、安全性や快適性の観点から車道と歩道を分離または別系統とした構成とすること。大規模マンション等で複数棟が配置されている団地で、人が歩いてエントランスに行く歩行者路と、自動車が駐車場までに入る車路が別々になっているような場合に限定的に用いられることがある。

ポストモダン〔postmodern〕近代の次にくる文化上の動きで、文学、芸術、建築、デザイン、哲学、思想などの分野で用いられた用語。近代主義が肯定する合理性、客観

ポストモダン（つくばセンタービル／茨城県）

性，機能性といった概念に対して，多様性，無秩序性，記号性，脱構築などの概念を表すことを特徴としている。建築では1980年代に流行し，歴史的様式の引用や過去のデザインの引用が行われた。フィリップ・ジョンソンのAT＆Tビルやマイケル・グレーブスのポートランド市庁舎，磯崎新のつくばセンタービルなどが代表的な作品として知られている。→磯崎新（いそざきあらた），モダニズム

保全計画 ⇒保存計画

保全・保存 いずれも現在残っている歴史的，文化的価値のある建築，庭園，町並み，景観，芸能などや優れた自然を後世に残していくための活動をいう。ほぼ同義だが，保全が外圧から守るという感じが強いのに対して，保存は残そうという積極的な姿勢がある。→ヘリテージ，保存計画，保存条例

舗装パターン ⇒ペーヴメントデザイン

保存 そのままの状態で維持することが原意。この分野では，建築物保存，町並み保存などとして使用される。ただし，人々の営みを受け入れる器である建築物（特に住宅）やその広がりである町並みをそのまますべて保存するということはきわめて難しい。そのため，それらの外部を保存しながらも，内部で人々が時代の要請に沿った活動ができるような改造が加えられている場合が多い。→保存と継承，保存計画

保存計画 保存や保全を実行するための計画。保存対象の選定，評価，保存方法（組織，法適用，条例制定，資金計画など）を含む。対象によって，町並み保存，景観保全，伝統技術の保存，祭りや芸能の保存などに分かれる。→町並み保存，部分保存，移築保存，景観保全

保存修景 町並み保存の方法の一つで，伝統的建造物が連続する中に存在するそれ以外の建物等について，町並みの連続感を保つために塀やファサードの一部などを改修する方法。→町並み保存，町並み景観

保存修景（有松地区／名古屋市）

保存樹・保存樹林 都市や地域の良好な景観を維持するために，法に基づいて市町村長が指定した樹木が保存樹であり，一定面積以上にわたって保存樹が集合している樹林が保存樹林である。保存樹林に指定され

保全・保存（れんが倉庫群／函館市）

保存条例 町並み，建造物，樹林，自然景観などを保存するために，都道府県や市町村が定める条例。景観条例，緑化条例などの中に含まれることも多い。→景観条例，町並み保存

保存と継承 保存は現状を保つこと，継承は現状を引き継ぐこと，合わせて現状を守り次の時代に引き継ぐこと。通常，保存だけでこの意味を表すが，法令等では「保存・継承」とつなげて使われる。→保存，ヘリテージ

ほたるの里 身近な自然環境の状態を示すインディケーターとして，多くの地域で農薬の使用によって消滅した蛍(ほたる)を，保全したり復活させる動きが全国的に進んでいる。地域の良さを再認識し，ミニ観光資源として活用しようというのが「ほたるの里」づくりである。→自然，環境保全，観光

ホメオスタシス［homeostasis］⇒恒常性

ボランティア［volunteer］自発的な活動やそれに携わる人々のこと。日本では無報酬での活動を指すことが多いが，有償の場合もある。本来ボランティアは，その行為を受ける側の(経済的)自立を実現することが第一の目的であり，具体的な契約をするとボランティアを受ける側が，ボランティアを行う側に依存してしまう可能性があるため，行う側と受ける側の間には，契約による権利，義務の関係は存在しない。→まちづくり，NPO

ポリゴンデータ［polygon data］2次元，3次元のコンピュータグラフィックス，CAD，GISなどにおいて用いられる，多角形(おもに三角形や四角形)によって地形や建物などの形状を表現したデータ。

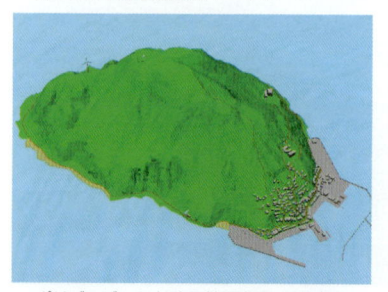

ポリゴンデータ(3次元地形表現／玄海島)

ボリューム［volume］①容量を指す英語であるが，都市・建築分野では空間の物理的，心理的大きさを示す言葉として使われる。ある建築のボリュームが周辺環境と比較してどのようであるかを判断する際は，その建築の高さや容積のみではなく，素材や形態から受ける印象としての大きさが問われる。②中味がない「ボイド」に対して，中味が詰まっている状態をボリュームということがある。

掘割構造（ほりわりこうぞう）「半地下構造」とも呼ばれ，おもに道路整備の際に用いられる手法の一つ。計画道路の地形，周辺環境によって選択される。道路を半地下化し，視覚的には地表面以下で道路交通を処理できる。一部外部との開口部が生じるため，防音対策が必要である。

ボルノウ［Otto Friedrich Bollnow］⇒オットー・フリードリッヒ・ボルノウ

ボロノイ分割［voronoi tessellation］①数学用語。平面上に複数の点(母点)が与えられたとき，隣り合う母点を結ぶ直線の垂直二等分線によって平面を分割すること。ロシアの数学者ボロノイに由来。地球物理学や気象学で用いられる場合は，アメリカの気象学者ティーセンの名に由来して「ティーセン分割」という。②GIS用語。市街地に散在する同一施設(郵便局など)の勢力圏などを求める一方法として，市街地を幾何学的に分割する場合に用いられる。施設を母点とみなすことで，各母点の最近隣領域がわかる。→地理情報システム

ボンエルフ［woonerf 蘭］①オランダ語で「生活の庭」を意味する。②道筋を蛇行させたりして自動車の速度を下げ，歩行者との共存を図ろうとする道路のこと。→コミュニティ道路

盆栽（ぼんさい）草や木を鉢に植えて，枝ぶりや全体の姿などを整えて観賞する趣味。小さなその鉢に大きな自然の営みを表すという。その植物本来の姿を縮尺して再現するために努力と工夫が必要。平安時代に中国から来て，江戸時代に全盛期を迎えた。→風景鑑賞

マーケティング［marketing］製品と価値を生み出して他者と交換することによって，個人や団体が必要なものや欲しいものを手に入れるために利用する社会上，経営上のプロセス。

埋蔵文化財 地中に埋もれている文化財。その存在がわかっている場合，わからずに開発等で発見された場合それぞれについて，破損，消滅等が起こらないように，文化財保護法で必要な手続き等が決められている。→文化財保護法

マクハーグ［Ian L. McHarg］⇒イアン・マクハーグ

マクロ［macro］①広い視点から見る立場，見方，技術。ミクロに対する語。②表計算のコンピュータ・ソフトウェアなどで，特定の計算手順などをプログラムとして記述し自動化する機能。マクロ言語により記述されたプログラム。

マスターアーキテクト方式 広域に及ぶ集合住宅地整備等のデザインコントロール手法の一つ。デザインコードやガイドライン等のルールを基本として，敷地全体のデザインコントロールを統括，調整する者をマスターアーキテクト，各街区の設計者をブロックアーキテクトとして土地利用，街路空間のイメージや建物の配置，高さ，用途，ファサードデザインに至るまで，まとまりのある町の創出を行う。→開発，景観

マスターアーキテクト方式（南大沢／東京都）

マスタープラン［master plan］①基本計画。②建築・都市行政政策においては，市町村マスタープランや住生活基本計画，景観計画など良好な市街地環境形成，維持，保全のための基本的な方針。具体的な空間計画においては，土地利用や施設計画，骨格形成，各種規制等の全体指針で，全体を統括する図面や報告書，諸ルールを指し，設計段階ではこれにしたがって詳細な検討を加えていく。→都市計画，まちづくり

待合（まちあい）①待合茶屋の略。②茶室に付属した小規模な建物。「腰掛待合」ともいい，露地の途中に置かれるベンチ。外露地，内露地に対応して外待合，内待合がある。→茶庭（ちゃにわ），露地

待合（桂離宮月波楼／京都市）

町おこし まちやむらの経済的，文化的，精神的な活性化のこと。大都市の一極集中，地方都市や農村の衰退，過疎化の問題にともなって，1980年代から盛んに使われるようになった。1979年に大分県の平松守彦知事（当時）が一村一品運動を展開し，その後，全国で同様の運動が展開された。→村おこし

街角施設 市街地，集落，ニュータウン等において，町の玄関口や人の集まりやすい場所，認識しやすい場所に整備される広場や商業施設，公共施設など集客能力があり，地域内外の市民による社会交流ができる施設。→都市計画，まちづくり，都市空間，広場

まちづくり　community planning, community development

①ある地域やまちが抱えている課題に対して，住民が主体となり，あるいは住民と行政が協働して，その地域の潜在的な資産価値などを掘り起こしたり見出すことにより，ハードとソフトの両面から，課題の解決を図ろうとすること。またはそのプロセスのこと。例えば「福祉のまちづくり」といった場合，バリアフリー化やユニバーサルデザインなどのハード面での課題解決になる場合と，ボランティア育成などのソフト面による課題解決になる場合がある。②民間事業者が行う宅地開発などを称する場合もある。③明確な定義はなく，まちには，町も街も含まれるが，行政単位でも市街地でもない住民の居住地という意味が含まれる場合もあり，論じる人により多様な文脈で使われている。また使う人により表記もさまざまである。街づくり，町づくり，地域づくりなど。方法としては，住環境の整備や福祉の増進などの直接的な課題解決のほかに，歴史，伝統の掘り起こし，自然や文化財の保全，地場産業の振興など，地域の潜在的な力を利用した町おこし的なものの2通りに分かれる。地域にはさまざまな課題があり，地域ごとの特色が現れ，例えば次のようなものがある。商店街の衰退，老朽家屋の密集，日照など環境の悪化，大規模工場跡地の処理，道路など都市基盤整備の遅れ，交通施設や建築物のバリアフリー化，住民の高齢化，防犯問題など。こうした課題を共通で認識するために，タウンウォッチングなどによるワークショップなどの手法が用いられることも多い。ワークショップによる住民の合意形成は有効な一つの手段であるが，すべての住民が参加することは不可能であり，参加しなかった住民が後から異議を唱える場合もある。そこで，より多くの住民の声をまちづくりに繁栄させるために，インターネット上のホームページや掲示板の活用，ワークショップなどの不参加者に対して，意見の聞き取りを行う。このようなさまざまな方法を組み合わせて，多くの住民の意見を汲み，住民間の合意形成を図ることを目指す。また，高層マンションの計画や自然環境を破壊する開発計画に対する反対運動がきっかけになることや，歴史的建造物の保存が，単に美術的に優れているという観点だけでなく，町の個性を強めたり，コミュニティの核としてまちづくりの観点からとらえられることが増えている。また場合によっては，村おこしや町おこしのような観光振興的な面からまちづくりが考えられたり，都市部においては住民に地域を知ってもらうような活動として行われる場合もある。→黒壁株式会社，タウンウォッチング，まちづくり条例，ワークショップ，合意形成

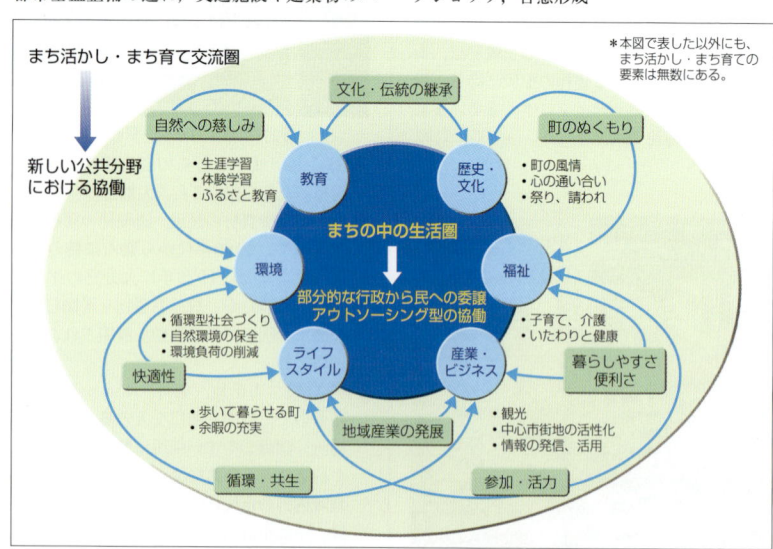

まちづくり（まちの中の生活圏とまち活かし，まち育て交流圏の概念）

まちづくり会社 広義ではまちづくりを目的とした法人，狭義では中小小売商業振興法で定められている商店街整備等支援事業を実施する特定会社や公益法人のこと。また中心市街地活性化法のタウンマネジメント機関（TMO）には，特定会社や公益法人のうち，自治体が3％以上出資するものや商工会議所等がなることができる。

まちづくり協議会 まちづくりを目指した積極的な住民参加による組織のこと。地元と行政の橋渡し的な存在であり，まちづくりの核としての役割を担う。阪神・淡路大震災を契機に一気に活性化した。→TMO

まちづくり協定 自治会や商店街などの近隣同士で建物の色や形，歴史的雰囲気の創出，敷地の緑化など，統一感のある地域とすることを目的にした住環境についてのルールを取り決めること。地域のルールについて行政との間で協定を締結し，行政はその区域内において，目的に沿った宅地開発の指導を行ったり，改築や垣柵（かきさく）の設置などの取り組みに対して一定の助成を行うことも多い。建築協定よりも制度が緩やかである。→協定，住民協定

まちづくり交付金 地域の歴史，文化，自然環境等の特性を活かした地域主導の個性あふれるまちづくりを支援する制度。従来，公共団体が行ってきたまちづくり総合支援事業を継承，発展させたもの。交付金は，都市再生整備計画記載事業の範囲内であれば自由に充当できる。事業実施期間終了後，事後評価を実施し結果を公表する。→景観，都市計画，まちづくり，地域計画，都市空間，町並み景観

まちづくり三法 ゾーニング（土地の利用規制）を促進する「改正都市計画法（都計法）」，生活環境への影響等社会的規制の側面から大型店出店調整を定めた「大規模小売店舗立地法（大店立地法）」，中心市街地の空洞化抑制および活性化を支援する「中心市街地活性化法（中活法）」の総称。→都市計画，まちづくり，基盤整備，都市計画法，都市空間，都市再生，歴史的市街地

まちづくり条例 地方自治体でその地域にあった良好なまちづくりを誘導するための自主条例。規定内容は自治体行政への市民の参加，景観や環境の悪化を招く開発や建築の規制，地区計画や建築協定の支援制度，建築紛争の自治体によるあっせんまたは調停の仕組みなど。→条例，ローカルルール

まちづくり総合整備事業 まちづくり総合支援事業に定められる事業の一つ。中心市街地の活性化等，国が指定する「特定重要課題」の解決を図るため，国土交通大臣の同意を得たうえで，補助金の一括交付が年度ごとに行われる制度。道路，公園，市街地の面的整備等のハード事業，地域住民との連携によるまちづくり活動等のソフト事業双方に活用することが可能。→事業，道路，都市計画，まちづくり，基盤整備

まちなか居住再生ファンド 2005年度に創設された都市の中心部への居住を推進するための制度。中心市街地等で行われる民間資本のさまざまな住宅等の整備事業を対象として，事業を行うための会社（SPC）に対して出資する制度。→事業，都市，住宅

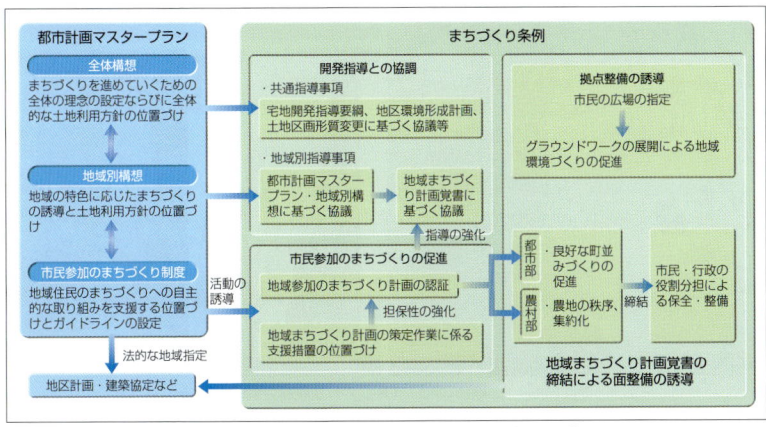

まちづくり条例（役割と都市計画制度との連携の一例）

町並み　street, streetscape

町の通りに建物が建ち並んでいる様子のこと。「街並み」とも書く。建築，都市分野で町並み（街並み）という言葉は，歴史的に維持されてきている町並み等，その美しさを語る際に使用される場合が多い。これは，建物単体での美しさではなく，それらが建ち並んだときの連続性がもたらす美しさが景観を考えるうえでは非常に重要だからである。また，この町並みに対する重要性をその著書『街並みの美学』(1979)および『続・街並みの美学』(1983)で説いた芦原義信は，美しい町並みのあり方，またそのような町並みをつくる際の創造的手法を具体的に提案し，都市景観の重要性を論じている。一方，わが国における都市の更新は，一般的に経済性が重視されるスクラップアンドビルドという方向性の中で，先駆的な取り組みを行う自治体以外では，町並みの連続性や美しさがあまり重要視されてこなかった。しかし，1995年の地区計画における「街並み誘導型」の導入，2004年の景観法の制定等，一般的な市街地においても町並みの統一を誘導していく法的な仕組みが徐々に整ってきていることから，今後は，一般的市街地における町並み整備が進行していくことが期待される。
→景観法，町並み保存，歴史的町並み，芦原義信

上段左：麗江(中国)，上段右：ツェレ(ドイツ)，下段左：ベルン旧市街(スイス)
下段右上：プラハ(チェコ)，下段右下：ヴィア・ド・カステロ(ポルトガル)，新世界(大阪市)
町並み

まちや

街なみ環境整備事業 生活道路等の地区施設が未整備である，住宅等が良好な美観を有していないなど，住環境の整備改善を必要とする区域において，住宅，地区施設等の整備改善を行うことで，地区住民の発意と創意を尊重したゆとりと潤いのある住宅市街地の形成を図るための補助制度。地区要件等を満たし，街なみ環境整備促進区域を策定したうえで，地区内の権利者等で構成される協議会組織の活動助成，街なみ環境整備方針および街なみ環境整備事業計画の策定，生活道路や小公園等の地区施設整備，地区住民の行う住宅等の修繕に対する助成を受けることができる。→景観，事業，道路，まちづくり，街区，都市空間，町並み景観

町並み景観「街路景観」にきわめて近いが，町並み景観は町並みをつくっている建物のあり方により比重をおく。建物の連続性，ファサードの統一感，屋根形態と材料，建物と道路の関係などが重要な要素となる。→景観，街路景観，市街地景観

町並み景観(旧勝山町／岡山県)

町並み保存 伝統的な建築等が残る町並みを保存することによって，その町ならではの個性や魅力を再生させ，あわせて住民の生活環境を整備すること。通常は江戸時代に町の骨格が形成され，江戸末期から明治，大正時代に建てられた建築がある程度残っている町並みを「歴史的町並み」という。

町並み保存(吹屋地区／岡山県)

しかし，明治期に西洋化する中で生まれた神戸や函館などの町並みも保存の対象とされる。保存の方法には国の重要伝統的建造物群保存地区によるもの，県や市の景観条例などによるものがある。→町並み，保存計画，重要伝統的建造物群保存地区，景観条例

街並み誘導型地区計画 地区計画に係る建築条例に定める付加規制の一部を緩和，合理化するもので，区域の特性に応じた街並みを誘導しつつ，土地の合理的かつ健全な有効利用の推進および良好な環境の形成を図る地区計画。→都市計画，地区計画

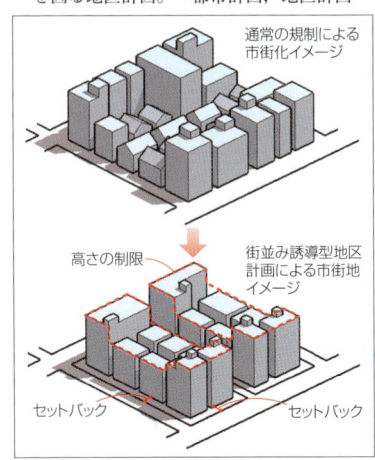

街並み誘導型地区計画

町屋（まちや）歴史的市街地において，町人（商人，職人など）が住み，生業を営むための建物で，武士が住む武家屋敷に対置される。一般に，道路に対して間口が狭く，奥行が深い短冊(たんざく)型の敷地に軒(のき)を接して建つ。京都や金沢などの大都市では特に奥行が深く，通り庭によって各室がつながれる構成になる。→歴史的町並み，短冊型敷地，通り庭，武家屋敷

町屋（鉈屋町／盛岡市）

町割り 日本の中、近世における都市計画。特に江戸初期に多く建設された城下町の計画方法を指す。大きくは武家地、社寺地、町人地の配置を決め、街道筋を通し、細かくはそれぞれの街区割り、敷地規模、町人地は間口寸法などを定めた。→近世都市、都市計画、ゾーニング

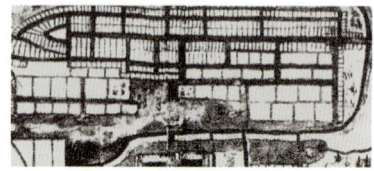

町割り（江戸期の越後高田城下町）

松島（まつしま）宮城県宮城郡松島町。松島湾内外に散在する大小260の島々の眺め。宮島、天橋立と並ぶ日本三景の一つ。景観の視点場として大高森、富山、多聞山、扇谷の4箇所があり、「四大観」と呼ばれる。→景観、風景、日本三景

松島（宮城県）

マッピング［mapping］3次元グラフィックスにおいて、モデル（物体）の表面にさまざまな効果を施すこと。画像を貼り付ける「テクスチャマッピング」、光の反射方向を変化させて細かい凹凸を作る「バンプマッピング」などが代表的な例。

松本城（まつもとじょう）長野県松本市丸の内。黒い下見板の外壁から「烏城（からすじょう）」とも呼ばれる。戦国時代、小笠原氏が砦を築いたことが始まりといわれ、石川数正とその子康長が城郭の整備を行った後、水野氏、戸田松平氏の居城となった。5層6階の大天守は国宝。城郭形式は輪郭式平城（ひらじろ）。

祭り ①記念、祝祭宣伝などのために催す集団行動。祭典。②「祀る」の名詞形で、神に仕える儀式や行為のこと。神社や寺院を主体として行われることが多い。祭祀。祭礼。目的は、祈願や成就に対する感謝、慰

松本城

霊など多種多様であり、地方により時期や行事の内容も異なる。祭りの非日常性には、人々の属する共同体の位置づけや日常性が反映される。従来は、村落共同体で祭事集団が形成されたが、現代の祭りは商業化、観光化の傾向にある。

祭り（おわら風の盆／富山県）

祭り空間 ⇒祝祭空間
摩天楼（まてんろう）⇒超高層建築
まとまり感 まとまりのある様子。共通の性質をもつ集まりとして解釈できる状態。
マトリックス分析［matrix analysis］行列型のデータを用いて分析するものの総称。産業連関分析やOD表による分析、線形計画法におけるシンプレックス法などが該当する。さまざまな観測値や統計値の整理がしやすく、分析のプロセスを追いやすいといった特徴がある。→分析方法
マルチハビテーション［multi habitation］都市勤労者が都心と郊外の複数箇所に住宅

を持ち，平日は都心の職住近接型の単身世帯用の家に住み，週末には郊外の住宅で家族と過ごし，高度な都市機能と郊外の豊かな住環境を同時に享受する生活スタイルのこと．

マルチメディア［multimedia］情報を伝達するメディアが多様な状態．または，コンピュータで映像，音声，文字などのメディアを複合的に扱うことを指す．現在では，通信・放送といった異なったサービス形態を融合し，音声，データ，画像をデジタルで高速に送受信できる形態を表す．

マルティン・ハイデガー［Martin Heidegger］(1889-1976) ドイツの実存主義哲学者．現象学を用いた存在論を発展させた．人間が中心となる存在論は，現代デザインの考え方に対して大きな影響を与えた．著書に『存在と時間』(1927)，『ニーチェ』(1961)などがある．→現象学

マルロー法［Malraux Law］1962年にフランスで制定され，歴史的価値をもつ都市や街区を保護するために保護区域を定める制度．正式名称は「保護区域に関する法」，アンドレ・マルロー文化相が提唱したことに由来する通称．保護区域の考え方は，一定の区域の中で，その中に含まれる歴史的，芸術的価値の高い建築遺産との関連において，建築群や歴史的街区といった「都市遺産」を保護活用することを目的としている．都市景観コントロールのさきがけ的法律と認識されている．→町並み保存

マングローブ［mangrove］亜熱帯や熱帯の河口や干潟に発達する特殊な植物群落の呼称．オヒルギ，メヒルギなどヒルギ科をはじめとする樹木群からなり，海中に支柱根，呼吸根を張り巡らし，独特の形状を見せる．漁礁となり豊かな生態系をつくる．→自然，干潟（ひがた），植物群落

マングローブ（インドネシア）

マンション条例 大型マンション特有の周辺住宅環境の悪化を防止するための措置について，地方自治体が独自に規制する条例のこと．横浜市，川崎市，芦屋市などでは斜面に沿って建てられ，外観上，地上階と変わらない部屋を地下と扱う「斜面地」または「地下室」マンションを規制する条例を制定し，採光や風通しのための空間設置など，住環境に「ゆとり」をもたせることを目的とした改正建築基準法の「地下室」の規定の悪用を防いでいる．→条例

マンション建替え問題 老朽化したマンションを取り壊し，新たな建物を建て替えるときに生じる問題のこと．法律上は，マンション住戸の所有者(区分所有者)の5分の4以上の賛成があれば，建替えが可能である．しかし，全員の賛成が得られないと建替えできないのが実情であり，入居している各世帯の経済事情が影響して，建替えがなかなか進まない場合が多い．→区分所有法

マンション紛争 ①マンションの環境問題のこと．当初の高層マンションの多くが，低層市街地に立地したため，日照や通風等を奪われるおそれのある周辺住民による反対運動が多発した．建築基準法改正(1976)による日影規制が導入されたが，その後も中高層建築物に関する紛争予防に関する条例や要項が多数普及した．②マンションの維持管理問題のこと．分譲後の維持管理は，所有者を構成員とする管理組合等により行われる．しかし投機目的や匿名を求める居住者がおり，建物の補修が不十分で荒廃するものも見られる．

マンション紛争（例）

マンション法 ⇒区分所有法

マンセル表色系（―ひょうしょくけい）［Mancel standard color chart］アメリカの画家であるマンセルによって考案された色彩表示の体系のことで，色相(色み／hue)，

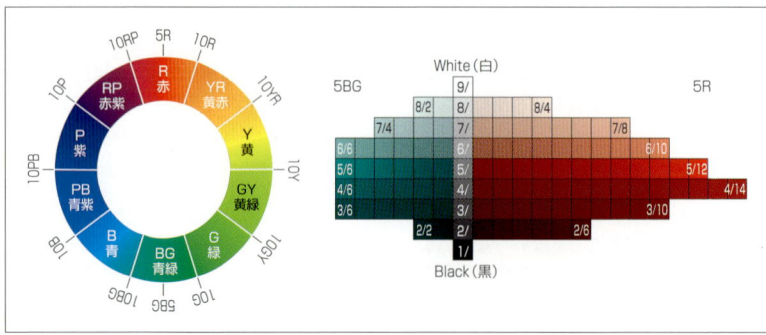

マンセル表色系

明度(明るさ／value)，彩度(色の強さ／chroma)の3つの組合せで1つの色を表すシステム。→オストワルト表色系，表色系

曼荼羅（まんだら）「曼陀羅」とも書く。サンスクリット語のmaNDalaを音訳したもので，本来「本質を得る」の意味をもつ。最高の悟りの境地に至り，真理を表現したものを曼荼羅とすることから，悟りの境地，世界観を，仏像，シンボル，文字などで象徴的に表したもの。大日如来や諸仏の像を描いた「大曼荼羅」，諸仏の姿をシンボルで表す「三昧耶曼荼羅(さまやまんだら)」などの形式で分類するしかたと，浄土のイメージを表現した「浄土曼荼羅」，密教の世界観を象徴的に表現した「両界曼荼羅」など，表現の内容から分類するしかたがある。

曼荼羅(チベット仏教の胎蔵界曼荼羅)

マント群落［mantle］森林の一番外側(日照条件のいいところ)に発達する，ツル性植物(クズ，ツルアジサイなど)を主とする植物群落。その状態が，林がマントを着たように見えることからの命名。また林縁部の下層は「ソデ群落」という。マント群落やソデ群落は，森林の環境変化を緩和する役割を果たしており，これらを取り去ると林は壊れ始める。→植生，植物群落

マント群落(長野県)

万年塀（まんねんべい）住宅や工場の敷地を囲む，鉄筋コンクリート製の板をコンクリートの柱でつないだ塀。強固ではあるが風情が感じられず，良好な住宅地景観には結びつきにくい。また地震時の倒壊には注意を要する。→板塀，土塀(どべい)

マンフォード［Lewis Mumford］⇒ルイス・マンフォード

水　water

水は生物（動植物）体の70〜90％を占めて，その生存に欠かすことのできない物質であり，全地表面積の72％を覆っていて，地球環境にとっても空気と並ぶ最重要物質である。水は液体の名称であるが，気体としての水蒸気，固体としての氷という三態がいずれも生活環境の中に存在するという特徴をもつ。これらの点から，水の性質や利用価値を知ることは，環境や景観のデザインにとって，計り知れない重要性をもつ。水に触れたり眺めたりすることから得られる癒（いや）しの効果，せせらぎや水流がもたらす清涼感，激流や豪雨に感じる高揚感，噴水やカスケードのもつ華やかさなど，水の多様な存在形態は，視覚だけでなく人間の五感に強く働きかける力をもつ。自然地域における水環境の保全の必要性と，都市的な環境への効果的な水の導入は，環境デザインの課題の一つである。ただし，人工的環境での水利用には慎重な維持管理が不可欠で，それを欠いたための悲惨な結果はいたるところで目にする。→河川，湧水，風水，親水（しんすい）

上段左：知床第一湖（北海道）、上段右：大雪山・羽衣の滝（北海道）
中段左：鬼怒川（栃木県）、中段右：柿田川湧水（静岡県）
下段左：白水ダム（大分県）、下段右：水戸芸術館・噴水（茨城県）
水の諸相

ミーニング［meaning］環境デザインの分野では、特にK.リンチが都市のイメージを記述する際、アイデンティティ、ストラクチャーとともに提唱した3つの概念のうちの一つを指す。他の2つに比較して一般化が難しい。→イメージ、イメージアビリティ、レジビリティ、アイデンティティ、ストラクチャー、ケヴィン・リンチ

見え隠れ（みえがくれ）視点の移動にともない、対象を見せたり隠したりすることにより要素の印象を深める方法で、空間をシークエンシャルに演出する。参道空間や回遊式庭園などで用いられる手法。

見え隠れ（八坂の塔／京都市）

見えの大きさ　対象の水平方向に関する見込み角で、対象の景観的（特に視覚的）支配性にかかわる指標とされている。仰角（ぎょうかく）・俯角（ふかく）は、対象を仰観（ぎょうかん）・俯瞰（ふかん）するときの水平に対する角度。

ミクロ［micro］狭い範囲について、細かい部分を見ようとする立場、見方、技術。マクロに対する語。

ミクロの都市計画　市域内の地区レベルの計画や規制、地域コミュニティを主体とするまちづくり。良好な住環境、賑わいのある中心市街地、地域に適した景観形成、地域コミュニティの熟成によるまちの運営等が目的となり、官民協働による市街地形成や運営を行う。空間コントロールでは地区計画制度や建築協定の活用が一般的である。
→まちづくり

水　⇒301頁

水環境　河川や水路、湧水や池沼など、さまざまな形態の水が豊富に存在する地域。一般にこのような環境は緑が豊かで人々の生活に適しており、地域文化が発達する。
→水、水郷

水際線（みずぎわせん、みぎわせん）陸地と海、川、湖などの水が接するところ。陸地は砂地、草地など自然のもので、コンクリートの岸壁などには使わない。人間に近い自然の水であり、親水性をもつ。本来は際立ってきれいな接線を指す。「渚」「汀」（いずれもなぎさ）ともいう。→水、親水（しんすい）、水辺

水際線（鳥取砂丘）

水勾配（みずこうばい）屋外の水平面（地面、舗装面など）に、雨水や散水が溜まらないように、排水をよくするためにつける傾斜。屋内でも、浴室や大型の厨房では必要。

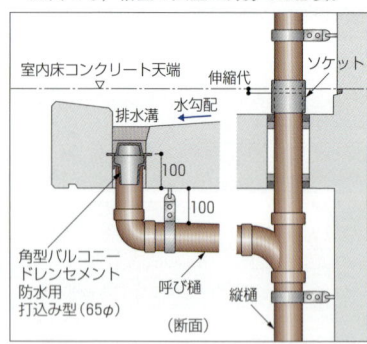

水勾配（呼び樋によるバルコニー排水納まり例）

水資源　生活用水、農業用水、工業用水、水力発電など、現代社会は大量の水を必要としている。これらの需要が競合するようになり、調整の必要から生じた概念で、効果的で無駄のない利用と関係づけられる。
→水

水と緑のネットワーク 都市などの人工物が支配的な環境の中では，水と緑（植物）は自然的要素を代表するものとして貴重な存在である。具体的には，水では小河川，水路，池など，緑では林，園地，芝生地などを指す。これらを個々別々に造り，管理するのではなく，互いを関係づけてネットワークを形成するようにデザインすること。→水，緑，緑道，公園緑地システム

水の都 小河川や水路が街の中を網の目のように通り，道の代わりを水路が果たしているような都市。海外ではイタリアのヴェネツィア（ヴェニス），オランダのアムステルダム，中国の蘇州や麗江，日本では近代以前の大阪，現在では九州の柳川など。昔は，川や水路とその水辺を中心にした生活が送られており，独特の情景，景観が生まれていた。→水，水郷，水辺

上：ヴェネツィア、下：麗江（中国）
水の都

水辺（みずべ） 川や池といったオープンスペースとしての水面の周囲を指すが，その親水性とともに，町並みに対する適当な引きがもたらす景観性が評価される。特に夜景における演出効果は高い。→水，親水（しんすい），夜間景観（夜景），ライトアップ

見立て ある物を別の物に置き換えて代用すること。建築空間では庭の造作で，砂を海に，石を島になぞらえる枯山水（かれさんすい）の庭の手法がこれにあたる。枯山水の庭園を前にして，人々は無数の視覚イ

水辺（木場公園／東京都）

メージをその背後に透かし見る。目の前に広がる庭の背後に，自由に想像される世界が存在するのが特徴で，それはある実在の名所の光景であったり，あるいは海に浮かぶ大陸と島々の姿であったり，あるいはこの大地を支えている宇宙全体の構造であったりする。

道の駅 長距離ドライブや女性，高齢者のドライバーが増加するなかで，交通の円滑な流れを支えるため一般道路沿いにつくられる，安心して利用できる休憩機能，沿道地域の文化，歴史，名所，特産物等の情報発信機能，地域活性や賑わいのあるまちづくりを行う，地域連携機能をもつ施設。→都市計画

道の駅（高根町／山梨県）

密居集落（みっきょしゅうらく） 農山漁家に非農山漁家が混じり，家屋が密接して街地化し，家屋が連続している状況の集落をいう。→集落形態，集居集落，散居集落

ミックスドディベロップメント［mixed development］本来は，人種，宗教，年代，所得などが異なる人々が同じ地域に居住し，交流しながら生活するコミュニティを形成することを目的とした地域開発を指す。その手段として，公的住宅と民間住宅，小規模住宅と大規模住宅，高層住宅と低層住宅，戸建住宅と集合住宅など，供給方法を混在させることを指すようになった。「混合開発」ともいう。

密集市街地 当該区域内に老朽化した木造の建築物が密集しており、かつ十分な公共施設がないこと、その他当該区域内の土地利用の状況から、その特定防災機能が確保されていない市街地。2003年、全国の密集市街地のうち延焼危険性が特に高く、地震時等において大規模な火災の可能性があり、今後10年以内に重点的な改善が必要な密集市街地を「重点密集市街地」とし、改善を国と地方自治体が連携して行うこととしている。→再生、防災、再開発計画、都市空間、密集住宅市街地整備促進事業

密集市街地（寝屋川／大阪府）

密集住宅市街地整備促進事業 おもに公共施設の整備と民間の不燃化建替えを支援する事業。地区の採択要件は、20ha以上、住宅戸数密度30/ha以上の区域で、整備計画を策定、国土交通大臣の承認を受けて事業が行われる。2004年に住宅市街地総合整備事業に統合された。→再生、防災、都市空間、密集市街地

密集市街地法「密集市街地における防災街区の整備の促進に関する法律」の通称で、「密集法」ともいう。1997年制定。敷地の細分化や老朽化木造建築物の密集が進み、道路や公園等の公共施設整備の遅れなどにより都市機能の低下が見受けられる密集市街地について、計画的な再開発または開発整備による防災街区の整備を促進するために必要な措置を講ずることで、密集市街地の火事または地震が発生した場合において延焼防止上および避難上確保されるべき特定防災機能を確保し、土地の合理的かつ健全な利用が図られた街区を形成することを目的とした法律。→防災街区整備事業、市街地開発事業

密集法 ⇒密集市街地法

ミティゲーション［mitigation］開発による自然環境、生態系への影響を緩和する行為。大きく回避、最小化、代替、修復の4つに分類される。河川やダム、道路、団地開発、ゴルフ場開発の際に用いられる。

見通し景 視線が遠くまで通り、多くの場合その先に山頂やモニュメントなどの印象的な建造物が存在する景観。富士見坂や潮見（しおみ）坂はこの景をもち、オスマンの凱旋門やオペラ座などを視対象とするパリ計画の基本原理になっている。→景観、アイストップ、ビューイングコリドー、ジョルジュ＝ウジェーヌ・オスマン

見通し景（カールスルーエ／ドイツ）

緑　green, nature

狭義には木本，草本を含めた植物全体を指すが，広くは水，土などを含めて自然的要素全体を意味することもある。広義の緑の存在は，人工的要素が支配的になりつつある市街地などにおいては，人間生活に不可欠な安らぎや憩いをもたらすものとして評価される。したがって，ここでの緑は望ましい自然を意味していて，ジャングルや原生林などの粗野で攻撃的な植物環境は排除されている。実際の緑の存在形態は多様であり，森林でも自然林，二次林，人工林，竹林などによって，それぞれ機能や効果は異なり，庭園などの園地や芝生地，牧場の牧草地，パンパやサバンナなどの草原，シダ類やコケ類などに分かれる。またその機能も，炭酸同化作用や保水機能，防風，防砂，防雪といった生理，物理的な効果以外にも，緑陰をつくる，フィトンチットを出す，快感を与えるなど多様である。したがって緑のデザインにおいては，目的とする機能と存在形態の特性との調和を図らねばならない。一方，緑は生物であるから，適切な生息環境が必要であり，適地性の配慮を必要とする。→自然，植生，緑地，緑化，林地，自然林，環境デザイン

上段左：大雪山(北海道)、上段中：彫刻の森美術館(箱根)
中段左：大峰山塊(奈良県)、中段右：フォンテンブロー庭園(フランス)
下段左：ストックホルム中央公園、下段右：シグチュミ湖畔(スウェーデン)
緑の諸相

緑空間（みどりくうかん）樹木，樹林，竹林，草地，芝生地などを含む緑の存在が，その場所の性質を決定づけているような空間。一面の緑でなくても，一本の高木（こうぼく）が緑空間をつくる場合もある。→緑，緑地，シンボルツリー

緑空間（ケンブリッジ大学のバックス／イギリス）

緑の基本計画　都市計画区域内の将来あるべき緑の姿とそれを実現する方策を定めるもので，都市緑地法を根拠とする。この法律の施行以前に行われていた「緑のマスタープラン」と「都市緑化推進計画」を統合したもの。→緑地，緑化，都市緑地法

緑のマスタープラン　⇒緑の基本計画

南方熊楠（みなかたくまぐす）(1867-1941) 和歌山市生まれ。生物学者，民俗学者。菌類学者。21歳で渡米し，ミシガン州ランシング農学校に在籍。その後，中南米や西インド諸島を巡り地衣類や菌類の採集を行った。1900年に帰国後，田辺で神社合祀反対運動を展開し，『南方二書』(1911)を著す。運動を通じて柳田國男と知り合い，民俗学の導入に貢献した。

みなし道路　古くから市街地にあるような幅員4m以下の細街路（狭あい道路）で，特定行政庁の指定により「建築基準法上の道路」として扱うものを「みなし道路」（または「42条2項道路」あるいは単に「2項道路」）と呼ぶ。みなし道路では，既存道路の中心線より両側にそれぞれ2mの位置が道路境界線とみなされ，建物の建築の際には，その位置（敷地の反対側が川やがけなどの場合，4mに不足する幅）まで敷地を下げなければならない。

ミニ開発　小規模な木造戸建住宅群の開発。開発許可が不要な小規模敷地に，公共負担を避けて零細規模で低廉な住宅を建て，販売する。一般に住環境は悪く，防災上の問題もある。→開発許可，開発行為

ミニ開発（東京都）

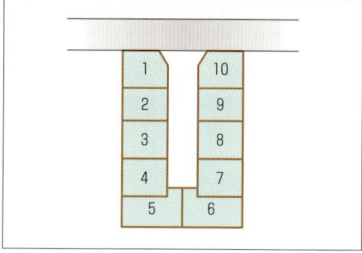

ミニ開発（模式図）

ミニ区画整理事業　従来の土地区画整理事業の規模がおおよそ0.5〜5ha程度の極小のものを指し，別段事業制度があるものではない。2000年までは都市再生区画整理事業の都心居住を促進する「街なか再生型」が該当していたと考えられるが，現在では，街区高度利用土地区画整理事業，敷地整序型土地区画整理事業，沿道整備街路事業，緑住区画整理事業，安全市街地形成土地区画整理事業が該当する。→開発，事業，再開発計画，都市空間，都市再生

都林泉名勝図会（みやこりんせんめいしょずえ）1799(寛政11)年に刊行された墨摺五本冊。京都の名所を庭園を中心に解説している。『都名所図会』(1780)と同じく，本文は京都の俳諧師秋里籬島（あきさとりとう），挿絵は佐久間草偃（さくまそうえん），西村中和（にしむらちゅうわ），奥文鳴（おくぶんめい）が描いた。

未利用地　既成市街地内の更地（さらち），遊休化した工場，駐車場等，有効に利用されていない土地。使用目的の明確でない空地（くうち）等も含まれ，市街地内に多く存在することで都市の活性が低下したイメージを与える。敷地整序型土地区画整理事業等では，これら市街地内の未利用地の有効活用に対して弾力的に活用できる。→土地利用

未利用地（未利用宅地／東京都）

未利用容積率 定められた容積率（敷地面積に対する建築延べ面積の割合）のうち、利用されていない余剰の容積率。近年、わが国でも未利用容積率を他の土地へ移転するための制度が導入された。→空中権②

民家 人が住む家屋。庶民、被支配階級の住宅の総称。一般的に先祖伝来の技術や風土性が豊かである。町家と農家に大別される。DKやLDKで間取りが表現されるような現代住宅は、民家には含まない。

民活法 「民間事業者の能力の活用による特定施設の整備の促進に関する臨時措置法(1986)」の略。技術革新、情報化、国際化等の経済的環境の変化に対応して、経済社会の基盤の充実に資する研究開発、企業化基盤施設（リサーチコア）、電気通信研究開発促進施設（テレコムリサーチパーク）、情報化基盤施設（ニューメディアセンター）、電気通信高度化基盤施設、国際経済交流等促進施設など17の特定施設整備を民間事業者の能力を活用して促進することを目的とする。→開発、再生、インフラストラクチャー、基盤整備

民間活力 民間企業の資本力、事業企画、推進能力のこと。まちづくりにおいては、民間企業のこれらの能力と地域コミュニティの活用による、地域の持続可能な社会を構築する経済、社会システムの推進力を指して使われる場合がある。→開発、事業、都市再生

民間受託 公的機関が行う調査、研究、業務を民間企業、民間団体に委託して行うことを指す。従来は公的機関が行ってきた公共施設の運営、管理等を民間受託する例が近年増加している。これは民間のノウハウを活かし、効率の良い運営、管理を目指すものである。美術館、宿泊施設等で効果を示している。

民間ディベロッパー 民間資本による都市等の開発者、宅地造成業者。都市開発、基盤整備、住宅等の施設建設、賃貸や分譲まで請け負うこともあり、不動産会社、商社、ゼネコン、電鉄会社等が含まれる。これに対して、都市開発や基盤整備等に従事する都市再生機構、各種公団、各種公社は「公的ディベロッパー」と呼ばれる。→開発、事業、基盤整備、再開発計画、都市再生

民間都市再生事業計画認定制度 都市再生特別措置法による都市再生緊急整備地域内で、民間都市開発事業について都市再生事業計画を作成、国土交通大臣の認可を受け、民間都市開発推進機構からの無利子貸付けや都市再生促進税制により支援が受けられる制度。→開発、事業、基盤整備、再開発計画、都市再生

民間非営利組織 ⇒NPO

民俗学 [folklore] 民族の伝統的生活や伝承文化を研究対象とする学問。文化、信仰、風俗、慣習などの様式を明らかにし、文献資料のほか、フィールドワークにより資料収集を行う。19世紀はじめにグリム兄弟によるドイツの伝承や、ウィリアム・トムスによるアングロ・サクソンの言葉遣いの研究により進展した。日本では柳田國男、折口信夫が民俗学の基礎を築き、イギリスに留学していた南方熊楠が民俗学の体系化に影響を与えた。→柳田國男（やなぎたくにお）、南方熊楠（みなかたくまぐす）

民俗文化財 風俗慣習、民俗芸能など時代と地域の特色をよく表すもの。文化財保護法により、重要有形民俗文化財、重要無形民俗文化財が指定される。これにも登録制度がある。→文化財保護法、文化財登録制度

民民境界（みんみんきょうかい）一般所有者同士の土地の境界を指し、官民境界（公共用地である道路や水路等と一般所有者の土地との境界）と区別される。土地売買にともなうトラブルを避けるために境界を明らかにすることを「民民境界確認」と呼び、隣地所有者がそれぞれ立会いのもとに境界標を設置するなどして、境界がどこにあるのかを相互に確認する。

民話 民衆の中から生まれ伝承されてきた説話のこと。口伝えを前提とし、語りによる散文伝承である。近年、まちづくりの一つとして、市民団体等による子供への読み聞かせ等によって継承、復活してきている。

無形文化財 歴史的，文化的に保存または継承の価値を有する文化財のうち，音楽，舞踊，演劇などの芸能や工芸の分野における伝統的な技術，技能のように無形なものをいう。→文化財，文化財保護法

虫食い地区 一定の区域の中に，買収されて更地（さらち）になった土地と，買収ができずに建物が建っている土地とが混在している地区。バブル期に盛んだった地上げが，バブルの崩壊とともにストップした結果，こうした地区が大量に存在している。→地上げ

虫籠窓（むしこまど）形状が虫かごに似ているので名づけられたといわれている。もとは，町屋の中二階，通りに面した部分に取り付けられた。格子の部分は，木材にわらを巻き，土を塗ってさらに漆喰（しっくい）で塗り込めて作ることが多い。防火や採光，そして通風口としての役割を果たす。格子を取り囲む枠の形状は長方形，雲型など多様である。→町屋

虫籠窓（矢掛宿／岡山県）

棟割長屋（むねわりながや）①一つの棟をいくつにも割って数軒にした長屋。②屋根の棟で仕切り，背中合せに部屋が作られた長屋の形態で，両隣と背中合せに隣の住人がいる長屋のこと。1軒の平均的な大きさは，間口が1間半（約2.7m），奥行が2間（約3.6m）で，入口に土間と竈（かまど）があり，一段上に4畳半の板の間がある。窓と押入はなく，平均2～3人で住み，通風や採光に難があり，住環境は悪い。井戸とトイレは共同。→長屋（住宅）

村おこし 農山村や漁村等の活性化，むらづくりのこと（またはその一部）。近年は単なる地域振興，特産品づくりなどの産業おこしだけではなく，地方の伝統文化を中心に，独自の生活文化を後世に伝えていくというような文化的，精神的側面を強調したものが増えつつある。→町おこし

むら柄（むらがら）人でいうところの性格や品位で，集落やむらの社会的体質を形容する概念。これは，単なる比喩的な表現にとどまらず，地域計画の観点からも有益な概念といえる。特に混住化した地域で，新住民との間で利害の対立や価値観の差を生じさせる伝統的集落の社会的体質を評価するうえで利用できる簡便化された指標になる。

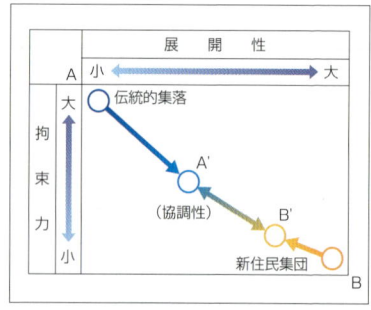

むら柄（モデル）

むらづくり 地方自治体における村または集落レベルでのまちづくりのこと。住民主体，住民と行政の協働，ハードとソフトの両面からのアプローチといった点では，まちづくりとほぼ同義であるが，まちづくりに比べ狭域で，農林漁業をベースとした活動に用いられることが多い。→まちづくり

明治神宮の森　東京都新宿区に1920年に造営された明治神宮(内苑)を取り囲む本格的な森林。文化的施設等もあるが,全体は「神宮の森」と呼ばれるように多くの樹林をもつ。その植栽にあたっては,土壌改良を行い,植物遷移を考え,50年後の完成を見越して4層構造の緑化を実施し,見事に成功させた事例である。→緑化,植生,遷移

明治神宮の森(東京都)

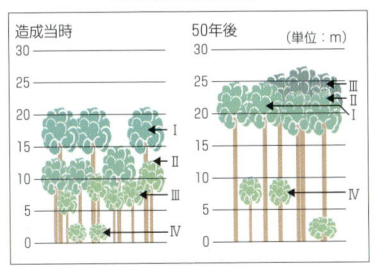

明治神宮社寺林の4層構造植栽と変遷
明治神宮の森

名所　(めいしょ)①景色または古跡などで名高い所。などころ。②風景の良さや史跡,特有の風物(季節の花等),特産品などで有名な場所のこと。本来は肯定的な意味で用いる言葉であるが,「渋滞の名所」「遭難の名所」等,ある特定の望ましくない事象が繰り返し起きる場所,という意味で用いることもある。

名勝　(めいしょう)景色の優れた場所のうち,文化財保護法により指定されたもの。特に優れているものは「特別名勝」に指定。富士山,毛越寺庭園,雲仙岳,虹ノ松原など。→風景,歴史的景観,文化財保護法

名勝(青島の洗濯岩/宮崎県)

名所図会　(めいしょずえ)各地の名所旧跡を集成し,挿絵を多く用いて庶民にも親しまれるような書物のこと。限定的には,江戸後期に盛んに刊行された名所案内を中心とする地誌のこと。→名所

明度　色の「明るさ,暗さ」を表す。明度が高くなると明るいイメージになり,限度を超えると色はかすむ。逆に明度が低くなると暗くなる。マンセル表色系に用いられる色の三要素の一つ。→色相,彩度

迷惑施設　周辺住民に危険を及ぼす可能性が高い,悪臭を放つ頻度が高い,高い雑音を出している,大気汚染や水質汚濁を招くなど,生活環境上,悪影響を及ぼすことが懸念される施設。工場,ごみ焼却場,火葬場,空港や軍事基地などがあげられる。しかし,その施設から得られる税収,経済効果,雇用機会があるなど,何らかの地域へのメリットがある場合には,迷惑施設と呼ばれなくなることもある。

メガロポリス　[megalopolis] 巨大都市もしくは巨帯都市。大都市がいくつか連たんして大きな都市圏,経済圏を形成しているもの。例えば東京から大阪にかけての東海道メガロポリスなど。→メトロポリス

目印　他の物と紛れないように,混同しないように付けておく印。人は空間を認知したり移動する際に,印象に残る建物,モニュメント,看板,標識,アクティビティ等を目印として記憶し,帰路,同じ経路をたどることが可能なようにする。

メゾネット　[maisonnette 仏] フランス語で「小さな家」という意味の,集合住宅の住戸形式の一つで,居室内が2層になって

いる点が特徴。居住空間が立体的に配置でき，一戸建感覚が味わえる。各住戸は共用部分への出入口をもつ階と，共用部分に接しない階からなり，2つの階は住戸内の専用階段で結ばれている。ある程度の床面積がないと，この形式はとりにくい。→フラット

メタボリズム［metabolism］1960年代に展開された建築運動。東京で開催された「世界デザイン会議」を機に「来るべき社会の姿を具体的に提案するグループ」として結成された。「建築や都市は閉じた機械であってはならず，新陳代謝を通じて成長する有機体であらねばならない」という理念による日本初の国際的な建築運動。浅田孝，川添登，菊竹清訓，黒川紀章，栄久庵憲司，粟津潔が創設メンバー。

メタボリズム（中銀カプセルタワー／東京都）

メッシュデータ［mesh data］コンピュータグラフィックス，CAD，GISなどにおいて，格子状に四角形として区切られた部分がもつ高さや色彩などの情報により構成される2次元データ。高さ（Z値）をもつものを，特に「2.5次元メッシュデータ」または「ボクセル」と呼ぶ。

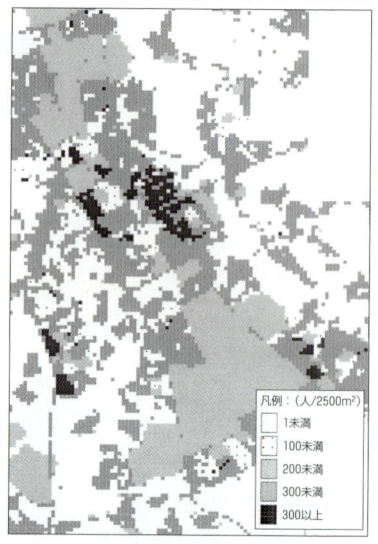

メッシュデータ（時間堆積密度の例）

メッセ［messe］語源は教会のミサ。中世ドイツでミサに集まった人々が物々交換市を開いたことに起因し，そこから見本市会場を舞台にした人，物，情報の交流という意味に発展した。日本では大規模な多目的ホールである「幕張メッセ」の名称に使われたことから，展示，会議，イベント等を開く施設を指す。

メッセ（幕張メッセ／千葉市）

メディア［media］①手段，媒体などを示すmediumの複数形。②情報分野において，データを記録しておくための記録媒体。DVD，CD-ROMやMOディスク，フロッピーディスクなど。

メトロポリス［metropolis］一国の首都，もしくはそれに準じる主要都市。メトロポリスは行政上の都市の範囲を超えて，周辺の中小都市を含む都市圏を形成する。→大都市圏，メガロポリス

目抜き通り　その町の中心となる大通り。多くの場合，その道路に面して主要な建物が集中して町の顔になる。東京の銀座通り，ニューヨークの55番街，ロンドンのリージェントストリートなど。→銀座，繁華街

目抜き通り（バース／イギリス）

メルテンスの法則　[Maertens' rule] 建築物の見え方とD/Hの関係。D/H＝1（仰角＝45°）のとき，対象全体を一瞥して見ることができず細部が鑑賞される，D/H＝2（仰角≒27°）は対象全体の形を瞬時に認識できる位置，D/H＝3（仰角≒18°）は対象と背景が等価，D/H＝4（仰角≒14°）は，対象は背景と一体化し環境の一部となるとする。

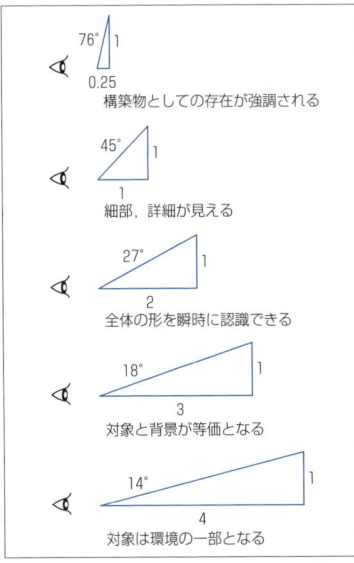

メルテンスの法則（D/Hと建物の見え方）

免震構造　建物基礎と上部構造との間に積層ゴムやバネなどの免震装置が置かれた免震層を設け，その特性を活かして建物の固定周期を長くすることで，免震層に大きな減衰性をもたせ，地震のエネルギーを吸収することで建物上部構造への伝達を低減させる構造。

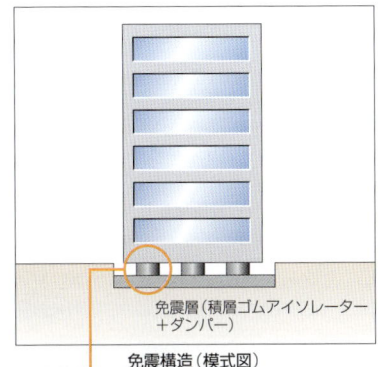

免震構造（模式図）

免震構造（六本木ヒルズ住宅棟／東京都）

免税措置　法律または条例によって，本来収めなければならない税を，何らかの優遇制度や特例によって，税の免除または減免の適用を受けること。一般市民や企業等に対して，各種施策の促進策，誘導策の一つとして講じられる。

面接調査　⇒インタビュー調査

メンテナンス　[maintenance] 人々が生活のうえで使用しているもの，例えば建築や土木構造物，自動車などを使用していく間に整備，維持，保守，点検，手入れなどをすること。事故につながる欠陥を早期に発見したり，寿命を伸ばすために行う。「メンテ」と略す場合もある。→維持管理，ランニングコスト

メンテナンスフリー　維持管理や補修がいらないこと，または大幅に軽減されること。例えば建物では，窓や壁などの外壁の汚れを清掃するための清掃費が必要であり，清掃による維持管理費が毎年費やされているが，それらの維持管理費や補修費がかからない仕上げとするなどの技術開発が望まれている。

も

モエレ沼公園 札幌市東区モエレ沼公園1-1。彫刻家イサム・ノグチがマスタープランをつくり，10年余りの年月をかけて2005年完成。広い敷地全体に彫刻的フォルムを散りばめた独特の表情をもち，現代の公園を代表する事例の一つ。→公園

モエレ沼公園（札幌市）

モータリゼーション［mortorization］自動車が普及し，生活の多くの場面で利用されること。都市内での移動や物流に自動車が多く使用される。このことで，道路網が発達すると同時に都市圏，生活圏が広がり，都市近郊および郊外に衛星都市が建設されたが，市街地のスプロール化の一因ともされる。→交通計画

モービルマッピング［mobile mapping］「モバイルマッピング」ともいう。自動車などの移動体に計測機器を搭載したうえで，移動しながら広い範囲の位置情報を取得しようとする技術。自動車にレーザースキャナを搭載したうえで，建物壁面のデータを連続観測するシステムなどが各航空測量会社より開発されている。

モール［mall］本来は「木陰のある散歩道」という意味。現在では，街路樹，花壇，広場，噴水，ストリートファニチャーなどを整備した快適な歩行者空間をいう。「ショッピングモール」は商店街につくられたもの，「トランジットモール」は一般の自動車を排除し，バスや路面電車だけを通すものをいう。→歩行者専用道，歩車分離

木造軸組工法 ⇒在来型工法

木造住宅密集地域 老朽化した木造建築物が高密度に建ち並び，地域内の道路や公園等の公共施設が不足し，災害時に倒壊や延焼によって著しくダメージを受けると考えられ，緊急に改善を図ることが必要とされる地域。→都市，防災，安全性，基盤整備，密集市街地，密集市街地整備促進事業

木造賃貸アパート 木質材料で構成される建物構造で造られた賃貸集合住宅。1960年

モール（ワイマール／ドイツ）

代後半の東京に多く建てられ，地方から東京に出てきた学生，若者の受け皿となった。台所，便所が共同の場合が多く，以降に多く建てられる鉄骨造の賃貸アパートや台所，便所，風呂付きのアパートと比較して，安く，質素な住宅と認識されている。「もくちんアパート」と略称される。

もくちんアパート ⇒木造賃貸アパート

模型 何かを具象化することを指す。その目的は大きく2つに分かれ，一つは模型を作ることで，模したものの存在や構造，あり方，概念などを理解しやすくするためである。これは内部構造や動作の再現も求められ，正確な複製が必要とされる。第二の目的は，模したものを所有することによって何かの代償とするためである。この目的で作られたものには，正確さと同時に外観の美しさや価格が重要となる。都市・建築分野では，前者の目的で空間に対する計画の完成後の状態を縮尺し，仮想的に示し，実感させることが行われる。

モジュール ［module］①規格化された建築やインテリアデザインにおける部材，材料。合理化による建設コストの削減や使いやすさ，イメージのしやすさを目指すもの。②デザインにおける寸法の体系，またはその基礎となる寸法。「モデュール」ともいう。
→JIS規格

モダニズム ［modernism］近代主義。19世紀以前の芸術に対して，伝統的な様式にと

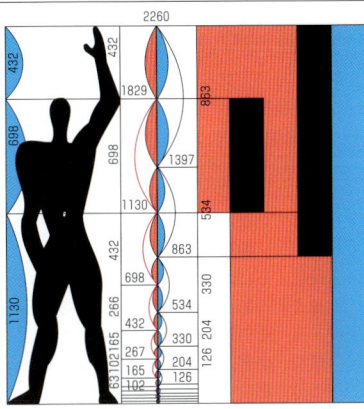

モジュール（ル・コルビュジエのモデュロール）

らわれない実験的な表現を追及した。建築の分野では，機能主義，合理主義，インターナショナルスタイルを総合してモダニズム建築という。→ポストモダン

モデュール ［module］⇒モジュール

モデリング ［modeling］形成や造形一般を意味し，コンピュータを用いた3次元グラフィックスで立体物を形成することを指すのが一般的。その他，計画等のモデル化という意味で使われることもある。

モデル ［model］対象とする事象を模仿し単純化したもの，あるいは，ある観点からみて抽出した構成要素間の関係や構造を論理的に形式化すること。空間を対象にした場合は，目的に応じて数理モデル，記号モデ

モダニズム（バルセロナ・パビリオン）

ル，言語モデル，図式モデルなどで記述，表現する。モデルという言葉はほかに模型，形式，原型，見本，典型事例等の意味ももつ。→模型

モデル事業 すでに実用可能な段階にあり，社会的に有用と思われる技術や理論において，その効果等についての客観的な評価が行われていないために，エンドユーザー等が安心して利用，活用することができず，普遍化するには時間がかかる場合に，ある地域またはある期間，模範的に事業化して展開し，その効用を確認，評価する事業。→環境，事業，まちづくり，基盤整備，新市街地，保全・保存，町並み景観，歴史的市街地

モニュメント［monument］記念碑，記念建物，記念館，銅像，慰霊碑，忠魂碑など，国や地域，事象等の象徴性を示すもの。戦争，独立記念日等の事象，貢献度の高い個人を称えるもの，集団を祀る象徴的，特徴的場所を示すといった目的があり，形態もピラミッド，凱旋門，銅像，彫刻など多岐にわたる。こうしたモニュメントの存在が，都市や街のイメージをつくり，ランドマークともなる。→ランドマーク

モニュメント（広島原爆ドーム）

モバイルマッピング［mobile mapping］⇒モービルマッピング

盛土（もりど）本来斜面になっているような場所に新たに土を盛り，その上に建物を建てられるような平坦な地表をつくること。反対に土を場外へ持ち出すことは「切土」。盛土を施すときには，数回に分けて土をまき，そのつど転圧を重ねる必要がある。盛土の下に軟弱地盤があるときには，盛土の自重によって沈下することを考慮する。→切土（きりど）

盛土（区画整理事業地区／福岡市）

モンスーン気候［monsoon］季節によって風の吹く方向が変化する風を「モンスーン」と呼ぶ。陸地と海洋の間に吹く季節風で，大陸東岸から赤道にかけてみられ，特に東アジアからインド洋沿岸部では大規模である。この気候帯は一般に湿潤で稲作の好適地となる。→風土，砂漠気候，サバンナ

門前町（もんぜんまち）大規模で多くの参詣者を集める神社や寺院の前に形成される町。歴史的な市街地の成立要因には，城，湊（みなと），市場，宿場などがあるが，社寺もその一つ。→城下町，宿場町，歴史的市街地

門前町（善光寺門前／長野市）

野外博物館 広義な野外博物館には，地域の自然，産業，文化に焦点を当てる「フィールド・ミュージアム」と呼ばれる活動や，地域住民の主体的な参加を重視し，生態系の観察，保護を目指す「エコ・ミュージアム」の活動も含まれる。一般には，従来の博物館のように建物の中で展示，保存，学習などを完結するのではなく，屋外や地域を活動空間とする新しいタイプの博物館を指す。天然記念物や文化財，遺跡などの現地保存も活動に取り込む動きがある。

野外博物館（茨城県自然博物館）

夜間景観（夜景）〔night view, nightscape〕日没後暗くなって建物の窓から照明が漏れ，街灯に灯が入ったときの景観。一般的には，都市の広い範囲が視野に収められるような高い視点からの景観が注目されるが，歴史的町並みなどの独特の風情のある夜景もある。また最近では，夜景をより印象的にするために，ライトアップも行われる。日本では函館，長崎，神戸など港町の夜景が有名。→景観，ライトアップ，イルミネーション

夜間人口 国勢調査において，調査時に任意の市町村に常住している人口を夜間人口と呼ぶ。一般に市町村の人口規模を示す指標として用いられている。

屋敷林 屋敷（家の建っている敷地）内の林。一般には農家に防風や防雪のためにつくられ，特に家々が孤立している散村や冬の季節風が強い地域に多い。屋敷林は機能的なだけではなく，ある種の風格を生み出しステイタスシンボルにもなる。→防風林，防雪林，築地松（ついじまつ）

屋敷林（農家の佇まい／つくば市）

夜間景観（函館山からの眺め）

谷地田（やちだ）⇒谷津田（やつだ）

野帳（やちょう）一般的には，野外で観察したり調査した事項をその場で書きとめるための軽微なノートをいう。草花，野鳥，気象などの自然の事物や現象を記載したり，建築の分野では，敷地や建築物の測量結果をメモするために用いる。それらはその後，整理したうえで正式な方式で記録される。

家賃補助 特定優良賃貸住宅制度の下で，対象住宅と期間を限定して入居者の支払う家賃の一部を公共の負担により補助する制度。ある自治体では，入居する住宅にかかわらず補助を行う例や，また別の自治体では，人口の増加を目的としてファミリー世帯を対象としている例もあり，対象や基準は各自治体により異なるが，一般的に新婚世帯や子育てファミリー世帯を対象とする場合が多い。援助を受けるためには，所得条件や一定基準を満たす必要がある。

谷津田（やつだ）台地，丘陵地が浸食されてできた谷地にある水気の多い湿田。「谷地田（やちだ）」または「谷戸田（やとだ）」ともいう。関東地方に多く分布していたものの，担い手不足などによる農林地の荒廃化，都市化の進展などによって激減している。元来豊かな水源を有し，周辺の林地と合わせ，植物や昆虫，小動物の生息に適した環境を有していたため，多様で豊かな生態系が形成されていた。地域の環境保全の観点からも具体的な保全施策の展開が求められている。→棚田（たなだ），地域資源

谷津田（千葉市）

谷戸田（やとだ）⇒谷津田（やつだ）

柳田國男（やなぎたくにお）(1875-1962) 兵庫県生まれ。民俗学者。東京帝国大学政治科を卒業し，農商務省，朝日新聞社を経たのち民俗学に専念。学問としての基礎の確立と多くの学者を育てた。岩手県遠野地方に伝わる説話をまとめた『遠野物語』(1912)など多数の著作がある。

山の手「下町」の対語。「山手（やまて）」と呼ぶ場合もある。下町が都市の低地に位置し，庶民的な人々が居住する地域として呼ばれるのに対し，山の手は周辺の台地など比較的高い場所に位置する地域を指す。江戸時代の東京における山の手には，おもに武家屋敷や社寺が立地していた。現在も環境が比較的良いため，高級住宅地になっている地域もある。→下町

矢来（やらい）丸太，角材，竹などを縦横組みや斜め組みにしたもので，これを使って場所を囲う，一種の柵の総称。矢来は粗っぽく大雑把につくったものをいうことが多いが，垣根の原型ともいえる。竹で造った矢来垣は透かし垣の代表的なもので，上品な風情がある。→竹垣

遣水（やりみず）遠くの水源から庭園の池泉（ちせん）に水を引き入れるためにつくる細い流れを指す。庭園に必要な風情あるものとして用いられた仕掛けの一つ。→日本庭園

遣水（修学院離宮／京都市）

唯物論（ゆいぶつろん）物理的な存在である物質が絶対的であるとする考え方。心理，精神に対して物質の優位をとなえるもので，物質から離れた精神や霊魂，意識を認めない。これらは高度に組織化された物質が，脳として働くとしている。

遊休地　土地利用がなされずに放置されている土地のこと。または，操業停止をした後にそのまま放置され利用されない産業用地などを指す。

遊休農地　何も手を加えずにそのまま放置し，自然に任せている状態の農地。荒らしづくり地（通常の管理栽培がなされていない農地），耕作放棄地（耕作できない状況になった農地），不作付け地（作物の作付けがなされていない農地）を合わせたもの。→市民農園，耕作放棄地

遊具　公園などに置かれる，子供たちが遊びに使う道具や施設。砂場，ブランコ，滑り台が遊具の基本3種といわれるが，最近ではより活動的で魅力的な遊具が開発されている。一方，維持，管理の不十分が原因で事故なども発生している。→公園，街区公園，子供の遊び場

ユークリッド幾何学　[euclidean geometry] ユークリッドが大成した幾何学。非ユークリッド幾何学が現れるまで，唯一の幾何学体系と考えられていた。現実世界の空間は直交座標で表され，この幾何学のもとで定義される3次元ユークリッド空間になると見なされる。

有形文化財　歴史的，文化的に保存の価値を有する文化財のうち，建造物，工作物，絵画，彫刻，書，工芸品など有形のものをいう。→文化財，文化財保護法

有効活用　現在ある資産や資質を，損益を出すことなく最大限に活かして用いること。まちづくりでは，行政が管理する遊休地や公共建築などの利活用が課題となっている。

ユーザーインターフェース　[user interface]「UI」と略す。ユーザーに対する情報の表示様式や，ユーザーのデータ入力方式を規定する，コンピュータシステムの操作感。基礎的なUIはOSによって提供されるため，OSの評価を左右する大きな要素となる。文字ベースのCUIとグラフィックベースのGUIがある。前者を採用した代表的なOSは，初期のUNIXやMS-DOSであり，後者はWindowsシリーズやMac OSである。

湧水（ゆうすい，わきみず）山間部に降った雨や雪が，地表を流出せず地下に浸透し，山麓部に湧き出すもの。一般には不純物が

遊具（仰木の里・夢公園／滋賀県）

除去され、ミネラル分が溶出して地表水と異なる水質が得られ、なかには名水といわれるものもある。柿田川湧水、宗祇水など。またこの湧水を利用した給水システムを江戸時代に完成した町（轟水源を利用した轟水道をもつ熊本県宇土市）もある。→水，水郷，水系，親水（しんすい）

湧水（轟水源／熊本県宇土市）

遊水地（ゆうすいち）治水対策の一つ。洪水時に一時的に水を貯留する空地。調整池に比べて規模が大きいだけでなく、渡良瀬遊水地のように地域を指す場合もあり、生態系の保護、保全の役割をもつこともある。→総合治水，調整池

遊水地（筑波大学構内／茨城県）

優先レーン 公共交通優先システムの一つ。都市内の交通を円滑にするために、公共交通の連続性や利便性の向上、利用の増加をねらい、バス専用レーンや優先レーンを設けている。朝夕のラッシュ時にバス走行を優先させ、渋滞抑制を図るために設けられる車線。→都市交通計画

誘致距離（ゆうちきょり）①公益施設や事業などが住民や利用者に対して行うサービス圏の適正半径。②都市公園を整備する際の、各公園の利用圏。災害時の避難の目安にもなる。大都市の都心部では、住宅施設があっても公園施設が少ないため、市民の休憩や交流、子育て環境として好ましくない場合がある。公開空地（くうち）等の連たんによって、気軽に利用できる施設整備を進め、誘致距離を連続させることでまちのポイントづくり、避難経路の確保等が可能になる。→都市計画

誘導型制度 景観形成や市街地内の老朽化建物の更新、不燃化促進等を図るための諸制度一般。景観においては、都市計画法の美観地区や街並み誘導型地区計画、景観法における景観計画や景観条例がその代表的なもの。→都市計画

ユートピア［utopia］「理想郷」。理想的な社会のシステムや都市形態をもつ国または地域。トーマス・モアの作品に基づくもので、特に田園都市論において求められた。

遊歩廊［promenade］⇒プロムナード

優良建築物等整備事業 市街地の環境改善、市街地住宅の供給等を促進するため、土地利用の共同化、高度化に寄与する優良建築物等の整備を行う事業。一定割合以上の空地（くうち）確保などの優れた建築物等の整

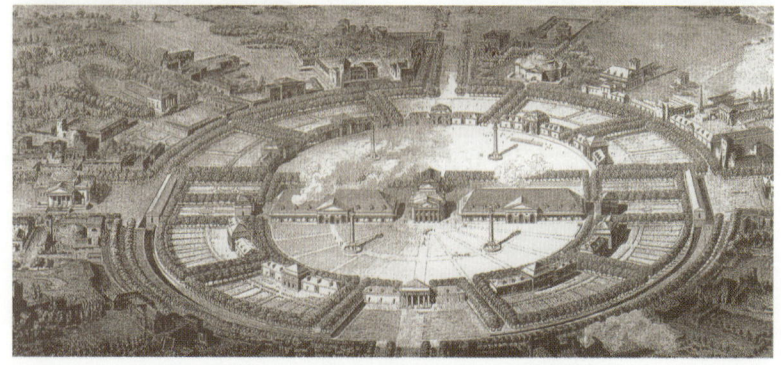

ユートピア（ルドゥーによって描かれた「ショーの理想都市」）

備に対して，共同通行部分や空地の整備補助を行う。「優良再開発型（共同化，市街地環境形成，マンション建替え）」「市街地住宅供給型（住宅複合利用，優良住宅供給）」「既存ストック活用型」「耐震型」の4つの型がある。→開発，事業，都市計画，基盤整備，住宅，都市再生

床鋼板　⇒デッキプレート

歪んだ空間　一般的には，歴史的なバロック様式を表現する語として用いられる（歪んだ真珠）。この表現形態をもとにして，伝統的に直線等で抑制されている空間を曲線等で変えようとする建築形態，ヘルシンキ現代美術館などを現す。→バロック

ゆとり　おもに機能的に余裕があること。遊びの部分があること。複雑さ，アンビギュイティ，美しさなどの表現の方法，形式，形態。また，特に機能を重視したデザインに対し，逆の意味を強調したい場合に用いられることも多い。

ユニット［unit］単位を指し，空間や事象を構成する要素となる。空間の場合は，人間工学的観点から導かれた単位空間，もしくはこれらの一定の集合体を1ユニットとして扱うことができ，これを構成して全体の空間が造られる。

ユニバーサルスペース［universal space］①宇宙的，宇宙観を示す空間という意味で用いられ，ミース・ファン・デル・ローエやル・コルビュジエの建築空間で表現されていると考えられている。②いかなる用途にも適するように，特に目的を定めない柔軟な空間。壁や柱を最小限に抑え，必要に応じて間仕切りの位置や家具の位置を変化させることで，自由で可変的な利用を可能にする。→空間演出

ユニバーサルデザイン［universal design］普遍的な，全体の，という言葉が示すように，「すべての人のためのデザイン」を意味し，年齢や障害の有無などにかかわらず，最初からできるだけ多くの人が利用可能であるようにデザインすることを指す。この言葉や考え方は，1980年代にノースカロライナ州立大学（米）のロナルド・メイスによって明確にされ，7つの原則が提唱されている。それは，公平性，自由度，単純性，わかりやすさ，安全性，省体力（少ない力で効率的に楽に使える），スペースの確保である。→バリアフリー，障害者の空間

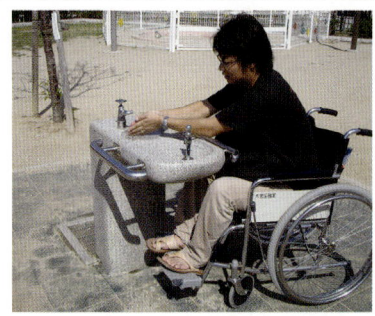

ユニバーサルデザイン（街区公園／大阪市）

ユネスコ［United Nations Educational, Scientific and Cultural Organization］「UNESCO」と略す。国際連合教育科学文化機関。1946年設立の教育，科学，文化の発展と推進を目的とした国際連合の専門機関。重点目標として文化の多様性の保護および文明間対話の促進を掲げており，世界遺産の登録と保護，文化多様性条約の採択，歴史的記録遺産を保全する世界の記憶事業を行っている。→世界遺産

ユビキタス社会［ubiquitous］「いたるところに存在する」という意味のユビキタスを冠する社会とは，携帯電話，ブロードバンド，デジタル放送などの発達により，あらゆるものが情報化されてネットワークを構成し，誰でもいつでもどこでも必要な情報やサービスを手に入れることができるような社会をいう。具体的な取り組みとしては，超小型チップを使った食品の管理や保管量の確認，障害者に対する誘導などがある。その一方，プライバシーの侵害などの心配も浮上している。

ゆらぎ　①確率変数の平均値と観測値の偏差を指す。②「1/fゆらぎ」と呼ばれるもので，画像を対象とした場合では，濃淡を対象とした空間周波数成分のフーリエ変換によって，周波数ごとにパワースペクトルを得る。このパワースペクトルと周波数を縦軸と横軸にプロットし，描かれた回帰直線の傾きがゆらぎに該当する。その画像を見た被験者の心理状態との相関があるとの報告がみられる。

ユルゲン・ハーバーマス［Jürgen Habermas］(1929-)　ドイツの社会学者，哲学者。ドイツ，フランクフルト学派第二世代に位置し，公共性論やコミュニケーション論の第一人者。批判理論を継承，発展させる。

よ

用・強・美（よう・きょう・び）建築，構造物が造られる際に保たれるべき摂理。古代ローマの建築家，構造技術者であるヴィトルヴィウスがその著書『建築十書』（前30頃）の中で述べた。用は実用性，使いやすさ，機能，強は強度，強さ，構造，美は美しさ，洗練された形態，感覚的な魅力。

要綱　自治体における行政指導方針。必ずしも法令の根拠に基づかず，行政が所管事務について業界や関連機関に対し指導，助言，勧告等の手段を図ることで，一定の政策目的を達成するための運用方針。建築・都市行政では建築指導要綱や開発指導要綱，環境アセスメント要綱等がある。要綱そのものに法的拘束力はないものの，開発許可や建築確認と連動しているため，要綱に記載された事項を順守していなければ実質的に認められない。→都市計画

様式［style］①人間の行為のあり方，さまざまな行為，表現を特徴づける形式の総体。②芸術において，作品を地域や民俗，時代による形式的特長に分類した総称。styleは，鉄筆を意味するラテン語stilusが由来で，鉄筆で書かれた文体が原義。

陽樹（ようじゅ）日当たりのいい場所でないと十分に生長できない種類の樹木。サクラ類，ツツジ類，マツ類など。→陰樹（いんじゅ），庭木

養生（ようじょう）①さまざまなリスクから身を守るために大切に保つこと。②建築分野では，コンクリート打ちや塗装などの後の処置をいう。③造園の分野では，育成中の樹木や移植直後の樹木の生育を助けるための，支柱の設置，幹巻き，灌水，日除け，除草，整枝や剪定，施肥，病虫害の予防と駆除，防雪や防風など，さまざまな対策を指す。

容積移転　土地の高度利用を効率的に図るため，実態において土地が低未利用である場合，余剰容積率（法定の容積率と実際の容積率との差）を高度利用を図る場所に移して利用すること。または，伝統的建築物の保護，保全を図るために，当該敷地の余剰容積を商業地区等に移して利用すること。一団地の総合的設計，連担建築物設計制度，特定街区等の各種制度において，それぞれの要件を満たしたときに利用が可能となる。→開発，景観，土地利用，地区計画，都市空間

容積緩和型地区整備計画制度　土地の高度利用促進を図るために用いられる地区計画を活用した地区整備計画の諸制度。再開発等促進区制度，沿道再開発等促進区制度，高度利用地区型地区整備計画，用途緩和型地区整備計画，人工地盤型地区施設下の建築物の建ぺい率緩和等が該当する。→開発，景観，土地利用，地区計画，都市空間

容積率　建物の敷地面積に対する延べ床面積の割合。都市計画の用途地域によって，容積率の限界が設定されている。総合設計制度等の手法を用いない限り制限内で建築することになる。→都市計画，建築基準法

容積率（用途地域別）

建築基準法第52条	容積率	
第一種低層住居専用地域 第二種低層住居専用地域	5／10 8／10 15／10	6／10 10／10 20／10
第一種中高層住居専用地域 第二種中高層住居専用地域 第一種住居地域 第二種住居地域 準住居地域 近隣商業地域 準工業地域	10／10 20／10 40／10	15／10 30／10 50／10
商業地域	20／10 40／10 60／10 80／10 100／10 120／10	30／10 50／10 70／10 90／10 110／10 130／10
工業地域 工業専用地域	10／10 20／10 40／10	15／10 30／10
用途地域指定のない区域内	5／10 10／10 30／10	8／10 20／10 40／10

用途純化　地域の立地特性に応じて，住宅，業務，商業，工業の各施設の混在を抑制し，適切な都市環境の実現を図ること。近代都市計画の基本理念の一つであったが，ニュータウン等では住宅施設に純化しすぎたために，都市機能の衰退を招いたこともあり，適度な用途混在が求められるようになった。→都市計画，町並み，都市空間，都市再生，

保全・保存，用途地域

用途地域 都市計画法に定める地域地区。第一種低層住居専用地域，第二種低層住居専用地域，第一種中高層住居専用地域，第二種中高層住居専用地域，第一種住居地域，第二種住居地域，準住居地域，近隣商業地域，商業地域，準工業地域，工業地域，工業専用地域の12種類の用途が定められており，第9条に各用途地域が定義されている。土地利用用途を定めることで，建物利用用途も制限し，さまざまな機能をもつ施設が混在しないようにするためのゾーニング規制。→都市計画，土地利用

用途複合 いくつかの異なる用途が集まったもの。大規模再開発においては，住宅，商業，業務など異なる目的をもった施設を従前権利および市場ニーズや事業コンセプトにあわせて建設することがある。構造や設備が施設内容によって異なるため，立体的にゾーニングして区分することが多い。「複合用途」「機能複合」ともいう。

用途別容積型地区計画 都心部の住商併存地域における住宅供給を促進するため，住宅を設けた場合に容積率を緩和する地区計画制度で，人口空洞化の認められる都心部や木造密集住宅市街地の更新に活用される。→都市計画，地区計画

擁壁（ようへき） 土や盛土（もりど）による地表面の高低差を保持するために，その境

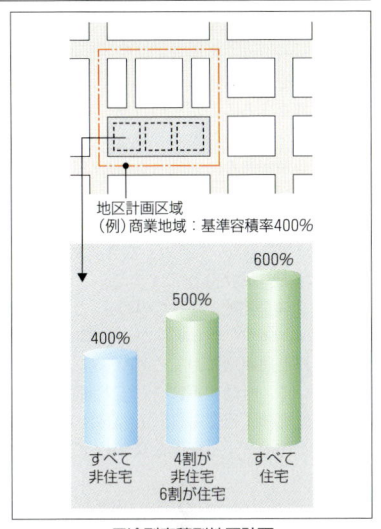

地区計画区域
（例）商業地域：基準容積率400%

400% すべて非住宅
500% 4割が非住宅 6割が住宅
600% すべて住宅

用途別容積型地区計画

擁壁（グラバー園／長崎市）

用途地域

種類	解説
第一種低層住居専用地域	低層住宅のための地域。小規模な店舗や事務所を兼ねた住宅や，小中学校などが建てられる。
第二種低層住居専用地域	おもに低層住宅のための地域。小中学校などのほか，150m²までの一定の店舗などが建てられる。
第一種中高層住居専用地域	中高層住宅のための地域。病院，大学，500m²までの一定の店舗などが建てられる。
第二種中高層住居専用地域	おもに中高層住宅のための地域。病院，大学などのほか，1,500m²までの一定の店舗や事務所など，必要な利便施設が建てられる。
第一種住居地域	住居の環境を守るための地域。3,000m²までの店舗，事務所，ホテルなどは建てられる。
第二種住居地域	おもに住居の環境を守るための地域。店舗，事務所，ホテル，カラオケボックスなどが建てられる。
準住居地域	道路の沿道において，自動車関連施設などの立地と，これと調和した住居の環境を保護するための地域。
近隣商業地域	周りの住民が日用品の買物などをするための地域。住宅や店舗のほか，小規模な工場も建てられる。
商業地域	銀行，映画館，飲食店，百貨店などが集まる地域。住宅や小規模な工場も建てられる。
準工業地域	おもに軽工業の工場やサービス施設等が立地する地域。危険性，環境悪化が大きい工場のほかは，ほとんど建てられる。
工業地域	どんな工場でも建てられる地域。住宅や店舗は建てられるが，学校，病院，ホテルなどは建てられない。
工業専用地域	工場のための地域。どんな工場でも建てられるが，住宅，店舗，学校，病院，ホテルなどは建てられない。

界に設けられる壁状の構造物。敷地の背後に崖（がけ）がある場合に設置される擁壁は、単に崖を補強するものではなく、土砂の崩壊を防止することがその役割であり、大きな荷重を支えることができるような性能をもつ必要がある。

養老天命反転地（ようろうてんめいはんてんち）岐阜県養老町の養老公園内に、1995年オープンした一風変わったテーマパーク。デザインは荒川修作＋マデリン・ギンズ。大きくは"極限で似るものの家"と"楕円形のフィールド"から成るが、全体的に複雑な迷路と急斜面につくられたスロープでできていて、行動するにつれて方向感覚や平衡感覚を強く揺さぶられる。同コンビによる作品には、「三鷹天命反転住宅」などがある。

養老天命反転地（岐阜県）

余暇（よか）自分の裁量で何を行うかを決めることが可能な、自由で創造的な時間を指す。余暇を過ごすことで、生活に変化と刺激が生じると考えられる。漢字が示すように、睡眠や労働といった生活に必須の時間、義務的な時間以外の余った時間という認識があるが、現代の生活は、余暇とそれ以外の時間との境界は曖昧である。むしろ、行う人間の意識によってどちらに区分されるかが決まる。→レジャー、レジャー環境

余暇空間（よかくうかん）⇒レジャー環境

余暇時間（よかじかん）⇒自由時間

横丁（よこちょう）表通りではなく、そこから曲がって入り込んだ人々の生活感があふれた一角。近世の町人地、現在でも下町の一部には横丁と呼ぶにふさわしい通りがある。映画や小説によく登場する庶民の町。→下町、町人町

横浜港大さん橋国際客船ターミナル　横浜市。伝統ある大桟橋をリニューアルして、2002年にオープン。大規模な国際コンペが行われ、600作品の中から、アレハンドロ・ザエラ・ポロとファッシド・ムサヴィ

横丁（北京市内）

のコンビが設計者として選ばれた。床面積44,000m²、本格的なクルーズの時代に対応して、超大型客船2隻が同時着岸できる。屋上は床面がうねるウッドデッキと芝を張った斜面からなり、24時間開放されている。

横浜港大さん橋国際客船ターミナル

予測モデル　さまざまな要因をもとに将来の姿を計算によって求めるもの。交通需要予測、避難行動予測、土地利用遷移予測など、多くの要因が複雑に影響する事象に対して、関数などを組み合わせたうえで予測値を出力するモデルが多い。

余熱回収再利用設備　清掃工場などにおいて、焼却によって発生する熱を回収・有効利用し、温水プールや温浴施設、空調設備、発電等を行う設備。近年はごみ発電の普及が進んでおり、熱エネルギーを廃熱ボイラーで蒸気を発生させ、蒸気タービンやガスタービンによって発電するもので、電力会社への売電も行われている。→焼却施設

ら

ラーバンコミュニティ［rurban community］
ラーバン（rurban）は、ルーラル（農村の）とアーバン（都市の）の合成語。アメリカの農村社会学者C.G.ギャルピンが、南北戦争以降、産業資本等が大都市に集中し農村社会が孤立した状況に対して、都市社会と農村社会との融合としてラーバンコミュニティを提起した（1915）。→ラーバンデザイン, 混住地域

ラーバンデザイン［rurban design］都市的状況と農的、自然的状況が共生する新しい生活環境像を積極的に模索、検討し、それを具現化しようとするもの。「人、もの、機能における都市の要素と農村の要素の混在の容認、受容」と「混在するそれらの連携、補完による共生」を基本的な視座としている。→田園居住, 都市・農村共生

ライト［Frank Lloyd Wright］⇒フランク・ロイド・ライト

ライトアップ［lighting up］歴史的建築、モニュメント、橋、塔、樹木などに照明を当て、昼間とは違った表情を演出すること。一般には街の活性化の手段として行われることが多い。類似したものに、イベントとして行われるイルミネーションの手法がある。各地のクリスマス・イルミネーションや神戸の大震災を期に始まったルミナリエなど。→夜間景観, イルミネーション

ライトアップ（チョンゲチョン／ソウル）

ライトダウン［write down］原意は帳簿価格を切り下げること。都市計画の分野では、行政が取得した土地を民間に安い価格で払い下げたり、長期的な賃貸を行うことを指し、アメリカにおける都市開発の仕組みの一つとされている。→都市開発

ライフサイクルコスト［life cycle cost］「LCC」と略す。製品や構造物などの企画、設計に始まり、竣工、運用を経て、修繕、耐用年数の経過により解体処分するまでを建物の生涯と定義して、その全期間に要する費用を意味する。建物以外にも土木構造物（橋梁、舗装、トンネル）等にも適用されている。費用対効果を推し量るうえでも重要な基礎となり、初期建設費であるイニシャ

ラーバンデザイン（展開過程）

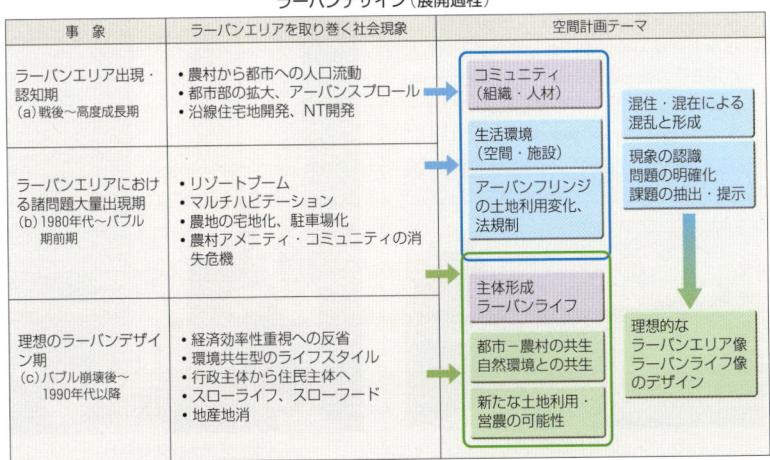

事象	ラーバンエリアを取り巻く社会現象	空間計画テーマ	
ラーバンエリア出現・認知期 (a)戦後～高度成長期	・農村から都市への人口流動 ・都市部の拡大、アーバンスプロール ・沿線住宅地開発、NT開発	コミュニティ（組織・人材）	混住・混在による混乱と形成
ラーバンエリアにおける諸問題大量出現期 (b)1980年代～バブル期前期	・リゾートブーム ・マルチハビテーション ・農地の宅地化、駐車場化 ・農村アメニティ・コミュニティの消失危機	生活環境（空間・施設） アーバンフリンジの土地利用変化、法規制	現象の認識 問題の明確化 課題の抽出・提示
理想のラーバンデザイン期 (c)バブル崩壊後～1990年代以降	・経済効率性重視への反省 ・環境共生型のライフスタイル ・行政主体から住民主体へ ・スローライフ、スローフード ・地産地消	主体形成 ラーバンライフ 都市-農村の共生 自然環境との共生 新たな土地利用・営農の可能性	理想的なラーバンエリア像 ラーバンライフ像のデザイン

ルコストと，エネルギー費，保全費，改修，更新費などのランニングコストにより構成される。ライフサイクルコストの低減を図るには，企画・計画段階から全費用を総合的に検討することが必要といわれる。→イニシャルコスト，ランニングコスト

ライフスタイル ［life style］個人の生き方，生活様式。ライフスタイルは世代および意識水準により重層しながらも変化していくので，住宅等の建築計画についてはライフスタイルと合わせてライフステージ（人の一生を少年，青年，壮年，老年等に区切ること）を考慮する必要がある。

ライフスタイル（田園環境のイメージ）

ライフライン ［life line］元は英語で「命綱」の意味だが，日本ではおもにエネルギー施設，水供給施設，交通施設，情報施設などを指す言葉で，生活に必須なインフラ設備を示す。→インフラストラクチャー

ラ・ヴィレット公園 ［Parc de la Villette 仏］フランス，パリ19区に1980年代に，ベルナール・チュミによってデザインされた抽象性の強い現代を代表する公園の一つ。120m間隔のグリッドの交点に30のフォーリーを設置。すべて形が違い，色彩は赤に統一したフォーリーは公園のアクセントを創っている。北の科学産業館はA.ファンシルベール，西の音楽大学はC.ポルザンパルクの設計。→公園，フォーリー

楽市楽座 （らくいちらくざ）日本の近世16世紀から17世紀にかけて織田信長，豊臣秀吉の織豊政権や各地の戦国大名などにより，城下町などの支配地の市場で行われた経済政策（楽市令）。既得権益をもった商業者集団の「座」から権力を排除し，誰でも自由に商売ができるようにした。この意味を冠したインターネット上の市場も存在する。

楽園 心配や苦労がなく，楽しく過ごせる場所。「パラダイス」ともいう。→桃源郷（とうげんきょう）

落葉樹林 ケヤキ，イチョウ，カシワなどの，秋から冬にかけて葉が落ちる樹木。多くは広葉樹だが，カラマツ（落葉松）は針葉樹。冬の落葉樹林は明るく，昔は落葉を肥料や燃料として利用した。落葉樹は街中の街路樹として適している。→街路樹，常緑広葉樹林，針葉樹林

ラスタ ［raster］画像（図形）を点（ドット）の集合として表すデータ。「ラスター」「ラスタデータ」「ラスタグラフィックス」「ビットマップ」ともいう。→ベクタ

ラ・デファンス ［La Défense 仏］パリの都市軸であるシャンゼリゼ通りを西に延伸し，セーヌ川を越えたところで行われてい

ラ・ヴィレット公園（パリ）

ラ・デファンス（パリ）

る副都心建設地区。1958年から開始，パリ都心では禁止されている高層ビルが林立する。1989年，革命200年の記念に新凱旋門(Grand Arche)が建設された。→副都心

ラドバーン方式［Radburn layout, Radburn system］1929年に入居が開始されたニュージャージー州フェアローンにある住宅地ラドバーン建設の際に導入された，歩行者と自動車のアクセスを完全に分けた歩車分離策。車路をクルドサックとして通過交通を抑制し，歩行者は各住戸から学校，公園，商店等へ行く場合に，緑地帯である歩行者専用道路を通る。→交通計画，都市計画

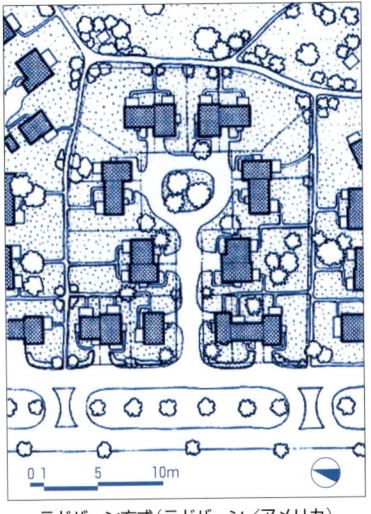

ラブジョイプラザ［Lovejoy Plaza］アメリカ，オークランド市に1967年に完成した広場。環境デザイナー，L.ハルプリンの代表作。林立するコンクリートビルの谷間に位置しながら，自然の渓谷を感じさせる滝と水を中心としたアクティブな空間が計画された。ハルプリンの他の作品に，ニコレットモール，ギラデリスクエア，シーランチなどがある。→ローレンス・ハルプリン，ギラデリスクエア

ラムサール条約［Ramsar Convention］正式には「特に水鳥の生息地として国際的に重要な湿地に関する条約」(Convention on

ラドバーン方式（ラドバーン／アメリカ）

ラムサール条約（霧多布湿原／北海道）

ラブジョイプラザ（アメリカ）

wetlands of international importance especially as waterfowl habitat)。1971年制定，1975年発効。日本は1980年加入。現在約150国が加入，登録湿地数は1,500を越す。日本では釧路湿原を第1号に，ウトナイ湖，藤前（ふじまえ）干潟，尾瀬など33箇所（2005年現在）。→干潟（ひがた），バードサンクチュアリ，高層湿原

ランドアート［land art］アメリカの商業主義的な美術の動向に反発するかたちで，1960年代からアーティストたちが屋外，特に広大な砂漠地帯をキャンバスに大規模な作品をつくった。大地に人による痕跡を残すことによってできるアートを総称して呼ぶ。ロバート・スミッソンは1970年，アメリカ・ユタ州の湖沼に岩石や土で螺旋（らせん）系の突堤を造った。この時期，マイケル・ハイザーはネヴァダ州の峡谷をはさんで溝を30mの長さに掘り，土を互いに移動させた。また，巨大な円を描いたりもしている。

ランドアート（クリストのアンブレラ／茨城県）

ランドスケープデザイン［landscape design］「造園設計」「風景計画」などと部分的には同じ意味であるが，これらを含んでより広い概念としても使われる。建築デザイン，都市デザインと並ぶ環境デザインを構成する三領域の一つ。→造園，風景，景観計画

ランドマーク［landmark］①陸標，灯台や鉄塔のような土地における方向感覚の目印になる建物，国，地域を象徴するシンボル的なモニュメント，建築，空間を意味する。また，広い地域の中で目印となる特徴的な自然，建物や事象も含まれる。ニューヨークの自由の女神，パリのエッフェル塔などは都市，国家を象徴するランドマークで，大木，山，高層ビル等は町や都市のランドマークである。②K.リンチの街のイメージアビリティを形成する5要素の一つ。→モニュメント，ケヴィン・リンチ

ランドマーク（エッフェル塔／パリ）

ランニングコスト［running cost］建物や設備機器，システムなどを維持管理していくうえで必要な補助点検などの費用。具体的には，水道代や電気代などの光熱費用のほか，建物の点検や補修にかかる費用を含める。最近は長期的な視点から，高いイニシャルコストをかけた高耐久性の構造体を用いながらランニングコストを低く抑えて，総合的なライフサイクルコストの低減を図る考え方がみられる。→イニシャルコスト，ライフサイクルコスト

ランプ［ramp］①一般的には勾配のある（斜めの）道路の総称。「斜路」「スロープ」とも呼ぶ。②立体交差する道路で，相互の道路を結ぶ路線。また，高速道路と一般道路を結ぶ連絡路線。

り

リアス式海岸 [rias coast, drowned valley] 川に浸食されて起伏ができた陸地が，地殻変動や海水の浸食等により沈下して溺れ谷となり，これが連続して鋸の歯のように複雑に入り組んだ海岸のこと。入り江の水深が深く波が穏やかであり，河川の流入による汽水域を形成するため，生態系が豊かで，沿岸漁業に適している。

リアス式海岸（男鹿半島／秋田県）

リージョナリズム [regionalism] 「地域主義」。各地方の独自性や特徴を重視，尊重する考え方。グローバリズムに対して用いられる。近接した地域の国や自治体が政治，文化，経済，安全保障などのさまざまな分野で関係を強化し，利益を追求していく。第二次世界大戦後のブロック経済や欧州共同体（EC），欧州連合（EU），東南アジア諸国連合（ASEAN），北大西洋自由貿易地域（NAFTA），アフリカ連合（AU）が世界的な地域連合の事例としてあげられる。→グローバリズム

リジェネレーション [regeneration] 再生，再建，復興，復活などが原意。リノベーションと同じ意味で使われる。→リノベーション，再生，都市再生

リスクアセスメント [risk assessment] リスクの大きさをリスク分析により評価し，そのリスクが許容可能かどうかを判断する一連のプロセス。リスク分析により得られた因子に対して対処順を決定し，その際のコストパフォーマンスを含めて検討する。リスクマネジメントのための手法。

リスクマネジメント [risk management] 各種の危険による不測の損害を最小の費用で効果的に処理するための経営管理手法。

理想都市 一般的には近代都市計画において，産業革命以降に発生したさまざまな都市問題に対して提唱された都市形態や計画の理論。E.ハワードの田園都市構想やル・コルビュジエによる輝く都市など。また，古くは古代の中国やギリシャ，ローマの都市計画から，中世都市の広場や城壁などを含む都市形態，ルネサンスの修景技法など近代以前の都市計画や，近年の持続可能な開発やアーバンビレッジ，コンパクトシティなどを含む場合がある。→エベネザー・ハワード，ル・コルビュジエ

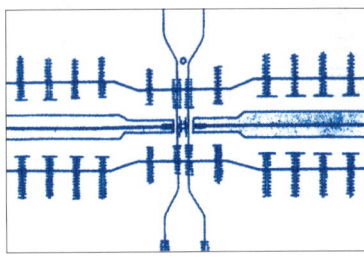

理想都市（O.E.シュヴァイツァーの線形都市案）

リゾート [resort] 人が個人または家族など複数で，リフレッシュやレクリエーションを楽しむために訪れる総合的な施設の整備された場所。保養地，行楽地。一般の観光地と異なり，長期滞在型のバカンス，休暇を楽しむための場所で，食事，宿泊施設，スポーツ，体験型の文化的な活動まで含めたエンターテイメントの機会が豊富で，施設も多様な点が特徴。日本ではホテルの名称に付けて，従来の宿泊のみをサービスの主体としたホテルとの差異を示している場合も多い。→観光，リゾート法

リゾート（ソネバギリ／モルディブ）

リゾート法 正式名称は「総合保養地域整備法」で,1987年に成立。目的は「良好な自然条件を有する土地で,国民が余暇を利用して民間事業者の能力の活用によって,スポーツや教養文化活動をする」とあり,ゆとりのある国民生活,当該地域の振興,国民福祉の向上,国土や国民経済の発展が目指された。地方自治体が整備計画を作成し,国の承認を受ける。承認により事業にかかわる道路,交通,下水,公共施設の設備,地方自治体による援助上の緩和措置がとられた。この法律により全国にリゾートブームが起きたが,バブル経済の破たんとともに,多くのリゾート構想は頓挫した。→リゾート,観光

リダンダンシー[redundancy] ①冗長性。②システムの信頼性を確保するための複数の回路。一つの経路に支障をきたしても,別の経路をたどることで目的を達成する。③阪神・淡路大震災以後,都市防災において導入された重要な概念で,災害時に施設やインフラの断絶等が起きた場合,あらかじめライフラインを多重化する,交通機能マヒを防ぐためのルートを複数確保しておくことなどによって,都市全体が機能不全に陥らないようにするための方策。→都市計画,防災

立体視 2次元の図形や写真などの対象を3次元的に見ること。特に,特殊な器具などを使用しないで意図的に眼の焦点をずらす方法を指す場合もある。「裸眼立体視」ともいい,焦点を対象より先におく方法と手前に置く方法がある。→視覚

立体道路制度 1989年に道路法,都市計画法,都市再開発法,建築基準法の4法を改正して道路と建築物等の一体的整備を可能とした新たな整備手法。道路法では,道路の上下空間を利用するため,区域を立体的に限定し,道路施設としての各種規定を除外。都市計画法および都市再開発法では,道路整備と合わせた良好な市街地整備のため,地区計画,再開発促進区,市街地再開発事業に関する権利変換等の措置。建築基準法では,道路と一体的に整備される建築物の道路内建築制度の合理化を図ることができる。→都市計画

立体都市施設 都市計画制度に定められた,立体的に空間を限定して都市計画決定する都市施設。道路,自動車高速道路等の道路施設,水道,電気,ガス等の供給処理施設,河川,運河等の水路,電気通信事業用施設,防火・防水施設に限り,道路の上下区間の有効活用が認められている。

立体用途地域制 平面的なゾーニングによる用途規制だけではなく,3次元的にも用途規制を適用するもの。例えば,地方中心市街地において,低層部分は業務や商業施設とするものの,中上層階には住宅施設の導入を可能とすることで,適切な用途複合を実現し,定住化促進を図り,定住化による町の活性化を誘導するといった手段が可能となる。→都市計画

立地特性 ①動植物の生息環境における気候や地形の特徴。②開発予定地や市街地の気候や地形といった自然条件と商業環境,土地建物利用状況,インフラ整備状況,交通環境,各種地域資源など社会的状況の総体。都市環境を把握するうえで重要な条件であり,的確な計画条件把握および課題抽出,方針検討の基礎的情報である。→環境,場所

リニューアル[renewal] 原意は更新,復活,

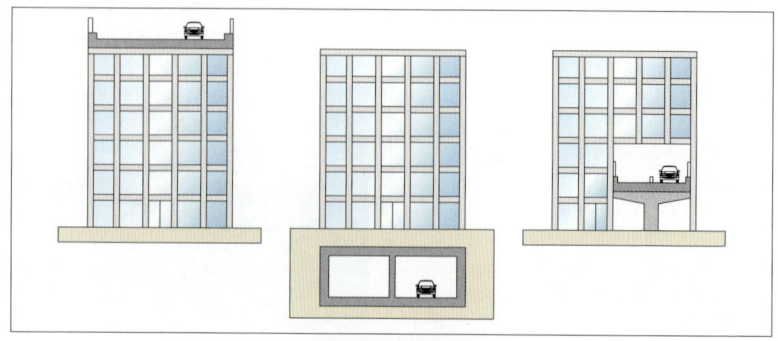

立体道路制度(利用例)

再生など。古くなって時代の要請に応えられなくなり、衰退傾向にある地区に対してハード、ソフト両面で改修や新機能の導入などを行い、地区の再生を図ること。→再生、都市更新、都市再開発

リノベーション［renovation］革新、改造、修理などを意味し、建築に対しても都市内の地区に対しても使われる。古くなって時代に合わなくなった機能や設備を改修し、使い続けられるようにすること。リニューアルやリフォームとほぼ同じ意味で使われるが、幅はやや広い。→都市再生、都市更新、リフォーム

リバーフロント［riverfront］①河岸。②河川の沿岸地域。③都市の新たな開発対象地域の一つ。多摩川や鶴見川といった都市部を流れる河川の河口付近では、工場や倉庫の撤退から生まれた遊休地の活用によって、マンション建設等が確認できる。→河川、景観

リフォーム［reform］改革、矯正などが原意だが、ここでは古くなった建築を改修して、前以上の水準に整備して使い続けられるようにすることを指す。→リニューアル、修復

リフトバス　昇降機により車椅子の人が車椅子ごと乗れる特殊車両を指す。障害者や高齢者の社会的生活能力向上のため、社会活動に必要な移動に関する援助を行うことを目的に、地方公共団体の独自の制度として、通所施設への送迎用に導入される場合が多い。→バリアフリー

リモートセンシング［remote sensing］広義では、非接触の調査技術全般を指すが、多くの場合は人工衛星をプラットフォームとする広域観測技術を指す。得られるデータには、広い範囲を時間差なく、瞬時にとらえているといった広域性、同時性の特徴がある。

流域　降雨や雪解け水が地表や地下を通り、一つの川に流れ込んでいる全地域。分水界によって囲まれた区域。一つの河川のみではなく、原水ポイントから支川や湖沼、その河川が流れる山間部や平野部の同一水系全体。→河川、水系、分水嶺

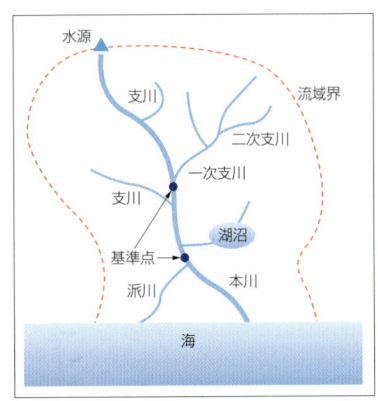

流域（概念図）

リバーフロント（ドックランド／ロンドン）

流域下水道 2以上の市町村の区域における下水を集め、広域的かつ効率的に排除する。流域幹線と終末処理場をもち、都道府県が管理する。市町村の建設した下水管によって各家庭や事業所の下水を集め、これが都道府県が建設した流域下水道の幹線管渠を流れて下水処理場に集められ処理される。

流域の保水 総合治水対策の一つ。市街化された地域では、舗装等により土地の保水能力が低下しているために、溜め池の保全、防災貯水池や雨水貯留浸透施設の設置、透水性舗装など流域内の保水・遊水機能を確保し、河川整備とともに流域の治水安全性を高める。大規模開発等においては、透水性舗装整備や調整池の整備が求められる。→防災、総合治水

流出抑制 治水対策において、市街地で雨水が土中に保水されずに地表面を流れ、河川を氾濫させないよう、学校や公園、公共施設や民間の宅地開発において貯水施設、遊水地、調整池整備により流域の保水・遊水能力を向上させること。→防災、総合治水

流通 ①物体が円滑に流れて留まらないこと。広く世間に知れ渡ること。物理的なものの流れと情報の浸透双方を指す。②商品等が生産から小売、エンドユーザーの手に渡るまでのもの、金銭、情報の流れ。時間が短くコストを抑えることで経済効果をもたらす。③トラックターミナル、鉄道貨物駅、卸売市場、倉庫、貯蔵槽、荷さばき場、貨物加工工場、製氷・冷凍事業用工場、付帯自動車駐車場・車庫、自動車燃料供給施設、自動車修理・整備工場等は流通関連施設として扱われる。円滑な流通システムの構築は、都市内交通や物流経路を効率化させる。

流入人口 他地域から当該地域へ、新たな住まいを求めたり通勤や通学のために入ってくる人々の数のこと。人口統計等における基本的指標の一つとして用いられる。関連用語として流出人口（当該地域から他地域へ流出する人々の数）がある。

流量 ①気体や液体の流体が単位時間当たりに流れる量のこと。②河川においては、河道を流れる水の量のことで、河道を計画・設計する際には河道断面が基本となり、計画水量等を計算する。また交通においても、車の交通量を流量としてとらえることがあり、道路幅員や車線数を考慮して時間当たり台数等で混雑度を測る。

竜安寺石庭 （りょうあんじせきてい）京都市右京区竜安寺御陵ノ下町。禅宗最盛期の15世紀末に作られた代表的な禅の庭（枯山水）。白砂に三群に分かれて置かれた15の石の配置が絶妙で、「虎の子渡し」とも呼ばれる。→日本庭園、枯山水庭園（かれさんすいていえん）

竜安寺石庭（京都市）

領域 ①国際法上における一つの主権国家に属する区域のこと。領土、領海、領空の3部からなる。②学問や研究などにおいて、その関係者が関心を寄せている部門のこと。③ある特定の要素や概念または行為によって、他と区分けする面的なまとまりのこと。空間的には、何らかの関係がある集団が、その集団に対応する空間の形成、維持に関与して形づくられ領有している区域や領土の範囲のこと。→テリトリー

両義性 2つの対になる意味をもつこと。異なる視点から、2つの見方、次元による意味の解釈ができること。場合によって、意味を2つに限らずに、多くの意味をもつ多義性と同義に使用される。→多義性

利用圏 生活や消費活動をするために、人が行動して利用できる範囲のこと。各種公共施設、医療施設、購買施設等の規模や機能等を決定するときの基本的な資料となる。人口構成等の社会的要因、地理的要因、交通インフラ等で利用圏は変化する。→生活圏、サービス圏

緑化 [greening, planting] ある場所に植物を積極的に植栽し、育成、管理を行うこと。

目的は緑による環境改善を図ることである。「道路緑化」「工場緑化」「学校緑化」などと、対象施設と結びつけて呼ぶこともある。また、世界的に進む砂漠化をとどめるための緑化運動も行われている。→緑，植栽，屋上緑化，学校緑化，工場緑化，壁面緑化，都市緑化フェア

緑化協定 一定の広がりのある地域で、樹木や草花を育成管理することを、居住者同士または居住者と公共用地管理者が合意する協定。住民参加の一形態であり、住民に対する啓蒙的な役割もある。→緑化，住民協定，住民参加

緑化計画 いろいろなレベルがあるが、マクロには緑の基本計画、再開発計画などのなかで、緑化、植栽の全体計画を策定すること。ミクロでは工場、学校、住宅地などの緑化、植栽計画を指す。→緑化，植栽

緑化地域 都市緑地法の規定に基づき用途地域が定められている都市計画区域内で、緑化の推進の必要があるとして、都市計画に、敷地面積に対する緑地の割合（緑化率という）の最低限度を定めた地域。→緑化，都市緑地法

緑住まちづくり推進事業 3大都市圏の市街化区域内農地の宅地化対策として、1994年に創設。緑住区画整理事業の推進を図ることで、市街化区域内にモザイク状に散在する生産緑地と宅地化農地の交換等による無秩序な宅地化の抑制、基盤整備、まちづくり、生産緑地の緑地機能保全等を目的とした事業。1999年度に都市再生区画整理事業に統合された。→開発，事業，まちづくり，土地利用

緑視率 （りょくしりつ）視界の中に占める緑の割合。平面的にとらえる「緑被率」に対して、空間的な実感に近い指標として考えられた概念。厳密な測定は困難で、いくつかの視点場における計測データで代表させる。→緑，緑被率（りょくひりつ）

緑地 [green space, open space] ①一般には樹木、草花などの緑で覆われた土地を指すが、実際は農地などの裸の土の地面や水面も含むことが多く、そうすると空地（くうち）＝オープンスペースと同義になる。→オープンスペース ②都市公園法に基づき、都市計画で定めた公共用地としての緑地。→緑，都市公園法

緑地資源 地域に残っている樹林地、竹林、草地、農地、水辺などを、環境維持、改善のための貴重な資源とみる考え方。具体的には資源の種類、所在地、規模、内容、貴重度などを調査、評価して、地域景観計画、環境基本計画などの立案の参考資料とする。→緑地，緑地保全，緑化計画

緑地保全 自然的要素が急激に減少していく都市地域において、現存する緑地資源は良好な環境の確保にとって貴重な存在であり、それらを保存、維持、管理していくことの重要性を主張する概念。具体的には都市緑地法や各地の景観条例などに組み込まれる。→緑地，緑地保全地域，都市緑地法

緑地保全地域 都市緑地法に基づき、都市計画で定められた良好な自然環境の形成に必要な地域。特に優れた緑地等は「特別緑地保全地区」に指定し、公共緑地として整備することができる。→緑地，都市緑地法

緑道 （りょくどう）厳密な定義はないが、緑

緑道（公園通り／つくば市）

を楽しみながら安全に歩けるような歩行者専用または歩行者、自転車専用の道。緑道は緑のネットワークをつくるうえで重要な要素。既成市街地では小河川や水路を利用したものが多く、ニュータウンなどでは意図的にデザインされる。→緑、公園緑地システム

緑農住区（りょくのうじゅうく）1972年に創設された緑農住区開発関連土地基盤整備事業で、農地整備の対象とした区域である「緑農区」と、一体的に整備するべき住宅および公共用地である「緑住区」の総称。都市計画用途区域内外にまたがって、農業的土地利用と非農業的土地利用の調整を行う事業。

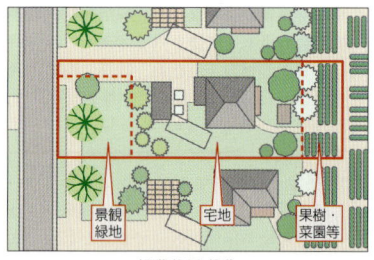

緑農住区（例）

緑被率（りょくひりつ）一定の広がりの地域で、樹林、草地、農地、園地などの緑で覆われる土地の面積割合。自然度を表す指標の一つで、夏に撮影した空中写真などを測定データとして用いる。→緑、緑視率（りょくしりつ）

臨海工業地帯　海岸沿いに帯状に形成された工業地帯。鉄道、道路、港湾施設が発達している。

臨海工業地帯（川崎市）

臨海副都心　東京のウォーターフロント開発による7番目の副都心。東京湾岸に位置する有明北、有明南、青海、台場の4地区、442ha。ウォーターフロントの魅力を活かした水辺空間、緑陰空間、洗練された都市景観を創造し、職、住、学、遊の機能が複合したアメニティの高いまちづくり、計画就業人口70,000人、計画定住人口42,000人の質の高いビジネス都市を目指している。→開発、景観、事業、都市、都市計画、基盤整備、新市街地、都市空間

輪郭線　視覚的に物体の縁となる部分をつないだ線。知覚的に、または認知のレベルで用いられることが多く、常に連続しているわけではない。建築物と空の間のような、境界となる線が実質的にない幾何学的な線と、照明や道路のような太さや形のある造形的な線がある。

リンク［link］⇒ハイパーリンク

リンチ［Kevin Lynch］⇒ケヴィン・リンチ

林地（りんち）①林になっている土地。森に比べてある程度人間の手が入っていて、利用しやすくなっている場所。②都市計画上の土地利用区分の一つで、宅地、農地などと並んで使われる。→緑地、土地利用

隣地境界（りんちきょうかい）隣の敷地との境界。隣地境界いっぱいに建物を建てることは建築基準法によって制限されている。また、隣地斜線制限による高さの規制もある。建築基準法上建物を建設する場合、用途地域の別により隣地境界線が発生し、建物の形態規制を行う。開発においては、関係権利者立会いの下に測量を行ったうえで境界を確定する。→斜線制限

隣地斜線制限　建築基準法で定められた建物の高さ制限のうち、第一種、第二種低層住居専用地域を除く用途地域に適用される規定。日当たりと風通しの確保、維持が主目的で、建物の高さを隣地境界線から一定以上の高さを起点とする斜線の範囲内に収める。→斜線制限

隣棟間隔（りんとうかんかく）隣同士と判定された2つの建物同士の最も近い距離のことを指す。隣棟間隔が広いほど、日照の確保、防犯上の安全性は高くなるが、都市部の狭小敷地に建てられる建築の場合は、隣棟間隔が狭い状況も多く生じている。外側から外壁を張る工事が可能な隣棟間隔の限界は、隣地境界線から30cm、隣の家の外壁からは35cmとされる。→日照時間、日影規制

類型化 ⇒タイポロジー

ルイス・マンフォード［Lewis Mumford］（1895-1990）アメリカの科学，技術に関する歴史研究家。特に都市や都市建築に関する研究で，都市の輪廻（りんね）説が有名。著書に『ユートピアの系譜』(1922)，『技術と文明』(1934)，『都市の文化』(1938)，『歴史の都市・明日の都市』(1961)など。

ルーバン・ラ・ヌーブ［Louvain la Neuve 仏］ベルギー，ブラッセル郊外に1971年から建設が始められた，計画人口50,000人，面積900haのニュータウン。フラマン語圏にある15世紀以来のルーヴェン大学を分割し，ワロン語を話す大学を建設するのにあわせて新都市をつくろうというもの。都市と大学が一体化した中世的大学都市空間の実現を目指し，大胆な試みがなされている。
→ニュータウン，学生街，中世都市

ルーフガーデン［roof garden］⇒屋上庭園

ルール［rule］規則，通則，例規の意。デザインの分野では，デザインルールを示す。具体的な対象を設計するために守らなければならない共通の決まりごと。

ル・コルビュジエ［Le Corbusier］(1887-1965) スイスのラ・ショード・フォン生まれ。近代建築の巨匠としてフランスで活躍した。1928年に設立された近代建築国際会議(CIAM)にW.グロピウス，ミース・ファン・デル・ローエとともに中心メンバーとして参加し，近代建築運動を推進した。伝統的建築の様式や装飾を排し，コンクリートの構造，機能的な平面配置による合理性を打ち出したモダニズム建築を数多く設計した。代表的な作品はサヴォア邸，ドミノシステムによるマルセイユの集合住宅ユ

ルーバン・ラ・ヌーブ（ベルギー）

ル・コルビュジエ（サヴォア邸／パリ郊外）

ルネサンス(サン・ピエトロ大聖堂／ローマ)

ニテ・ダビタシオン，ロンシャン教会堂などがあげられる。また，都市計画理論に大きな影響を与えたインドのパンジャブ州チャンディガールの設計も行っている。→ウォルター・グロピウス

ルネサンス［renaissance 仏］文芸復興。原語は再生を意味する。13世紀末から15世紀末にかけて，イタリアから全ヨーロッパに波及した，芸術，文学，思想，科学技術などの運動，活動。神が中心の中世社会から，ギリシャ・ローマ文明という古典への復興運動をもとにした活動によって，人間が中心となる近代社会への契機となった。

ルネサンス都市 中世と近世の間にあるルネサンス期は，理想主義の時代でもあり多くの理想都市が計画された(アルベルティ，フィラレーテなど)。しかし実際に理想案通りに建設されたのは，1593年，V.スカモッツィ設計のパルマ・ノヴァだけである。→バロック都市，中世都市

ルビンの壺 「ルビンの盃(さかずき)」ともいわれる。デンマークの心理学者ルビンが発表した反転図形。一つの図形が壺に見えたり人の横顔に見えたりする。「図」と「地」の基本的特徴を説明し，その後ゲシュタルト心理学に影響を与えた。→図と地，反転図形

ルビンの壺

ルネサンス都市(パルマ・ノヴァの全体計画図)

れ

レアル地区［Les Halle 仏］パリの中心部にあった市場跡地の再開発事例（1979）。歴史地区にあることから再開発にありがちな高層建築を排し、地下空間を活用して低層建築を建設した。現在、新たな再開発が計画されている。→都市再開発，歴史的市街地

レアル地区（パリ）

レイアウト［layout］バランスのとれた配置や配列，構成。図面や印刷物などの平面から，建築物，土地利用等のデザインにおいて用いられる。

霊園・墓苑（れいえん・ぼえん）共同墓地で，公園のように明るくきれいな環境をもつもの。はじめは谷中墓地や多磨霊園のように公共によって作られたが，人口の大都市集中によって需要が高まり，民間のものが多くなった。なかには火葬場や葬祭施設を付設するものもあり，注目すべきデザイン事例も多い。→公園

霊園・墓苑（春秋苑／川崎市）

レイヤ［layer］「層」ともいう。グラフィック系やCAD系，GISなどのコンピュータ・ソフトウェアで用いられる，何層も重ねて使用する描画用の仮想的に透明なシート。

レーモンド・アンウィン［Raymond Unwin］（1863-1940）イギリスの都市計画家。イギリスのロザハム生まれ。ジョン・ラスキンやW.モリスに影響を受け、アーツアンドクラフツ運動の普及に務め、多くの住宅を建設した。デザインの特徴として、レイアウトの美しさの評価が高い。また、E.ハワードの最初の田園都市であるレッチワースの設計を担当し、その評価を高めた。→ジョン・ラスキン，ウィリアム・モリス，レッチワース田園都市

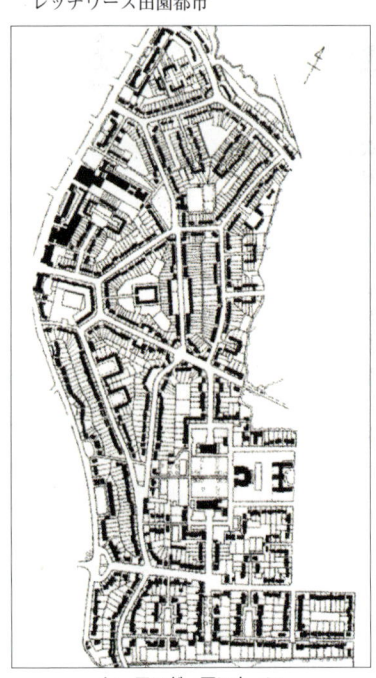

レーモンド・アンウィン（ハムステッド住宅地／ロンドン郊外）

歴史公園 厳密な定義はないが，原始時代の集落跡，古代の都市遺構や墳墓群，中世，近世の城跡，古戦場などを発掘，修復，保存し，その時代や地域の特色をテーマとして整備した公園。国営吉野ケ里歴史公園，国営飛鳥歴史公園等をはじめとして，各地に県営や市営の歴史公園も多い（写真・336頁）。→公園，記念公園，歴史的景観

歴史公園（吉野ヶ里歴史公園／佐賀県）

歴史地区 歴史的な町並みや遺産などが広範囲かつ集中的に保存されており、その町並みや遺産を保存する価値のある地区のこと。→世界遺産，歴史的遺産，歴史的環境

歴史地区（リラ僧院／ブルガリア）

歴史的遺産 ［historic heritage］人類が創造し尊重してきた歴史的文化財や優れた景勝，貴重な自然などのこと。これらを先祖からの遺産としてみて損耗することなく，さらに豊かにして未来世代に相続しようとする考え方。→世界遺産，歴史地区，歴史的環境

歴史的遺産（アイアンブリッジ／イギリス）

歴史的環境 ［historic environment］歴史的遺産が集中して存在することでつくり出されている一定の場。一般的に，地域の歴史のなかで形成，蓄積されてきた文化財，遺跡，町並み，自然景観，行事，習俗などの総体のこと。1969年の新全国総合開発計画において，はじめて公的に用いられた。→歴史地区

歴史的景観 同じ瓦を葺いた屋根が連なる歴史的町並みや格子戸や虫籠窓（むしこまど）をもつ伝統的建造物，棚田のある山村風景や密集した漁業集落など，その土地の風土に根づいた歴史や文化を感じさせる景観。形あるものだけでなく，朝市や夕市などそこ独特の生活風景は歴史的景観の重要な要素である。→景観，景観保全，原風景

歴史的建造物 ⇒伝統的建造物

上段左：佐原（千葉県），上段右：柳井（山口県），下段左：鷺浦（島根県），下段右：美山（京都府）
歴史的景観

歴史的市街地 歴史上のある時代に形成され，現在も歴史時代の建物がある程度残り，しかも町として生きている市街地。古代起源の京都，中世起源の鎌倉などがあるが，日本の多くの歴史的市街地は，江戸期に町割りがされ，その上に江戸，明治，大正期に建てられた建物が残っている町をいう。→保存と継承，歴史的景観

歴史的市街地（倉吉／鳥取県）

歴史的地区環境整備街路事業 ⇒歴みち事業

歴史的風土保存地区 「古都における歴史的風土の保存に関する特別措置法（1966年施行，古都保存法）」により，古都の歴史的風土を保存するために指定される区域。区域内では建築物の新築等，あらかじめ都道府県知事への届出といった規制がある。区域のうち，特に枢要な地区を「歴史的風土特別保存地区」に指定することができ，特別保存地区内での建築には必ず許可が必要となる。→景観，道路，町並み，まちづくり，街路，保存，町並み景観，歴史的市街地

歴史的文脈 町にしても城郭や古寺や遊廓などの主要施設にしても，それぞれに成立，変遷，現状という経緯があり，それらは互いに関連しあってその町固有の歴史を刻んできた。町の保存，整備，開発の計画を立てるに当たっては，こうしたコンテキスト（文脈）を踏まえた計画が必要とされる。→保存と継承，歴史的町並み

歴史的町並み 歴史的市街地とほぼ同義。小規模な場合は町並みというほうがしっくりするという程度。→歴史的市街地，町並み保存

歴史的町並み保存 ⇒町並み保存

歴みち事業 「歴史的地区環境整備街路事業」の略。1982年，歴史的町並みや史跡など卓越した特定の地区において，基本構想と地区道路の整備計画を策定し，歴史的町並みの保全と交通環境の改善，歴史的な道すじの再整備を一体的に進めるための都市計画事業として創設された。1996年より「身近なまちづくり支援街路事業」の「歴みち事業」となっている。→景観，道路，町並み，まちづくり，街路，保全・保存，町並み景観，歴史的市街地

レクリエーション ［recreation］余暇を利用して行う自主的，自発的活動で，英語が示すように，再生，回復的な意味をもつ。活動を通じて心身ともにリフレッシュすることが目的とされ，レジャーに包含される概念といえる。→レジャー，余暇

レジデンシャルホテル ［residential hotel］長期滞在の設備を有するホテルで，客室内にキッチンがある場合，寝室，リビング等に分かれる場合などがある。賃貸住宅との違いは，ホテル同様に掃除，ルームサービス，ランドリーサービス等がある。立地も都心が多く，敷金，礼金等の手続き上の煩雑さがないこと，滞在期間が柔軟であることから海外からの長期出張者に便利。

レジビリティ ［legibility］わかりやすさ。特に都市空間のわかりやすさ。K.リンチが唱えた概念であり，都市空間を住民が頭の中で，さまざまな要素によって明確に知覚する，組み立てることのしやすさを指す。→アンビギュイティ，イメージアビリティ，ケヴィン・リンチ

レジャー ［leisure］フランスの社会学者 J.デュマズディエによって示された概念で，「個人が職場や家庭，社会から課せられた義務から解放されたときに，休息，気晴らし，あるいは利得とは無関係の自発的な社会的参加，自由な創造力の発揮のために，全く随意に行う活動の総体」。人間の多様な生活活動のうち，自由裁量に裏づけられた活動のすべてを指す。→余暇，レジャー環境，レジャー観

レジャー観 人がレジャーを行う際に，レジャーに求める，レジャーを行うことで結果として得られると認識している心理的な意味を示す。レジャーがもたらす心理的意味には，「休養」「遊楽」「創造」の3要素が含まれると考えられ，こうした意味のいずれかが，レジャー一般あるいは特定のレジャーを行う際に求められている。必ずしも1つの意味に特定されるものではなく，これらの意味づけは重複的であったり，段階

的に変化する。また，行うレジャーの種類によっても異なる。→レジャー

レジャー環境 レジャーが行われる，行うことが可能な場，空間を指す。余暇空間と同義。レジャーは庭いじり，読書，料理等の日常的な空間である住居や職場で可能なものから，旅行などのように移動をともない非日常の空間で行われるものまで含まれる。このため，レジャー環境も多岐にわたる。→レジャー，余暇

レジャー空間 ⇒レジャー環境

レストンニュータウン [Reston Newtown] アメリカの首都ワシントンDCの西30km，ヴァージニア州に，1963年から80年にかけて建設された，アメリカを代表するニュータウン。面積2,800ha，計画人口75,000人。開発者は民間ディベロッパーのサイモンエンタープライズ。近隣住区を基本とし，ゴルフ場や工場地区，自然林などをもつ，人口密度は27人/haと低く，良環境のニュータウン。→ニュータウン，近隣住区

列状村（れつじょうそん）集落の一形態。街路や水路に沿って成立した列状の村落。列状村のうち比較的小規模なものを「路村（ろそん）」，やや発達し集合度の増したものを「列村」または「街村（がいそん）」というが，明確な区分は難しい。

列村（れつそん）⇒列状村（れつじょうそん）

列柱（れっちゅう）柱が列状に並んで立つ状態を指す。古代ギリシャの神殿，エジプトの神殿等に見られる。列柱と壁面に屋根を架け回廊としたり，囲まれた空間が広場であったりと，内部空間と外部空間をつなぐ役割を果たす。

レストンニュータウン（アメリカ）

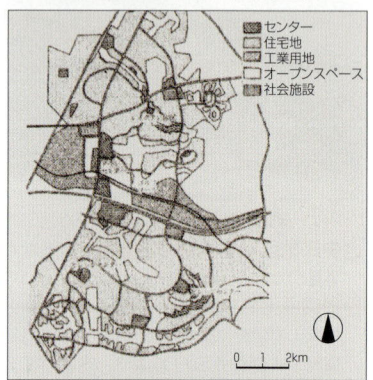

レストンニュータウン（マスタープラン）

列柱（アーグラー城／インド）

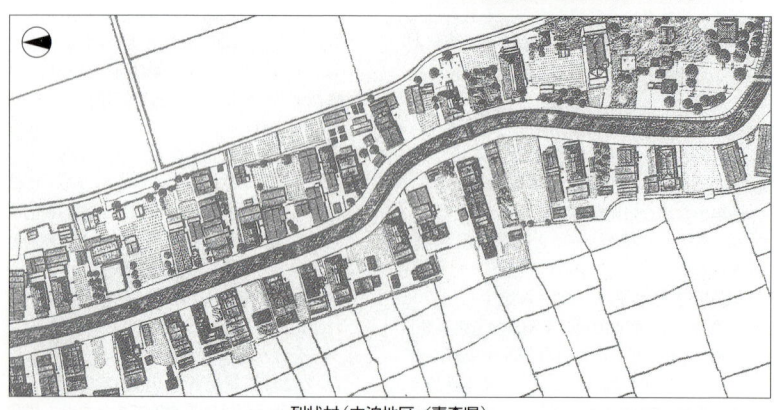

列状村（中泊地区／青森県）

レッチワース田園都市［Letchworth Garden city］ E.ハワードが最初に開発したロンドン郊外に位置する田園都市。田園都市会社が農地を買収し，都市開発を行った。当初の面積は約1,500ha（後に約1,800haに拡大）。R.アンウィンとB.パーカーの美しいデザインとともに，20世紀のニュータウンに非常に大きな影響を与えた。→田園都市，田園調布，田園都市運動，レーモンド・アンウィン，エベネザー・ハワード

レッチワース田園都市（ロンドン郊外）

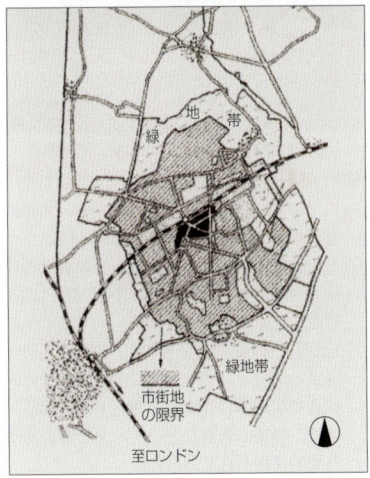

レッチワース田園都市（マスタープラン）

レベル［level］①水平または水準のこと。②水準測量（高低測量）を行うための測量器具（水準儀）。

連想法 想像，発想のための方法論，発想法。自由連想法は，ある刺激，言葉，絵などを与えられたときに心に浮かぶ考えやイメージを自由に考え，紙などに書き，描きとめる方法。強制発想法はこれに対して，制限のある回答を考える方法。両者ともブレーンストーミングの方法となる。また，心理療法の一つ。

連続建て ⇒タウンハウス，テラスハウス

連続立面図 町並みを構成する建築物のファサードを連続的に表現した図面。現代ヨーロッパで発達した歴史的都市の解読方法。単体で扱われてきた歴史的な建築物を，周辺の町並みと関連させて評価しようとする立場が根底にある。

連帯感［solidarity］同一の階層に属する家族，地域社会，企業，国家，民族などの興味が一致していること，また解決せねばならない課題などを共有した集団においてつくられる連帯意識のこと。→コミュニティ意識

レンダリング［rendering］①デザイン分野で表現，描写を意味し，建築のエスキースと同じ意味。②3D-CGで完成イメージを画像生成するための計算方法。まずオブジェクト空間にある3D画像をスクリーン空間に投影して描画する。線画タイプでアニメーションなどに使われるベクタ・グラフィックスと，見えない面を処理する隠面消去を特徴とするラスタ・グラフィックスというおもに2つの手法が使われる。

連担建築物設計制度（れんたんけんちくぶつせっけいせいど）複数敷地により構成される一団の土地の区域内において，既存建築物の存在を前提とした合理的な設計により建築する場合，各建築物の位置および構造が安全上，防火上，衛生上支障ないと特定行政庁が認めるものについては，複数建築物が同一敷地内にあるものとみなし，建築規制を適用する建築基準法で定められた制度。これによって，単独敷地では個別にかかる規制によって使用できなかった容積活用や空地（くうち）の整備等が行われる。→開発，事業，都市計画，建築基準法，再開発計画，都市空間，都市再生

廊下型集合住宅 片廊下型もしくは中廊下型集合住宅の総称。片廊下型は片側に廊下を配し、そこから各住戸にアクセスできる配置を指し、中廊下型は中央に廊下が配され両脇に住戸がある。いずれも階段室型集合住宅に比較して共用部分である廊下、階段面積を少なくすることができる利点を有するが、階段、エレベーターからの距離が住戸によって差が生じること、プライバシーの確保、防犯上の手薄さもある。→階段室型集合住宅

廊下型集合住宅（なぎさ住宅／大阪府）

老人福祉法 老人に対しその心身の健康の保持および生活の安定のために必要な措置を講じ、老人福祉を図ることを目的に1963年に制定された法律。老人福祉という表現は、現在は高齢者福祉と称されているが、法律名称に変化はない。→高齢者ケア

ローカルエリアネットワーク [local area network]「LAN（ラン）」と略す。1つの施設、機関の中で用いられるコンピュータネットワーク。一般家庭や学校、企業オフィスや工場などの規模で用いられる。イーサネットとインターネットのプロトコルTCP/IPを組み合わせるイントラネットが主流。

ローカルルール [local rule] 特定のグループもしくは地域で取り入られている特別なルール。この考え方は、むらづくりやまちづくりにも深くかかわる。日本の農山漁村社会が持ち続けている各地の慣習も一種のローカルルールといえる。

ロードサイドショップ [road side shop] 道路沿いに立地する店舗をいう。一般的には、郊外のバイパス沿いに立地する中規模または大規模の店舗を指すことが多い。駐車場が広く店舗も広いため、大きなカートに多量の商品を載せて大型の自家用車まで運ぶのが容易である。一方で、土地に不案内な人や高齢者、交通弱者からは、広すぎて不便で、迷いやすいという短所も指摘される。中心市街地の小売店の経営を圧迫し、「シャッター通り」に代表される中心市街地の空洞化を招き、まちづくりや交通弱者に悪影響を与えるともいわれている。→道の駅

ロードサイドショップ（道の駅／熊本県）

ローマ・クラブ イタリアの実業家であったアウレリオ・ペッチェイ博士が、地球的な問題に対処するために1968年にローマで初会合を開いた任意団体。世界各国の科学者や経済人、学識経験者100人からなる。組織の正式な発足は1970年。1972年の第1回報告書「成長の限界」で、世界の人口と経済の成長がこのまま進めば、100年以内に成長が限界に達すると警告した。環境、情報、経済、教育などのテーマで報告書が定期的に出されている。

ローレンス・ハルプリン [Lawrence Halprin] (1916-) アメリカのランドスケープアーキテクト。ニューヨークのブルックリン生まれ。ハーバード大学大学院で建築家W.グロピウス、造園家クリストファー・タナードに学ぶ。ハプニングダンサーで妻であるアンナ・ハルプリンとともに、公的空間と利用者との相互関係に視点を当て、噴水やアメニティに配慮した公園や歩行者空間のデザインを行った。また、ワークショップによるデザイン教育の方法も行っている。代表的作品にサンフランシスコのユ

ナイテッド・ネーション・プラザがある。
→ウォルター・グロピウス

ローレンス・ハルプリン
(カリフォルニア大学バークレイ校／アメリカ)

ログハウス［log house］丸太を井桁（いげた）状に積み上げて壁とする丸太組工法によって建てられた建物のこと。ログは丸太のことを指し、むき出しの丸太が内外部デザインに特徴を与える。北欧や北アメリカが発祥のこの工法は、日本で最古の建築物の一つ、東大寺正倉院の校倉（あぜくら）造りと同様。素朴な雰囲気が人気で、北欧型、北米型が輸入されているが、防火上の制約があるため、リゾート地の別荘として建築されることが多かった。近年は制約をクリアしたものも登場し、自宅として建てるケースも増えてきた。→セルフビルド

ログハウス（熊本県）

ロケーション［location］場所を指す言葉で、都市・建築分野では特定の建築、施設が存在する地理的な場所を示す。また、その特定の場所が有する特徴と周辺の環境も含め、広い範囲を示す言葉として用いる場合もある。→場所、空間特性

路地（ろじ）密集市街地の中の狭い道。都市の下町や漁業集落に多く、防災上の問題はあるが、居住者の生活空間として活用（植木を置く、洗濯物を干す、地蔵を祭る、井戸を設置する等）され、コミュニティをつなぐ空間となっている場合もある。ただし、これまでの区画整理等で多くの路地が失わ

れた。→下町、密集市街地、コミュニティ

路地（東京都）

露地（ろじ）日本庭園の様式の一つで、草庵風の茶室には欠かせない庭。「露地庭」「茶庭」ともいう。門を入って茶室に至るまでのアプローチ空間であり、俗塵（ぞくじん）を払い清明な気持ちになるための転換装置でもある。中門、腰掛（待合）、蹲（つくばい）、灯籠（とうろう）などが設けられる。→茶庭（ちゃにわ）、茶室、茶の湯、草庵

露地（有楽苑元庵／愛知県）

ロジットモデル［logit model］選択時における人の効用にかかわる要因（所要時間や費用など）を変数として、各サンプルにとって最も起こりやすい確率を表す確率モデル。経験的な法則を定式化したモデルは、集計データの量に影響を受けるが、ロジットモデルはこれに依存しないといった特徴がある。

路上生活者 さまざまな理由により定まった住居を持たず、公園、路上、公共施設、河原、架橋の下など公共の場所等を起居の

場所とし日常生活を営んでいる者のこと。「ホームレス」ともいう。都市生活者の経済的側面，福祉的側面，安全防犯的側面等で都市問題の一つとなっている。

路線価　路線に面した土地の国税庁調査による評価額。相続税，贈与税の基準となる。国土交通省の発表する毎年1月1日の地価公示を参考として，不動産鑑定士等の意見を聞いて国税庁が公表する。地価公示や基準地価格と違い，市街地のほとんどの路線に評価額がつけられている。

路線測量　線状築造物の設計，施工，維持管理に利用される測量。特に，道路などの線形を決定する際に利用されることが多い。具体的には，路線を計画，検討するためのペーパーロケーションや，設計図上で描かれた道路線形を現地にプロットする技術などが含まれている。

路村（ろそん）⇒列状村（れつじょうそん）

ロバート・M・マッキーバー［Robert Morrison Maciver］（1882-1970）アメリカの社会学者。コミュニティ論。アソシエーションが特定の関心やテーマにより形成された集団であるのに対比して，コミュニティがある特定の領域をもった共同生活の空間であるとした。

ロマネスク［romanesque 仏］ローマ風のという意味で，19世紀以降美術史の用語として使われるようになった。それ以前はロマネスクもゴシックも中世美術としてとらえられていた。ロマネスク建築では，ローマ時代の建築に多く使われた半円アーチを開口部の構造に使うこと，厚い壁が特徴とされ，イタリアのピサ大聖堂，ドイツのシュパイアー大聖堂などが有名。→ゴシック

路面電車［tram, tramway, street car］市街地の一般道路上に敷設された軌道を走る電車。東京，神奈川，広島，長崎，熊本など全国21都市で運行されている。欧米ではモータリゼーションの影響等で早くから交通対策や環境対策として路面電車による輸送システムが見直され，多くの都市で導入されている。昨今「LRT（light rail transit）」と呼ばれる都市内輸送システムに移行しており，同義で使用される場面もある。→LRT

上：エッセン（ドイツ）
下：シェフィールド（イギリス）
路面電車

ロマネスク（サンタンブロジオ教会／ミラノ）

わ

ワーキングホリデー［working holiday］
二国間の協定に基づき，最長1年間異なる文化の中で自由に休暇を楽しみながら，その間の滞在資金を補うために，就労することも認める査証を発行する特別な制度。両国の青少年を長期にわたって相互に受け入れることによって，広い国際的視野をもった青少年を育成し，両国間の相互理解，友好関係を促進することを目的とする。日本は，1980年にオーストラリアとの間で最初に始め，その後，ニュージーランド，カナダ，韓国，フランス，ドイツ，イギリス，アイルランド間で実施（2007年現在）。

ワークショップ［workshop］まちづくりにおいて，地域にかかわるさまざまな立場の人々が自ら参加して，地域社会の課題を解決するための改善計画を立てたり，進めていく共同作業とその総称。具体的には公園づくりや道づくり，公共施設の計画，団地再生やコーポラティブハウスなどの住まい計画，市町村の都市マスタープランの策定など多岐にわたる。住民参加型の活動形態の一つ。→コーディネーター制度，参加のデザイン，住民参加，市民参加，ファシリテーター

地域住民による環境点検マップづくり
ワークショップ

ワイヤーフレーム表現　3次元的な形状を稜線や交線などの線分のみで表現することを指し，CGで多く用いられる手法。ポリゴン表現と曲面表現，さらにポリゴンまたは曲面の境界線だけを表示したワイヤーフレームを用いる。視点が自由に設定でき，再現している形状の特性が内部，外部の両方から観察可能である。別に建築等の空間を表す模型の表現方法でもあり，空間のボリュームや雰囲気を再現，検証するのに役立つ。

輪中（わじゅう）水災を防ぐため1個もしくは数個の村落を堤防で囲み，水防共同体を形成したもの。木曾，長良，揖斐（いび）三川の下流平野に形成されたものは有名。

輪中（桑名市長島町／三重県）

ワシントン条約［Washington Convention］
正式名称は『絶滅のおそれのある野生動植物の種の国際取引に関する条約（Convention on international trade in endangered species of wild fauna and flora）』。1973年採択。現在約170国が締結，日本は1980年締結。ゴリラ，ゾウ，ツキノワグマなど哺乳類だけで約900種。生体だけでなく，漢方薬や皮革類などの加工品も対象となる。→自然保護，絶滅危惧種

和辻哲郎（わつじてつろう）(1889-1960) 兵庫県生まれ。哲学者，倫理学者，文化史家，日本思想家。代表的な著作である飛鳥，奈良の仏教芸術を紹介した『古寺巡礼』(1919)，ドイツ留学中にハイデガーから示唆を受け，風土と文化，思想の関連を考察した『風土』(1931)は，戦後の日本文化論の先駆となった。→マルティン・ハイデガー

和風庭園 ①⇒日本庭園 ②現在実際に作られている普通の日本庭園。特殊な人々のための社寺庭園や大名庭園、茶庭（ちゃにわ）ではなく、江戸時代に富裕な商人たちが生み出した数寄屋建築に合わせてつくられた、それほど大きくない瀟洒な庭。日本旅館の庭など。→庭園、日本庭園、造園、植栽

和洋折衷（わようせっちゅう）日本の伝統的な思想や手法と西洋の近代的な表現や技術をうまく組み合わせて独特なデザインを行うこと。対象は建築でも庭園でも同じ。

割り増し容積率 総合設計制度や特定街区、用途別容積型地区計画、再開発促進区、高度利用地区等、一定の要件を満たす開発に対して適用される、法定容積率を超えて建物を建設できる緩和措置。公開空地（くうち）の整備や住宅の用途の施設を取り入れることで可能となる。

ワンストップショッピング [one stop shopping] 複数のジャンルにまたがる買物、金融サービスの利用などのすべての目的を、消費者が1箇所で便利に済ますこと。あるいはそのような購買行動そのものを指す。こうした行動を可能とする多様な商品やサービスをそろえた総合店舗を「ワンストップショップ」と呼ぶ。近年は駅がこの機能を果たすことが多くなってきた。→ショッピングセンター

ワンセンター方式 [one centre] ニュータウンの計画手法の一つ。初期のニュータウンでは、近隣センター、地区センター、都市センターという段階で構成されていた生活サービス中心が都市的な賑わいに欠けることから、後発のカンバーノルドニュータウンにおいて、センター機能を都市センターに集中させる計画を採用したのが始まり。日本でも、最初の千里ニュータウンが段階構成をとったのに対して、次の高蔵寺ニュータウンではワンセンター方式を採用した。→ニュータウン、カンバーノルドニュータウン、高蔵寺ニュータウン

ワンルーム住宅指導要綱 地価上昇や2人以下の小世帯の増加により、都市部では1住戸15～30m²程度のいわゆるワンルームマンションが増加し、以前から住む住民と事業者、マンション居住者との間で、建設や日常管理に関するトラブルが多発している。紛争の未然防止、居住環境の向上等を目的として、事業者に協力を求める自治体独自の条例。最低住戸面積、駐輪場の設置、ごみ保管場所の確保、生活ルール規範、高齢者対応、子育て支援機能付加等を条例化する場合が多い。→開発、景観、事業、まちづくり、都市空間、町並み景観

ワンルームマンション 一般的に面積が30m²未満で、住戸内部の居室に仕切りがなく、風呂、トイレ以外は台所も含み1部屋である。立地は都市部の中心またはそれに近い所に多く、単身者、学生等の入居が多い。また、投資目的で購入される場合もある。新規に建築される場合に、ごみ出しルール、防犯上の懸念から地元の反対の対象となる場合もある。→集合住宅、フラット

ワンセンター方式（高蔵寺ニュータウン／愛知県）

略語

A

ADB〔Asian Development Bank〕⇒アジア開発銀行

AIJ〔Architectual Institute of Japan〕⇒日本建築学会

B

Bプラン〔Bebauungsplan 独〕⇒ベープラン

BM〔bench mark〕ベンチマーク。土地の測量をする場合に水準の標点となるもの。または，施工の際の建築物，構造物の基準位置，基準高を決める原点。

BOD〔biochemical oxygen demand〕生物化学的酸素要求量。水質汚濁の指標の一つ。水中の有機物が微生物の働きによって分解されるときに消費される酸素の量のことで，河川の有機汚濁を測る代表的な指標。

C

CAD〔computer aided design〕キャド。コンピュータを使用して設計や製図をするシステム。製図作業や図面作成が短時間で正確に処理できること，編集が容易であること，データ化，ソフト間の互換性があること，比較的短い学習期間で技術修得が可能になる等の利点がある。大きく分けて汎用型と専用型があり，汎用型は図面を模様として細かく描くことを最大の目的とし，あらゆる図面を描くことができるが，積算は単独ではできない。専用型は省力化，迅速化を目的としており，コンピュータにあらかじめ建築知識を与えておく必要がある。

CATV〔common antenna television, community antenna television〕ケーブル（同軸や光など）を用いて行われる有線放送のうち，有線ラジオ放送以外のこと。テレビジョン放送が主であるが，ラジオ放送（中波放送（AMラジオ放送）の場合は超短波帯の周波数に変換して送信する）も行われる。また，近年では有線放送だけでなく，インターネット接続やIP電話などのサービスも行われる。→CCTV

CBD〔central business district〕⇒中央業務地区

CCTV〔closed-circuit television〕特定の人が離れた場所の様子を防災，防犯などの目的で監視をするためのテレビカメラ，およびカメラで取得した映像を見るシステムのこと。送像側（カメラ）と受像側（モニタ）はケーブルで接続されている。→CATV

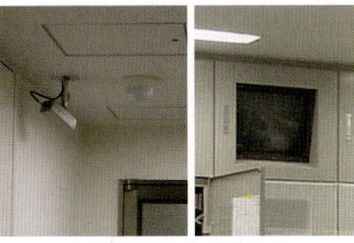

左：防犯カメラ、右：警備モニタ
CCTV

CG〔computer graphics〕⇒コンピュータグラフィックス

CGシュミレーション CGを用いて空間や事象をシミュレーションすることを指す。3D・CAD等を使い，3次元立体を作成し，視点を動かした動画でシミュレーションする。特徴として，周辺地形等の入力に時間とコストがかかるが，色，視点の変更，構造物の追加，削除が容易にでき，アニメーションすることで変化する視点のシミュレーションが可能。都市・建築分野では自然環境，緑地，公園，町並み等の空間的変遷，人の移動行動にともなう景観の変化，建築空間の内部構造の再現などで用いられる。→コンピュータグラフィックス

CI〔corporate identity〕⇒コーポレートアイデンティティ

CIAM〔Congre's Internationaux d'Architecture Moderne 仏〕シアム。近代建築国際会議。W.グロピウス，ル・コルビュジエ，

345

S.ギーディオンなど近代建築の開拓者が集まり、1928年に第1回会議を開いた。1933年の第4回会議の際の「アテネ憲章」は、都市計画の原則をまとめたものとして有名。1959年に解散。→ウォルター・グロピウス、ル・コルビュジエ、アテネ憲章

CM［construction management］⇒コンストラクションマネジメント

COD［chemical oxygen demand］化学的酸素要求量。水質汚濁の指標の一つで、水中に含まれる過マンガン酸カリウムや重クロム酸カリなどの酸化剤で酸化される有機物などの物質がどのくらい含まれるかを、消費される酸化剤の量を酸素の量に換算して示した値。

CPIJ［City Planning Institute of Japan］⇒日本都市計画学会

CPTED［crime prevention through environmental design］防犯環境設計。1970年代にアメリカで発達し、その後ヨーロッパや日本でも普及している設計手法。建築や設備等の物理的環境の設計（ハード的手法）により犯罪を予防すること、住民や警察、地方自治体などによる防犯活動（ソフト的手法）とを合わせて総合的な防犯環境の形成を目指すものである。直接的な手法として「対象の強化（進入防止）」と「接近の制御（経路の制御）」、間接的な手法として「監視性の確保（視認性の向上）」と「領域性の強化（維持管理状態の向上、近隣交流活動促進）」があり、これらを組み合わせて実施することが重要とされている。→防犯

CSR［corporate social responsibility］⇒企業の社会責任

CVM［contingent valuation method］⇒仮想評価法

D

DEM［digital elevation model］⇒デジタル標高モデル

D/H［distance/height］地上から建築物等を見る際の見え方、建築物による空間の囲まれ感などを示す指標として用いられるもので、見る対象と高さ（厳密には視点の高さとの差）をHで表し、これに対する視点から対象物までの距離をDとした比である。この比率の大小で見え方が段階的に異なる。水平距離Dを広場や街路の幅員に置き換え、Hを建築物のファサードの高さとしてD/Hを当てはめると、外部空間の雰囲気が記述可能とされる。→外部空間、空間認知、メルテンスの法則

上：圧迫感、下：圧迫感の緩和
D/H（幕張地区／千葉市）

DID［densely inhabited district］⇒人口集中地区

DINKs［double income no kids］ディンクス。結婚して共働きでも子供をもうける意志がなく、高収入で高消費型の生活を送る子供のいない夫婦や、そのライフスタイルのこと。1980年代半ば、アメリカの大都市圏居住の若い世代の新しいライフスタイルとして紹介された。doubleではなくdualと表記することもある。英語ではdinkと表記するが、「dinky」とも呼ばれる。マーケティングのターゲットとしての消費者像ということで、取りあげられることが多い。

DK・LDK形式　食事室（ダイニング＝D）と台所（キッチン＝K）が一体化した部屋を「DK」と呼び、これに居間（リビング＝L）が加わると「LDK」となる。DK形式が登場したのは、戦後間もなく日本住宅公団（現都市再生機構）などが開発した公共住宅から。それまで寝起きと食事は同じ和室で行うことが多く、機能分化があいまいだったが、寝る部屋と食べる部屋が分かれ、食寝分離が実現。狭い室内空間の有効利用やいす式の洋風生活のスタイルが定着した。→公営住宅、公団住宅

DTM［digital terrain model］⇒デジタル地形モデル

E

e-村民　インターネット上のヴァーチャル村もしくはe-村民広場に住民登録を行う構成員を指す。インターネット上の仮想の活動や現実世界における意見，情報交換，交流，活動等に合意，賛同する人たちの集団である。→ヴァーチャル村

e-ラーニング　パソコンやコンピュータネットワークなどを利用して教育を行うこと。教室で学習を行う場合と比べ，遠隔地にも教育を提供できる点や，コンピュータならではの教材が利用できる点などが特徴。一方で，機材の操作方法など，実物に触れる体験が重要となるような学習はe-ラーニングには向かない。e-ラーニングは企業の社内研修で用いられるほか，英会話学校などがインターネットを通じて教育サービスを提供している例などがある。Webブラウザなどのインターネット・WWW技術を使うものを特に「web based training（WBT）」と呼ぶ。

ETC［electronic toll collection system］ノンストップ自動料金収受システム。有料道路における料金所渋滞の解消等を目的に，料金所ゲートと通行車との間の無線通信により自動的に料金の支払いを行うシステム。ITSを構成する主要な技術の一つ。

F

FM［facility management］⇒ファシリティマネジメント

F/S［feasibility study］⇒フィジビリティスタディ

G

Gマーク　グッドデザイン賞を受賞した作品がつけられるマーク。1957年に通商産業省が創設した「グッドデザイン商品選定制度」をもとに，1963年に公募形式に，1998年に財団法人日本産業デザイン振興会が主催者となり，事業名称が「グッドデザイン賞」となる。マークは亀倉雄策のデザイン。

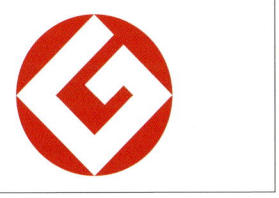

Gマーク

GHG［greenhouse gas］⇒温室効果ガス

GIS［geographic information system］⇒地理情報システム

GL［ground level］地盤面を指す。建築や工作物を設計する際の基準となる水平面の高さで，周囲の地面との高さ関係も表す。→標高

H

HDI［human development index］⇒人間開発指標

HOPE計画　ホープ計画。「地域住宅計画」を意訳した「housing with proper environment」の頭文字をとったもので，地域固有の気候風土や伝統文化，また地場産業などを活かした住まいづくり，まちづくりを推進する計画のこと。木造住宅の供給促進や町並み整備，また公営住宅の建替えや住宅マスタープランなど多岐にわたり，事業化している市区町村も多い。1983年に旧建設省において創設された国の補助制度であり，1994年から地方公共団体が策定する「住宅マスタープラン」に統合された。→住宅マスタープラン

HPM［hedonic approach, hedonic price method］⇒ヘドニックアプローチ

I

ICOMOS［International Council on Monument and Sites］イコモス。国際記念物遺跡会議。1964年創設。世界の歴史的な記念物や歴史的建造物，および遺跡の保存にかかわる専門家の国際規模のNGOであり，ユネスコの諮問機関。歴史的記念物等に関

する専門会議。対象物の輸送，評価，保存理念，技術，方針等に関する情報を提供し，世界遺産条約に基づき世界遺産リストに収録される物件の指定を世界遺産委員会およびユネスコに対し答申する。→ユネスコ，世界遺産

IMTS［intelligent multimode transit system］磁気誘導式バス。専用道路に埋設された磁気マーカーによって，操舵，誘導される。愛知万博の会場内交通として利用された。→新交通システム

ISO［International Organization for Standardization］⇒国際標準化機構

IT［information technology］情報技術。情報，通信，コンピュータに関する工学およびその応用分野の技術の総称を指す。→情報化社会

IT革命　情報技術の急激な進歩によって，経済の新たな成長が促進され，国家，社会，企業等の組織そのものを変えていく現象。コンピュータの低廉化と高機能化が進み，インターネット利用が加速することによって，これまでの物流，サービスの形態が大きく変化していくことを指す。

ITS［intelligent transport systems］高度道路交通システム。道路交通の安全性，輸送効率，快適性の向上等を目的に，最先端の情報通信技術を用いて，人と道路と車両とを一体のシステムとして構築する新しい道路交通システムの総称。→交通計画

J

JA［Japan Agricultural Cooperative］⇒農協

JC［junior chamber］⇒青年会議所

JILA［Japanese Institute of Lndscape Architecture］⇒日本造園学会

JIS規格［Japanese Industrial Standard］日本工業規格。工業標準化法によって制定された工業品の規格。適合品には「JISマーク」と呼ばれる印が付与される。

JSCE［Japan Society of Civil Engineers］⇒土木学会

K

K&R［kiss and ride］⇒キスアンドライド

KJ法　収集された多数の，また多層の情報について，目的のための必要な部分を取り出し，関連するものをつなぎ合わせ，整理，統合するための手法。発想，発見，企画，開発，さらにアイデアを得る方法として有効。個人または会議で用いる。川喜多二郎により開発されたたもので，KJは氏の頭文字。

L

LAN［local area network］⇒ローカルエリアネットワーク

LCC［life cycle cost］⇒ライフサイクルコスト

LED［light emitting diode］⇒発光ダイオード

LRT［light rail transit］誰でも容易に利用できる交通システム。都市内や近郊での運行を行う専用軌道または道路上の併用軌道を1両〜数両編成の列車が走行する。→新交通システム，路面電車

M

MDS［multidimensional scaling］⇒多次元尺度構成法

N

NGO［non-governmental organizations］非政府組織。国連が認めている，政府とは別に国際的な問題解決や公共的，公益的サービスを担う非営利の民間組織のこと。政府間の開発援助プロジェクト（ODAなど）とは異なる。最近では，地球サミットや地球温暖化防止京都会議などの国際会議において，政策立案者として重要な存在となり，

JIS規格（JISマーク）
鉱工業品　特定側面　加工技術

NGOの自主的活動を国家が支援する場合もある。また最近では環境，人権，教育などの国際協力の分野で活躍するNPOをNGOと呼ぶことも多い。→NPO，ODA

NPO［non profit organization］非営利組織，民間非営利団体。正式名称は「特定非営利活動法人」。広義には，民間の営利企業のように利益の再分配を行わない組織や団体一般（社団法人や財団法人，医療法人，学校法人，宗教法人，生活協同組合，地域の自治会等）のことであるが，狭義には「特定非営利活動促進法」（NPO法，1998年）に基づいて一定の要件を満たして設立された法人の一種。一般的には，法人格をもたない各種のボランティア団体や市民活動団体といった任意団体も含めてNPOと呼ばれることがある。→NGO，公共性

O

ODA［official development assistance］「政府開発援助」の頭文字を取ったもの。政府または政府の実施機関によって開発途上国または国際機関に供与されるもので，開発途上国の経済，社会の発展や福祉の向上に役立つために行う資金，技術提供による協力を指す。

ODA（施設整備例／インド）

OECD［Organization for Economic Co-operation and Development］経済協力開発機構（本部はパリ）。1961年設立。先進国による経済協力機構で，経済成長（雇用の増大，生活水準向上），開発（発展途上国に対する援助），通商拡大（多目的で差別のない世界貿易の実現）をおもな目的としている。

OECDトンネル会議 OECDトンネル諮問会議。1970年6月に，経済協力開発機構によって開催された会議。この会議によって，現在一般的に用いられるトンネルの概念が定義されたほか，国家レベルで，地下利用調査と建設技術改良，地下利用計画検討と作成，適切な利用促進などが提言された。これらを受けて，1974年に国際トンネル協会（本部オスロ）が設立された。

P

P&R［park and ride］⇒パークアンドライド

PFI法［Private Finance Initiative］平成11年施行の「民間資金等の活用による公共施設等の整備等の促進に関する法律」のことで，公共施設の設計，建設，維持管理，運営に民間の資金と技術，ノウハウを導入して，効率的で効果的な公共サービスを提供することが狙い。美術館，廃棄物処理施設，官庁建設等の事例が全国にある。

PNスペース 周辺部と比較して認知あるいはイメージされやすい「Pスペース（ポジティブスペース）」，逆にその背景となる「Nスペース（ネガティブスペース）」があるが，その両者の両方の性格をもち，時間によって両者に変わったり，見方，見る人間によって変わったりするスペース。芦原義信が存在と重要性を提唱した。→ゲシュタルト

ppm［parts per million］濃度や存在比率を表す単位であり，100万分のいくつに当たるかを示す。微量な数値を表現できることもあって，内分泌攪乱（かくらん）物質（俗称：環境ホルモン）などを計る際に用いられることが多い。→環境ホルモン

R

REIT［real estate investment trust］⇒不動産投資ファンド

S

SBS［sick building syndrome］⇒シックハウス症候群

SD法［semantic differential method］心理学者であるC.E.オズグッドにより，1957年に提案された数量的に心理測定を行う方

法。言葉（形容詞）による対を評定尺度として評定実験を行い，有効な評定尺度を用いて因子分析により因子を取り出す方法。→調査方法，因子分析

SI［skelton-infil］⇒スケルトンインフィル

SOHO［small office home office］一般的には自宅を仕事場にして，情報通信ネットワークを利用して業務を行うワークスタイルのこと。インターネットの普及，平成不況の中で日本の雇用形態が変化してきたことが，SOHOという新しい事業形態を生み出したといえる。仕事上の年齢制限，性別の制限が少ない，居住地に左右されない，時間的な自由度が高い等の利点がある。自分が事業主で，自分で考え主体的に行動することが必要となるため，実力，能力，技術，経営手腕が求められる。→在宅ワーク，サテライトオフィス

T

TDM［transportation or travel demand management］⇒交通需要マネジメント

TDR［transferable development right］⇒開発権移転

TMO［town management organization］空洞化が進展している中心市街地の活性化を図るための「市街地の整備改善」と「商業等の活性化」を柱とする商業まちづくりをマネジメント（運営，管理）する組織のこと。さまざまな主体が参加するまちの運営を横断的，総合的に調整し，プロデュースするのが役割である。1998年に施行された「中心市街地活性化法」に基づく構想を立ち上げて活動を進める組織のこと。→商店街活性化，まちづくり会社

TMO（前橋商店街）

Tourism ⇒観光

TSM［transportation system management］⇒交通システムマネジメント

U

UI［user interface］⇒ユーザーインターフェース

UJIターン 成人の出身地と就職地および居住地との関係。Uターンは，出身地から進学や就職のため他都市に出た後，出身地に戻ること。Jターンは，出身地から進学や就職のため他都市に出た後，出身地の近隣地域またはその中間の都市に居住すること。Iターンは，出身地に関係なく，住みたい地域を選択し移り住むこと。

UNESCO［United Nations Educational, Scientific and Cultural Organization］⇒ユネスコ

UR都市機構 ⇒都市再生機構

V

VOC［volatile organic compounds］揮発性有機化合物。常温常圧で大気中に容易に揮発する有機化学物質の総称。公害や健康被害を引き起こすことから問題視されている。

VR［virtual reality］⇒ヴァーチャルリアリティ

W

WB［World Bank］⇒世界銀行

Web3D ウェブスリーディー。インターネット上でリアルタイム3DCGを表現するための技術，またその技術を利用したコンテンツ。インターネットを通じてWebブラウザでインタラクティブに3DCGを操作，閲覧することが可能。文字や静止画像だけでなく，ネットワーク環境のブロードバンド化によって，動画や音楽などとともに3DCGの表現技術が身近に扱えるようになってきた。ネットワーク型ゲームやチャットなどのエンターテイメント，ビジネス分野の商品の紹介，プレゼンテーション，web based training（WBT）といわれる教育，研修用コンテンツなどへの利用。

WHO［World Health Organization］⇒世界保健機関

[写真・図版提供]

東屋：多羅尾直子
イギリス式庭園：大野隆造
インテリアデザイン：積田 洋
ヴェルサイユ宮殿(写真)：大佛俊泰
エクステリアデザイン：廣野勝利
エンタシス：福井 通
オープンプラン：石井清巳
岡山後楽園：石井清巳
表通り：積田 洋
川床(上)：鈴木悠里
川床(下)：鈴木愛子
キャンベラ：横田隆司
熊野古道：石井清巳
くまもとアートポリス：中山誠健
倉敷アイビースクエア：北浦かほる
景観(下段左)：福井 通
景観(下段右)：日色真帆
芸能空間：伊藤真市
建築(上段左)：新建築写真部
建築(上段右)：松本直司
建築(中段左)：鈴木信弘
建築(下段)：田中朋久
小堀遠州：積田 洋
コレクティブハウス：石井清巳
西芳寺苔庭：積田 洋
散居集落：国土交通省HPより
3次元CAD：吉田政國・持田真紗子

借景庭園：積田 洋
集会施設(下)：森川禎二郎
神殿都市：福井 通
スカイライン：恒松良純
拙政園：日色真帆
滞留行動：佐野友紀
高床式住居：東京大学生産技術研究所藤井明研究室
炭鉱住宅：林田和人
茶室：積田 洋
東京ディズニーランド：平野奈々
二条城：元離宮二条城事務所所蔵
バロック都市：宮崎昭子
埠頭(上)：柳田 武
防雪林：林 昌弘
防風林(下)：林 昌弘
ポリゴンデータ：古賀智己
松島：上山 輝
メタボリズム：鈴木信弘
モダニズム：安原治機
夜間景観：石井清巳
横浜港大さん橋国際客船ターミナル：大佛俊泰
ライトアップ：石井清巳
ラブジョイプラザ：東京ランドスケープ研究所 大井庸子
竜安寺石庭：金子友美

［引用文献］

イアン・マクハーグ：McHarg, Ian L, "Design with Nature" Natural History press, 1969, P.59

今井町(図)：都市デザイン研究体著, 彰国社編『日本の都市空間』彰国社, 1968, 153頁, 図

イメージ(図)：K.リンチ, 丹下健三・富田玲子訳『都市のイメージ』岩波書店, 1968, 192頁, 図43

イメージマップ法：日本建築学会編『建築・都市計画のための空間学』井上書院, 1990, 119頁, 図-1

エキスティックス：ドクシアディス著, 磯村英一訳『新しい都市の未来像 エキスティックス』鹿島出版会, 1965, 85頁, 図1-35

エレメント想起法：日本建築学会編『建築・都市計画のための空間学』井上書院, 1990, 119頁, 図-1

街区：土肥博至・御舩哲『新建築学体系20 住宅地計画』彰国社, 1985, 108頁, 図4.18(a)(g)

街区公園(図)：同上, 144頁, 図4.54

界隈：日本建築学会編『建築・都市計画のための空間学事典 改訂版』井上書院, 1996, 150頁, 図-1

輝く都市：土肥博至・御舩哲『新建築学体系20 住宅地計画』彰国社, 1985, 23頁, 図2.8

環濠集落：日本建築学会編『図説 集落－その空間と計画』都市文化社, 1989, 100頁, 図2.2.13

共有地：同上, 201頁, 図3.2.13

近隣公園：日本建築学会編『建築設計資料集成9 地域』丸善, 1983, 155頁, 図(小金原公園)

クアハウス(図)：オットー・グラウス著, 小室克夫訳『ヨーロッパの温泉保養地』集文社, 1987, 131頁, 断面図と1階平面図

空間分節：船越徹・積田洋・清水美佐子「参道空間の分節と空間構成要素の分析(分節点分析, 物理量分析)－参道空間の研究(その1)」日本建築学会計画系論文報告集No.384, 1988, 59頁, 図-14

クラランス・アーサー・ペリー：土肥博至・御舩哲『新建築学体系20 住宅地計画』彰国社, 1985, 49頁, 図3.3

グリッドパターン：都市史図集編集委員会編『都市史図集』彰国社, 1999, 4頁, 図1

グルーピング：土肥博至・御舩哲『新建築学体系20 住宅地計画』彰国社, 1985, 71頁, 図3.13

群集流動：日本建築学会編『建築・都市計画のための調査・分析方法』井上書院, 1987, 34頁, 図-4

景観カテゴリー：水戸市『水戸市都市景観基本計画』1991, 26頁

景観形成モデル：住宅都市整備公団『筑波研究学園都市景観形成基本計画』1985, 図

景観構造(図)：西村幸夫・町並み研究会編著『日本の風景計画 都市の景観コントロール 到達点と将来展望』学芸出版社, 2003, 111頁, 図7・7

景観資源図：宇都宮市『うつくしの都づくりをめざして』1991, 16頁, 図

景観地域区分：西村幸夫・町並み研究会編著『日本の風景計画 都市の景観コントロール 到達点と将来展望』学芸出版社, 2003, 160頁, 図9・7(左図)

経年変化："New Garden City in the 21th Century ?" P.106

ケヴィン・リンチ：K.リンチ, 丹下健三・富田玲子訳『都市のイメージ』岩波書店, 1968, 22頁, 図3

ゲシュタルト心理学：高橋研究室編『かたちのデータファイル－デザインにおける発想の道具箱』彰国社, 1983, 31頁, 図7

公園(表)：三船康道＋まちづくりコラボレーション『まちづくりキーワード事典』学芸出版社, 1997, 174頁, 表76・1(一部)

工業都市(図)：ドーラ・ウィーベンソン著, 松本篤訳『THE CITIES=New illustrated series 工業都市の誕生－トニー・ガルニエとユートピア』井上書院, 1983, 38-39頁, 図6

高蔵寺ニュータウン(図)：都市デザイン研究体著, 彰国社編『現代の都市デザイン』彰国社, 1969, 179頁, 図

混住地域：日本建築学会編『図説 集落－その空間と計画』都市文化社, 1989, 92頁, 図2.2.1

サインデザイン：土肥博至・御舩哲『新建築学体系20 住宅地計画』彰国社, 1985, 160頁, 図4.77

サインマップ法：日本建築学会編『建築・都市計画のための空間学』井上書院，1990，119頁，図-1
錯視：W.H.イッテルソン・L.G.リヴリン・H.M.プロシャンスキー・G.H.ウィンケル著，望月衞訳『環境心理の基礎』彰国社，1977，204頁，図5,4
ジードルング：都市デザイン研究体著，彰国社編『現代の都市デザイン』彰国社，1969，140頁，図（中段）
視対象：篠原修『新体系土木工学59　土木景観計画』技報堂出版，1982，28頁，図2-9
集落：日本建築学会『建築設計資料集成9　地域』丸善，1983，1頁，図1
城下町（図）：都市デザイン研究体著，彰国社編『現代の都市デザイン』彰国社，1969，36頁，図
植生：土肥博至・御舩哲『新建築学体系20　住宅地計画』彰国社，1985，93頁，図4.4
人口減少時代：国立社会保障・人口問題研究所
セミラティス：Alexander, C. "A City Is Not a Tree" Architectural Forum, 1965, P.67-84/P.69
千里ニュータウン（図）：土肥博至・御舩哲『新建築学体系20　住宅地計画』彰国社，1985，44頁，図3.1
ソシオメトリー：吉武泰水編，鈴木成文・栗原嘉一郎・多湖進著『建築計画5　集合住宅 住区』丸善，1974，93頁，図6-11（下）
タイポグラフィー：西川潔『サイン計画デザインマニュアル』学芸出版社，2002，143頁，図（一部）
大ロンドン計画：都市計画教育研究会編『都市計画教科書　第3版』彰国社，2001，39頁，図2・20
タピオラニュータウン（図）：土肥博至・御舩哲『新建築学体系20　住宅地計画』彰国社，1985，200頁，図
多摩ニュータウン（図）：住宅都市整備公団南多摩開発局『多摩ニュータウン事業概要』1996，22頁
短冊型敷地：宇和町調査報告書
地形：土肥博至・御舩哲『新建築学体系20　住宅地計画』彰国社，1985，90頁，図4.3
地名：寺門征男「農村集落の空間の整序性に関する計画的研究」博士論文，1991，197頁，図
チャンディガール：NEW TOWNS − ANTIQUITY TO THE PRESENT, 図25
田園調布（図）：土肥博至・御舩哲『新建築学体系20　住宅地計画』彰国社，1985，31頁，図2.17
田園都市（図）：同上，20頁，図2.4
東京計画1960：都市デザイン研究体著，彰国社編『現代の都市デザイン』彰国社，1969，71頁，図
透視図：日本建築学会編『第2版　コンパクト建築設計資料集成』丸善，1994，11頁，図8
都市（上）：フレデリック・ギルバード，高瀬忠重他訳『タウン・デザイン』鹿島出版会，1976，21頁，図33
都市（下）：同上，91頁，図68
都市計画："the planning of Miton Keynes" CNT, P6/P10/P14/P22
都市形態：都市デザイン研究体著，彰国社編『現代の都市デザイン』彰国社，1969，25頁（モンパチェ），33頁（ネルトリンゲン），47頁（線状都市計画チリ）
樋口忠彦：樋口忠彦『景観の構造−ランドスケープとしての日本の空間』技報堂出版，1975，96頁，図-47（右）
ビューイングコリドー：鳴海邦碩編『景観からのまちづくり』学芸出版社，1988，52頁，図
町割り：都市デザイン研究体著，彰国社編『現代の都市デザイン』彰国社，1969，36頁，図
曼陀羅：杉浦康平編，甘利俊一・今福龍太・岩田慶治・上田閑照・香山リカ他著『神戸芸術工科大学レクチャーシリーズ　円相の芸術工学』工作舎，1995，177頁，図12
明治神宮の森（図）：日本造園学会編『環境を創造する』日本放送出版協会，1985，266頁，図4
モジュール：Boesiger and Girsberger "Le Corbusier 1910-65" Les Edition d'Architecture, Zurich, 1960, P.291
ユートピア：ベルナール・ストロフ『建築家ルドゥー』青土社，1996，125頁，図
ラドバーン方式：日本建築学会編『コンパクト建築設計資料集成』丸善，1986，140頁，図
理想都市：都市デザイン研究体著，彰国社編『現代の都市デザイン』彰国社，1969，54頁，上図
ルネサンス都市：ジュウリオ・C・アルガン，堀池秀人監修，中村研一共訳『THE CITIES=

New illustrated series　ルネサンス都市』井上書院，1983，81頁，図80
レーモンド・アンウィン：土肥博至・御舩哲『新建築学体系20　住宅地計画』彰国社，1985，22頁，図2.6
レストンニュータウン(図)：同上，210頁，図
列状村：日本建築学会編『図説 集落－その空間と計画』都市文化社，1989，156頁，上図
レッチワース田園都市(図)：土肥博至・御舩哲『新建築学体系20　住宅地計画』彰国社，1985，21頁，図2.5
輪中：日本建築学会編『図説 集落－その空間と計画』都市文化社，1989，100頁，図2.2.14

［参考文献］

1) 日本建築学会編『建築設計資料集成　地域・都市Ⅰ－プロジェクト編』丸善，2003
2) 日本建築学会編『第3版　コンパクト建築設計資料集成』丸善，2005
3) 国土庁監修『国土統計要覧　平成10年度版』
4) 和辻哲郎『風土－人間学的考察』岩波書店，1979
5) 都市計画用語研究会編著『三訂　都市計画用語事典』ぎょうせい，2004
6) 国土交通省都市・地域整備局都市計画課監修，景観法制研究会編『概説 景観法』ぎょうせい，2004
7) 篠原修編『景観用語事典　増補改訂版』彰国社，2007
8) E.ハワード著，長素連訳『SD選書28　明日の田園都市』鹿島出版会，1981
9) C.ノルベルグ＝シュルツ著，加藤邦男訳『SD選書78　実存・空間・建築』鹿島出版会，1987
10) 西村幸夫『環境保全と景観創造－これからの都市風景へ向けて』鹿島出版会，1997
11) 花輪恒『都市景観のデザイン』鹿島出版会，1989
12) 土肥博至編著『環境デザインの世界－空間・デザイン・プロデュース』井上書院，1997
13) 日本建築学会編『建築・都市計画のための調査・分析方法』井上書院，1987
14) 日本建築学会編『建築・都市計画のための空間学事典　改訂版』井上書院，1996
15) 日本建築学会編『空間体験－世界の建築・都市デザイン』井上書院，1998
16) 日本建築学会編『空間演出－世界の建築・都市デザイン』井上書院，2000
17) 日本建築学会編『空間要素－世界の建築・都市デザイン』井上書院，2003
18) 日本建築学会編『空間デザイン事典』井上書院，2006
19) 吉河功監修，日本庭園研究会編『庭園・植栽用語辞典』井上書院，2000
20) 建築用語辞典編集委員会編『図解建築用語辞典　第2版』理工学社，2004

[執筆者]

青木 秀幸	千葉工業大学工学部建築都市環境学科鎌田研究室
上北 恭史	筑波大学大学院人間総合科学研究科世界文化遺産学専攻准教授
鎌田 元弘	編集委員　千葉工業大学工学部教授
河津 玲	編集委員　環境デザインスタヂオ
熊谷樹一郎	摂南大学工学部都市環境システム工学科准教授
坂本 淳二	広島国際大学工学部建築学科准教授
田中 一成	編集委員　大阪工業大学工学部准教授
田中 奈美	編集委員　株式会社パデコ・シニアコンサルタント
土肥 博至	編集委員　神戸芸術工科大学学長
西村 浩	船橋市環境部クリーン推進課
福本 佳世	株式会社アルテップ
細矢健太郎	財団法人日本グラウンドワーク協会
村上 真祥	筑波大学土肥研究室OB

環境デザイン用語辞典

2007年10月30日　第1版第1刷発行

監　修　土肥博至
編著者　環境デザイン研究会 ©
発行者　関谷　勉
発行所　株式会社 井上書院

　　　　東京都文京区湯島2-17-15　斎藤ビル
　　　　電話(03)5689-5481　FAX(03)5689-5483
　　　　http://www.inoueshoin.co.jp
　　　　振替00110-2-100535

印刷所　株式会社ディグ
製本所　誠製本株式会社
装　幀　川畑博昭

・本書の複製権・翻訳権・上映権・譲渡権・公衆送信権（送信可能化権を含む）は株式会社井上書院が保有します。
・JCLS〈(株)日本著作出版権管理システム委託出版物〉本書の無断複写は著作権法上での例外を除き禁じられています。複写される場合は、そのつど事前に(株)日本著作出版権管理システム（電話03-3817-5670, FAX03-3815-8199）の許諾を得てください。

ISBN 978-4-7530-0033-3　C3552　Printed in Japan

空間デザイン事典

日本建築学会編
A5変形判・228ページ・フルカラー　定価3150円

世界の建築・都市700事例により 98のデザイン手法を解説

空間を形づくるうえでの20の概念を軸に整理された98のデザイン手法を、その意味や特性、使われ方を多数のカラー写真とともに解説。

CONTENTS
立てる／覆う／囲う／積む／組む／掘る・刻む／並べる／整える／区切る／混ぜる／つなぐ／対比させる／変形させる／浮かす／透かす・抜く／動きを与える／飾る／象徴させる／自然を取り込む／時間を語る

建築・都市計画のための 空間学事典 改訂版

日本建築学会編
A5変形判・296ページ・二色刷　定価3675円

建築および都市計画に関する重要なキーワード246用語をテーマごとに収録し、最新の研究内容や活用事例を踏まえながら解説した、計画・設計や空間研究に役立つ用語事典。

CONTENTS
知覚／感覚／意識／イメージ・記憶／空間の認知・評価／空間行動／空間の単位・次元・比率／空間の記述・表現／空間図式／内部空間／外部空間／中間領域／風景・景観／文化と空間／コミュニティ／まちづくり／環境共生／調査方法／分析方法／関連分野 ほか

環境デザインの世界

空間・デザイン・プロデュース

土肥博至編・著　B5判・224ページ　定価4410円

これまで建築、インテリア、土木、造園、都市計画といった既往の専門領域で分断されていたデザイン行為を適切に関連づけ、総合的な関係性でとらえる環境デザインについて、その方法論を示すとともに、環境デザイン研究の全体像を浮き彫りにする。

CONTENTS
空間論（伝統空間のコスモロジー、空間の変化を読む、空間の連結と分化）／デザイン論（共生空間の可能性、混住コミュニティの形成、地方小都市へのカルテ、大学キャンパスを創る、景観デザインの仕組み、レジャーのための環境づくり、広域のデザインとスケール）／プロデュース論（都市づくりにおけるプロデュース、レジャー環境のプロデュース、デザイン教育とプロデュース）

＊上記価格は、消費税5％を含んだ総額表示となっております。